AutoCAD 室内装潢设计

主编 韩永光 张海桐

北京希望电子出版社
Beijing Hope Electronic Press
www.bhp.com.cn

内 容 简 介

本书以AutoCAD 2022版本为平台，以理论与实操相结合为写作思路，一步一图，由浅入深地对AutoCAD绘图软件进行了全面的解析。全书共分11个模块，其中，模块1～9为软件理论知识，内容涵盖室内设计基础知识、AutoCAD绘图基础、绘制室内二维图形、编辑室内二维图形、创建与管理室内图块、为室内图形添加尺寸标注、为室内图形添加文字标注、打印输出室内设计图纸和创建室内三维模型；模块10～11为实操案例，以室内常用图块和三居室户型设计方案为例，结合所学知识点进行综合讲解。

本书适合作为建筑室内设计及相关专业的教材，也可作为AutoCAD室内装潢设计从业人员的参考资料。

图书在版编目（CIP）数据

AutoCAD 室内装潢设计 / 韩永光, 张海桐主编.

北京：北京希望电子出版社, 2025.1（2025.7 重印）-- ISBN 978-7-83002-893-0

Ⅰ．TU238-39

中国国家版本馆 CIP 数据核字第 2025269XX8 号

出版：北京希望电子出版社	封面：袁　野
地址：北京市海淀区中关村大街 22 号	编辑：全　卫
中科大厦 A 座 10 层	校对：李小楠
邮编：100190	开本：787 mm × 1 092 mm　1/16
网址：www.bhp.com.cn	印张：16.5
电话：010-82620818（总机）转发行部	字数：391 千字
010-82626237（邮购）	印刷：北京市密东印刷有限公司
经销：各地新华书店	版次：2025 年 7 月 1 版 3 次印刷

定价：58.00 元

前 言
PREFACE

随着数字技术的迅猛发展和建筑装饰行业的转型升级，数字媒体技术在室内设计领域的应用日益广泛，对技能人才的需求也日益迫切。高等职业教育作为培养高技能人才的重要阵地，肩负着为社会输送具备扎实专业技能和良好职业素养的室内设计人才的重任。AutoCAD作为一款功能强大、应用广泛的计算机辅助设计软件，已成为室内设计行业不可或缺的工具。掌握AutoCAD软件的应用技能，是建筑室内设计专业学生必备的专业素质，也是其未来职业发展的重要基础。

为适应数字媒体时代对人才培养的新要求，满足高等职业教育教学改革的需要，我们编写了本书。本书以培养高技能人才为目标，将AutoCAD软件操作技能与室内设计专业知识有机融合，旨在帮助学生掌握AutoCAD软件在室内设计中的应用技巧，提升其专业实践能力和创新设计能力。

本书具有以下特点：

（1）融入课程思政，立德树人。在传授专业知识的同时，本书积极融入课程思政元素，通过解析设计案例背后的文化价值、社会责任与环保意识，引导学生树立正确的世界观、人生观、价值观，培养具有社会责任感、创新精神和实践能力的高技能人才。

（2）案例丰富，实用性强。本书精选大量室内设计案例，让学生在模拟真实工作场景中学习，增强解决实际问题的能力，实现学习与工作的无缝对接。

（3）艺术与技术并重。在注重AutoCAD软件操作技能训练的同时，本书也强调设计思维与艺术修养的培养，鼓励学生不断探索设计的新理念、新方法，提升设计作品的艺术性与创新性。

本书由湖北城市建设职业技术学院韩永光、重庆建筑工程职业学院张海桐担任主编。

由于编者水平有限，书中难免存在疏漏和不足之处，敬请广大读者批评指正。

编 者
2025年4月

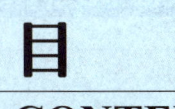
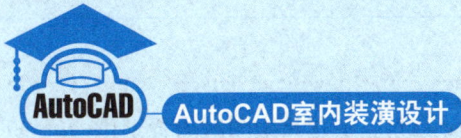

目 录
CONTENTS

模块1　室内设计基础知识

1.1　室内设计入门知识 ……………………………………… 2
　　1.1.1　室内设计的基本要素 ……………………………… 2
　　1.1.2　室内设计的基本原则 ……………………………… 4
　　1.1.3　室内设计的流程及步骤 …………………………… 4
1.2　室内设计制图入门知识 ………………………………… 6
　　1.2.1　制图的内容 ………………………………………… 6
　　1.2.2　制图规范 …………………………………………… 7
课后作业 ……………………………………………………… 12

模块2　AutoCAD绘图基础

2.1　认识AutoCAD …………………………………………… 14
　　2.1.1　AutoCAD应用领域 ………………………………… 14
　　2.1.2　AutoCAD工作界面 ………………………………… 14
　　2.1.3　AutoCAD 2022新增功能 …………………………… 18
2.2　新建、打开与保存图形文件 …………………………… 18
　　2.2.1　新建图形文件 ……………………………………… 18
　　2.2.2　打开图形文件 ……………………………………… 19
　　2.2.3　保存图形文件 ……………………………………… 19
　　上手操作　将文件保存为低版本 ………………………… 20
2.3　认识坐标系统 …………………………………………… 20
　　2.3.1　世界坐标系 ………………………………………… 20
　　2.3.2　用户坐标系 ………………………………………… 21

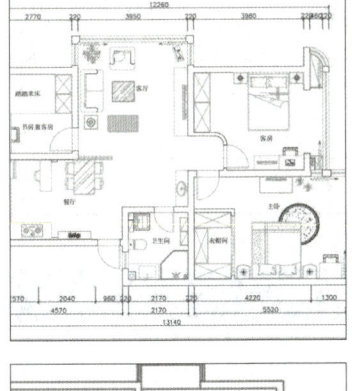

2.4　控制界面视图 …………………………………………… 21
　　2.4.1　缩放视图 …………………………………………… 21
　　2.4.2　平移视图 …………………………………………… 22
　　2.4.3　全屏显示 …………………………………………… 22
2.5　捕捉与测量功能 ………………………………………… 23
　　2.5.1　栅格、捕捉和正交模式 …………………………… 23
　　2.5.2　对象捕捉 …………………………………………… 24
　　2.5.3　极轴追踪 …………………………………………… 25
　　上手操作　绘制等边三角形 ……………………………… 26
　　2.5.4　测量功能 …………………………………………… 28
　　上手操作　测量厨房面积 ………………………………… 28

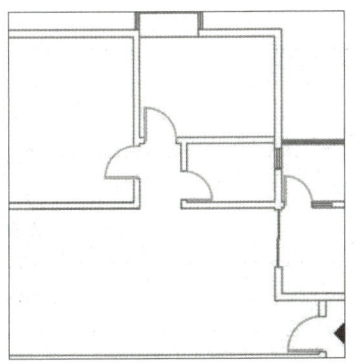

2.6　图层管理功能 …………………………………………… 29
　　2.6.1　创建和删除图层 …………………………………… 29
　　2.6.2　设置图层的颜色、线型和线宽 …………………… 30
　　上手操作　调整墙体线的颜色和线宽 …………………… 32

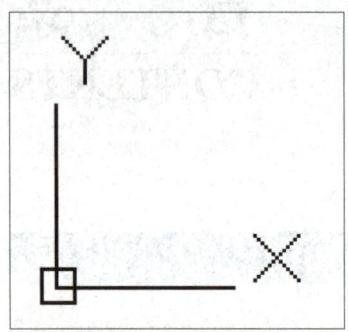
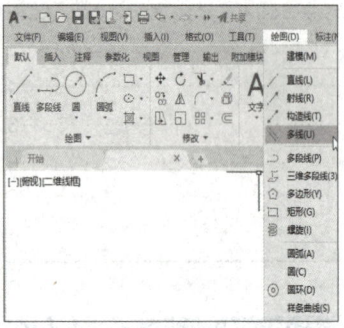

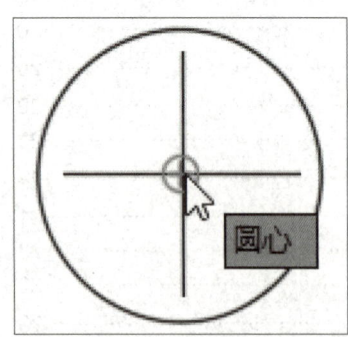
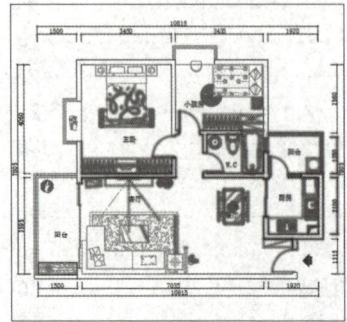

2.6.3 图层的管理……33

实战演练 调整工作界面的颜色主题及绘图区的背景色　35

课后作业　38

模块 3　绘制室内二维图形

3.1 绘制点……40
3.1.1 点样式的设置……40
3.1.2 绘制多点……40
3.1.3 绘制等分点……41

3.2 绘制线段……42
3.2.1 绘制直线……42
3.2.2 绘制射线……43
3.2.3 绘制构造线……43
3.2.4 绘制多段线……44
上手操作 绘制楼梯上、下行方向指引线　44
3.2.5 绘制多线……45

3.3 绘制曲线图形……47
3.3.1 绘制圆形……47
上手操作 绘制灯具平面标识图形　48
3.3.2 绘制圆弧……49
3.3.3 绘制圆环……50
3.3.4 绘制椭圆……51
3.3.5 绘制修订云线……52
3.3.6 绘制样条曲线……52

3.4 绘制矩形和正多边形……53
3.4.1 绘制矩形……53
上手操作 绘制入户门平面图　54
3.4.2 绘制正多边形……55

实战演练 绘制休闲椅平面图形　57

课后作业　60

模块 4　编辑室内二维图形

4.1 选取图形……62
4.1.1 选择图形的方法……62
4.1.2 快速选择图形……64
上手操作 快速选择所有家具图形　65

4.2 移动与复制图形……66
4.2.1 移动图形……66
4.2.2 复制图形……67
4.2.3 偏移图形……67
上手操作 绘制窗户立面图　68
4.2.4 镜像图形……70

目录 CONTENTS

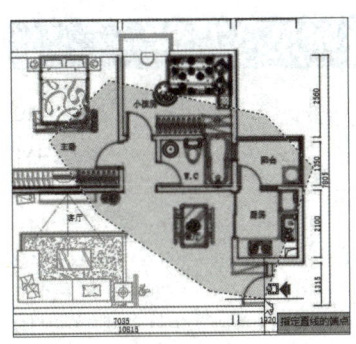

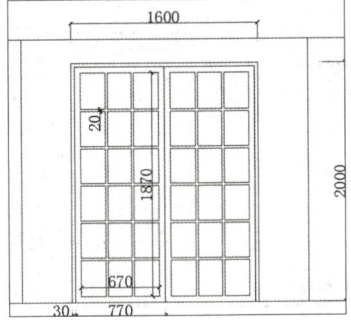

	4.2.5 旋转图形	70
	上手操作 复制座椅图形	71
	4.2.6 缩放图形	72
	4.2.7 阵列图形	73
4.3	改变图形与线段的形态	74
	4.3.1 倒角与圆角	74
	4.3.2 打断图形	76
	4.3.3 修剪/延伸图形	76
	上手操作 绘制中式花窗图形	77
	4.3.4 拉伸图形	78
	4.3.5 编辑多线	79
	4.3.6 编辑多段线	79
4.4	编辑图形夹点	80
	4.4.1 设置夹点	80
	4.4.2 编辑夹点	81
4.5	为图形填充图案	82
	4.5.1 图案填充	82
	上手操作 填充两居室客厅地面	82
	4.5.2 渐变色填充	84
实战演练	绘制燃气灶图形	86
课后作业		88

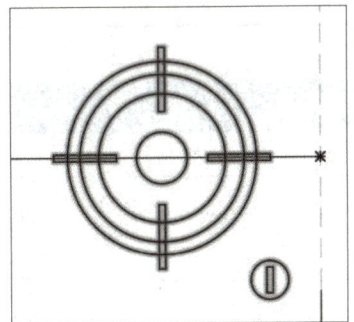

模块5 创建与管理室内图块

5.1	创建与存储块	90
	5.1.1 创建块	90
	5.1.2 存储块	91
	5.1.3 插入块	92
	上手操作 插入坐便器立面图块	93
5.2	设置块属性	94
	5.2.1 创建并使用带有属性的块	94
	5.2.2 编辑图块属性	95
	上手操作 创建带属性的窗图块	97

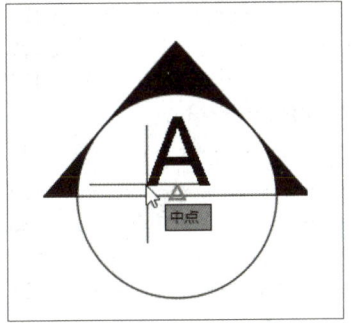

5.3	应用外部参照	98
	5.3.1 附着外部参照	98
	5.3.2 编辑外部参照	99
	5.3.3 管理外部参照	100
5.4	使用设计中心功能	100
	5.4.1 "设计中心"选项板	100
	5.4.2 插入设计中心内容	102
	上手操作 复制指定图层文件	103
实战演练	在平面图中插入方向标识图块	105
课后作业		108

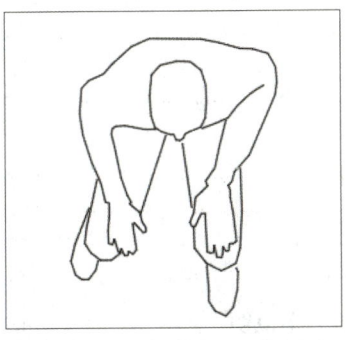

· III ·

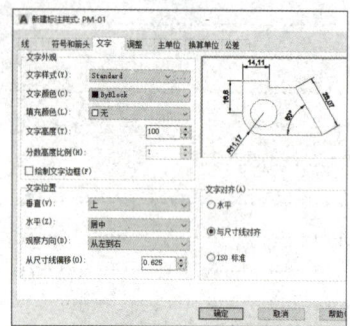
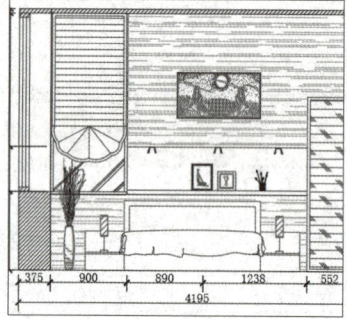
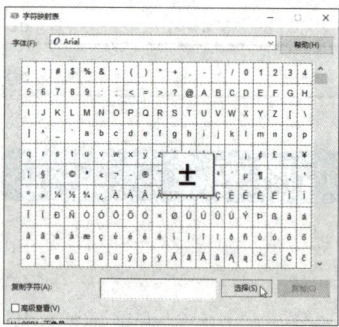
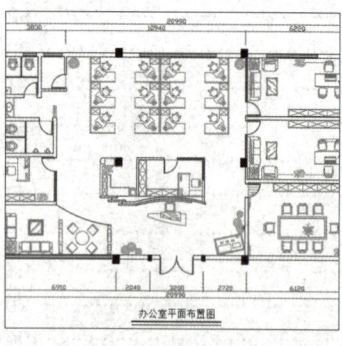
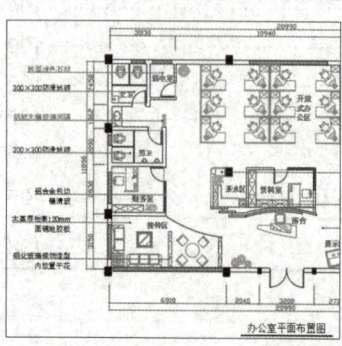

模块 6　为室内图形添加尺寸标注

6.1　了解尺寸标注的规则 ………………………………………… 110
6.2　添加各类尺寸标注 …………………………………………… 111
- 6.2.1　创建标注样式 ……………………………………… 111
- 6.2.2　线性标注 …………………………………………… 112
- 上手操作　标注办公室立面尺寸 ……………………………… 112
- 6.2.3　对齐标注 …………………………………………… 115
- 6.2.4　角度标注 …………………………………………… 115
- 6.2.5　半径与直径标注 …………………………………… 116
- 6.2.6　连续标注 …………………………………………… 116
- 上手操作　完善办公室立面尺寸 ……………………………… 116
- 6.2.7　基线标注 …………………………………………… 117
- 6.2.8　快速标注 …………………………………………… 118

6.3　编辑尺寸标注 ………………………………………………… 118
- 6.3.1　编辑标注文本 ……………………………………… 118
- 6.3.2　关联尺寸 …………………………………………… 120

实战演练 为公寓户型图添加尺寸标注 ……………………………… 121

课后作业 ……………………………………………………………… 124

模块 7　为室内图形添加文字标注

7.1　创建文字样式 ………………………………………………… 126
- 7.1.1　创建新文字样式 …………………………………… 126
- 7.1.2　设置字体与文本高度 ……………………………… 127
- 上手操作　创建文字样式 ……………………………………… 128

7.2　创建与编辑单行文字 ………………………………………… 128
- 7.2.1　创建单行文字 ……………………………………… 128
- 7.2.2　编辑单行文字 ……………………………………… 130
- 7.2.3　输入特殊符号 ……………………………………… 131
- 上手操作　为三居室户型图添加文字注释 …………………… 131

7.3　创建与编辑多行文字 ………………………………………… 132
- 7.3.1　创建多行文字 ……………………………………… 132
- 7.3.2　编辑多行文字 ……………………………………… 133
- 7.3.3　调用外部文本 ……………………………………… 133
- 上手操作　将"设计说明"文本导入图纸中 ………………… 134

7.4　添加多重引线 ………………………………………………… 135
- 7.4.1　添加引线注释 ……………………………………… 135
- 7.4.2　编辑多重引线 ……………………………………… 136
- 上手操作　为前台立面图添加材料注释 ……………………… 136

7.5　使用表格功能 ………………………………………………… 138
- 7.5.1　定义表格样式 ……………………………………… 138
- 7.5.2　插入表格 …………………………………………… 139
- 7.5.3　编辑表格 …………………………………………… 140
- 7.5.4　调用外部表格 ……………………………………… 141

实战演练 为室内插座布置图添加文字说明 ………………………… 143

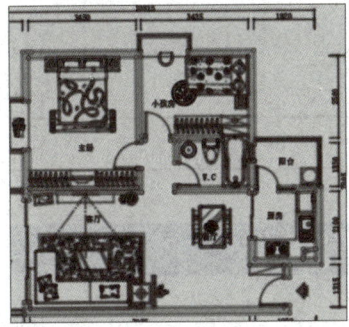
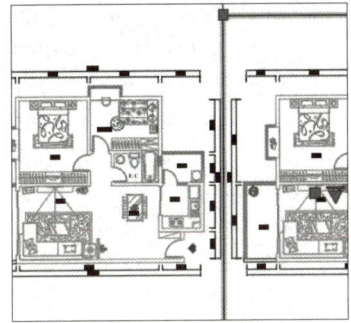
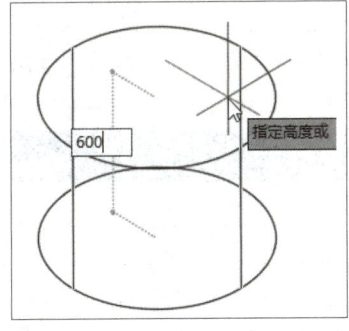
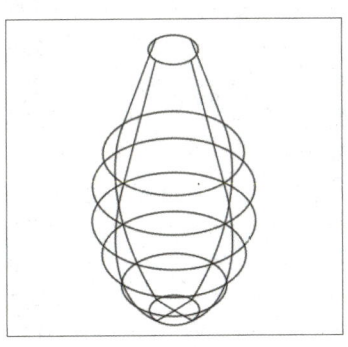
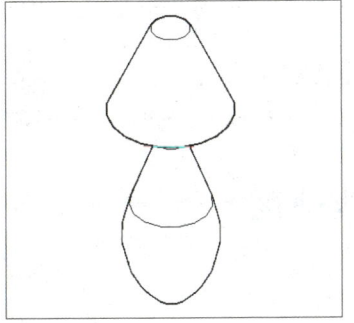

课后作业 ··· 146

模块8 打印输出室内设计图纸

8.1 图形的输入输出 ··· 149
  8.1.1 输入图形 ·· 149
  8.1.2 插入OLE对象 ······································ 149
  8.1.3 输出图形 ·· 150
  上手操作 将两居室平面图输出为JPG格式 ············ 150

8.2 模型与布局 ··· 151
  8.2.1 模型空间与布局空间 ······························ 151
  8.2.2 创建布局 ·· 152
  8.2.3 布局视口 ·· 153
  上手操作 创建并调整视口显示状态 ··················· 155

8.3 图形的打印 ··· 156
  8.3.1 设置打印样式 ······································ 156
  8.3.2 设置打印参数 ······································ 158
  8.3.3 保存与调用打印设置 ······························ 159
  8.3.4 预览打印 ·· 159

8.4 网络应用 ··· 160
  8.4.1 Web浏览器应用 ··································· 160
  8.4.2 超链接管理 ··· 160
  8.4.3 电子传递设置 ······································ 162

实战演练 将小公寓平面图输出为PDF并打印 ············ 164

课后作业 ··· 167

模块9 创建室内三维模型

9.1 三维建模的基本要素 ··································· 169
  9.1.1 三维建模工作空间 ································ 169
  9.1.2 三维视图模式 ······································ 169
  9.1.3 三维视觉样式 ······································ 170
  9.1.4 三维坐标系 ··· 171

9.2 创建三维实体 ··· 172
  9.2.1 创建三维基本实体 ································ 172
  上手操作 创建小户型墙体模型 ························· 175
  9.2.2 二维图形生成三维实体 ·························· 176
  上手操作 绘制简易台灯模型 ···························· 179

9.3 编辑三维实体模型 ····································· 181
  9.3.1 变换三维实体 ······································ 181
  9.3.2 编辑三维实体 ······································ 185
  9.3.3 编辑三维实体面 ··································· 189
  上手操作 绘制储物柜实体模型 ························· 190

9.4 材质、灯光与渲染 ····································· 191
  9.4.1 材质的应用 ··· 191

· V ·

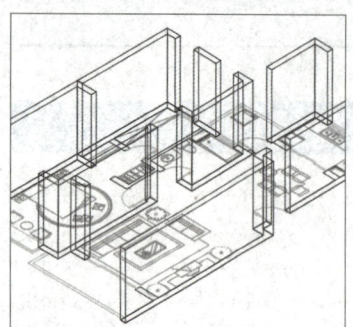

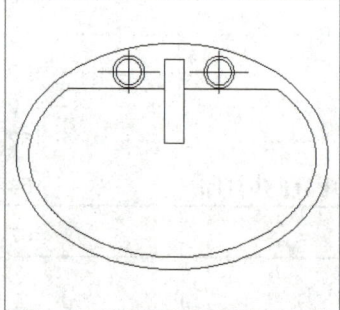

　　　　9.4.2　基本光源的应用 192
　　　　9.4.3　三维模型的渲染 193
实战演练 绘制折叠电脑桌模型 194
课后作业 197

模块 10　绘制室内常用图块

10.1　常用电器图块 199
　　10.1.1　绘制冰箱图块 199
　　10.1.2　绘制空调图块 200
　　10.1.3　绘制洗衣机图块 201
10.2　常用家具图块 203
　　10.2.1　绘制沙发图块 203
　　10.2.2　绘制双人床图块 206
　　10.2.3　绘制办公桌图块 208
　　10.2.4　绘制衣柜图块 210
10.3　常用厨具、洁具图块 214
　　10.3.1　绘制洗菜池图块 214
　　10.3.2　绘制淋浴房图块 216
　　10.3.3　绘制洗手台盆图块 218

模块 11　三居室户型设计

11.1　三居室户型的设计技巧 221
　　11.1.1　合理的空间布局 221
　　11.1.2　统一的空间风格 222
　　11.1.3　周到的设计细节 222
11.2　绘制三居室平面类图纸 223
　　11.2.1　绘制三居室平面布置图 223
　　11.2.2　绘制三居室顶棚布置图 230
　　11.2.3　绘制三居室地面铺装图 233
　　11.2.4　绘制三居室开关布置图 235
11.3　绘制三居室各立面图 238
　　11.3.1　绘制客厅立面图 238
　　11.3.2　绘制门厅立面图 241
　　11.3.3　绘制餐厅立面图 244
　　11.3.4　绘制主卧立面图 246
11.4　绘制三居室主要剖面图 248
　　11.4.1　绘制门厅鞋柜剖面图 248
　　11.4.2　绘制大衣柜剖面图 250

附录　AutoCAD常用快捷键 252

参考文献 254

模块 1

室内设计基础知识

内容概要

室内设计是指应用设计原理和设计手法来创造功能合理、舒适优美、满足人们物质和精神生活需要的室内环境。随着时代的不断发展、科技的不断进步，现在的室内设计已经是综合的室内环境设计，它包括视觉环境和工程技术等方面的内容，例如，声、光、热等物理环境，以及氛围、意境等心理环境和文化内涵等。

知识要点

- 了解室内设计入门知识。
- 了解室内设计制图入门知识。

1.1 室内设计入门知识

室内设计属于艺术设计门类，包括空间环境、室内环境和陈设装饰。在设计过程中需要理解设计的六大基本要素，遵循设计的基本原则，以及设计的基本流程和步骤，这样才能把握好设计方向，创造出既有使用价值又有观赏价值的室内环境。

■ 1.1.1 室内设计的基本要素

室内设计的基本要素包括功能、空间、界面、软装、经济、文化。

1. 功能

功能性是室内设计的根本，人与室内空间的关系较为密切。一套缺少功能性的室内设计方案只会给人华而不实之感，只有满足每个家庭成员在生活细节上对功能的需要，才能使家庭生活舒适、方便。

2. 空间

空间设计是指运用各种界定的手法进行室内形态的塑造，主要依据是现代人的物质需求和精神需求，以及技术的合理性。常见的空间形态有封闭空间、虚拟空间、流动空间、母子空间、下沉空间、地台空间等，如图1-1所示为流动通道空间。

图 1-1　流动通道空间

3. 界面

界面是指室内环境表面的造型和色彩、用料的选择和处理，包括墙面、顶面、地面及其相交部分的设计，如图1-2所示为公共环境空间效果。在制作一套室内设计方案时，需要为自己明确一个主题，使住宅建筑与室内装饰完美结合，例如鲜明的节奏、变幻的色彩、虚实的对比、点/线/面的和谐等。

图 1-2　公共环境空间

4. 软装

软装是指室内的各种陈设物，包括家具、柜体、沙发、座椅、灯具和各类装饰小品等，如图1-3所示为室内休闲区环境效果。它是室内空间的点睛之笔，为空间环境营造生动、温馨的氛围。

图 1-3　室内休闲区

5. 经济

要考虑在有限的投入下达到物超所值的效果，合理地安排和使用各部分，使其富有诗意和韵味，这是一名出色室内设计师追求的理想境界。

6. 文化

要充分表达并升华居室文化品位。注重设计的文化内涵和底蕴，这对于其他相关设计如平面设计、广告设计、景观设计、展示设计等具有同样重要的作用。如图1-4所示为某东方文化馆的中庭效果。

图 1-4　中庭

■1.1.2　室内设计的基本原则

室内设计是以满足人们生活需要为前提，运用形式语言表现题材、主题、情感和意境，以达到其功能实用的目的。因此，室内设计也是有一定的原则可循的。

- **可行性**：坚持"以人为本"的核心，力求施工方便、易于操作。
- **整体性**：保证室内空间具有协调的美感，可以别出心裁，也可以与整体风格相统一。
- **功能性**：布局、界面装饰、陈设和环境气氛与空间的使用功能相统一。
- **美观性**：通过形、色、质、声、光等形式语言体现室内空间的美感。
- **技术性**：注意比例尺度关系，以及材料应用和施工配合的关系。
- **经济性**：以最小的消耗达到所需目的。
- **安全性**：墙面、地面或是顶棚等，其构造都要求具有一定的强度和刚度，要符合计算要求，特别是各部分之间连接的节点更要安全、可靠。

■1.1.3　室内设计的流程及步骤

着手设计时，通常需要经过以下流程及基本步骤，这样才能设计出合理而又美观的图纸。

1. 室内设计工作流程

室内设计师的整个工作流程大致如下：

（1）介绍自己

主动为业主介绍公司和自己的设计特点，并简单介绍当前设计潮流和设计理念。

（2）与业主沟通

做好与业主的沟通是设计的关键。在沟通过程中，充分了解业主心中的理想设计，例如业主的生活品味、爱好，业主喜爱的设计风格、颜色、家具样式等。设计师可根据这些设计要求，向业主传达自己的设计思路，交换彼此的意见，直到达成共识。

（3）现场勘察测量

在与业主沟通清楚的情况下，到现场测量房屋的尺寸，其中包括房屋各空间的长宽尺寸、房高尺寸、门洞和窗洞尺寸，以及各下水管、排污管、地漏及家用配电箱的具体位置。

（4）出设计初稿

根据现场测量的尺寸，绘制空间户型图，对各室内空间进行合理的设计，并做出装修预算表。

（5）修改并完善初稿

完成初稿设计，及时与业主进行沟通，及时修改设计方案，并确定预算费用。

（6）签约设计合同

在与业主取得一致意见后，签订正式的装修合同，并收取装修预付款。

（7）进入施工阶段

在正式施工前，先带领施工队到现场进行交底工作，在施工团队了解了装修注意事项后，开始施工。设计师不定期到施工现场进行巡检和指导，以保证设计质量。

（8）电话回访

在施工期间，随时与业主保持联系，并进行施工进度和质量的反馈。

（9）中期验收

在施工中期，与业主一起进行验收，并通知业主缴纳中期款。

（10）竣工验收

完成施工后，召集业主、施工经理一起进行验收，通知业主缴纳工程尾款。

（11）客户维护

对业主进行不定期的电话回访，如有问题须及时处理，做好客户维护工作。

2. 设计步骤

室内设计步骤通常可分为设计准备阶段、方案设计阶段、施工图设计阶段和设计实施阶段。

（1）设计准备阶段

首先，明确设计任务和客户要求。例如，使用性质、功能特点、设计规模、等级标准、总造价，根据使用性质所需创造的室内环境氛围、文化内涵或艺术风格等。其次，熟悉设计有关规范和定额标准，收集必要的资料和信息。例如，收集原始户型图纸，并对户型进行现场尺寸勘测。再次，绘制简单的设计草图，并与客户交流设计理念。例如，明确设计风格、各空间的布局及其使用功能等。最后，完成沟通，签订装修合同，明确设计期限并制定设计计划进度安排，考虑各有关工种的配合与协调。

（2）方案设计阶段

在设计准备阶段工作的基础上，进一步收集、分析、运用与设计任务有关的资料与信息，构思立意，进行初步方案设计，以及方案的分析与比较。

确定初步设计方案，提供设计文件。初步设计方案的文件通常包括：平面图（包括家具布置），常用比例为1∶50、1∶100；室内立面展开图，常用比例为1∶20、1∶50；平顶图或仰视图（包括灯具、风口等布置），常用比例为1∶50、1∶100；造价概算等。初步设计方案经审定后，方可进行施工图设计。

（3）施工图设计阶段

施工图设计阶段需要补充施工所需要的有关平面布置、室内立面和平顶等的图纸，还包括构造节点详图、细部大样图和设备管线图等。

（4）设计实施阶段

该阶段也是工程施工阶段。在室内工程施工前，设计师应向施工单位进行设计意图说明及图纸的技术交底；工程施工期间需按图纸要求核对施工实况，有时还需根据现场实况提出对图纸的局部修改或补充；施工结束时，会同质检部门和建设单位进行工程验收。

1.2 室内设计制图入门知识

室内设计制图是根据正确的制图理论及方法，按照国家统一的室内制图规范，将室内空间6个面上的设计情况在二维图面中表现出来，它包括室内平面图、室内顶棚平面图、室内立面图、室内细部节点详图等。

1.2.1 制图的内容

完整的室内设计图纸包括施工图和效果图。施工图一般包括图纸目录、设计说明、原始房型图、平面布置图、顶棚平面图、立面图、剖面图、设计详图等；而效果图是用三维技术结合施工图内容，将设计方案立体化、形象化。

1. 图纸目录

通过图纸目录可以了解设计的整体情况，例如，图纸数量、出图大小、工程号和设计单位。如果图纸目录与实际图纸有出入，必须核对情况。

2. 设计说明

设计说明是设计师对项目整体设计思路进行的简要说明，它是设计方案形成的重要依据。设计说明的内容包括项目的基本情况、设计风格、设计构想、各类材料说明、各类施工工艺简要概述等。

3. 原始房型图

设计师在量房之后需要将测量结果用图纸表示出来，包括房型结构、空间关系、尺寸等，这是进行室内装潢设计的第一张图，即原始房型图。

4. 平面布置图

平面布置图是室内装饰施工图中的关键图纸，是其他图纸的基础。从平面布置图中可以对室内设施进行准确的定位并精准地确定规格的大小，从而为室内设施设计提供依据。

5. 顶棚平面图

顶棚平面图主要用于表示天花板各种装饰平面的造型、藻井、花饰、浮雕和阴角线的处理形式、施工方法，以及灯具的类型、安装位置等。

6. 立面图

立面图是展现家具、电器的平面空间位置，立面图则是反映竖向的空间关系。立面图应绘制出对墙面装饰要求，墙面上的附加物，家具、灯、绿化、隔屏要表现清楚。

7. 剖面图

剖面图平行于某空间立面方向。假设用一个剖切平面将物体水平或垂直切开，所得到的剖切面就是剖面图。剖面图包括被垂直削切面剖到的部分，也包括虽然未剖到但能看到的部分，如门、窗、家具，以及设备与陈设等。

8. 设计详图及其他配套图纸

设计详图是根据施工需要将部分图纸放大，并绘制出其内部结构和施工工艺的图纸。一个工程需要绘制多少设计详图、绘制哪些部位的设计详图，要根据设计情况、工程大小和复杂程度而定。设计详图是指局部详细图样，由大样图、节点图和断面图3部分组成。其他配套图纸包括电路图、给排水图等专业设计图纸。

9. 效果图

室内设计效果图是设计师为了表达创意构思，利用三维制作软件将其进行形象化再现的结果。它通过对物体的造型、结构、色彩、质感等诸多元素进行描绘，真实地展现设计师的创意，使人们更清楚地了解设计的构造和材料。

1.2.2 制图规范

1. 图纸规范

图纸幅面（简称"图幅"）是指图纸的大小。标准的图纸以A0号图纸（841 mm×1 189 mm）为幅面基准，通过对折分为5种规格，如表1-1所示。图框是在图纸中限定绘图范围的边界线。

表1-1 图纸幅面规格

幅面尺寸 / mm		幅面代号				
		A0	A1	A2	A3	A4
尺寸代号	$B×L$	841×1 189	594×841	420×594	297×420	210×297
	c	10			5	
	a	25				

其中，B为图幅短边尺寸，L为图幅长边尺寸，a为装订边尺寸，其余三边尺寸为c。图纸以短边作为垂直边，称作"横式"；以短边作为水平边，称作"立式"。一般A0～A3图纸宜用横式，必要时也可用立式。一张专业的图纸不宜采用多于两种的幅面，目录及表格所采用的A4幅面不受此限制。

加长尺寸的图纸只允许加长图纸的长边，短边不得加长，如表1-2所示。

表1-2 图纸长边加长后的尺寸

幅面代号	长边尺寸 / mm	长边加长后尺寸 / mm
A0	1 189	1 486，1 635，1 783，1 932，2 080，2 230，2 378
A1	841	1 051，1 261，1 471，1 682，1 892，2 102
A2	594	743，891，1 041，1 189，1 338，1 486，1 635，1 783，1 932，2 080
A3	420	603，841，1 051，1 261，1 471，1 682，1 892

2. 标题栏

图纸的标题栏（简称"图标"）是将工程图的设计单位名称、工程名称、图名、图号、设计证号及设计人、制图人、审核人等的签名和日期等集中罗列的表格。根据工程需要确定其尺寸，如图1-5所示。

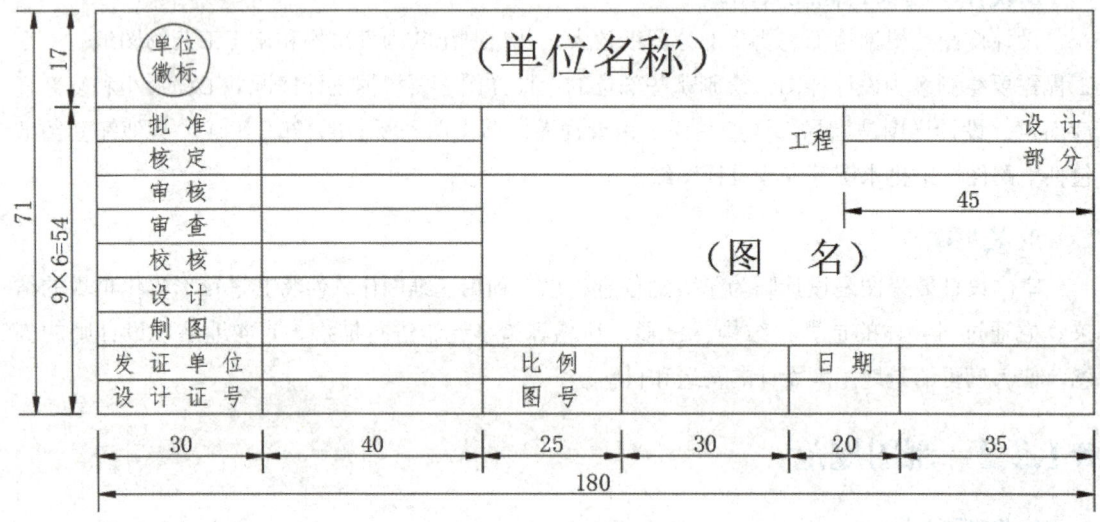

图 1-5 标题栏

3. 会签栏

会签栏是为各种工种负责人签字所列的表格，如图1-6所示。会签栏内应填写会签人的专业、姓名、日期。一个会签栏不够时可另加一个，两个会签栏应并列。不需会签的图纸可不设会签栏。

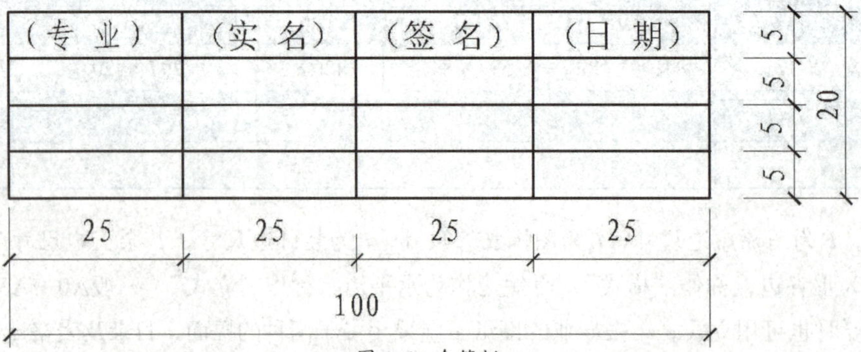

图 1-6 会签栏

4. 图纸比例

图样在图纸上应按照比例绘制。通过比例在图幅上真实地体现物体的实际尺寸。比例的符号为"：",比例的前项和后项以阿拉伯数字表示,如1：1、1：2、1：100等,比例宜注写在图名的右侧,前项和后项的基准线应取平,字号宜比图名的字号小一号或小两号。图纸的比例针对不同类型有不同的要求,如总平面图的比例一般采用1：500、1：1 000、1：2 000。此外,不同的比例下对图样绘制的深度也有所不同,如表1-3所示为常用图纸比例和可用图纸比例。

表1-3　常用图纸比例和可用图纸比例

常用图纸比例	1：1	1：2	1：5	1：25	1：50	1：100
	1：200	1：500	1：1 000	1：2 000	1：5 000	1：10 000
可用图纸比例	1：3	1：15	1：60	1：150	1：300	1：400
	1：600	1：1 500	1：2 500	1：3 000	1：4 000	1：6 000

5. 图线

所有图样是由图线组成的,为了表达工程图样的不同内容,并能够分清主次,必须使用线型和线宽不同的图线,如表1-4所示为常用图线属性。

表1-4　常用图线属性

名　称	形　　式	相对关系	用　　途
粗实线	———	b（0.5～2 mm）	图框线、标题栏外框线
细实线	———	$b/3$	尺寸界线、剖面线、重合剖面的轮廓线、分界线、辅助线
虚线	- - - - -	$b/3$	不可见轮廓线、不可见过渡线
细点画线	—·—·—	$b/3$	轴线、对称中心线、轨迹线、节线
双点画线	—··—··—	$b/3$	相邻辅助零件的轮廓线、极限位置的轮廓线
折断线	—⋀—	$b/3$	断裂处的分界线
波浪线	～～	$b/3$	断裂处的边界线、视图和剖视的分界线

- 相互平行的图线,其间隙不宜小于其中粗线的宽度,并且不宜小于0.7 mm。
- 虚线、单点长画线或双点长画线的线段长度和间隔,宜各自相等。
- 单点长画线或双点长画线的两端不应是点,而应是线段。点画线与点画线交接或点画线与其他图线交接时,应是线段交接。
- 虚线与虚线交接或虚线与其他图线交接时,应是线段交接。特殊情况,虚线为实线的延长线时,不得与实线连接。
- 较小图形中绘制单点长画线或双点长画线有困难时,可用实线代替。
- 图线不得与文字、数字或符号重叠、混淆,不可避免时应首先保证文字等的清晰,断开相应图线。

6. 字体

绘制设计图和设计草图时，除了要选用各种线型绘制物体，还要用最直观的文字将它表现出来，标明其位置、大小和说明施工技术要求。文字与数字，包括各种符号的注写是工程图的重要组成部分，对于表达清楚的施工图和设计图来说，适合的线条质量加上漂亮的注字是必须的。

- 文字的高度选用3.5 mm、5 mm、7 mm、10 mm、14 mm、20 mm。
- 图样及说明中的汉字宜采用长仿宋体，也可以采用其他字体，但要容易辨认。
- 汉字的字高应不小于3.5 mm，手写汉字的字高一般不小于5 mm。
- 字母和数字的字高不应小于2.5 mm。与汉字并列书写时，其字高可使用小一至二号。
- 为了避免与图纸上的1、0和2相混淆，拉丁字母中的I、O、Z不得用于轴线编号。
- 分数、百分数和比例数的注写，应采用阿拉伯数字和数字符号，例如，"四分之三""百分之二十五""一比二十"应分别写成"3/4""25%""1∶20"。

7. 尺寸标注

在图样上，除了绘制物体及其各部分的形状外，还必须准确、详尽、清晰地标注尺寸以确定物体及其各部分的大小，从而将其作为施工时的依据。图样上的尺寸由尺寸线、尺寸界线、尺寸起止符号和尺寸数字组成。

- **尺寸线**：应用细实线绘制，一般与被注长度平行。图样本身的任何图线不得用作尺寸线。
- **尺寸界线**：应用细实线绘制，与被注长度垂直，其一端应距离图样轮廓线不小于2 mm，另一端宜超出尺寸线2～3 mm。必要时图样轮廓线可用作尺寸界线。
- **尺寸起止符号**：一般用中粗斜短线绘制，其倾斜方向应与尺寸界线成顺时针45°角，长度宜为2～3 mm。
- **尺寸数字**：图样上的尺寸应以数字为准，不得从图上直接取量。

8. 制图符号

施工图具有严格的符号使用规则，这种专用的行业语言是保证不同施工人员能够读懂图纸的必要手段。

（1）索引符号

在详图的平、立、剖面图中，由于采用比例较小，对于物体的很多细部（如窗台、楼地面层等）和构配件（如栏杆扶手、门窗、各种装饰等）的构造、尺寸、材料、做法等无法清晰表示，因此，需要将这些图纸上无法表达的部位用较大比例绘制出详图。

为了对这些详图编号，需在图纸中标出图样的索引符号和图样符号，如图1-7所示。索引符号的圆及直径均应以细实线绘制，圆的直径应为10 mm。

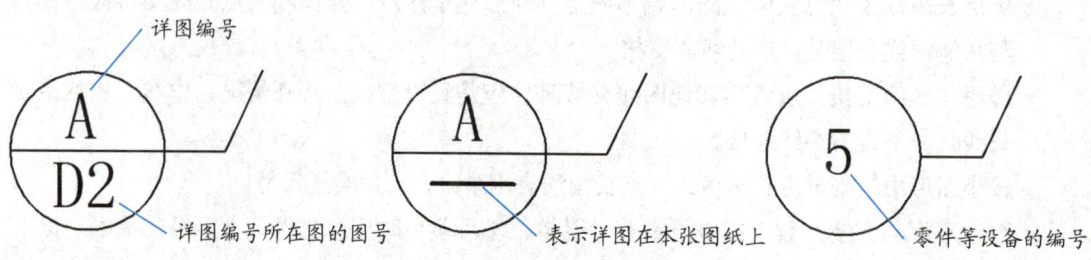

图1-7 索引符号

(2) 详图符号

被索引详图的位置和编号应以详图符号表示。圆用粗实线绘制，直径为14 mm，圆内横线用细实线绘制。详图与被索引的图样在同一张图纸内时，应在详图符号内用阿拉伯数字注明详图的编号。详图与被索引的图样不在同一张图纸内时，应用细实线在详图符号内绘制一水平直线，在圆的上半部分注明详图编号，在圆的下半部分注明被索引的图纸的编号，如图1-8所示。

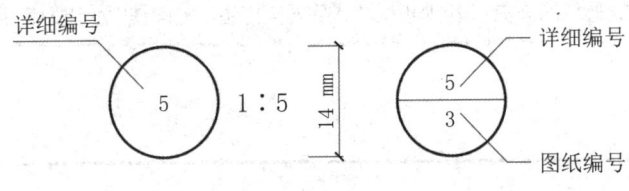

图1-8 详图符号

(3) 立面索引符号

为表示室内立面在平面上的位置，应在平面图中用立面索引符号注明视点位置、方向及立面的编号。立面索引符号由直径为8～12 mm、以细实线绘制的圆构成，并以三角形为投影方向。圆内直线以细实线绘制，在圆的上半部分用字母标示视点方向，在圆的下半部分标示当前图纸的图号，如图1-9所示。在实际应用中对立面索引符号也可扩展灵活使用。

图1-9 立面索引符号

(4) 标高符号

标高符号应以等腰直角三角形表示，用细实线绘制。一般以室内一层地坪高度为标高的相对零点位置，低于该点时前面要标上负号，高于该点时不加任何符号。需要注意的是，相对标高以m（米）为单位，标注到小数点后3位，如图1-10所示。

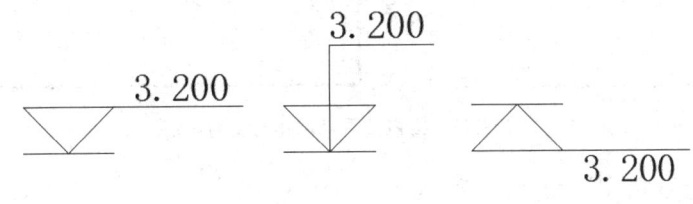

图1-10 标高符号

(5) 引出线

引出线用细实线绘制，宜采用水平方向的直线、与水平方向成30°、45°、60°、90°的直线，或经上述角度再折为水平线。文字说明宜注写在水平线的上方，也可写在端部，索引详图的引出线应与水平直径线相连接。同时引出几个相同部分的引出线时宜互相平行，也可以画成集中于一点的放射线。引出线如图1-11所示。

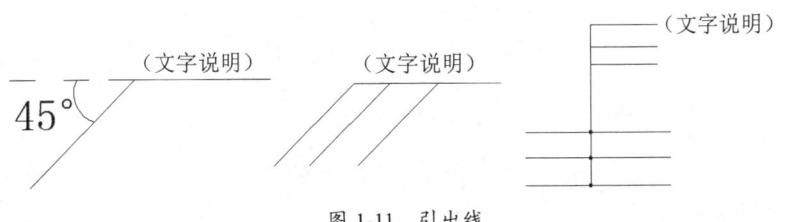

图1-11 引出线

> **拓展阅读**
>
> **设计的温度——从"以人为本"到社会责任**
>
> 中国古代建筑讲究"天人合一",如《园冶》中提出的"巧于因借,精在体宜",强调设计与环境的和谐共生。现代室内设计师更应思考:如何通过空间布局缓解城市人群的"孤独感"?北京胡同改造中,设计师保留老墙砖砌筑通风口,既解决采光问题又延续历史记忆。这启示我们:设计不仅是功能的实现,更是对社会需求的回应,对文化脉络的守护。设计师应以"人民对美好生活的向往"为出发点,用专业技能服务社会。

课后作业

1. 了解室内各空间尺度的关系

查阅各类室内相关书籍或资料,了解室内空间与人体尺度之间的关系,如图1-12所示(图中所用尺寸单位为mm)。

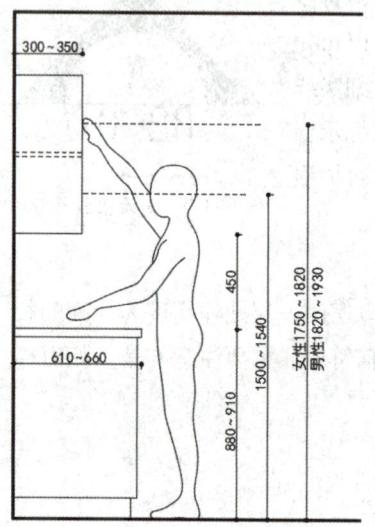 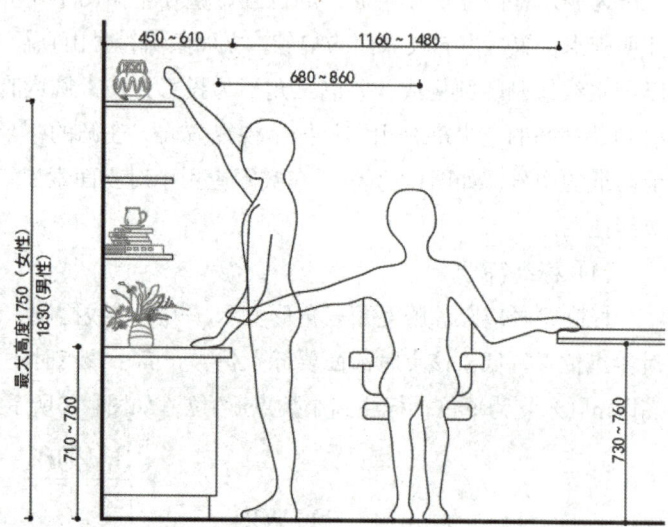

图 1-12 室内空间与人体尺度的关系

2. 了解常用室内设计绘图软件

了解各类室内设计绘图软件,下载并安装AutoCAD 2022。

> **操作提示**
>
> - 常用室内设计绘图软件包括AutoCAD、3ds Max、Photoshop、草图大师等。
> - 在Autodesk官方网站下载AutoCAD 2022,按照程序的安装提示进行安装。

模块 2

AutoCAD 绘图基础

内容概要

学习 AutoCAD 是室内设计绘图软件的入门必修课之一。在学习绘图前，首先要对 AutoCAD 有一个大致了解，例如软件的工作界面、基本功能等。本模块将以 AutoCAD 2022 为操作平台，介绍软件入门的相关知识。

知识要点

- 认识 AutoCAD。
- 掌握绘图文件的新建与保存。
- 了解坐标系统。
- 掌握视图控制功能。
- 掌握捕捉与测量功能。
- 掌握图层管理功能。

数字资源

【本模块素材】："素材文件\模块2"目录下

2.1 认识AutoCAD

AutoCAD是目前较为主流的计算机辅助设计软件，它集二维制图、三维造型、渲染着色、互联网通信等功能于一体，是制造业领域的必备绘图技能。

2.1.1 AutoCAD应用领域

AutoCAD具有绘制二维/三维图形、标注图形、协同设计、管理图纸等功能，并被广泛应用于机械、建筑、电子、航天、石油、化工、地质等领域。

1. 建筑、室内工程领域

在设计建筑或室内方案时，先绘制出基本设计方案，再通过方案的细化及深入，绘制出标准施工图纸，施工人员则根据施工图纸实施该方案。在整个方案设计的过程中少不了AutoCAD的应用。

2. 机械设计领域

在机械设计领域中也经常会使用到AutoCAD。例如，在机械零件与装配图的设计中，就少不了该软件的应用。该软件彻底更新了设计手段和设计方法，摆脱了传统设计模式的束缚，引进了现代设计观念，促进了机械制造业的高速发展。

3. 电气工程领域

电气设计的最终产品是图纸。作为设计人员，需要基于功能或美观方面的要求创作出新产品，并需要具备一定的设计概括能力，可以利用AutoCAD绘制出设计图纸。

2.1.2 AutoCAD工作界面

下面以AutoCAD 2022为例，对该软件的工作界面及主要功能进行简单介绍。

启动AutoCAD 2022，进入开始界面，在此可选择打开的图纸文件，也可新建图纸文件，如图2-1所示。

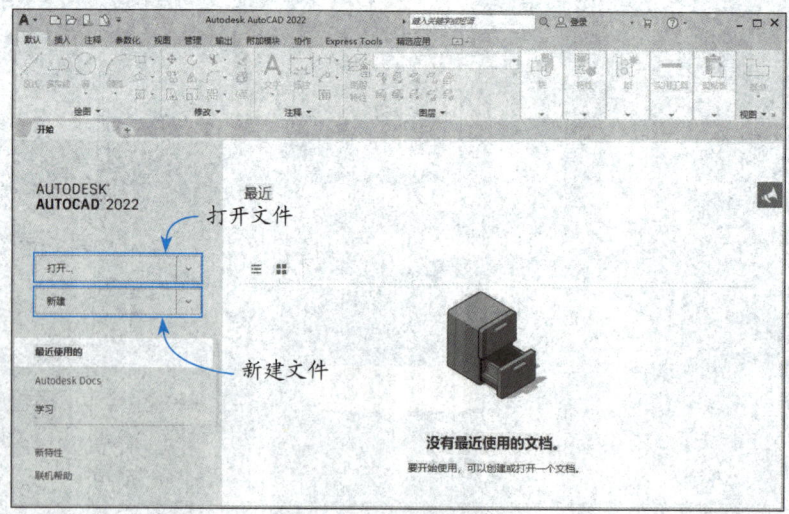

图 2-1 AutoCAD 开始界面

模块2 AutoCAD绘图基础

打开图纸文件后，系统进入工作界面，如图2-2所示（AutoCAD 2022默认工作界面为"暗"色，本图为"明"色）。该界面主要是由"菜单浏览器"按钮、标题栏、功能区、文件选项卡标签、绘图区、命令行、状态栏等组成。

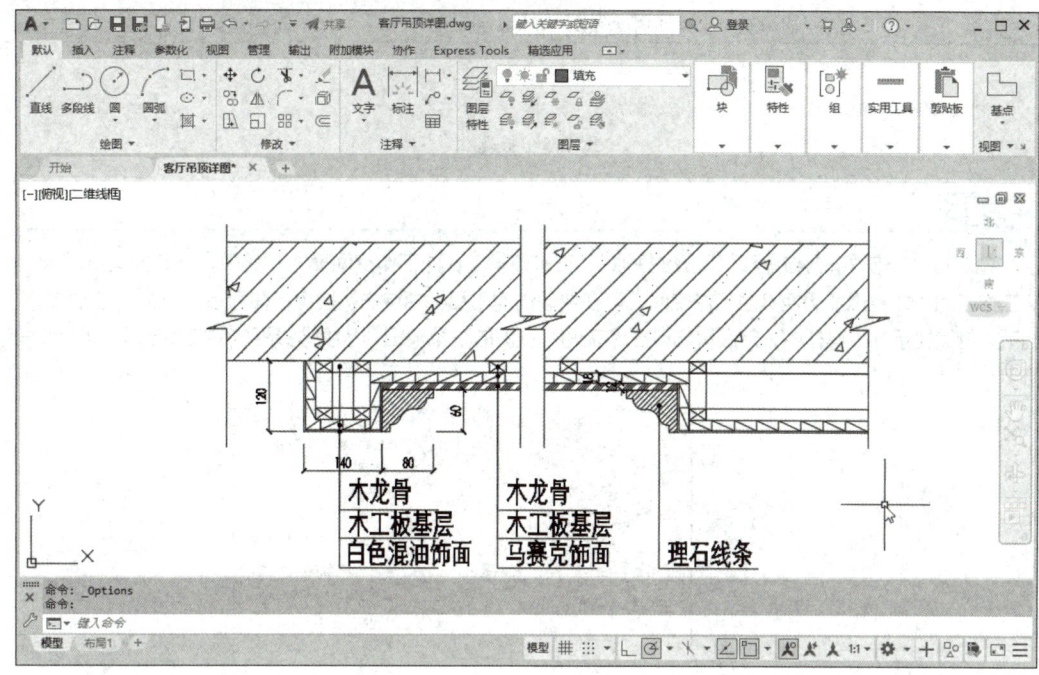

图 2-2　工作界面

1."菜单浏览器"按钮

"菜单浏览器"按钮位于工作界面的左上角，单击该按钮，可展开菜单浏览器，如图2-3所示。通过菜单浏览器，可进行新建、打开、保存、输入、输出、发布、打印、关闭等操作。

在该界面中单击"选项"按钮，在打开的"选项"对话框中可对一系列的系统配置选项进行调整，如图2-4所示。

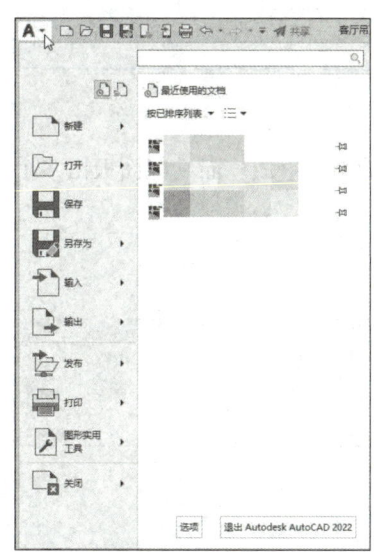

图 2-3　菜单浏览器

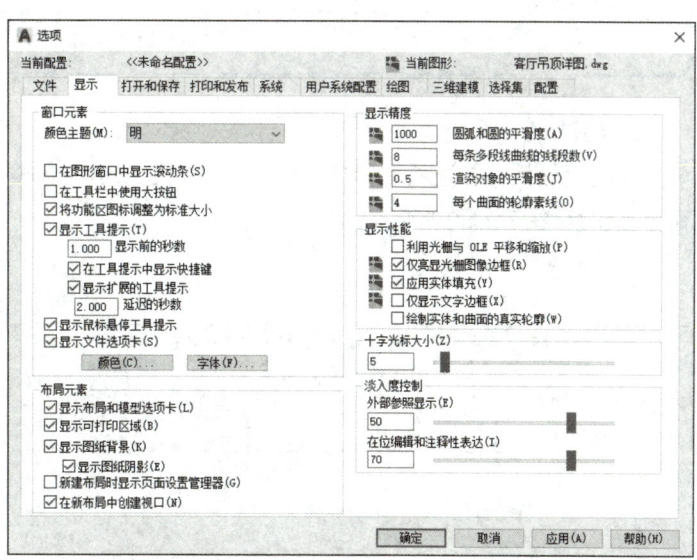

图 2-4　"选项"对话框

2. 标题栏

标题栏位于工作界面的最上方，它由快速访问工具栏、共享、文件标题、搜索栏、登录、Autodesk Online服务和窗口控制按钮组成，如图2-5所示。

图2-5 标题栏

> **知识点拨**
>
> AutoCAD有"草图与注释""三维基础""三维建模"3种工作空间模式。其中，"草图与注释"为默认工作空间。如果想要切换其他工作空间，可在快速访问工具栏中单击 ▼ 按钮，在列表中勾选"工作空间"选项，将其显示在工具栏中，然后单击"工作空间"右侧的下拉按钮，从中选择相应的空间选项，如图2-6所示。
>
>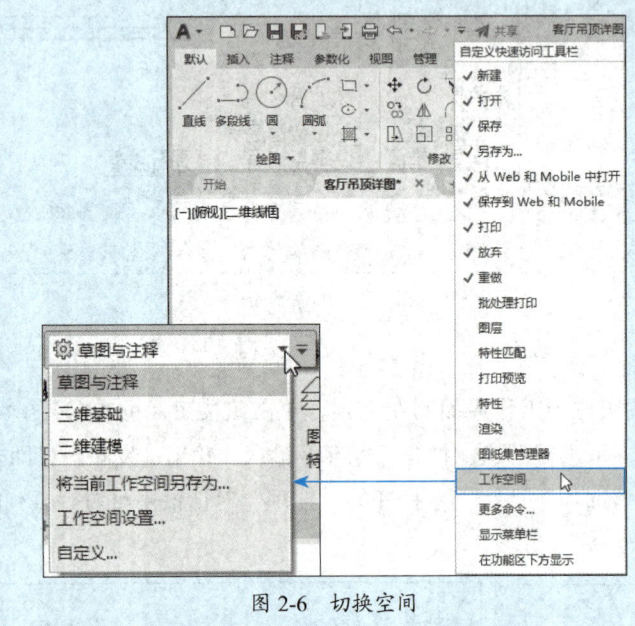
>
> 图2-6 切换空间

3. 功能区

功能区包括功能选项卡和功能面板。功能选项卡由各类功能面板组成，而功能面板由多个命令按钮组成，如图2-7所示。

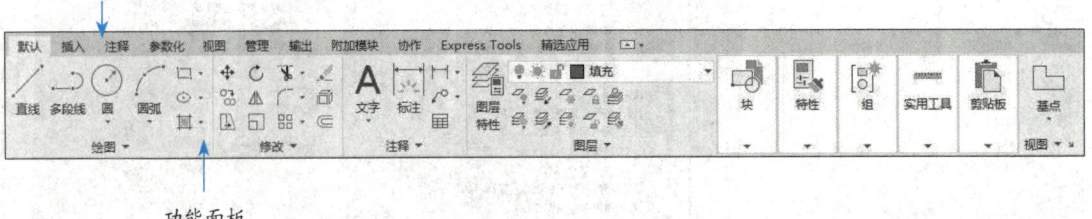

图2-7 功能区

4. 文件选项卡

文件选项卡位于功能区的下方。右击该选项卡标签，可进行新建、打开、保存、关闭等操作，如图2-8所示。

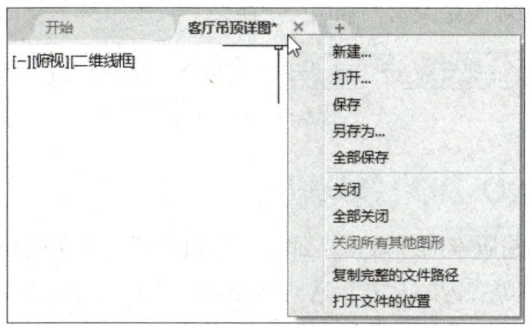

图 2-8　文件选项卡标签

5. 绘图区

绘图区位于工作界面的中央，图形的绘制与修改就是在此区域内进行操作的。在绘图区中除了显示当前绘图结果外，还显示当前使用的坐标轴、视图控件、视图角度、视图显示工具栏和十字光标，如图2-9所示。

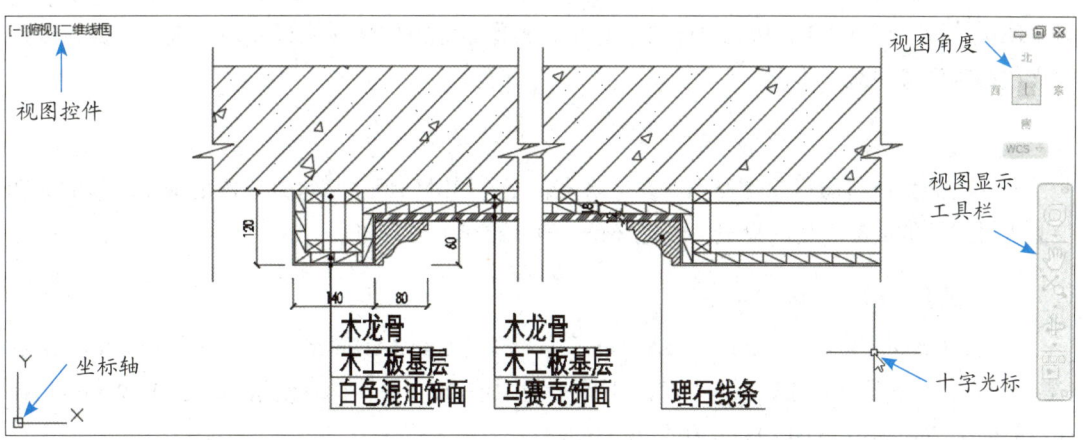

图 2-9　绘图区

6. 命令行

可通过命令行输入命令，并执行该命令，如图2-10所示。一般情况下，命令行位于绘图区的下方，拖动命令行可更改命令行的位置和大小，如图2-11所示。

图 2-10　命令行

图 2-11　更改命令行

7. 状态栏

状态栏用于显示当前状态。在状态栏左侧会显示"模式"和"布局"两个绘图环境标签，通过单击可切换绘图环境。在状态栏右侧会显示一系列辅助绘图工具，其中包括调整坐标轴显示、绘图捕捉工具、控制视图显示等，如图2-12所示。

图 2-12　状态栏

2.1.3　AutoCAD 2022新增功能

AutoCAD 2022在以往版本的基础上增加了一些新功能。除了酷炫的UI界面主题色调外，还包括跟踪、计数和共享等在内的功能，这些功能简化了AutoCAD在如今的数字互联工作流程中的使用，并结合自动化功能加快了设计过程。

1. 跟踪

使用跟踪（TRACE）功能，可以将反馈安全地添加到DWG文件中，而无需更改现有工程图，有助于与队友更快速地协作。

2. 计数

使用计数（COUNT）功能可以自动按层、镜像状态或比例对块或几何体进行计数，以加快文档编制任务并减少错误。

3. 共享

共享功能允许将图形的受控副本发给队友，无论何时何地，都可以为需要编辑功能的人和仅需查看文件的人建立访问权限，以更轻松、更安全地共享图纸。

4. 推送到Autodesk Docs

通过将CAD图纸以PDF格式直接从AutoCAD LT（AutoCAD简化版）发布到Autodesk Docs（基于云的文档管理和通用数据环境），可更快地生成PDF。另外，可使用AutoCAD Web应用程序在任何地方访问Autodesk Docs中的DWG文件。

5. 浮动窗口

在AutoCAD的同一实例中，打开工程图窗口可以并排显示或在单独的显示器上显示多个工程图，每个窗口均具有全部查看或编辑功能。

2.2　新建、打开与保存图形文件

在进行绘图前，有必要先了解图形文件的基本操作。例如，图形文件的新建、打开、保存等。

2.2.1　新建图形文件

在开始界面中单击"新建"按钮，可新建一个名为"Drawing1.dwg"的空白图形文件。此外，单击文件选项卡标签右侧的"+"按钮，也可快速新建图形文件，如图2-13所示。

模块2　AutoCAD绘图基础

图 2-13　单击"+"按钮

■2.2.2　打开图形文件

在开始界面中单击"打开"按钮，在"选择文件"对话框中选择所需图形文件，单击"打开"按钮，如图2-14所示。

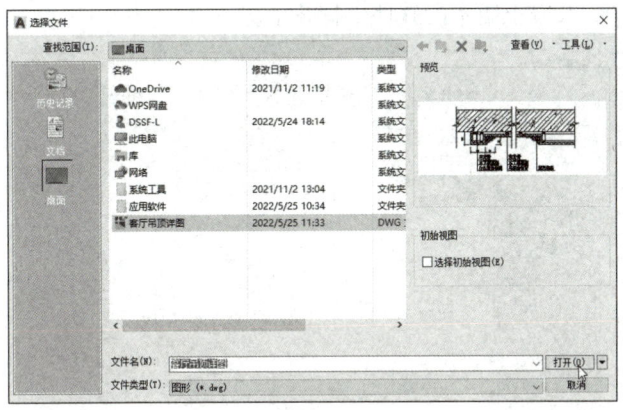

图 2-14　"选择文件"对话框

> **知识点拨**
> 在命令行中输入"OPEN"，按回车键，也能够打开"选择文件"对话框。

■2.2.3　保存图形文件

可直接按Ctrl+S组合键进行保存。如果要保留原文件，可以将当前文件重新命名保存，右击当前文档的文件选项卡标签，在下拉列表中选择"另存为"选项，如图2-15所示。在"图形另存为"对话框中设置文件名及保存路径，如图2-16所示，单击"保存"按钮即可。

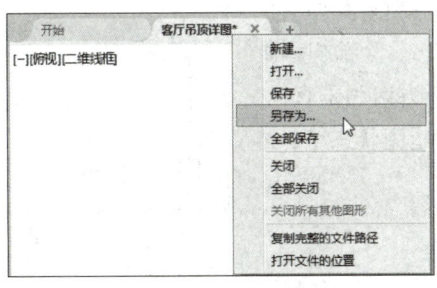

图 2-15　选择"另存为"选项

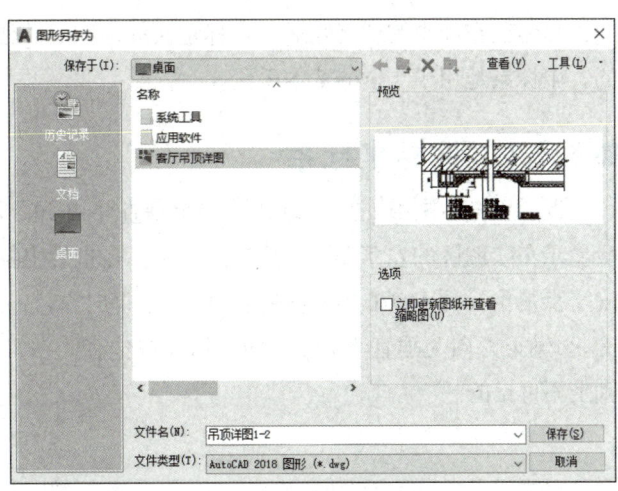

图 2-16　"图形另存为"对话框

· 19 ·

上手操作 将文件保存为低版本

高版本软件可以打开低版本文件，而低版本软件无法打开高版本文件。如果当前软件版本在2022以下，想要打开高版本的文件，就需要在高版本软件中进行设置。

步骤 01 在工作界面中右击当前文件的文件选项卡标签，在下拉列表中选择"另存为"选项，打开"图形另存为"对话框。

步骤 02 单击"文件类型"右侧的下拉按钮，根据现有软件版本，选择相应版本号，例如选择"AutoCAD 2004/LT2004图形（*.dwg）"选项，如图2-17所示，单击"保存"按钮。此时，该文件即可在AutoCAD 2004及以上版本的软件中打开了。

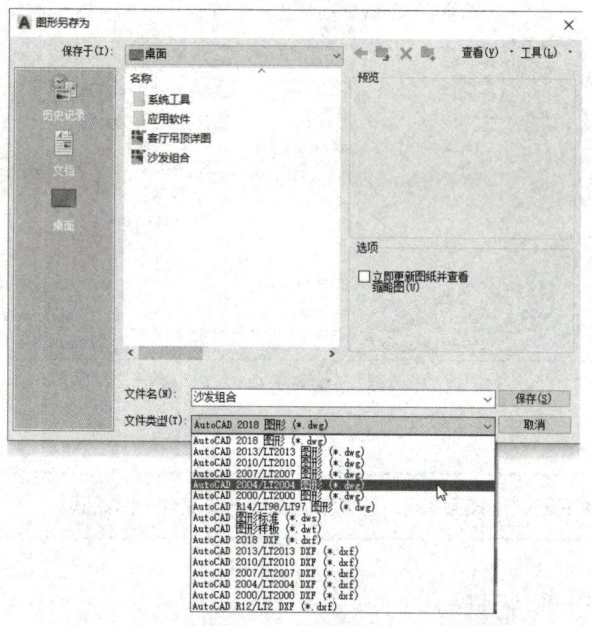

图 2-17　设置"文件类型"

2.3　认识坐标系统

物体在空间中的位置是通过坐标定义的。AutoCAD也是以这种定位方式来确定图形的位置的，坐标系是用于定位的基本手段。

■2.3.1　世界坐标系

世界坐标系是由x轴、y轴和z轴3个垂直并相交的坐标轴构成的，一般显示在绘图区的左下角，如图2-18所示。在世界坐标系中，x轴和y轴的交点是坐标原点$O(0,0)$，x轴正方向为水平向右，y轴正方向为垂直向上，z轴正方向为垂直于xOy平面并指向操作者。在二维绘图状态下，z轴是不可见的。

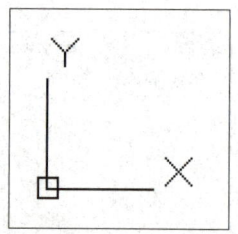

图 2-18　世界坐标系

■2.3.2 用户坐标系

可以根据需要创建无限多的坐标系,这些坐标系被称为"用户坐标系"。例如,在进行三维建模时,固定不变的世界坐标系已经无法满足用户的需要,故而系统定义了一个可以移动的用户坐标系(简称"UCS"),可在需要的位置设置原点和坐标轴的方向,更加便于绘图。在默认情况下,用户坐标系和世界坐标系完全重合,但是用户坐标系的图标少了原点处的小方格,如图2-19所示。

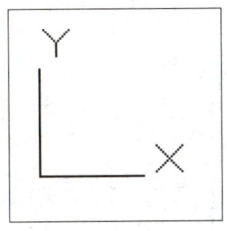

图 2-19 用户坐标系

2.4 控制界面视图

在绘图过程中为了更好地观察与绘制图形,需要对视图进行缩放、平移等操作。

■2.4.1 缩放视图

在绘图过程中,若想放大视图,可以向上滚动鼠标中键;若向下滚动鼠标中键,则为缩小视图。

此外,还可以通过缩放工具进行更加精确的操作。在绘图区右侧的视图显示工具栏中单击"范围缩放"下方的下拉按钮,从列表中选择所需缩放选项即可,如图2-20所示。

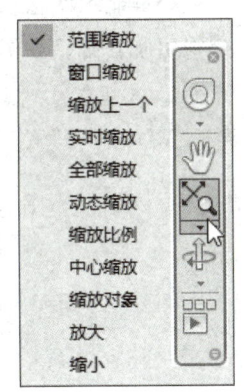

图 2-20 缩放选项

各缩放选项含义如下:
- **范围缩放**:缩放以显示图形范围并使所有对象最大化显示。
- **窗口缩放**:缩放显示由两个角点定义的矩形窗口框定的区域。
- **缩放上一个**:缩放显示上一视图,最多可恢复前10个视图。
- **实时缩放**:以光标为缩放基点,对当前视口进行放大或缩小操作。
- **全部缩放**:在当前视口中缩放显示整个图形。
- **动态缩放**:缩放显示在视口中的部分图形。
- **缩放比例**:以指定的比例因子缩放显示。
- **中心缩放**:缩放显示由中心点和放大比例所定义的窗口。高度值较小时,增加放大比例;高度值较大时,减小放大比例。
- **缩放对象**:尽可能大地显示一个或多个选定的对象并使其位于绘图区的中心。
- **放大**:默认将图形按照比例因子为2的数值放大视图。
- **缩小**:默认将图形按照比例因子为2的数值缩小视图。

2.4.2 平移视图

使用平移视图工具可重新定义图形在视图中的显示位置，以便于对图形的其他部分进行浏览或绘制。需注意的是，该命令不会改变图形在视图中的实际位置，仅改变当前绘图区中的显示位置。

按住鼠标中键，此时光标会显示为🖐，拖动光标即可执行平移视图操作，如图2-21所示。

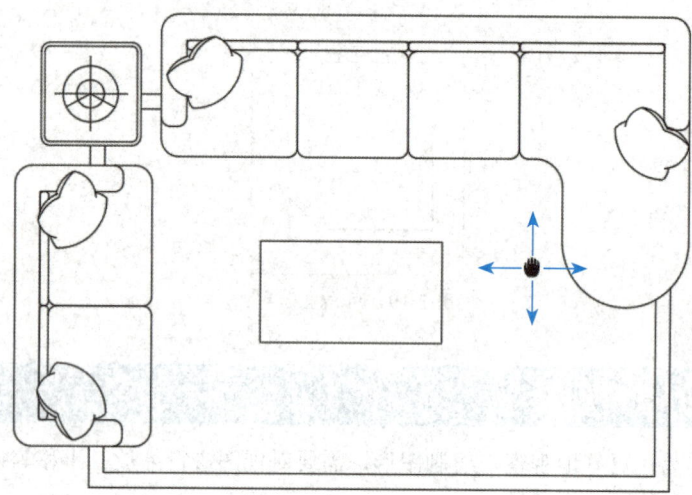

图 2-21　平移视图

2.4.3 全屏显示

全屏显示状态下，工作界面中的功能区会隐藏，并将软件窗口平铺于整个桌面，使绘图区变得更加开阔，如图2-22所示。对于大型图纸来说，该功能有助于更加全面地观察图纸的整体布局。

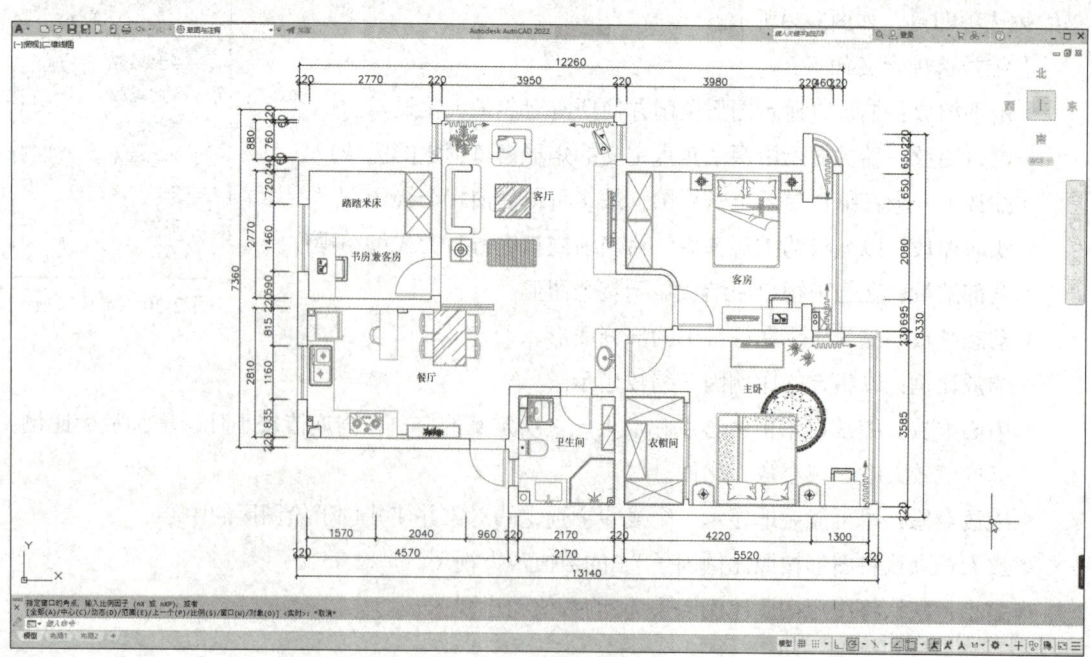

图 2-22　全屏显示

可在状态栏中单击"全屏显示"按钮即可启动全屏显示功能，如图2-23所示。再次单击该按钮，可恢复至上一次窗口显示状态。

图 2-23 "全屏显示"按钮

知识点拨

按 Ctrl+0（数字零）组合键可启动全屏显示功能。

2.5 捕捉与测量功能

在绘图过程中，可使用捕捉和测量功能将光标精确定位至某个特殊的点，或某特殊的距离。

■2.5.1 栅格、捕捉和正交模式

使用捕捉和栅格功能有助于创建和对齐图形中的对象。一般情况下，捕捉和栅格是配合使用的，即捕捉间距与栅格的x、y轴间距分别一致，这样可以保证光标拾取到精确的位置。

1. 栅格

栅格是按照设置的间距显示在图形区域中的点，它能提供直观的距离和位置的参照，类似于坐标纸中方格的作用，栅格只在图形界限内显示。

在状态栏中单击"显示图形栅格"按钮即可开启栅格显示，如图2-24所示。此外，按F7键也可开启栅格显示。

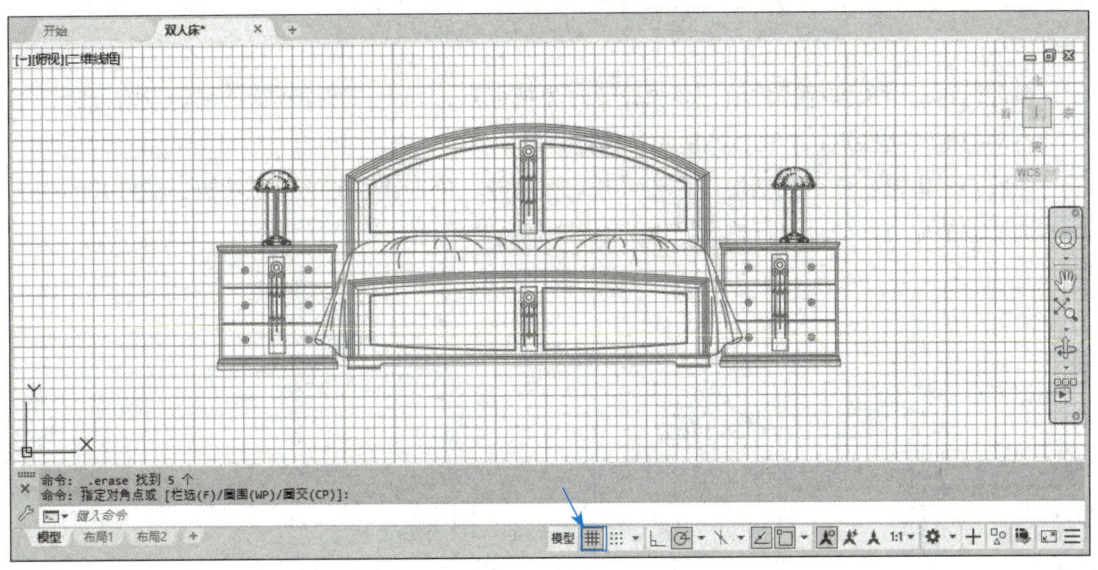

图 2-24 "显示图形栅格"按钮

2. 捕捉

绘图屏幕上的栅格点对光标有吸附作用，开启栅格捕捉后，栅格点即能够捕捉光标，使光标只能落在由这些点确定的位置上，从而只能按照指定的步距移动。

在状态栏中单击"捕捉"按钮即可开启捕捉模式，如图2-25所示。

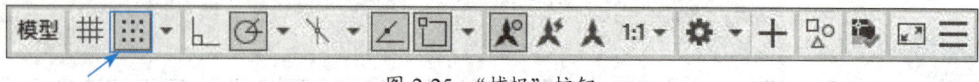

图 2-25 "捕捉"按钮

3. 正交模式

该模式用于在任意角度和直角之间进行切换。使用正交功能，可将光标限制在水平或垂直方向上移动，以便精确地创建和修改对象，取消该模式则可沿任意角度进行绘制。在状态栏中单击"正交限制光标"按钮，可开启正交模式，如图2-26所示。此外，按F8键也可启动该模式。

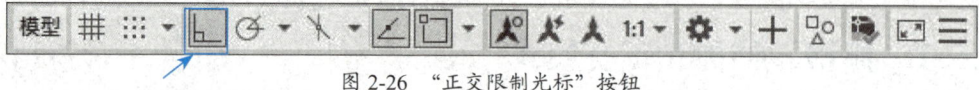

图 2-26 "正交限制光标"按钮

■2.5.2 对象捕捉

对象捕捉是绘图中常用的捕捉功能。它用于精确指定到图形中某个点的位置，例如端点、中心、圆心和交点等。对象捕捉有两种方式，一种是临时对象捕捉，另一种是自动对象捕捉。

临时对象捕捉主要通过"对象捕捉"工具栏实现，执行"工具"→"工具栏"→"AutoCAD"→"对象捕捉"菜单命令，即可打开"对象捕捉"工具栏，如图2-27所示。

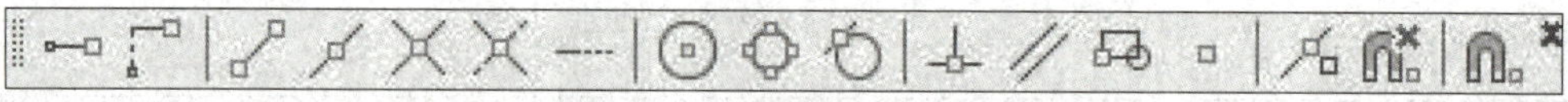

图 2-27 "对象捕捉"工具栏

在进行自动对象捕捉操作前，要先设置对象捕捉点，当光标移动到这些捕捉点附近时，系统会自动捕捉到这些点，如图2-28所示是捕捉线段中点。

在状态栏中单击"对象捕捉"按钮可开启该功能，单击其右侧的下拉按钮，在打开的列表中勾选所需捕捉点，即可进行捕捉操作，如图2-29所示。

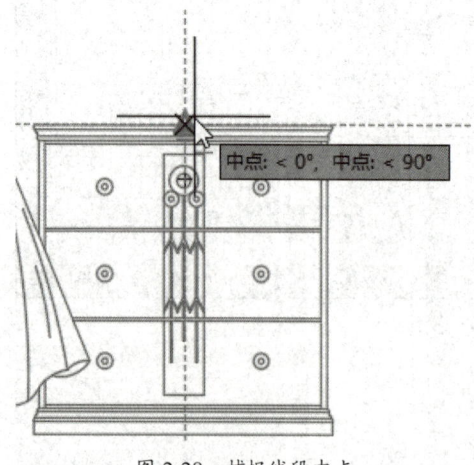

图 2-28 捕捉线段中点

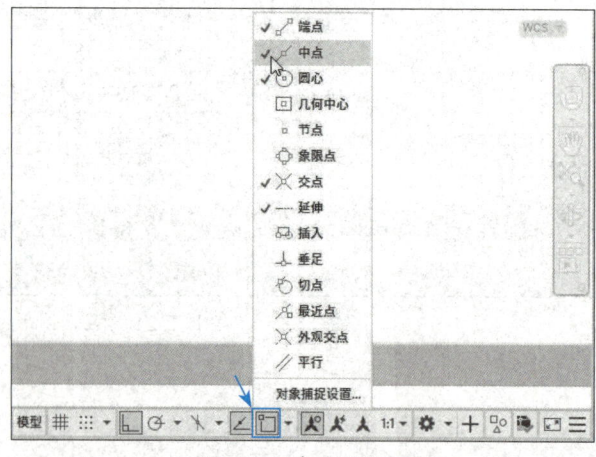

图 2-29 勾选捕捉点

此外，在"对象捕捉"列表中选择"对象捕捉设置"选项，在打开的"草图设置"对话框中也可开启对象捕捉功能，如图2-30所示。

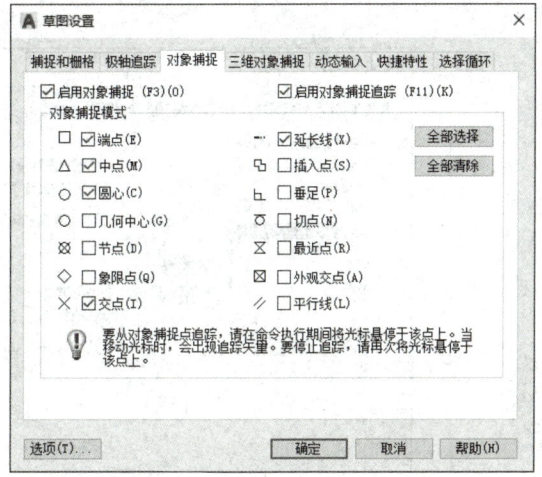

图 2-30 "草图设置"对话框

下面对各捕捉点的含义进行讲解：
- 端点：直线、圆弧、样条曲线、多段线、面域或三维对象的最近端点或角。
- 中点：直线、圆弧和多段线的中点。
- 圆心：圆弧、圆和椭圆的圆心。
- 几何中心：任意闭合多段线和样条曲线的质心。
- 节点：捕捉到指定的点对象。
- 象限点：圆弧、圆和椭圆上0°、90°、180°和270°处的点。
- 交点：实体对象交界处的点。延伸交点不能用作执行对象的捕捉模式。
- 延长线：捕捉直线延伸线上的点。当光标移动对象的端点时，将显示沿对象的轨迹延伸出来的虚拟点。
- 插入点：文本、属性和符号的插入点。
- 垂足：圆弧、圆、椭圆、直线和多段线等的垂足。
- 切点：圆弧、圆、椭圆上的切点。该点和另一点的连线与捕捉对象相切。
- 最近点：离靶心最近的点。
- 外观交点：三维空间中不相交但在当前视图中可能相交的两个对象的视觉交点。
- 平行线：通过已知点并且与已知直线平行的直线的位置。

■2.5.3 极轴追踪

在绘制固定角度的倾斜线段时，可开启极轴追踪功能。在状态栏中单击"极轴追踪"按钮，可开启该功能，如图2-31所示。

图 2-31 "极轴追踪"按钮

单击"极轴追踪"右侧的下拉按钮,在打开的列表中可选择系统预设的角度。如果需要指定某个特殊角度时,可选择"正在追踪设置"选项,在打开的"草图设置"对话框中设置"增量角"数值,如图2-32所示。

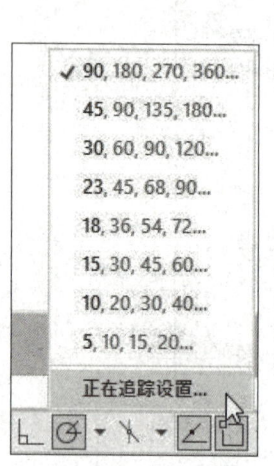
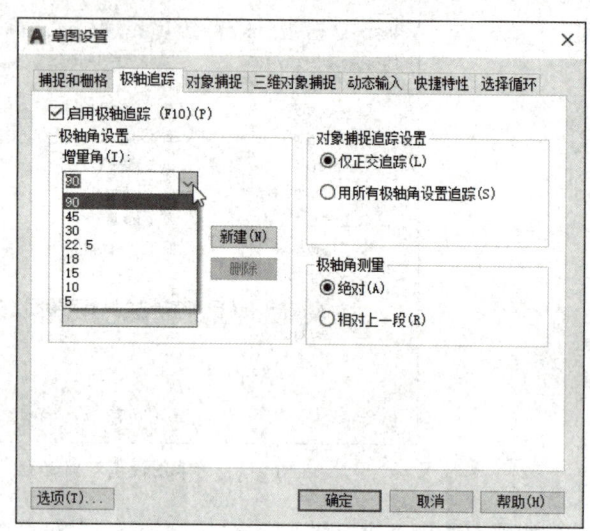

图 2-32 指定特殊角度

上手操作 绘制等边三角形

下面利用极轴追踪功能绘制边长为300 mm的等边三角形。

步骤 01 新建空白文件,在状态栏中单击"对象捕捉"右侧的下拉按钮,在列表中选择"正在追踪设置"选项,打开"草图设置"对话框,如图2-33所示。

扫码观看视频

步骤 02 单击"增量角"文本框,输入"60",单击"确定"按钮,如图2-34所示。

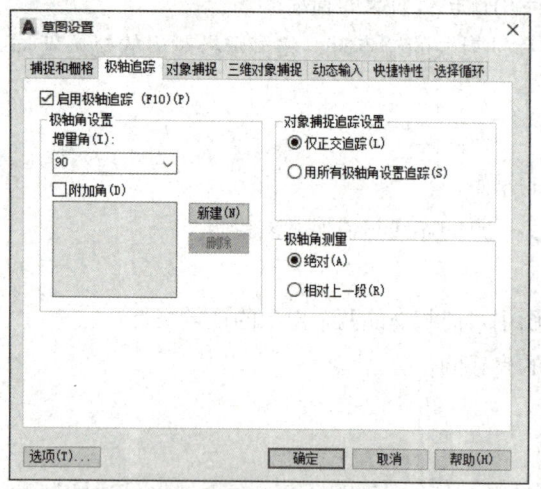
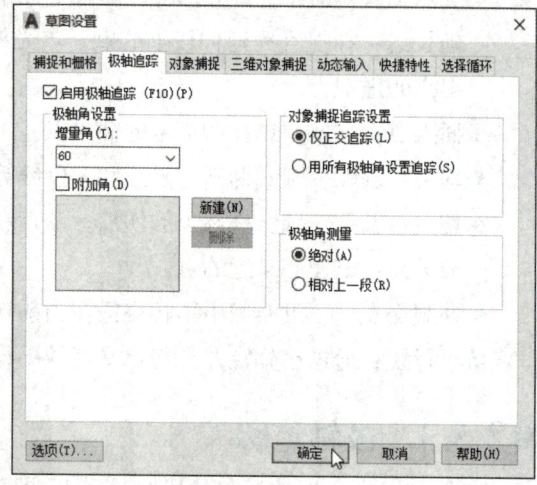

图 2-33 "草图设置"对话框　　　　　图 2-34 设置"增量角"

步骤 03 在命令行中输入"L",按回车键,启动"直线"命令。在绘图区中指定直线的起点,如图2-35所示。

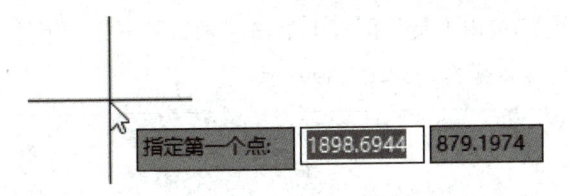

图 2-35　指定起点

步骤 04 向上移动光标,系统会根据设置的增量角自动显示一条辅助线,沿着这条辅助线移动光标,并输入"300",按回车键,绘制三角形的第1条边,如图2-36所示。

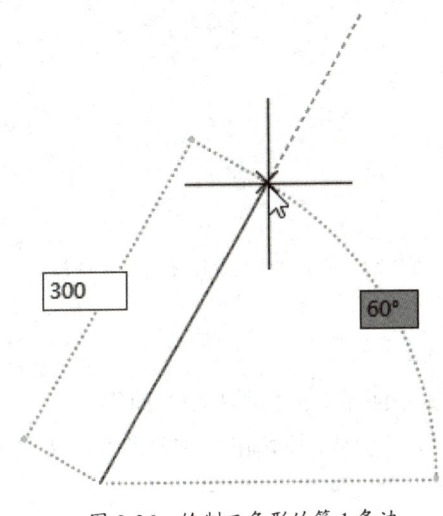

图 2-36　绘制三角形的第 1 条边

步骤 05 沿着辅助线向下移动光标,并输入"300",按回车键,完成三角形第2条边的绘制,如图2-37所示。

步骤 06 向左移动光标,并捕捉直线的端点,按回车键,完成等边三角形的绘制,如图2-38所示。

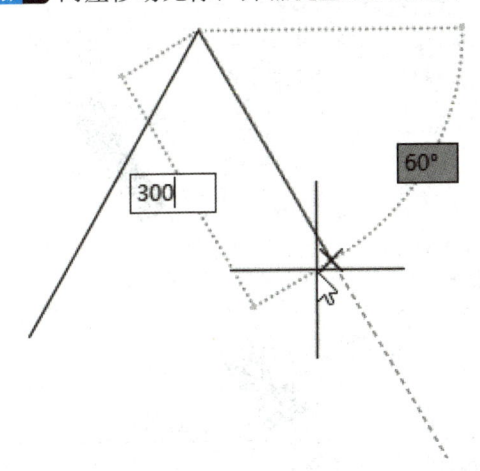

图 2-37　绘制三角形的第 2 条边

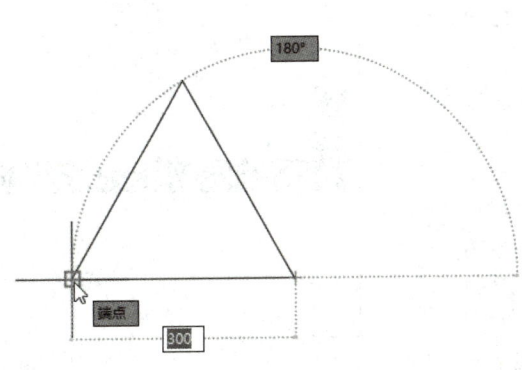

图 2-38　完成等边三角形的绘制

■2.5.4 测量功能

通过测量功能，可以对图形的面积、周长、图形之间的距离和图形面域质量等信息进行测量。

在"默认"选项卡的"实用工具"面板中单击"测量"下方的下拉按钮，在列表中选择所需的测量工具，即可进行测量操作，如图2-39所示。

图 2-39 单击"测量"下方的下拉按钮

上手操作 测量厨房面积

下面利用面积测量功能测量平面图中厨房所占用的面积。

步骤 01 在功能区中单击"测量"下方的下拉按钮，在列表中选择"面积"选项，如图2-40所示。

步骤 02 捕捉厨房区域的第1个测量点，如图2-41所示。

扫码观看视频

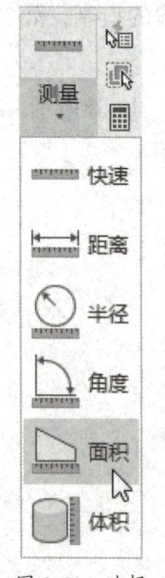

图 2-40 选择"面积"选项

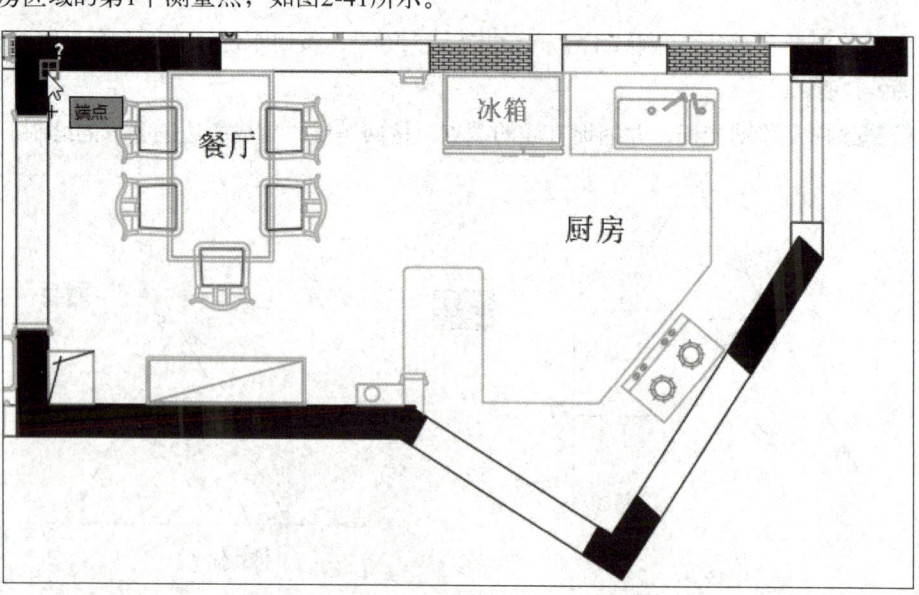

图 2-41 捕捉第 1 个测量点

步骤 03 沿着厨房墙体依次捕捉第2个、第3个测量点,如图2-42所示。
步骤 04 按照同样的捕捉方法,沿着墙体继续捕捉其他测量点,直到捕捉到起始点,按回车键,即可计算出面积结果,如图2-43所示。

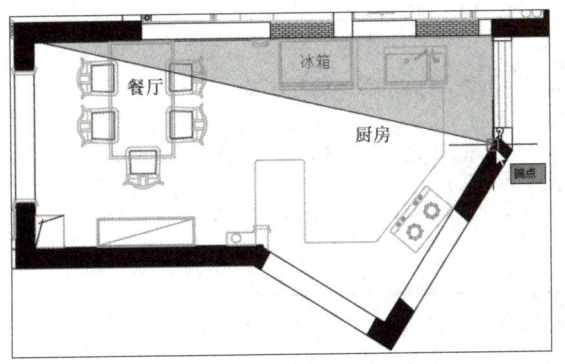

图 2-42 捕捉第 2 个、第 3 个测量点

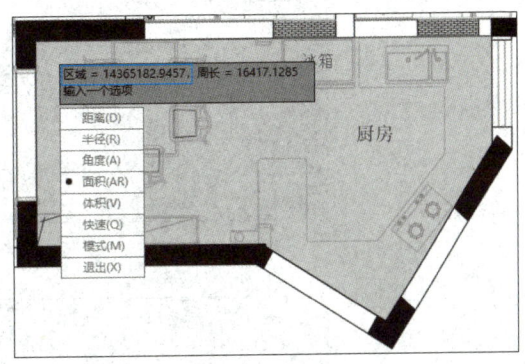

图 2-43 计算面积

2.6 图层管理功能

利用图层设置功能,可将一张图分成若干层,并将表示不同性质的图形分门别类地绘制在不同的图层上,以便于图形的管理、编辑和检查。

■ 2.6.1 创建和删除图层

创建和删除图层,以及对图层的其他管理,都是通过"图层特性管理器"面板来实现的。在"默认"选项卡的"图层"面板中单击"图层特性"按钮,打开"图层特性管理器"面板,如图2-44所示。

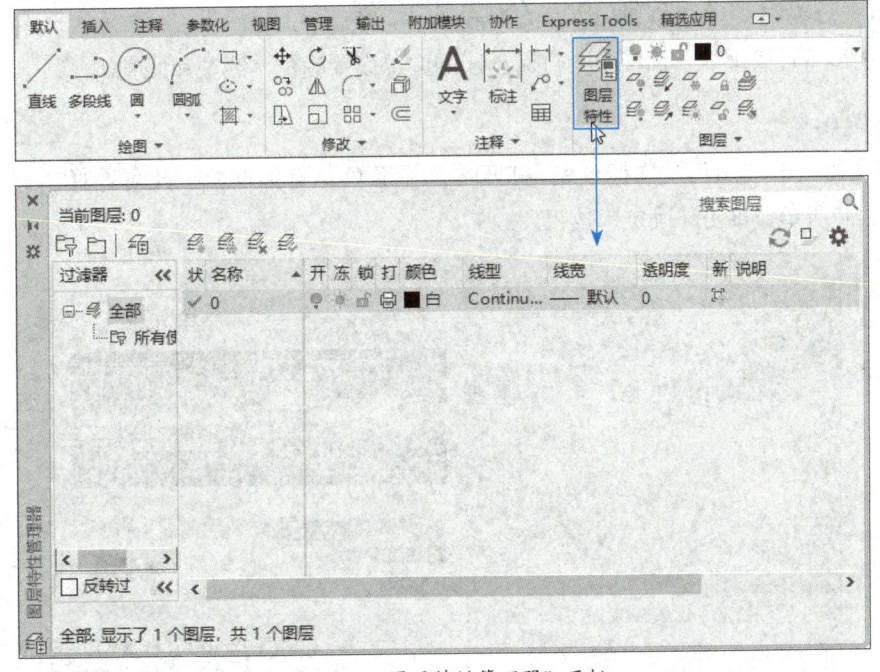

图 2-44 "图层特性管理器"面板

单击"新建图层"按钮，可新建一个图层，如图2-45所示。单击图层的名称，可对图层名称进行重命名，如图2-46所示。

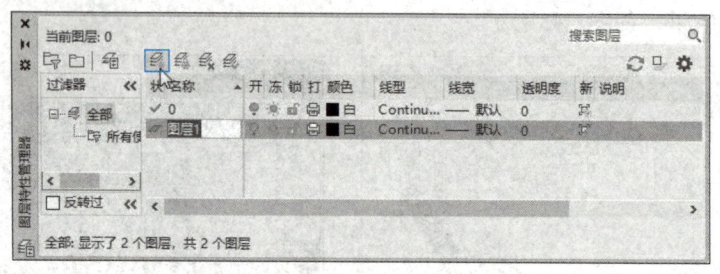

图 2-45　新建图层

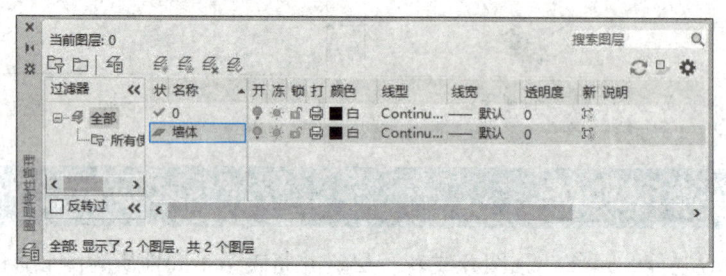

图 2-46　重命名图层

要想删除多余的图层，可选择该图层，按Delete键进行删除。

> **知识点拨**
> 0 图层和当前使用图层是无法删除的。

■2.6.2　设置图层的颜色、线型和线宽

在"图层特性管理器"面板中，可对创建的图层设置颜色、线型和线宽。

1. 设置颜色

单击该图层的"颜色"图标■白，打开"选择颜色"对话框，在此可选择所需的图层颜色，如图2-47所示，单击"确定"按钮。

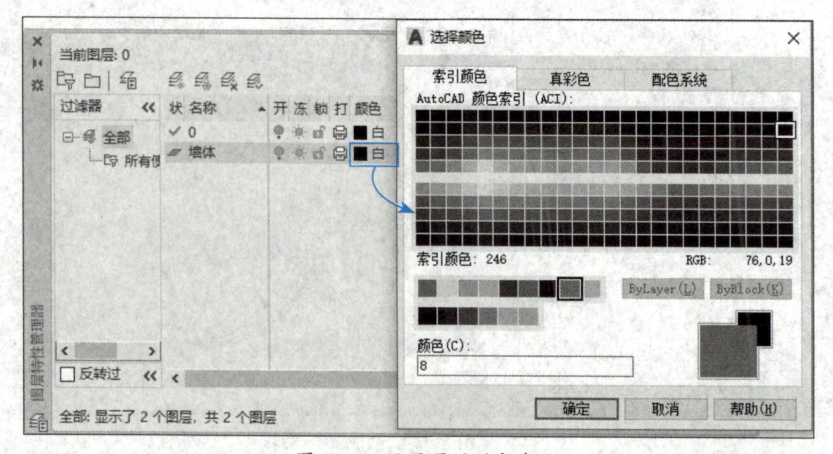

图 2-47　设置图层的颜色

2. 设置线型

单击该图层的"线型"图标 Continu...，打开"选择线型"对话框，如图2-48所示，默认设置为"Continuous"线型，单击"加载"按钮，可加载新的线型。在"加载或重载线型"对话框中选择所需的线型，单击"确定"按钮，如图2-49所示，返回上一级对话框。

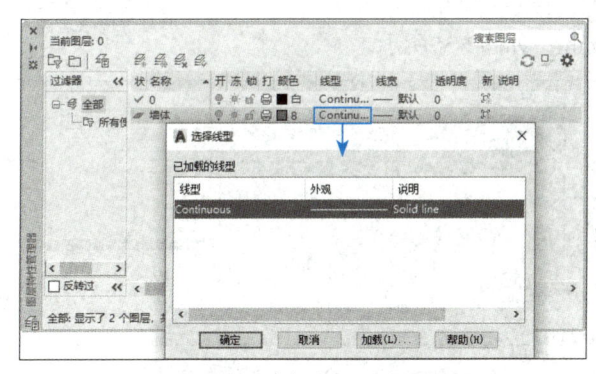

图 2-48 "选择线型"对话框

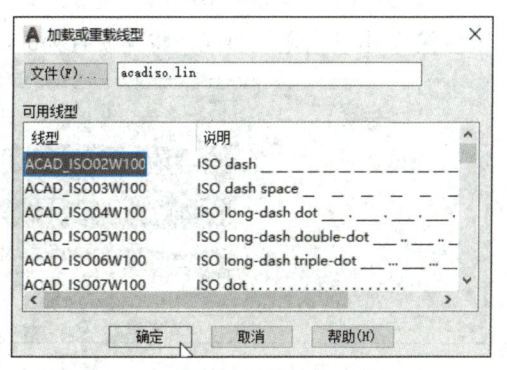

图 2-49 "加载或重载线型"对话框

选择要加载的线型，单击"确定"按钮，如图2-50所示，关闭对话框。此时，当前图层中的线型发生了变化，如图2-51所示。

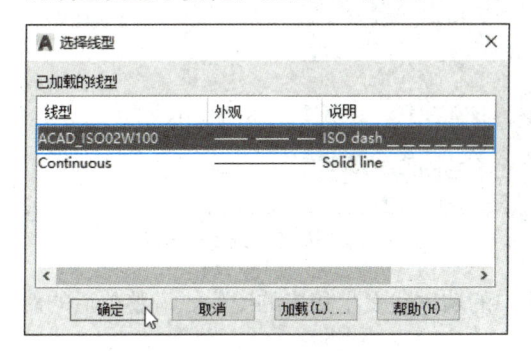

图 2-50 加载线型

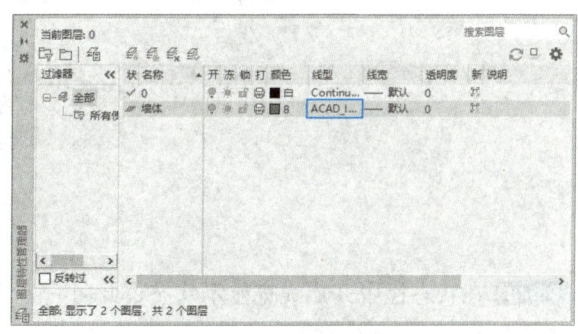

图 2-51 加载线型的效果

3. 设置线宽

单击该图层中的"线宽"图标——默认，打开"线宽"对话框，选择所需线宽，单击"确定"按钮，如图2-52所示。

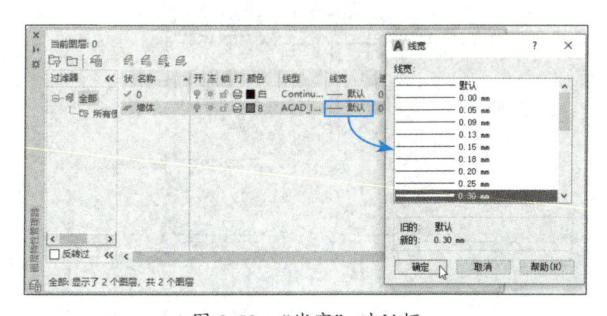

图 2-52 "线宽"对话框

> **知识点拨**
>
> 设置线宽后，只有在打印时才会显示线宽。若想在绘制过程中显示线宽，需要在状态栏中单击"显示/隐藏线宽"按钮，开启线宽显示状态，如图2-53所示。如果状态栏中没有显示该按钮，可单击右侧按钮 ≡，加载"线宽"选项。
>
> 图 2-53 "显示/隐藏线宽"按钮

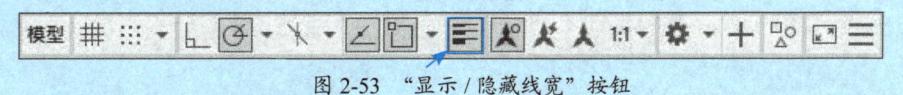

上手操作 调整墙体线的颜色和线宽

下面以二居室户型图为例，对墙体线的颜色和线宽进行设置。

步骤 01 打开"图层特性管理器"面板，选中"墙体"图层，单击"颜色"图标，将其设置为灰色，如图2-54所示。

步骤 02 单击"线宽"图标，将其设置为0.30 mm，如图2-55所示。

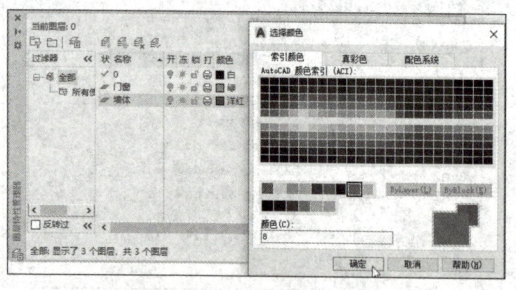

图 2-54 设置颜色

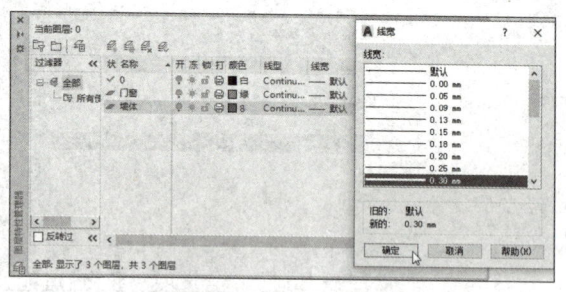

图 2-55 设置线宽

步骤 03 设置完成，"墙体"图层中的颜色和线宽效果如图2-56所示。

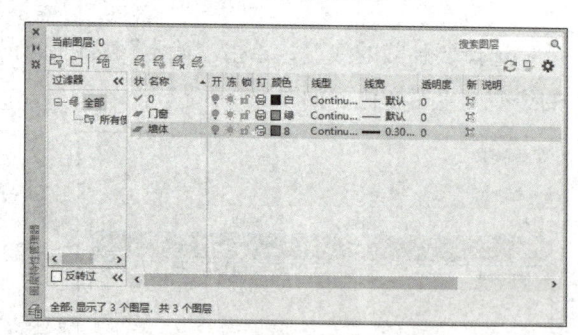

图 2-56 设置颜色和线宽的效果

步骤 04 在状态栏中开启线宽显示状态，此时户型图中的墙体线发生相应的变化，调整前后的对比效果如图2-57所示。

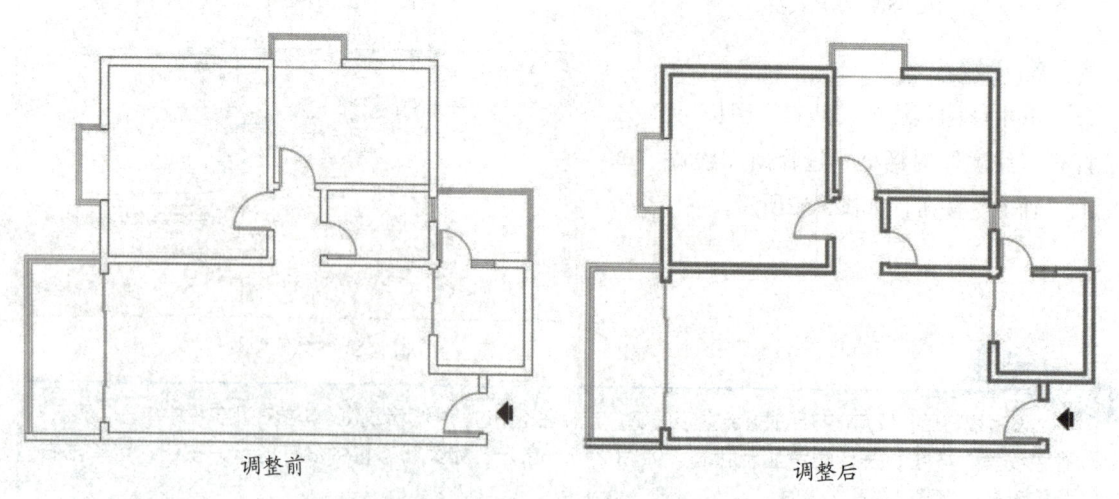

调整前　　　　　　　　　　　调整后

图 2-57 户型图墙体线调整前后的对比效果

2.6.3 图层的管理

创建好图层后，可对其进行管理。例如，控制图层的状态、设置当前使用图层、改变图形所在的图层，以及改变图层中图形的属性等。

1. 图层状态控制

"图层特性管理器"面板提供了一组用于控制图层状态的图标，如关闭、冻结、锁定等。

（1）开/关图层

单击"打开"图层图标 💡，图层即被关闭，图标变成 💡。关闭图层后，该图层上的图形被隐藏，如图2-58所示。再次单击该图层图标，则开启图层，其相应的图形也会显示出来。

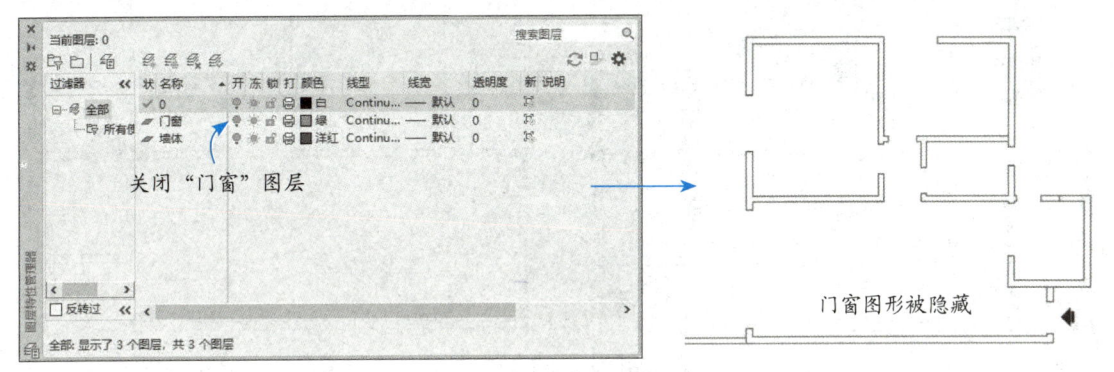

图 2-58　关闭图层

（2）冻结/解冻图层

单击"冻结"图标 ☀，图层即被冻结，图标变成 ❄。冻结图层后，该图层上的图形同样被隐藏。再次单击该图标，则解冻图层。

（3）锁定/解锁图层

单击"锁定"图标 🔓，图层即被锁定，图标变成 🔒，如图2-59所示。锁定图层后，能够查看、捕捉该图层上的某个点，或者在该图层上绘制新图形，但不能编辑或修改锁定图层上的图形。

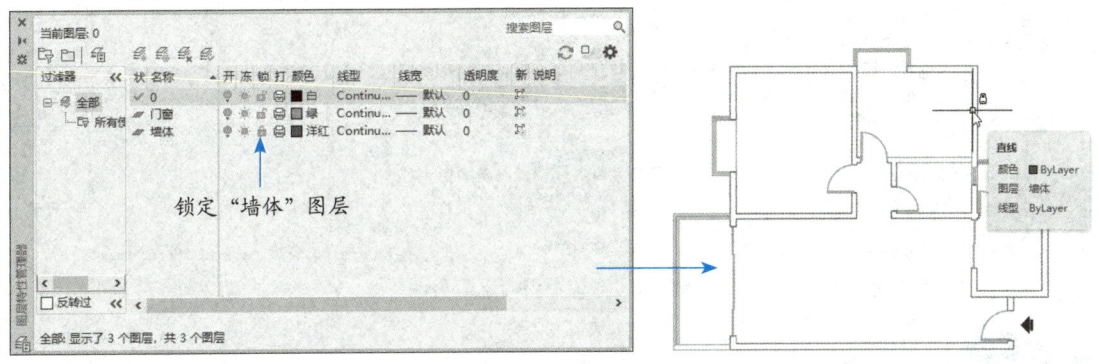

图 2-59　锁定图层

2. 置为当前层

要想将图层设置为当前图层，只需双击该图层名称左侧的"状态"图标 ，使其变成 即可。只能在当前图层中绘制图形。默认情况下，当前图层为0图层。

3. 改变图形所在的图层

要想将当前图层中的图形移动至其他图层上，例如将"门窗"图形移动到"墙体"图层上，可先选中所有门窗图形，然后在"图层"面板中选择"墙体"图层，如图2-60所示。

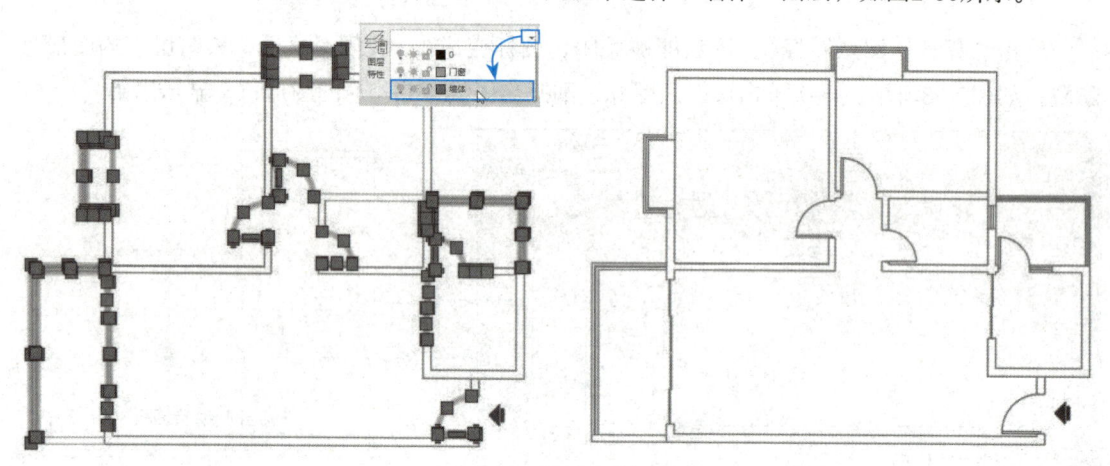

图 2-60　改变图形所在图层

4. 改变图形的默认属性

默认情况下，用户所绘制的图形将使用当前图层的属性，例如颜色、线型和线宽等。如果需要对当前图层中某个图形的属性进行单独调整，可选中该图形，在"特性"面板中根据需要选择相应的属性进行调整，如图2-61所示。

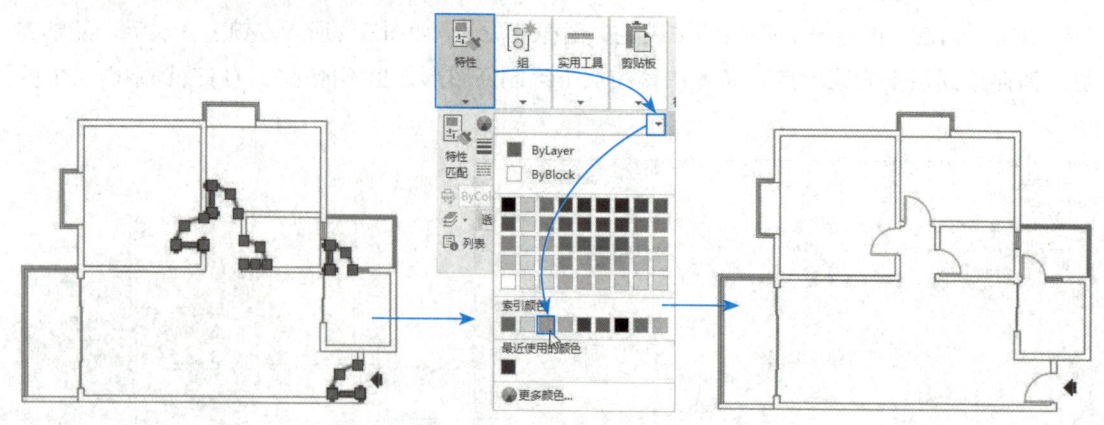

图 2-61　改变图形的默认属性

> **知识点拨**
>
> 如果要批量创建图层，不用重复单击"新建"按钮，只需在建立一个新的图层"图层1"后，改变图层名称，在其后输入一个逗号"，"，这样就会自动创建一个新的图层"图层1"，重复此项操作即可。此外，在创建一个图层后，按两次回车键，即可创建一个新的图层，双击图层名称即可更改图层名称。

模块2 **AutoCAD绘图基础**

实战演练 调整工作界面的颜色主题及绘图区的背景色

AutoCAD 2022的工作界面颜色默认为暗色，可以对其进行自定义设置。下面讲解具体操作方法。

扫码观看视频

步骤 01 启动AutoCAD 2022，可以看到工作界面的颜色为蓝黑色，如图2-62所示。

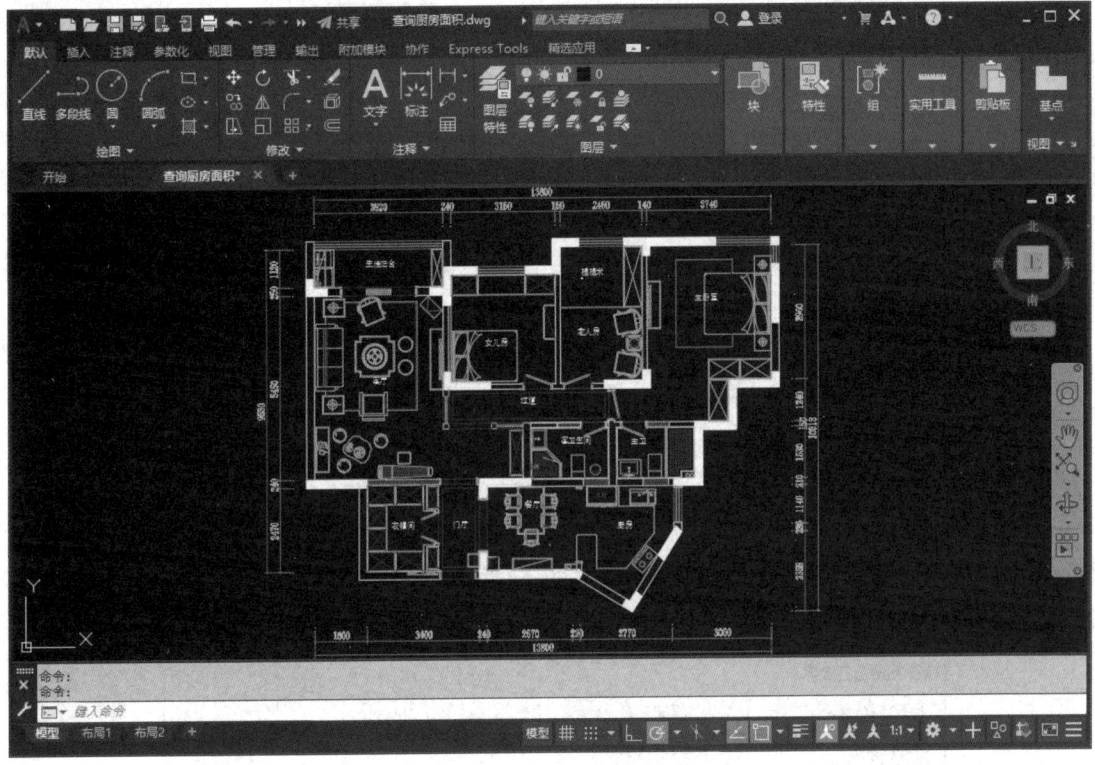

图 2-62 显示界面颜色

步骤 02 单击"菜单浏览器"按钮，在打开的菜单浏览器中单击"选项"按钮，如图2-63所示。

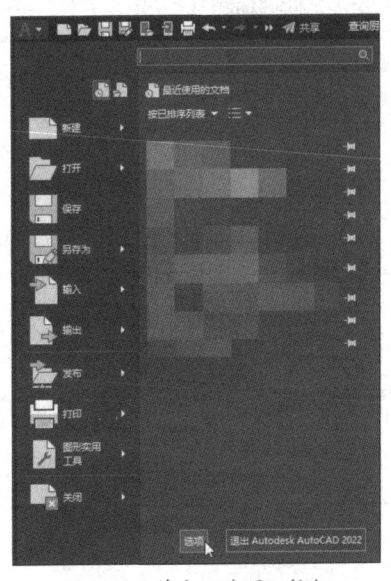

图 2-63 单击"选项"按钮

· 35 ·

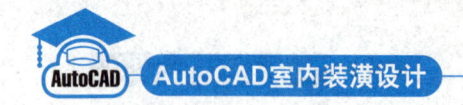

步骤 03 在打开的"选项"对话框的"显示"选项卡中单击"颜色主题"右侧的下拉按钮,从列表中选择"明"选项,然后单击下方的"颜色"按钮,如图2-64所示。

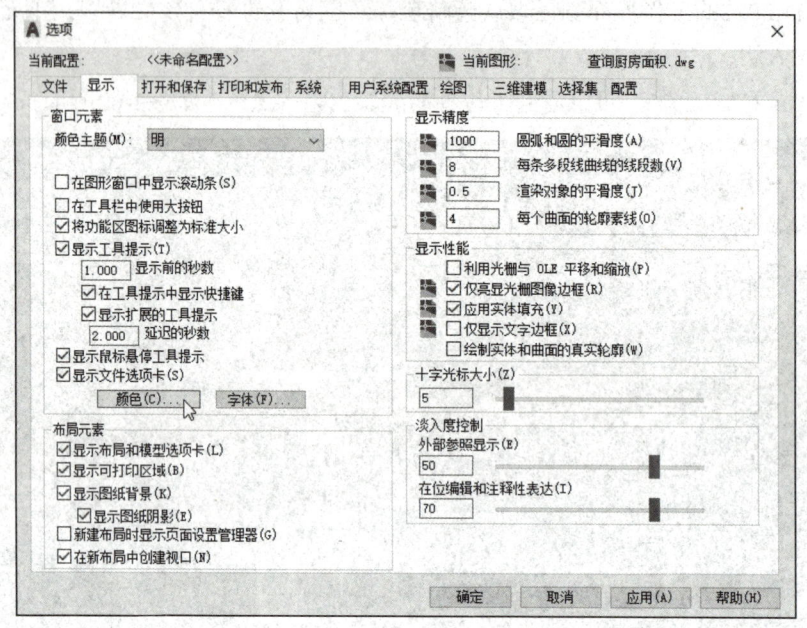

图 2-64 "选项"对话框

步骤 04 在打开的"图形窗口颜色"对话框中,将"统一背景"界面元素的"颜色"设置为白色,单击"应用并关闭"按钮,如图2-65所示。

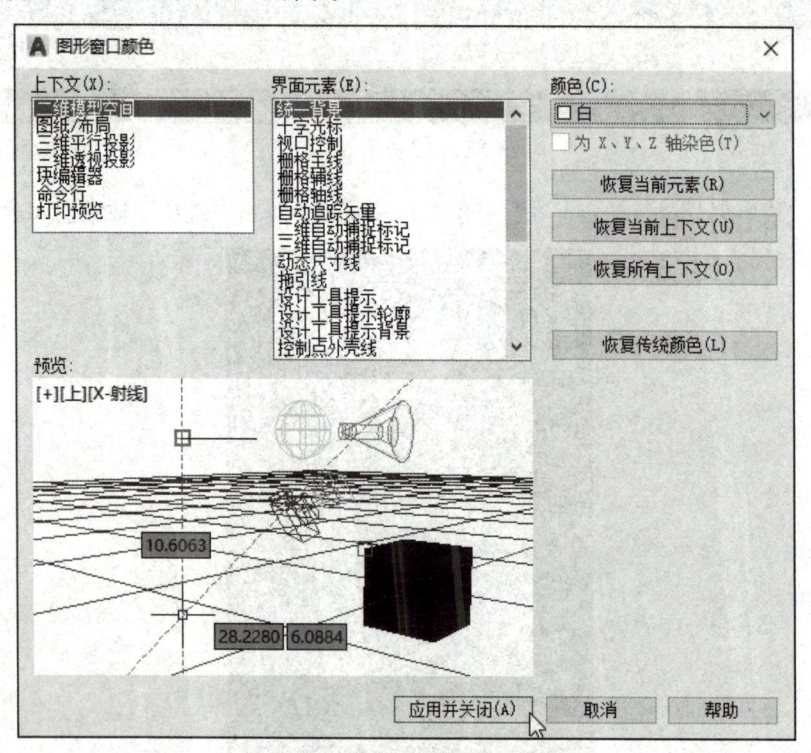

图 2-65 "图形窗口颜色"对话框

模块2 **AutoCAD绘图基础**

> **知识点拨**
> 在"选项"对话框的"显示"选项卡中,可根据作图习惯调整"十字光标"的大小。

步骤05 返回上一级对话框,单击"应用"按钮,此时工作界面的颜色已发生了相应的变化,如图2-66所示。

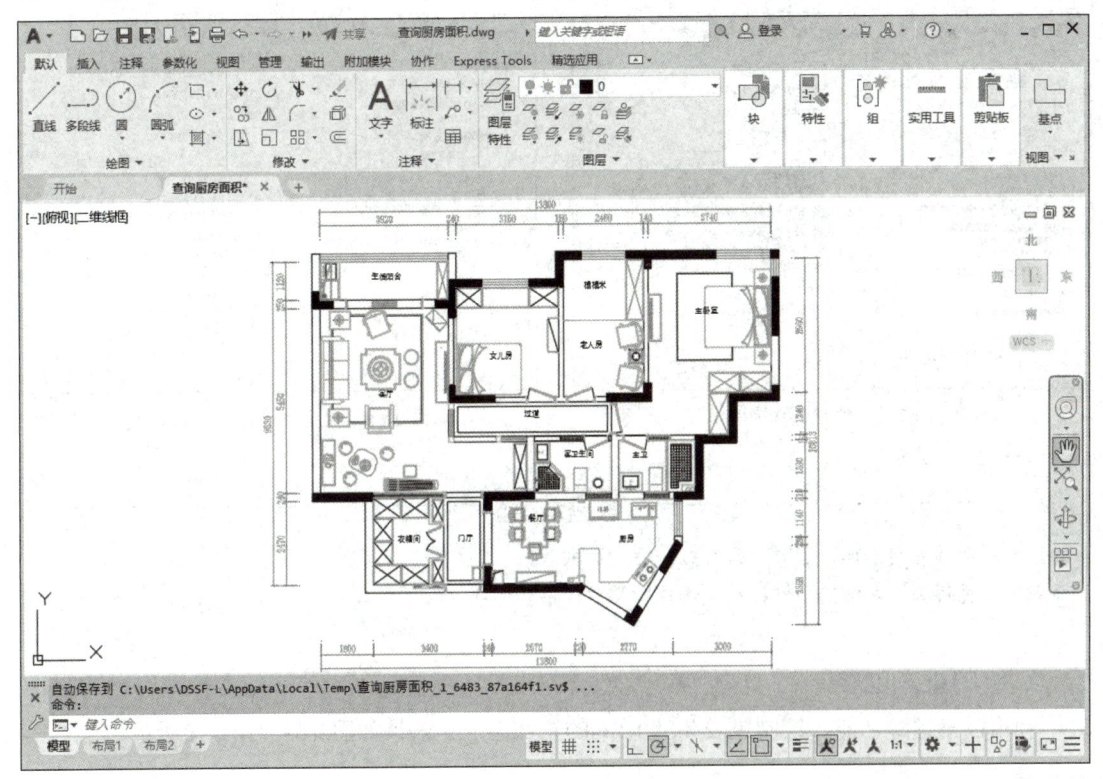

图 2-66 工作界面的颜色发生改变

> **拓展阅读**
>
> **从"失之毫厘"看职业敬畏——CAD 技术背后的匠心精神**
>
> 1982年AutoCAD诞生时,工程师需在DOS系统下输入命令行操作,图纸精度完全依赖人工校准。今天,某地铁站施工因 0.5 mm 的标高误差导致排水系统失效的案例警示我们:数字化工具不能替代严谨态度。哈尔滨工业大学团队在绘制航天器舱室图纸时,建立"三级校验制度",正是这种对毫米级精度的执着,让中国空间站对接精度达到世界领先水平。技术迭代中,始终不变的是对职业的敬畏之心。

· 37 ·

课后作业

1. 设置文件的默认保存格式

一般情况下，AutoCAD 2022文件的默认保存格式为"AutoCAD 2018图形（*.dwg）"，现需将其改为"AutoCAD 2004/LT2004图形（*.dwg）"，操作如图2-67、图2-68所示。

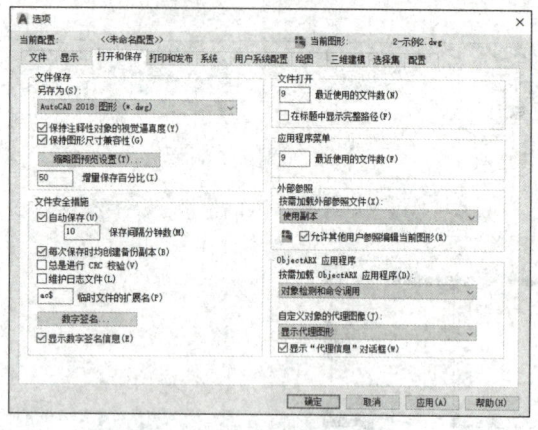

图 2-67　文件默认保存格式

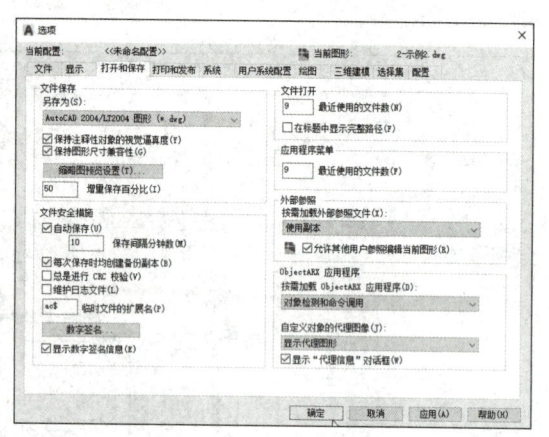

图 2-68　改变文件默认保存格式

> **操作提示**
> - 打开"选项"对话框，选择"打开和保存"选项卡。
> - 单击"另存为"右侧的下拉按钮，选择所需保存格式选项。

2. 绘制正八边形

利用极轴追踪功能，绘制边长为300 mm的正八边形，效果如图2-69、图2-70所示。

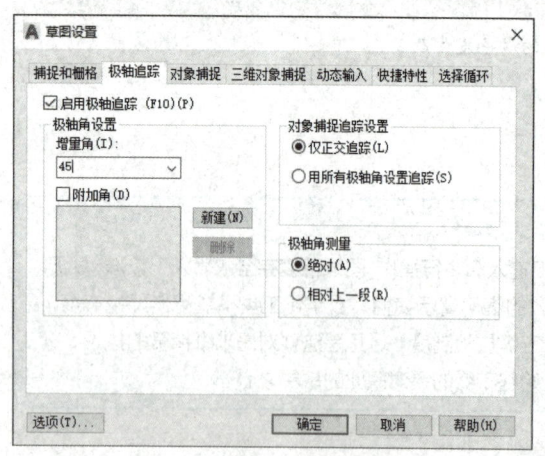

图 2-69　"草图设置"对话框

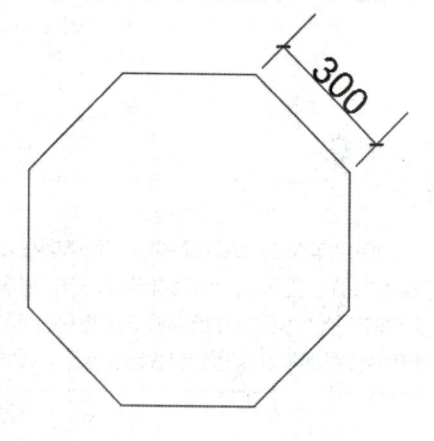

图 2-70　正八边形绘制效果

> **操作提示**
> - 执行"极轴追踪"命令，打开"草图设置"对话框，设置"增量角"数值。
> - 执行"直线"命令，绘制边长为300 mm的正八边形。

模块 3

绘制室内二维图形

内容概要

点、线段、曲线、圆、圆弧、矩形等是图形的基本元素,掌握好这些基本元素的绘制方法,有利于后期绘制更为复杂的二维图形。本模块将讲解这些基本元素的绘制,其中包括点的绘制、各类常用线段的绘制、曲线的绘制,以及矩形、多边形的绘制等。

知识要点

- 掌握点的绘制方法。
- 掌握线段的绘制方法。
- 掌握曲线的绘制方法。
- 掌握矩形和多边形的绘制方法。

数字资源

【本模块素材】:"素材文件\模块3"目录下
【本模块实战演练最终文件】:"素材文件\模块3\实战演练"目录下

3.1 绘制点

点是组成图形的最基本的元素。无论是直线、曲线或是其他线段，都是由多个点连接而成的。点样式可以根据需要进行设置。

3.1.1 点样式的设置

默认情况下的点样式是不显示的，如需对其进行设置，可通过以下方法。

执行"格式"→"点样式"命令，如图3-1所示，打开"点样式"对话框。在该对话框中，可以根据需要选择相应的点样式，如图3-2所示。

图 3-1 执行"点样式"命令　　　图 3-2 "点样式"对话框

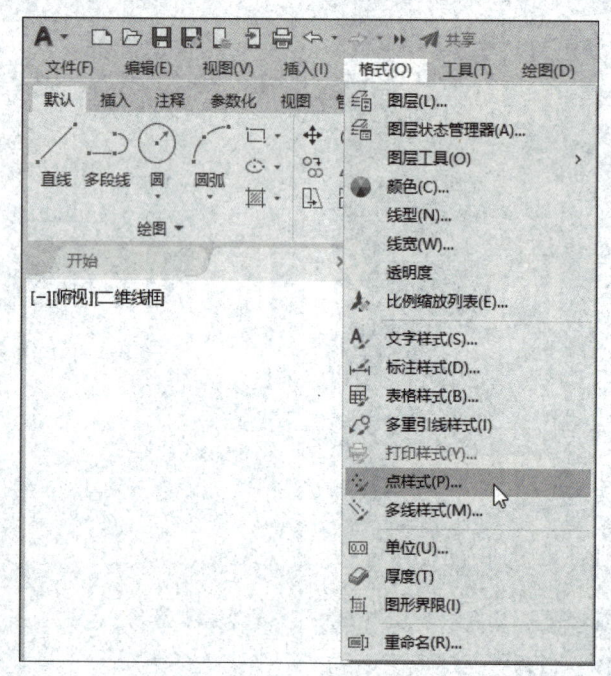

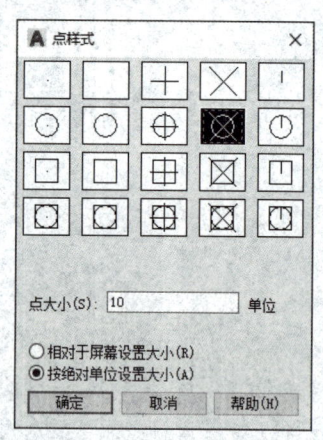

> **知识点拨**
> 默认情况下，菜单栏是隐藏状态。想要调出菜单栏，可在快速访问工具栏中单击 ▼ 按钮，在列表中选择"显示菜单栏"选项。

若选中"相对于屏幕设置大小"选项，则在"点大小"文本框中输入的是百分数；若选中"按绝对单位设置大小"选项，则在"点大小"文本框中输入的是实际单位。

3.1.2 绘制多点

在"默认"选项卡中单击"绘图"面板的下拉按钮 绘图▼，然后单击"多点"按钮，如图3-3所示。在绘图区中指定点的位置，即可绘制多个点，如图3-4所示。

图 3-3 单击"多点"按钮

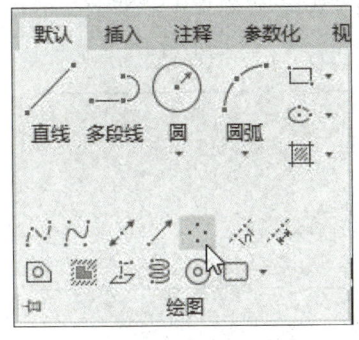

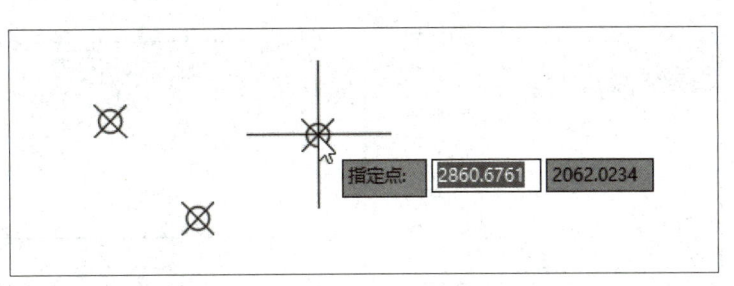

图 3-4 绘制多个点

使用该方法一次可绘制多个点,直到按Esc键退出"多点"命令为止。

■3.1.3 绘制等分点

在制图过程中一般不会单独绘制某个点,而是要结合其他绘图命令,例如绘制等分点。该命令可将线段按指定数目或指定长度进行等分。需注意的是,该命令仅仅是标明等分的位置,以便作为参考点绘制其他图形。

1. 定数等分

使用"定数等分"命令,可以将所选对象按指定的线段数目进行等分。

在"绘图"面板中单击"定数等分"按钮,如图3-5所示,根据命令行中的提示信息,选择要等分的对象,按回车键,输入等分数,再次按回车键,即可完成等分操作,如图3-6所示。

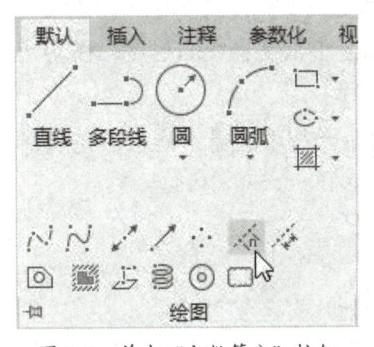

图 3-5 单击"定数等分"按钮

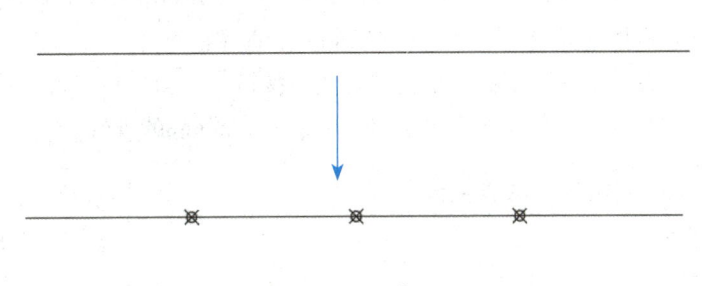

图 3-6 定数等分

命令行中的提示信息如下:

命令: _divide	执行命令
选择要定数等分的对象:	选择直线,回车
输入线段数目或 [块(B)]: 4	输入等分数"4",回车

2. 定距等分

使用"定距等分"命令,可以从选定对象的某一个端点开始,按照指定的长度开始划分。等分对象的最后一段可能要比指定的间隔短。

在"绘图"面板中单击"定距等分"按钮,如图3-7所示,根据命令行中的提示信息,选择要等分的对象,按回车键,输入等分距离,再次按回车键即可完成等分操作,如图3-8所示。

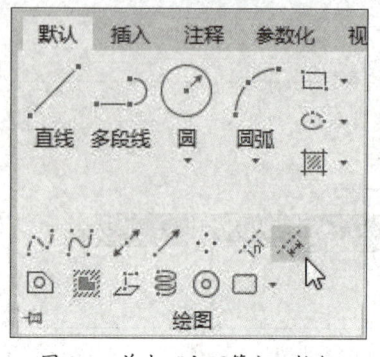

图 3-7　单击"定距等分"按钮　　　　　　　　　　　图 3-8　定距等分

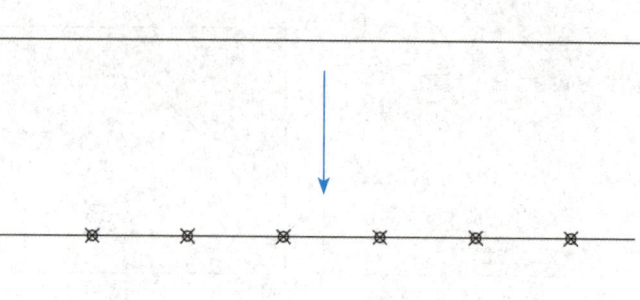

命令行中的提示信息如下：

命令：_measure	执行命令
选择要定距等分的对象：	选择直线，回车
指定线段长度或 [块(B)]：300	输入等分距离"300"，回车

3.2　绘制线段

线段是图形的基本元素，它包含直线、构造线、射线、多段线等。各线型具有各自不同的特征，应根据绘图需要选择不同的线型。

3.2.1　绘制直线

直线是各种绘图中最常用、最简单的一类图形对象。在绘图区中指定直线的起点，移动光标，再指定直线的终点，即可绘制一条直线。

在"绘图"面板中单击"直线"按钮，如图3-9所示。根据命令行中的提示信息，完成直线的绘制，如图3-10所示为绘制一条长1 000 mm的直线。

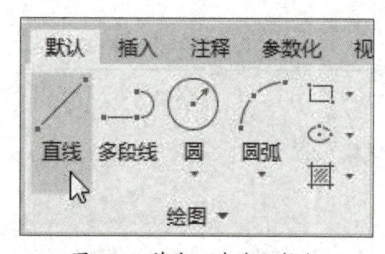

图 3-9　单击"直线"按钮　　　　　　　　　　　图 3-10　绘制直线

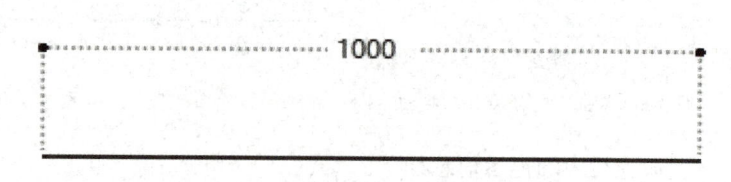

命令行中的提示信息如下：

命令：_line	执行命令
指定第一个点：	指定直线起点
指定下一点或 [放弃(U)]：1000	输入直线长度值"1000"，回车
指定下一点或 [放弃(U)]：	再次回车，结束绘制

"直线"命令的快捷键为L，可直接在命令行中输入"L"，然后按回车键，启动该命令。

3.2.2 绘制射线

射线是由两点确定的一条单方向无限长的线性图形。指定第一点为射线的起点,指定第二点为射线延伸的方向点。射线常用作图形的辅助线。

在"绘图"面板中单击"射线"按钮,如图3-11所示。根据命令行中的提示信息,绘制射线,如图3-12所示。

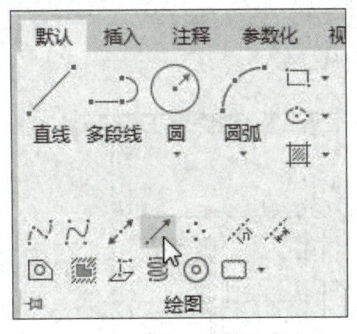

图 3-11　单击"射线"按钮　　　　图 3-12　绘制射线

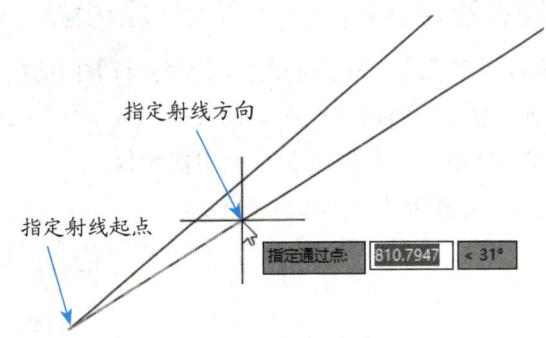

命令行中的提示信息如下:

命令:_ray 指定起点:	执行命令,并指定射线起点
指定通过点:	指定射线通过的方向点
指定通过点:	回车,结束绘制

3.2.3 绘制构造线

构造线是一条两端无限延伸的直线,可以用作创建其他直线的参照。构造线可以是水平、垂直的,或是具有一定角度的。

在"绘图"面板中单击"构造线"按钮,如图3-13所示。根据命令行中的提示信息,绘制构造线,如图3-14所示。

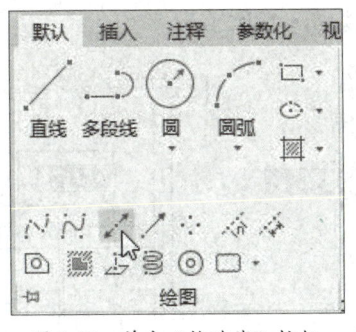

图 3-13　单击"构造线"按钮　　　　图 3-14　绘制构造线

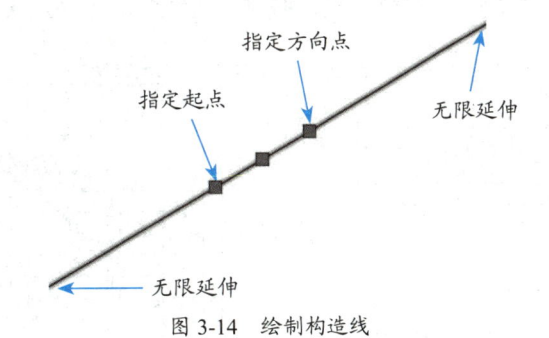

命令行中的提示信息如下:

命令:_xline	执行命令
指定点或 [水平(H)/垂直(V)/角度(A)/二等分(B)/偏移(O)]:	指定起点
指定通过点:	指定通过的方向点
指定通过点:	回车,结束绘制

3.2.4 绘制多段线

多段线是多条相连的直线或圆弧等线段组合而成的复合图形对象，可作为单一对象使用，也可作为整体对象来编辑。可以设置多线段的宽度，在不同的段中设置不同的线宽，并且可以使其中一段线段的始、末端点具有不同的线宽。

上手操作 绘制楼梯上、下行方向指引线

下面利用多段线绘制室内楼梯上行和下行方向的指引线。

步骤 01 在"绘图"面板中单击"多段线"按钮，如图3-15所示。根据命令行中的提示信息，指定多段线的起点，如图3-16所示。

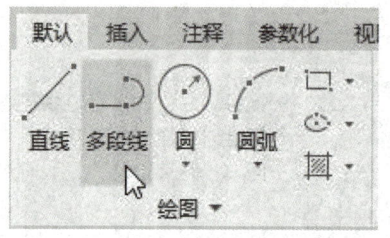

图3-15 单击"多段线"按钮

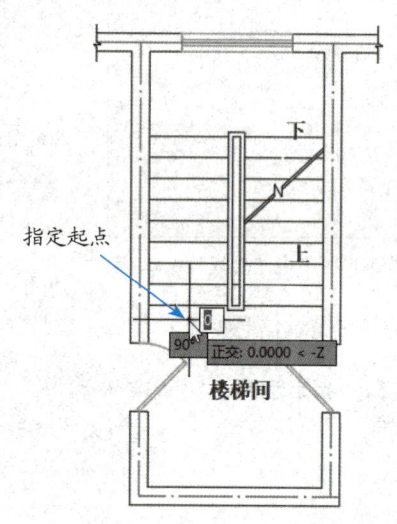

图3-16 指定多段线的起点

知识点拨

"多段线"命令的快捷键为 PL。在命令行中直接输入"PL"，按回车键，可快速启动该命令。

步骤 02 向上移动光标，指定线段的第2点，如图3-17所示；向右移动光标，指定线段的第3点，如图3-18所示；继续向下移动光标，指定线段的第4点，如图3-19所示。

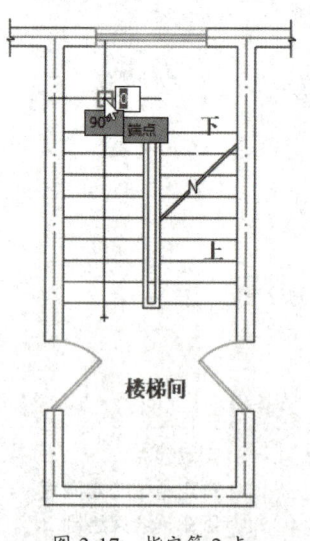

图3-17 指定第2点

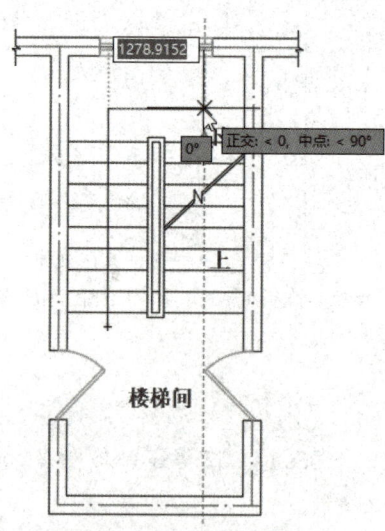

图3-18 指定第3点

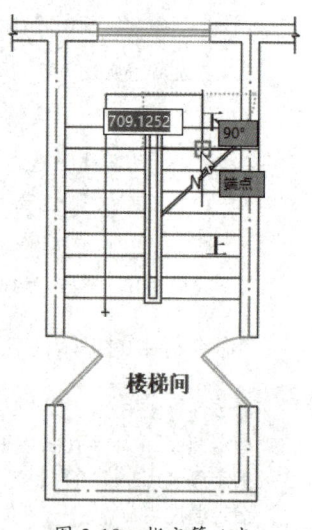

图3-19 指定第4点

· 44 ·

步骤 03 在命令行中直接输入"w",并按回车键,如图3-20所示。设置多段线的起点宽度为100,按回车键,如图3-21所示。

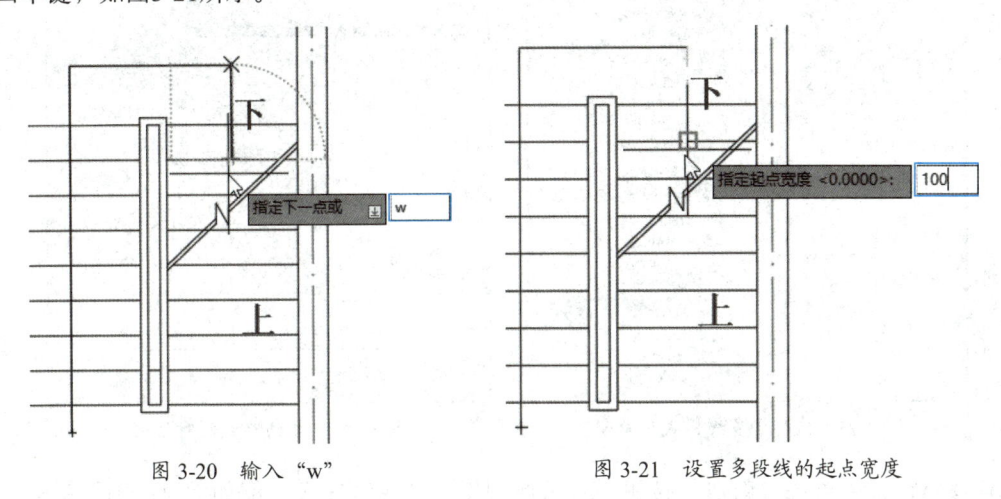

图 3-20 输入"w"

图 3-21 设置多段线的起点宽度

步骤 04 设置多段线的端点宽度为0,按回车键,如图3-22所示。指定线段的终点,如图3-23所示。按回车键,完成楼梯下行方向指引线的绘制。执行同样的操作,绘制楼梯上行方向的指引线,结果如图3-24所示。

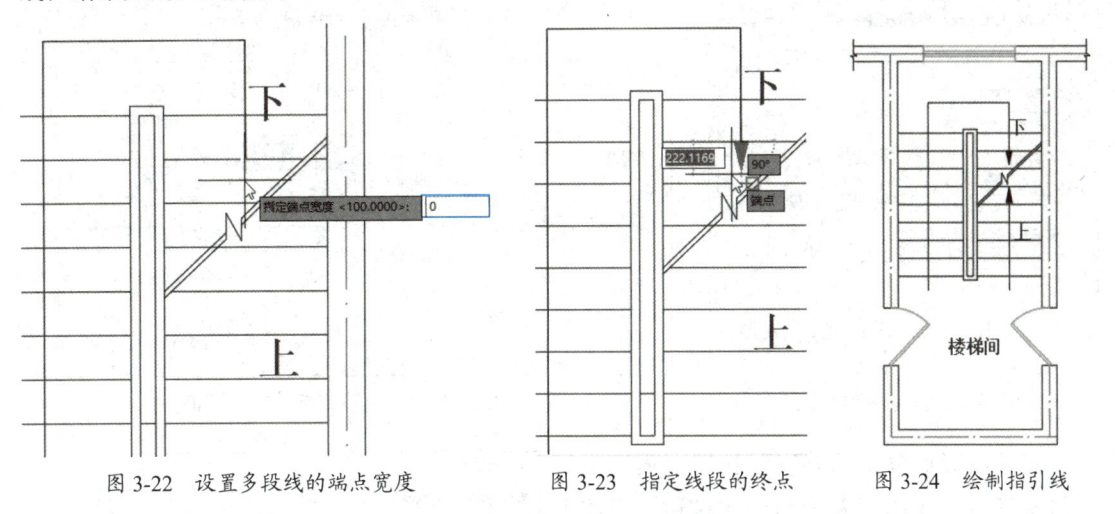

图 3-22 设置多段线的端点宽度

图 3-23 指定线段的终点

图 3-24 绘制指引线

■3.2.5 绘制多线

多线是一种由1～16条平行线组成的图形对象。每条平行线之间的间距和数目可根据需求调整。

1. 设置多线样式

通过设置多线的样式,可设置平行线的数目、对齐方式、线型等属性,以绘制出符合要求的多线。执行"格式"→"多线样式"命令,如图3-25所示。在打开的"多线样式"对话框中会显示系统默认的多线样式,如图3-26所示。

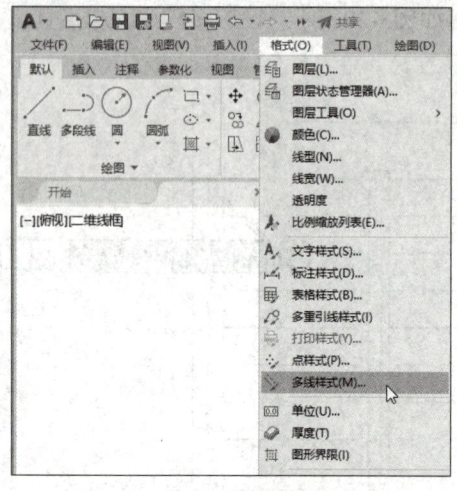

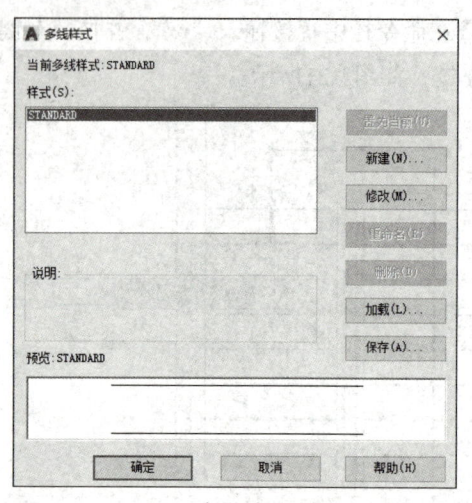

图 3-25 执行"多线样式"命令　　　　图 3-26 "多线样式"对话框

在该对话框中单击"新建"按钮，可重新创建一种多线样式，例如创建"窗"样式，如图3-27所示。在"新建多线样式"对话框中，可对其样式参数进行设置，如图3-28所示。

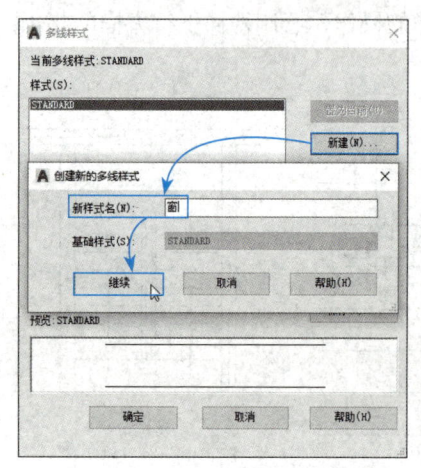

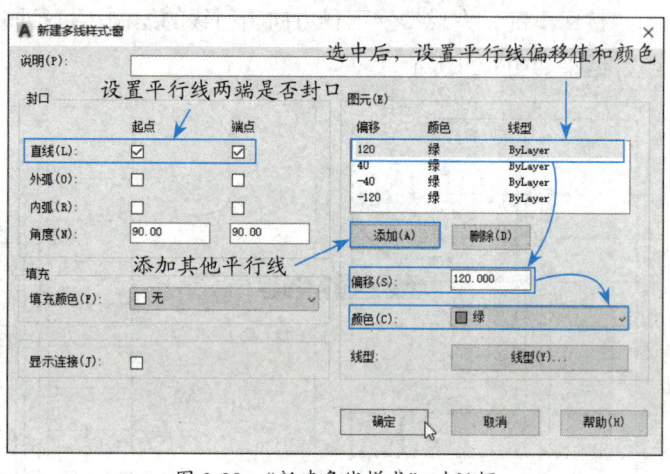

图 3-27 新建多线样式　　　　图 3-28 "新建多线样式"对话框

完成设置后单击"确定"按钮，返回上一级对话框，单击"置为当前"按钮，可将设置的多线样式设置为当前使用样式，如图3-29所示。

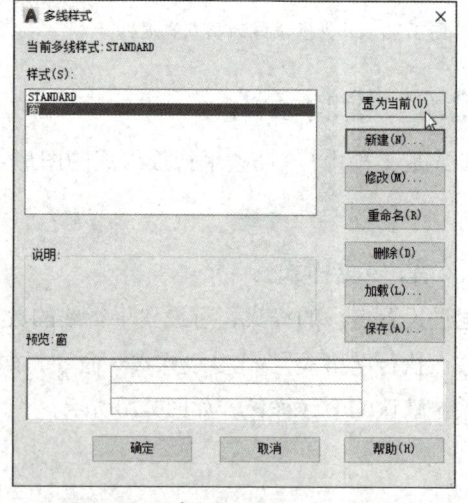

图 3-29 单击"置为当前"按钮

2. 绘制多线

设置了多线样式后，就可以绘制多线了，具体方法与绘制直线相同。

执行"绘图"→"多线"命令，如图3-30所示。指定多线的起点和终点，即可完成绘制，如图3-31所示。

图 3-30　执行"多线"命令

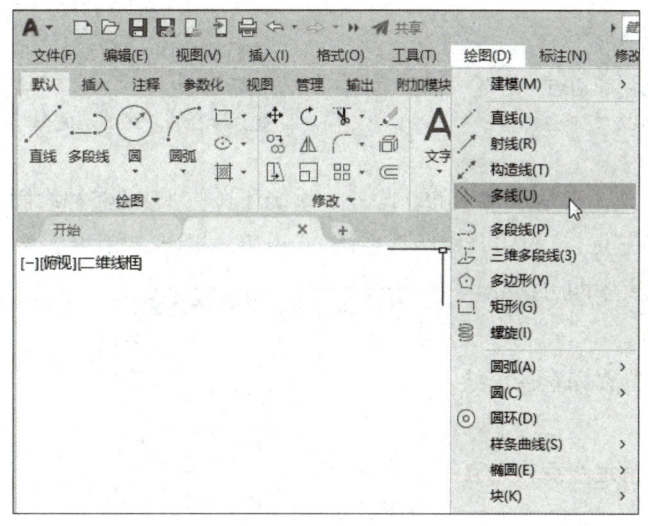

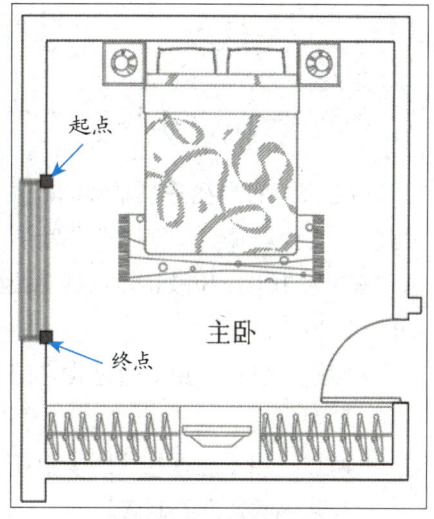

图 3-31　指定多线的起点和终点

> **知识点拨**
>
> "多线"命令的快捷键为 ML，在命令行中输入"ML"后按回车键，可启动该命令。多线的默认比例为 20，如果设置了多线样式，需将该比例值更改为 1，在命令行中直接输入"S"，按回车键，输入"1"，再按回车键即可。

3.3 绘制曲线图形

曲线图形是绘图中经常会用到的图形，其中包括圆、圆弧、椭圆、样条曲线、螺旋线等。

■ 3.3.1 绘制圆形

在"绘图"面板中单击"圆"按钮，如图3-32所示。根据命令行中的提示信息，指定圆心及圆半径值，即可绘制圆形。图3-33所示为绘制半径为300 mm的圆形。

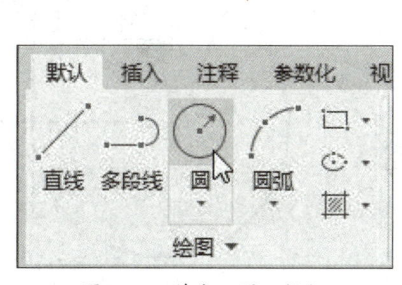

图 3-32　单击"圆"按钮

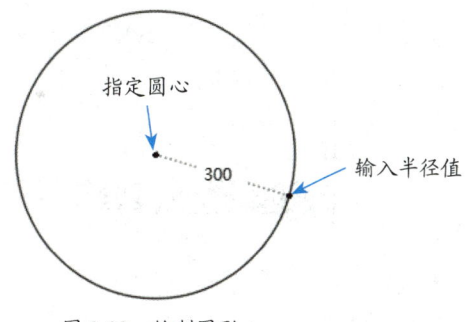

图 3-33　绘制圆形

· 47 ·

> **知识点拨**
>
> "圆"命令的快捷键为C,在命令行中输入"C",按回车键,即可启动该命令。

命令行中的提示信息如下:

```
命令: _circle                                              执行命令
指定圆的圆心或 [三点(3P)/两点(2P)/切点、切点、半径(T)]:   指定圆心
指定圆的半径或 [直径(D)] <600.0000>: 300                   输入半径值"300",回车
```

指定圆心和半径是绘制圆的默认方式,也是最常用的。此外,系统还提供了其他5种绘制方式,分别为"圆心,直径""两点""三点""相切,相切,半径""相切,相切,相切"。单击"圆"下方的下拉按钮,在其下拉列表中即可选择,如图3-34所示。

- **圆心,直径**:用于通过指定圆心位置和直径值绘制圆。
- **两点**:用于通过在绘图区中任意指定两点作为直径两侧的端点绘制圆。
- **三点**:用于通过在绘图区中任意指定圆上的三点绘制圆。
- **相切,相切,半径**:用于通过指定图形对象的两个相切点和半径值绘制圆。
- **相切,相切,相切**:用于通过指定已有图形对象的3个点作为圆的相切点,绘制一个与该图形相切的圆。

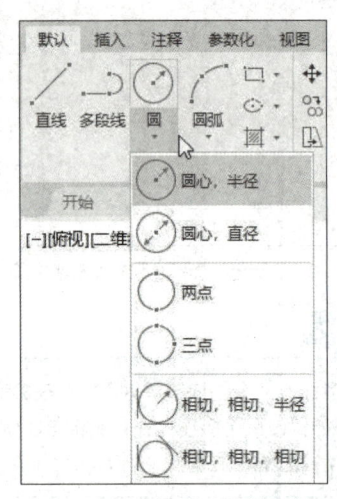

图 3-34 选择圆形绘制方式

上手操作 绘制灯具平面标识图形

下面利用"直线"和"圆"命令绘制灯具平面标识图形。

步骤 01 在命令行中输入"C",按回车键,启动"圆"命令。在绘图区中指定圆心,如图3-35所示。

步骤 02 移动光标,指定半径值为50 mm,如图3-36所示,按回车键。

扫码观看视频

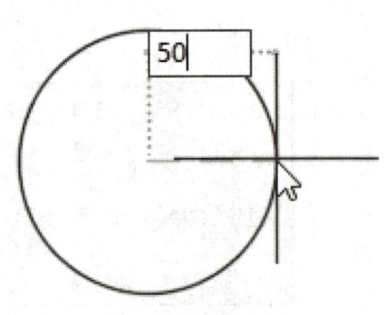

图 3-35 指定圆心   图 3-36 指定半径值

步骤 03 在命令行中输入"L",按回车键,启动"直线"命令。指定圆心为直线的起点,如图3-37所示。

步骤 04 向右移动光标,指定直线长度为100 mm,如图3-38所示,按回车键,完成直线的绘制。

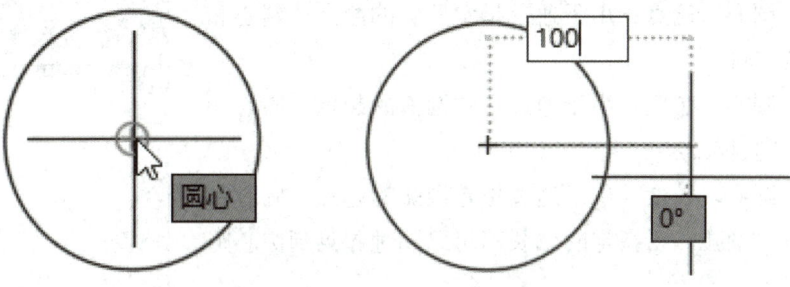

图 3-37 指定直线的起点　　　　　　图 3-38 输入直线长度

步骤 05 继续启动"直线"命令,指定圆心为直线的起点,向左绘制一条长100 mm的直线,如图3-39所示。

步骤 06 执行同样的操作,绘制上、下两条直线,直线的长度均为100 mm,结果如图3-40所示。至此,灯具平面标识图形绘制完成。

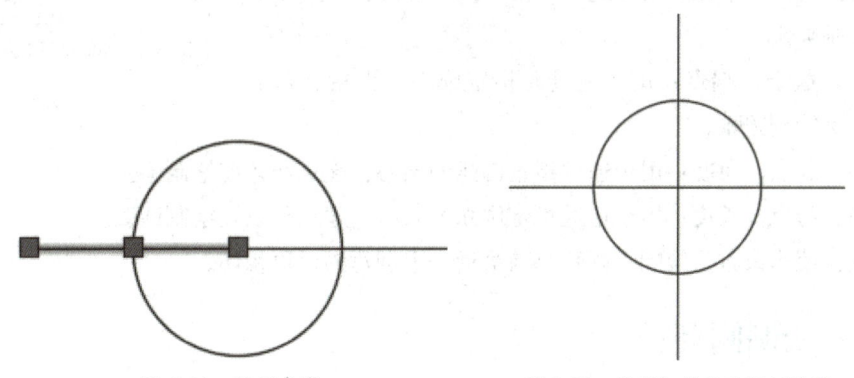

图 3-39 绘制直线　　　　　　图 3-40 绘制灯具平面标识图形

3.3.2 绘制圆弧

绘制圆弧时一般需要指定3个点,即圆弧的起点、圆弧上的点和圆弧的端点。在"绘图"面板中单击"圆弧"按钮即可启动绘制命令,如图3-41所示。默认绘制方式为"三点",如图3-42所示。

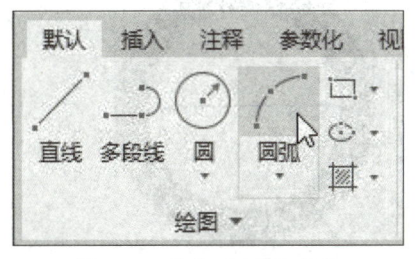

图 3-41 单击"圆弧"按钮　　　　　　图 3-42 绘制圆弧

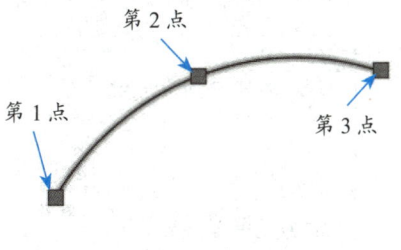

除了默认的"三点"绘制方式外,圆弧还有其他10种绘制方式。单击"圆弧"下方的下拉按钮,在其下拉列表中即可选择,如图3-43所示。

- **起点,圆心,端点**:用于通过指定圆弧的起点、圆心和端点绘制圆弧。
- **起点,圆心,角度**:用于通过指定圆弧的起点、圆心和角度绘制圆弧。
- **起点,圆心,长度**:用于通过指定圆弧的起点、圆心和弦长绘制圆弧,所指定的弦长不可以超过起点到圆心距离的两倍。
- **起点,端点,角度**:用于通过指定圆弧的起点、端点和角度绘制圆弧。
- **起点,端点,方向**:用于通过指定圆弧的起点、端点和方向绘制圆弧,指定方向后单击鼠标左键,即可完成绘制。
- **起点,端点,半径**:用于通过指定圆弧的起点、端点和半径绘制圆弧。
- **圆心,起点,端点**:用于通过先指定圆心、再指定起点和端点绘制圆弧。
- **圆心,起点,角度**:用于通过指定圆弧的圆心、起点和角度绘制圆弧。
- **圆心,起点,长度**:用于通过指定圆弧的圆心、起点和弦长绘制圆弧。
- **连续**:使用该方法绘制的圆弧将与最后一个创建的对象相切。

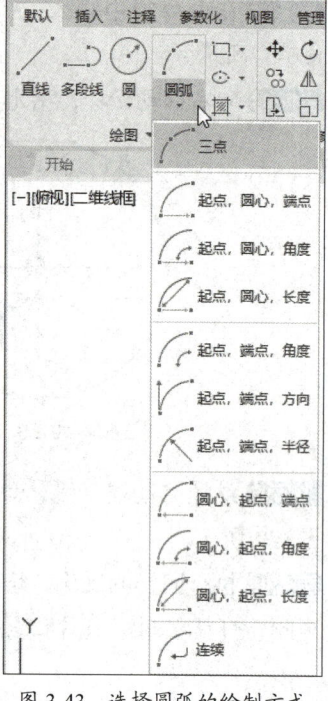

图 3-43　选择圆弧的绘制方式

■3.3.3　绘制圆环

圆环是由两个圆心相同、半径不同的圆组成的。绘制圆环时,先指定圆环的内径、外径,再指定圆环的中心点。

单击"绘图"面板的下拉按钮 绘图▼ ,展开"绘图"面板,单击"圆环"按钮,如图3-44所示。根据命令行中的提示信息绘制圆环,如图3-45所示。

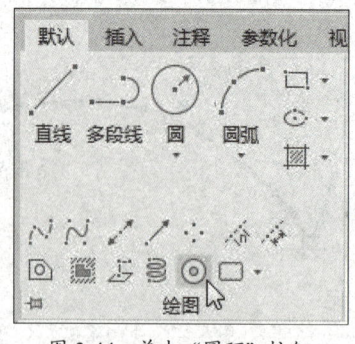

图 3-44　单击"圆环"按钮　　　　图 3-45　绘制圆环

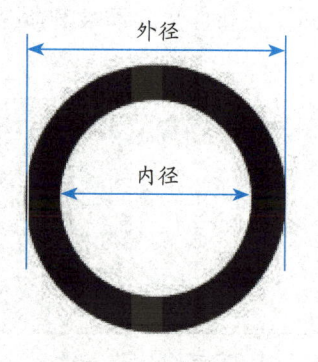

命令行中的提示信息如下：

```
命令：_donut                                    执行命令
指定圆环的内径 <300.0000>：100                    输入内径值"100"，回车
指定圆环的外径 <400.0000>：200                    输入外径值"200"，回车
指定圆环的中心点或 <退出>：                        指定中心点
指定圆环的中心点或 <退出>：                        按回车键，结束绘制
```

3.3.4 绘制椭圆

椭圆曲线有长半轴和短半轴之分，长半轴与短半轴的值决定了椭圆曲线的形状。

在"绘图"面板中单击"圆心"按钮，即可启动绘制命令，如图3-46所示。默认绘制方式为"圆心"，该方式是指定一个点作为椭圆曲线的圆心，然后再分别指定椭圆曲线的长半轴长度和短半轴长度，如图3-47所示。

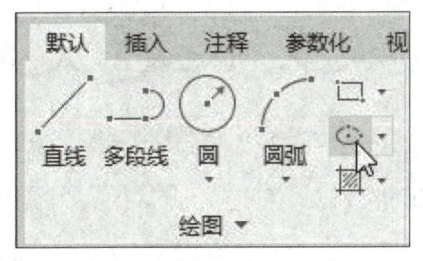

图 3-46 单击"圆心"按钮

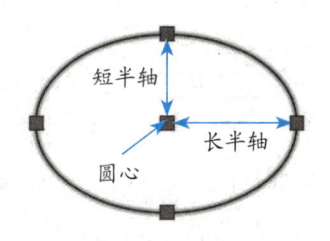

图 3-47 绘制椭圆

命令行中的提示信息如下：

```
命令：_ellipse                                           执行命令
指定椭圆的轴端点或 [圆弧(A)/中心点(C)]：_c
指定椭圆的中心点：                                       指定椭圆的圆心
指定轴的端点：300                                        指定长半轴的长度值"300"，回车
指定另一条半轴长度或 [旋转(R)]：200                      指定短半轴的长度值"200"，回车
```

此外，还可通过其他两种方式绘制椭圆。单击"圆心"右侧的下拉按钮，在打开的下拉列表中进行选择，如图3-48所示。

- **轴，端点**：用于通过指定一个点作为椭圆曲线半轴的起点，指定第2个点作为长半轴（或短半轴）的端点，指定第3个点作为短半轴（或长半轴）的半径点。
- **椭圆弧**：该绘制方式与"轴，端点"绘制方式相似。使用该方式绘制的椭圆可以是完整的椭圆，也可以是其中的一段圆弧。

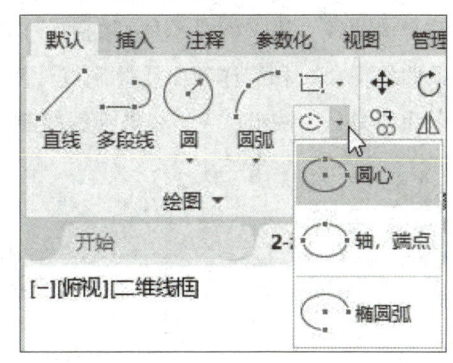

图 3-48 选择椭圆的绘制方式

3.3.5 绘制修订云线

修订云线是一类特殊的线条，其形状类似云朵，主要用于突出显示图样中已修改的部分，其组成参数包括多个控制点、最大弧长和最小弧长。

单击"绘图"面板的下拉按钮，展开"绘图"面板，单击"矩形"按钮，如图3-49所示，在绘图区中指定矩形的两个对角点，即可绘制矩形修订云线，如图3-50所示。该方式为修订云线的默认绘制方式。

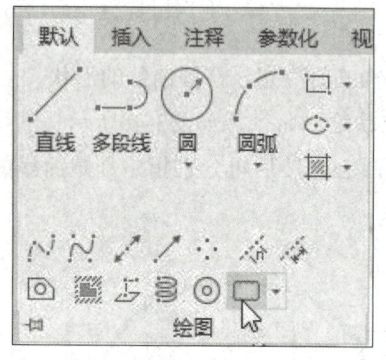

图 3-49 单击"矩形"按钮 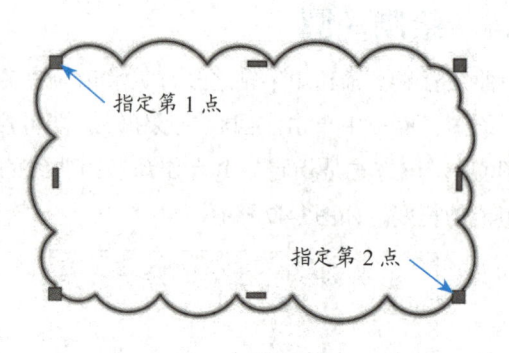　　　　图 3-50 绘制修订云线

单击"矩形"右侧的下拉按钮，在打开的下拉列表中可选择其他两种修订云线的绘制方式，如图3-51所示。

"多边形"绘制方式与"矩形"类似，指定多边形的几个顶点即可绘制修订云线。

"徒手画"绘制方式则为手绘效果，系统会沿着光标的移动轨迹自动生成修订云线。

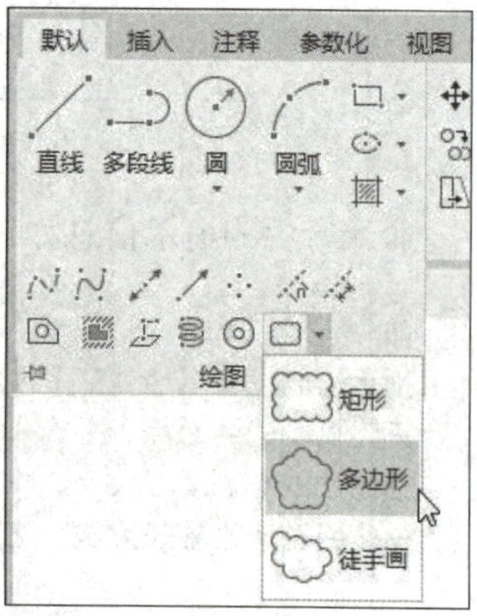

3.3.6 绘制样条曲线

样条曲线是一种较为特殊的线段。它是通过一系列指定点的光滑曲线，用来构成不规则的曲线图形。样条曲线分为"样条曲线拟合"和"样条曲线控制点"两种。单击"绘图"面板的下拉按钮，根据需要单击"样条曲线拟合"按钮，或"样条曲线控制点"按钮，即可绘制样条曲线，如图3-52、图3-53所示。

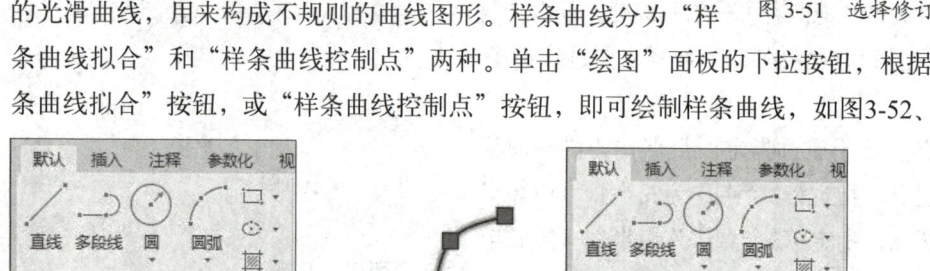

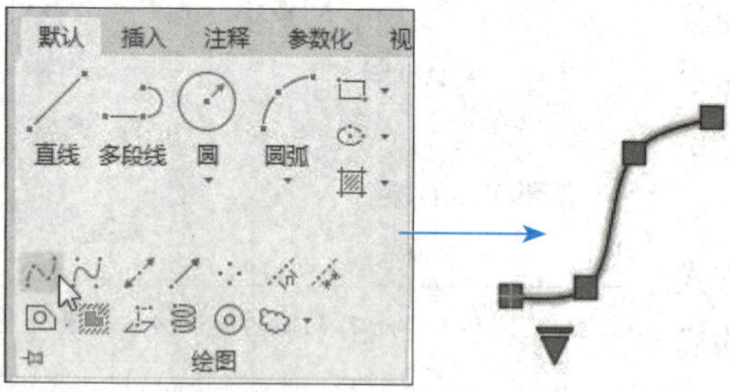

图 3-51 选择修订云线的绘制方式

图 3-52 利用"样条曲线拟合"命令绘制样条曲线 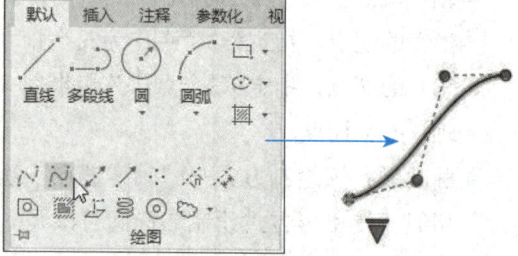　　　　图 3-53 利用"样条曲线控制点"命令绘制曲线

使用"样条曲线拟合"命令绘制的样条曲线，其控制点位于样条曲线上；而使用"样条曲线控制点"命令绘制的样条曲线，其控制点在样条曲线旁边，曲线较为圆润、顺滑。

3.4 绘制矩形和正多边形

矩形和多边形均是由直线组成的封闭图形。在绘制过程中，经常需要绘制矩形、多边形，以及正方形及正多边形等。

■ 3.4.1 绘制矩形

矩形就是通常所说的长方形，是绘图中经常用到的图形，分为普通矩形、倒角矩形和圆角矩形，如图3-54所示。在使用该命令时，可指定矩形的两个对角点以确定矩形的大小和位置，当然也可指定矩形的长和宽。

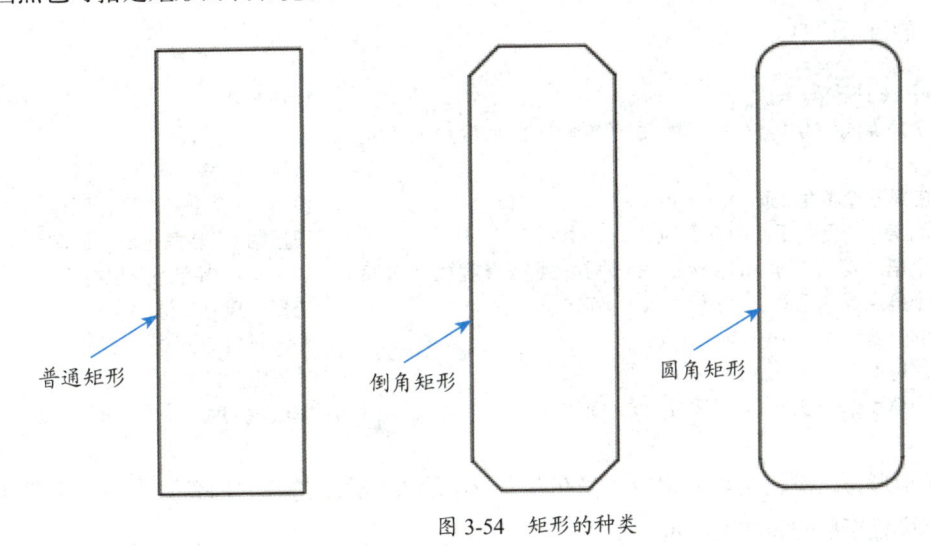

图 3-54 矩形的种类

在"绘图"面板中单击"矩形"按钮，如图3-55所示。根据命令行中的提示信息，指定矩形的起点，以及矩形的长、宽值，即可完成矩形的绘制。图3-56所示为绘制长300 mm、宽200 mm的矩形。

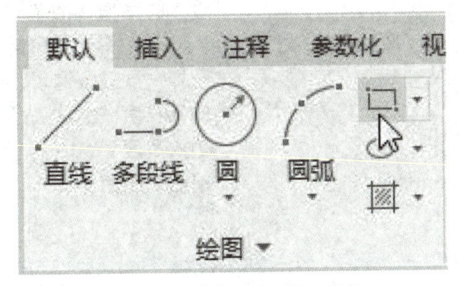

图 3-55 单击"矩形"按钮　　图 3-56 绘制矩形

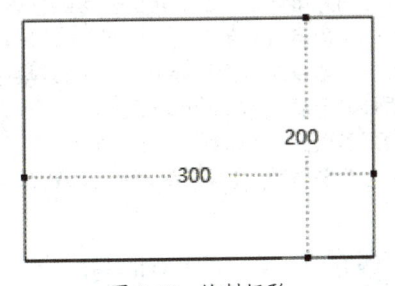

> **知识点拨**
>
> "矩形"命令的快捷键为 REC，在命令行中输入"REC"后，可快速启动该命令。

命令行中的提示信息如下：

```
命令：_rectang                                              执行命令
指定第一个角点或 [倒角(C)/标高(E)/圆角(F)/厚度(T)/宽度(W)]：    指定矩形的起点
指定另一个角点或 [面积(A)/尺寸(D)/旋转(R)]：d               选择"尺寸"选项，回车
指定矩形的长度 <10.0000>：300                             输入长度值"300"，回车
指定矩形的宽度 <10.0000>：200                             输入宽度值"200"，回车
指定另一个角点或 [面积(A)/尺寸(D)/旋转(R)]：              单击，结束绘制
```

绘制倒角矩形时，在执行"矩形"命令后，先在命令行中输入"c"，选择"倒角"选项，设置两个倒角距离值，再设置矩形的长和宽即可。

命令行中的提示信息如下：

```
命令：_rectang                                              执行命令
指定第一个角点或 [倒角(C)/标高(E)/圆角(F)/厚度(T)/宽度(W)]：c
                                                        选择"倒角"选项，回车
指定矩形的第一个倒角距离 <0.0000>：20                     设置第1个倒角距离，回车
指定矩形的第二个倒角距离 <20.0000>：20                    设置第2个倒角距离，回车
指定第一个角点或 [倒角(C)/标高(E)/圆角(F)/厚度(T)/宽度(W)]：  指定矩形起点
指定另一个角点或 [面积(A)/尺寸(D)/旋转(R)]：d               选择"尺寸"选项，回车
指定矩形的长度 <10.0000>：300                             输入长度"300"，回车
指定矩形的宽度 <10.0000>：200                             输入宽度"200"，回车
指定另一个角点或 [面积(A)/尺寸(D)/旋转(R)]：              单击，结束
```

绘制圆角矩形与绘制倒角矩形相似，先在命令行中输入"f"，选择"圆角"选项，设置圆角半径值，再设置矩形的长和宽即可。

命令行中的提示信息如下：

```
命令：_rectang                                              执行命令
指定第一个角点或 [倒角(C)/标高(E)/圆角(F)/厚度(T)/宽度(W)]：f   选择"圆角"选项
指定矩形的圆角半径 <0.0000>：50                           输入圆角值，回车
指定第一个角点或 [倒角(C)/标高(E)/圆角(F)/厚度(T)/宽度(W)]：  指定矩形起点
指定另一个角点或 [面积(A)/尺寸(D)/旋转(R)]：d               选择"尺寸"选项，回车
指定矩形的长度 <10.0000>：300                             输入长度"300"，回车
指定矩形的宽度 <10.0000>：200                             输入宽度"200"，回车
指定另一个角点或 [面积(A)/尺寸(D)/旋转(R)]：              单击，结束
```

上手操作 绘制入户门平面图

下面利用"矩形"和"圆弧"命令，绘制一个长40 mm、宽900 mm的入户门平面图。

步骤01 在命令行中输入"REC"，按回车键，指定矩形的起点，并根据命令行中的提示信息，设置矩形的长和宽，如图3-57所示。

命令行中的提示信息如下：

```
命令：REC                                                    执行命令，回车
RECTANG
指定第一个角点或 [倒角(C)/标高(E)/圆角(F)/厚度(T)/宽度(W)]：    指定矩形的起点
指定另一个角点或 [面积(A)/尺寸(D)/旋转(R)]：d                   选择"尺寸"选项
指定矩形的长度 <900.0000>：40                                  输入长度值"40"，回车
指定矩形的宽度 <40.0000>：900                                  输入宽度值"900"，回车
指定另一个角点或 [面积(A)/尺寸(D)/旋转(R)]：                     单击，结束绘制
```

步骤 02 执行"直线"命令，捕捉矩形下方右侧的端点，向右绘制一条长900 mm的直线，如图3-58所示。

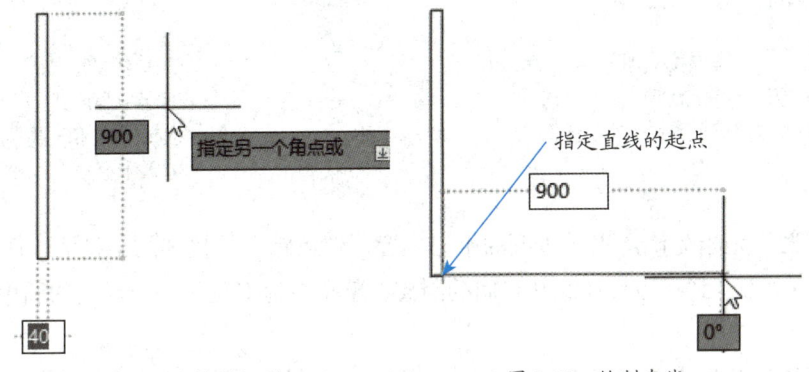

图3-57 绘制矩形　　　　图3-58 绘制直线

步骤 03 执行"圆弧（三点）"命令，分别捕捉矩形上方的两个端点和直线的端点，绘制圆弧，如图3-59所示。至此，入户门平面图绘制完成。

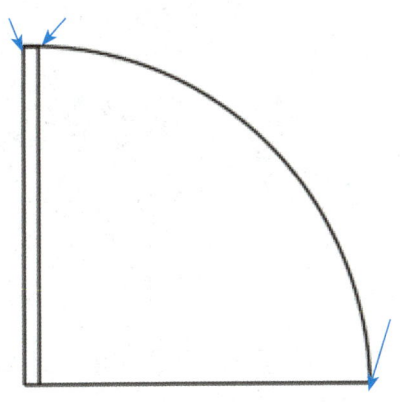

图3-59 绘制圆弧

■ 3.4.2 绘制正多边形

正多边形是由3条或3条以上边长相等的闭合线段以相等的角度组合而成，其边数范围值为3～1 024。边数值越高，正多边形越接近圆形。

在"绘图"面板中单击"矩形"右侧的下拉按钮，选择"多边形"命令，如图3-60所示，根据命令行中的提示信息，指定多边形的边数、中心点、"内接"或"外切"于圆的方式，以及圆半径值，即可绘制正多边形。图3-61所示为内切圆半径值为300 mm的正六边形。

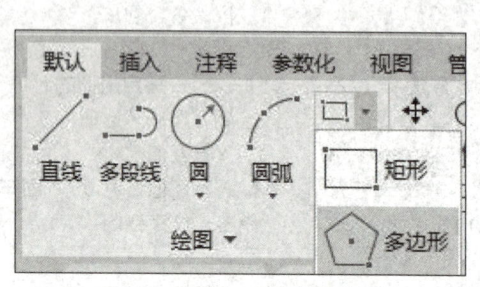

图 3-60 选择"多边形"命令

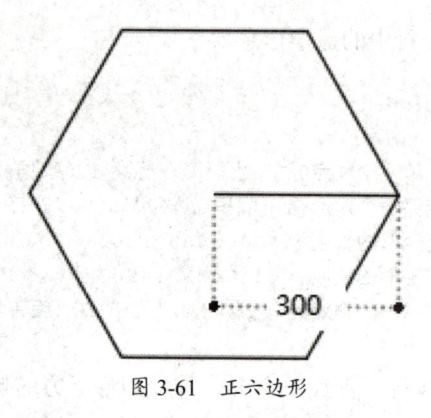

图 3-61 正六边形

命令行中的提示信息如下：

```
命令：_polygon 输入侧面数 <4>: 6              输入边数值"6"，回车
指定正多边形的中心点或 [边(E)]:              指定中心点
输入选项 [内接于圆(I)/外切于圆(C)] <I>: I    选择"内接于圆"选项
指定圆的半径：300                            输入半径值"300"，回车
```

"内接于圆"是指先确定正多边形的中心位置，然后输入外接圆的半径值，所输入的半径值是多边形的中心点到多边形任意端点间的距离，整个多边形位于一个虚构的圆中，如图3-62所示。

"外切于圆"是指先确定正多边形的中心位置，然后输入内切圆的半径值，所输入的半径值为多边形的中心点到多边形边线中点的垂直距离，而整个多边形位于虚构的圆外，如图3-63所示。

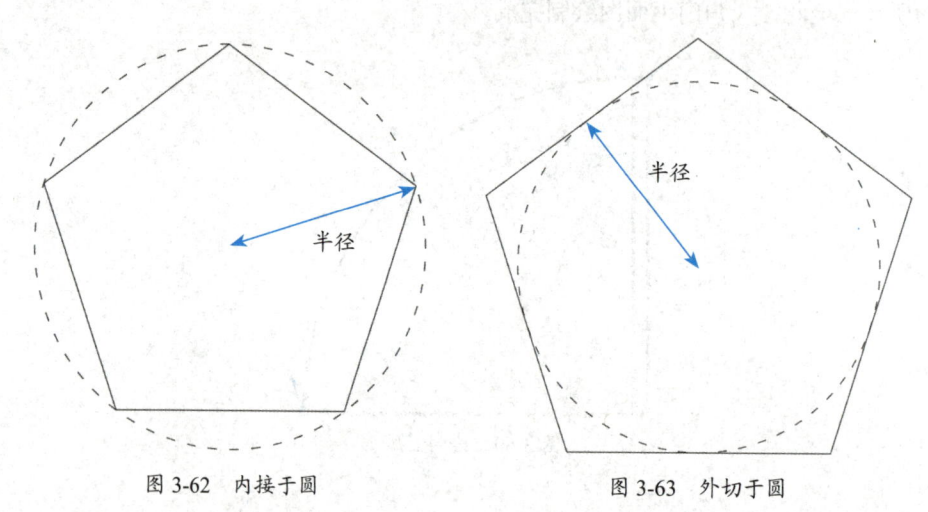

图 3-62 内接于圆

图 3-63 外切于圆

实战演练 绘制休闲椅平面图形

休闲椅平面图形主要由圆形、弧形、直线等元素组合而成。在绘制过程中需要应用修剪、复制等功能。

步骤 01 执行"圆"命令，指定圆的起点，绘制一条半径为220 mm的圆形，如图3-64所示。

步骤 02 继续执行"圆"命令，指定第1个圆的圆心，绘制一个半径为250 mm的圆形，如图3-65所示。

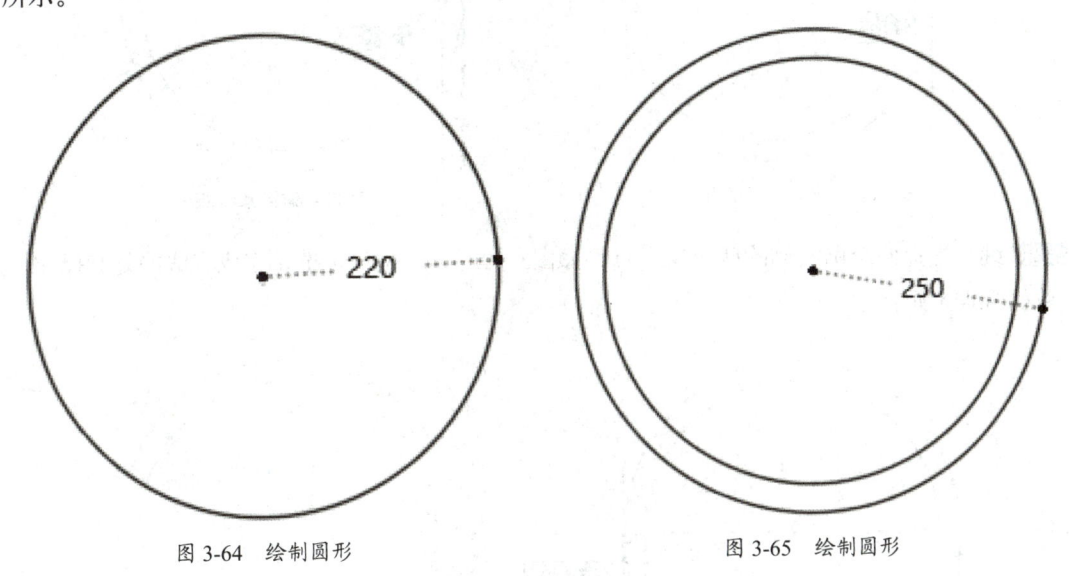

图 3-64 绘制圆形

图 3-65 绘制圆形

步骤 03 执行"直线"命令，捕捉半径为250 mm的圆的左侧象限点为直线的起点，如图3-66所示。向下绘制一条长250 mm的直线，如图3-67所示。

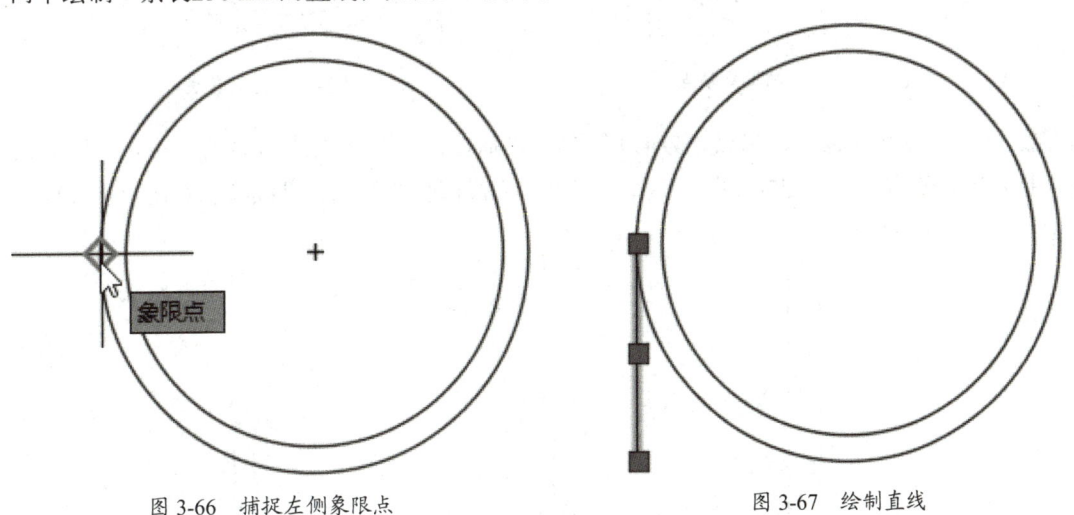

图 3-66 捕捉左侧象限点

图 3-67 绘制直线

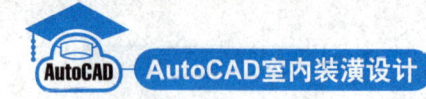

步骤04 在命令行中输入"CO",启动"复制"命令。选中直线,按回车键,捕捉直线的起点为复制基点,如图3-68所示。

步骤05 捕捉半径为220 mm的圆的象限点,如图3-69所示。

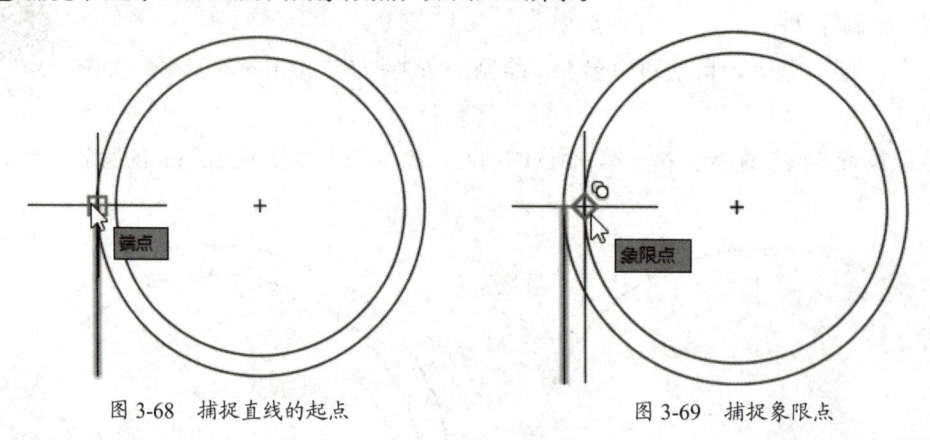

图3-68 捕捉直线的起点　　　　图3-69 捕捉象限点

步骤06 继续捕捉两个圆右侧的两个象限点,如图3-70所示。按回车键,完成直线的复制操作,结果如图3-71所示。

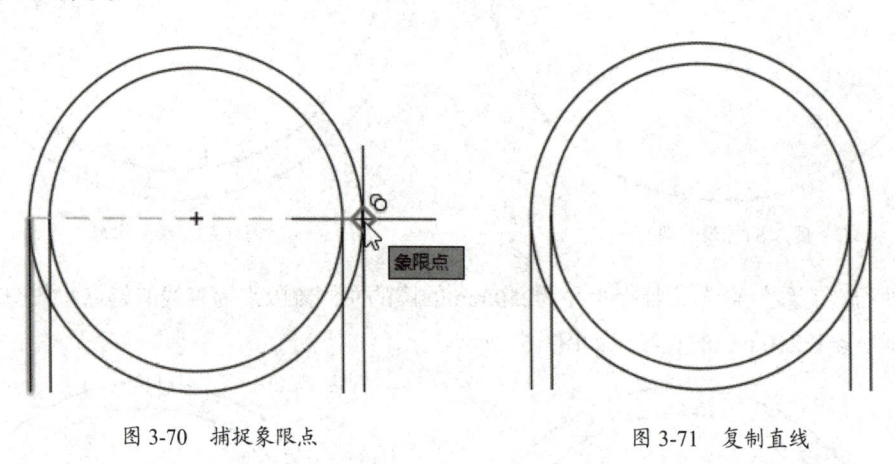

图3-70 捕捉象限点　　　　图3-71 复制直线

步骤07 执行"圆弧(起点,端点,方向)"命令,捕捉左侧两条直线的端点,并向下移动光标,指定圆弧的方向,如图3-72所示。按回车键,完成圆弧的绘制。继续绘制右侧两条直线间的圆弧,如图3-73所示。

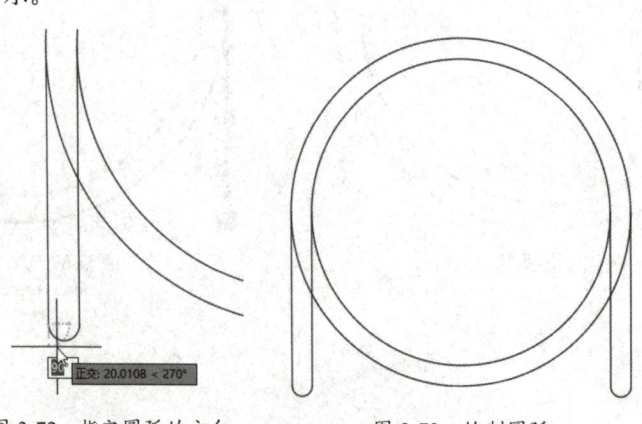

图3-72 指定圆弧的方向　　　　图3-73 绘制圆弧

步骤08 在命令行中输入"TR",启动"修剪"命令。选择要修剪的线段,即可进行修剪操作,如图3-74所示。继续修剪其他多余的线段,完成休闲椅靠背图形的绘制,如图3-75所示。

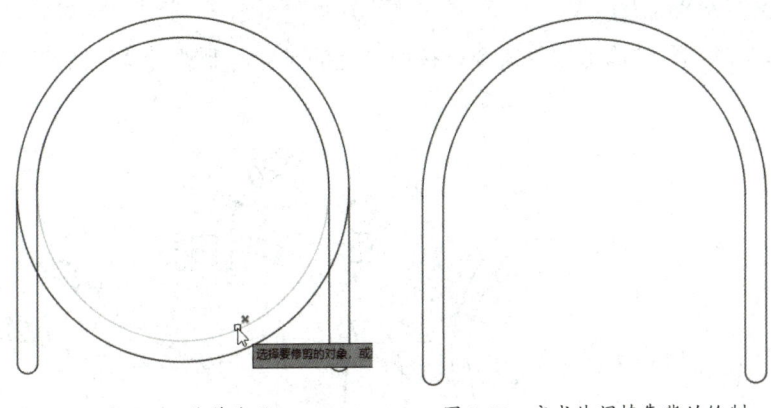

图 3-74 修剪线段　　　图 3-75 完成休闲椅靠背的绘制

步骤09 执行"圆弧(三点)"命令,捕捉休闲椅靠背两侧直线的端点,以及图形内的任意一点,绘制一段圆弧,如图3-76所示。

步骤10 执行"直线"命令,捕捉左右两侧弧线的端点,绘制直线,完成坐垫图形的绘制,如图3-77所示。至此,休闲椅平面图绘制完成。

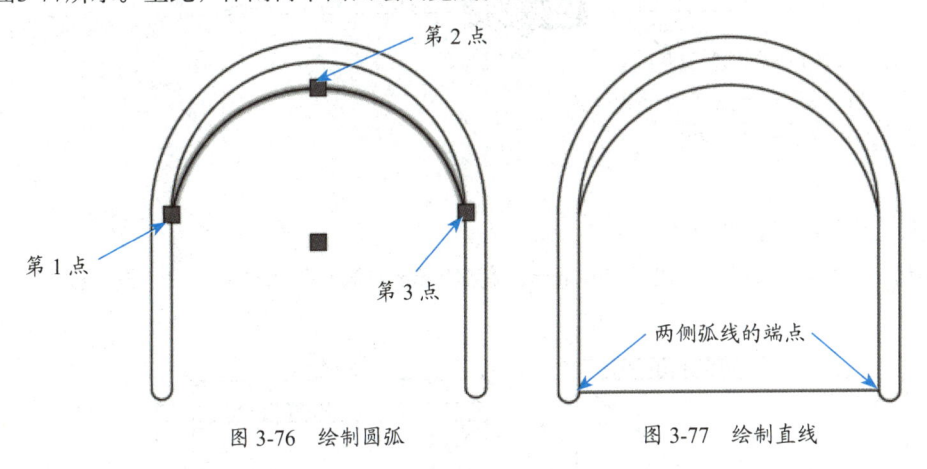

图 3-76 绘制圆弧　　　图 3-77 绘制直线

拓展阅读

线条里的文明密码——从《营造法式》到 BIM 技术

北宋李诫编撰的《营造法式》用"材分制"规范建筑模数,其梁柱比例图纸与现代 CAD 的参数化设计异曲同工。苏州博物馆新馆设计中,贝聿铭团队将园林花窗纹样转化为 CAD 图案库,通过阵列命令生成幕墙肌理。这启示我们:传统纹样不是简单的视觉符号,而是凝结着先人对结构力学的智慧。当代设计师应善用技术工具,让文化遗产在数字时代焕发新生。

课后作业

1. 绘制洗手盆平面图

利用"圆""矩形""修剪"等命令，按照给定的尺寸绘制洗手盆平面图，结果如图3-78所示。

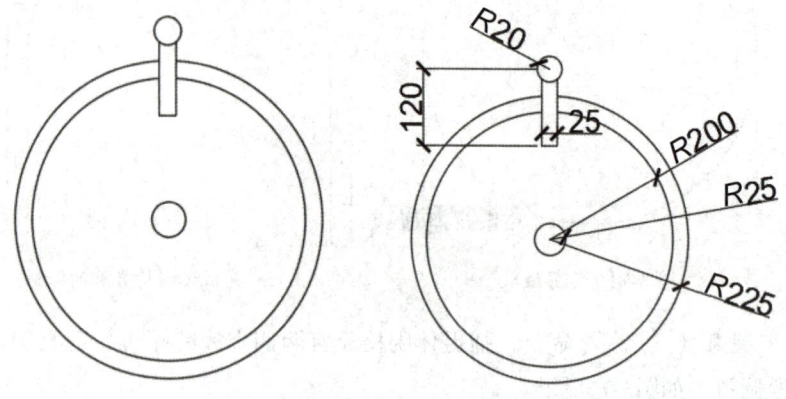

图3-78 洗手盆平面图

> **操作提示**
>
> - 执行"圆"命令，绘制3个同心圆形。
> - 执行"矩形""圆"命令，绘制水龙头图形。
> - 执行"修剪"命令修剪水龙头图形。

2. 绘制单开门冰箱平面图

利用"矩形""直线"命令，绘制长545 mm、宽540 mm的单开门冰箱平面图，效果如图3-79所示。

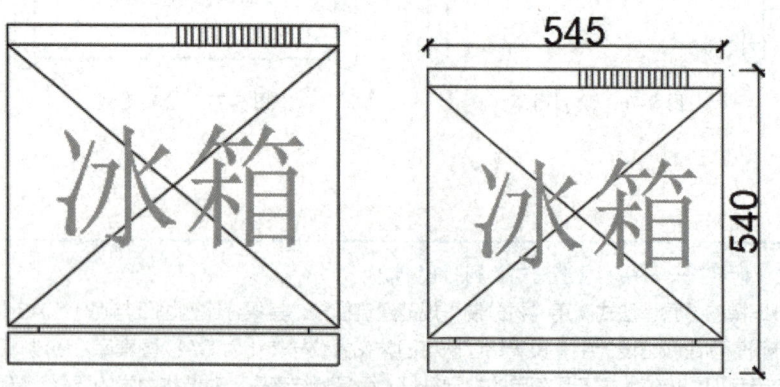

图3-79 单开门冰箱平面图

> **操作提示**
>
> - 执行"矩形"命令，绘制冰箱轮廓线。
> - 执行"直线"命令，绘制冰箱各类装饰线。

模块 4

编辑室内二维图形

内容概要

在绘制二维图形的过程中，通常要结合一些编辑命令才能顺利完成各类图形的绘制。AutoCAD提供了丰富的图形编辑工具，例如图形的选取、复制、移动，图形的修改、填充等。本模块将对这些图形编辑的基本功能进行详细的讲解。

知识要点

- 掌握图形的选择方法。
- 掌握图形的复制、移动方法。
- 掌握图形的修改、编辑方法。
- 掌握图形的填充方法。

数字资源

【本模块素材】："素材文件\模块4"目录下
【本模块实战演练最终文件】："素材文件\模块4\实战演练"目录下

4.1 选取图形

图形的选取有多种方法，最简单的就是直接单击图形。当然，在操作过程中往往会遇到各类情况，需要快速判断，并选择合适的方法来操作，这样才能提升绘图效率。

4.1.1 选择图形的方法

AutoCAD提供了多种选择图形的方法，其中，点选图形、框选图形、围选图形这3种方法经常被用到。

1. 点选

在选择图形时，将光标移至该图形上，单击即可选中，如图4-1所示。当图形被选中后，将会显示该图形的夹点。若要选择多个图形，继续单击其他图形即可，如图4-2所示。

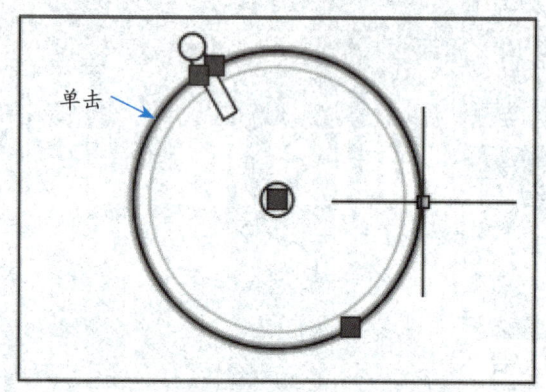

图 4-1　点选图形

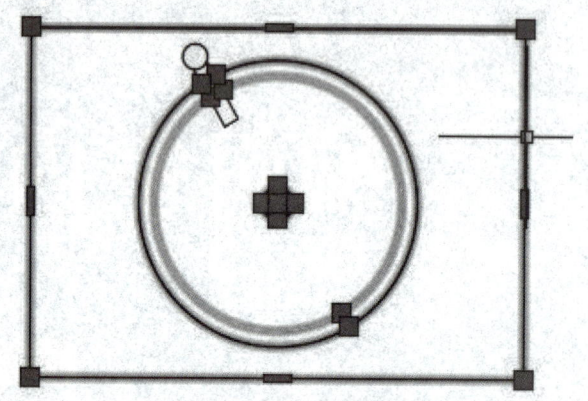

图 4-2　选择多个图形

2. 框选

要批量选择图形时，使用框选方式较为合适。在绘图区中指定框选起点，移动光标至合适位置，此时在框选区域中的图形将被选中。

框选的方向不同，选中结果也不同。在框选图形时，若是从左至右框选，那么在框选区域中的图形都被选中，而与框选边界相交的图形则不被选中，如图4-3、图4-4所示。

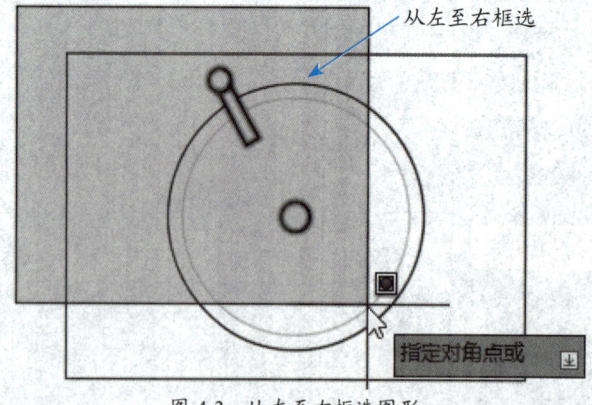

图 4-3　从左至右框选图形

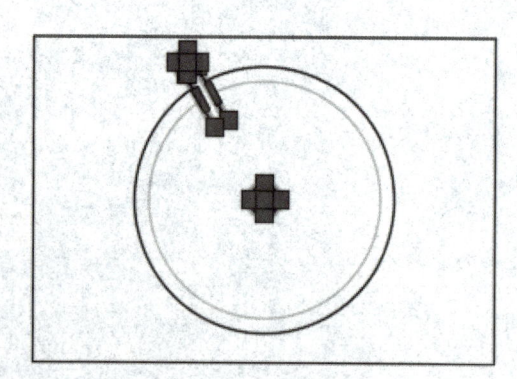

图 4-4　框选图形效果

相反，若是从右至左框选，在框选区域内的图形，以及与框选边界相交的图形都会被选中，如图4-5、图4-6所示。

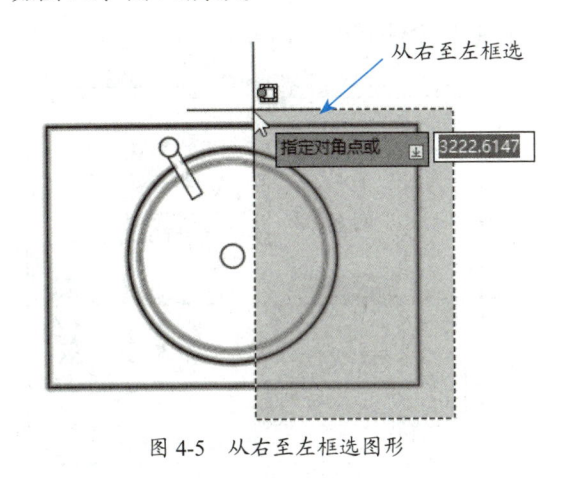

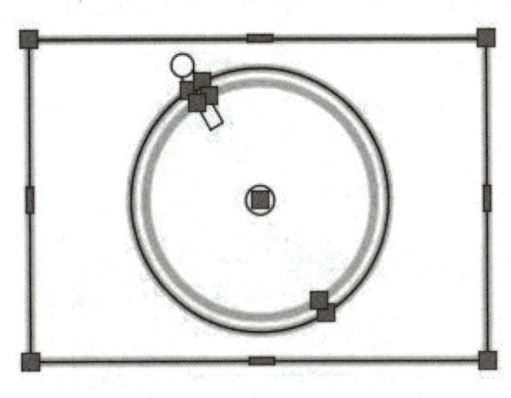

图 4-5 从右至左框选图形

图 4-6 框选图形效果

3. 围选

使用围选方式选择图形，灵活性较大。它可通过不规则图形围选需选择的图形。围选分为两种方式，即圈围和圈交。

圈围是一种多边形窗口选择方法，在绘图区中单击空白处，在命令行中输入"wp"并按回车键，在绘图区中指定拾取点，通过不同的拾取点构成任意多边形，多边形内的图形将被选中，然后按回车键即可，如图4-7、图4-8所示。所有在多边形内的图形都会被选中，而与多边形相交的图形将不被选中。

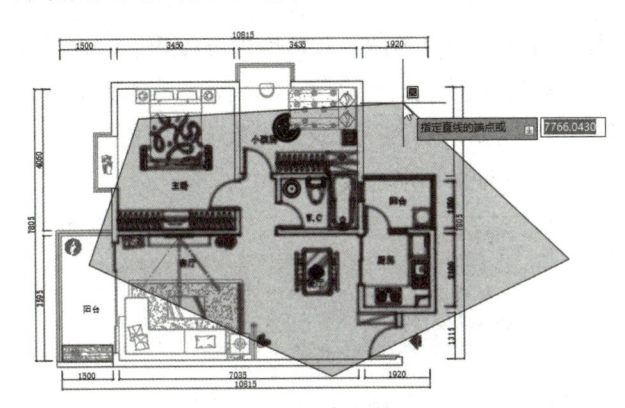

图 4-7 圈围图形

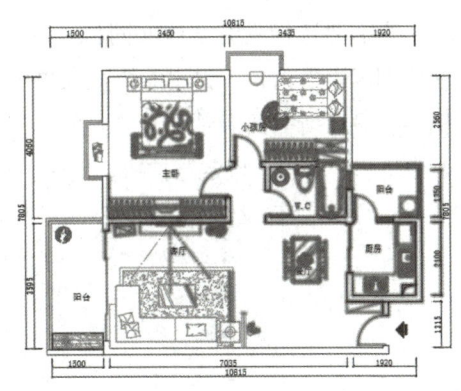

图 4-8 圈围图形效果

命令行中的提示信息如下：

```
命令：指定对角点或 ［栏选(F)/圈围(WP)/圈交(CP)］：wp     输入"wp"，回车
指定直线的端点或 ［放弃(U)］：                      指定第 1 个拾取点
指定直线的端点或 ［放弃(U)］：                      继续指定其他拾取点，回车，结束选择
```

与圈围相似，圈交是绘制一个不规则的封闭多边形作为交叉窗口来选择图形对象。单击任意一点，在命令行中输入"cp"，按回车键，即可进行选取操作。此时，完全包围在多边形中的图形，以及与多边形相交的图形都会被选中，如图4-9、图4-10所示。

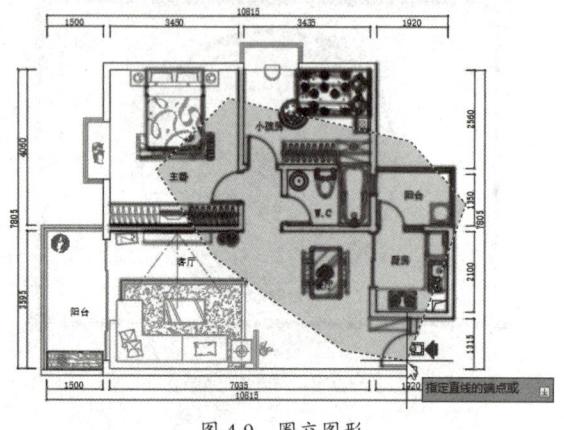

图 4-9　圈交图形　　　　　　　　　　图 4-10　圈交图形效果

命令行中的提示信息如下：

```
命令：指定对角点或 [栏选(F)/圈围(WP)/圈交(CP)]：cp    输入"cp"，回车
指定直线的端点或 [放弃(U)]：           指定第 1 个拾取点
指定直线的端点或 [放弃(U)]：           继续指定其他拾取点，回车，结束选择
```

■ 4.1.2　快速选择图形

当需要选择具有某些共同特性的对象时，可在"快速选择"对话框中进行相应的设置。在绘图区中右击，在弹出的快捷菜单中选择"快速选择"命令，如图4-11所示。在打开的对话框中，设置所需图形对象的"颜色""图层""线型"等"特性"以及"对象类型"信息，如图4-12所示，单击"确定"按钮。此时，所有与之相匹配的图形都会被选中。

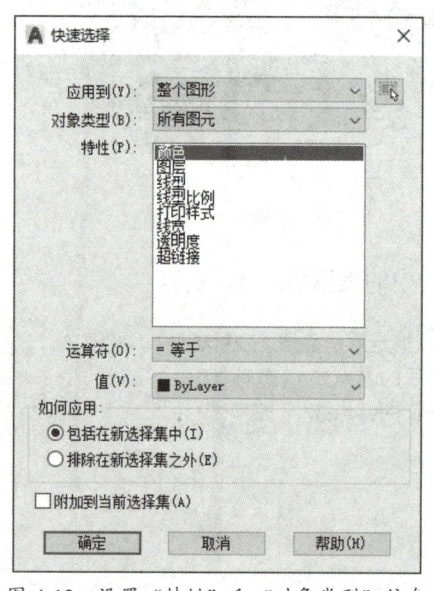

图 4-11　选择"快速选择"选项　　　　图 4-12　设置"特性"和"对象类型"信息

上手操作 快速选择所有家具图形

下面以两居室平面图为例,通过"快速选择"方式选取图纸中的所有家具图形。

步骤01 右击绘图区中任意一点,在快捷菜单中选择"快速选择"命令,打开"快速选择"对话框,在"特性"列表中选择"图层"选项,如图4-13所示。

步骤02 单击"值"右侧的下拉按钮,在弹出的下拉列表中选择"家具"选项,单击"确定"按钮,如图4-14所示。

图 4-13 选择"图层"选项　　图 4-14 选择"家具"选项

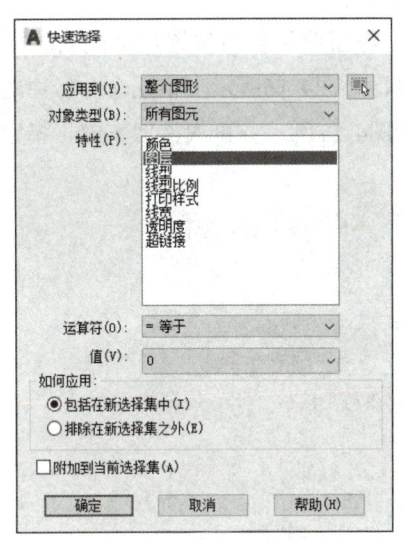

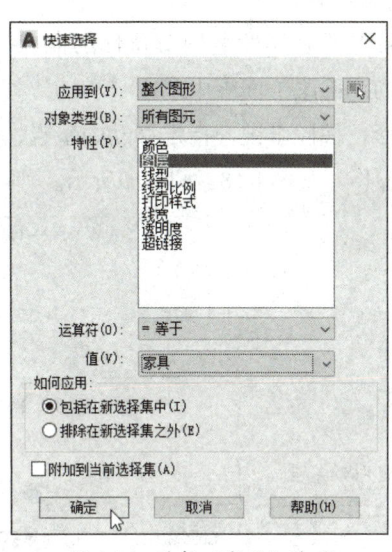

步骤03 两居室平面图中的所有家具图形全部被选中,如图4-15所示。

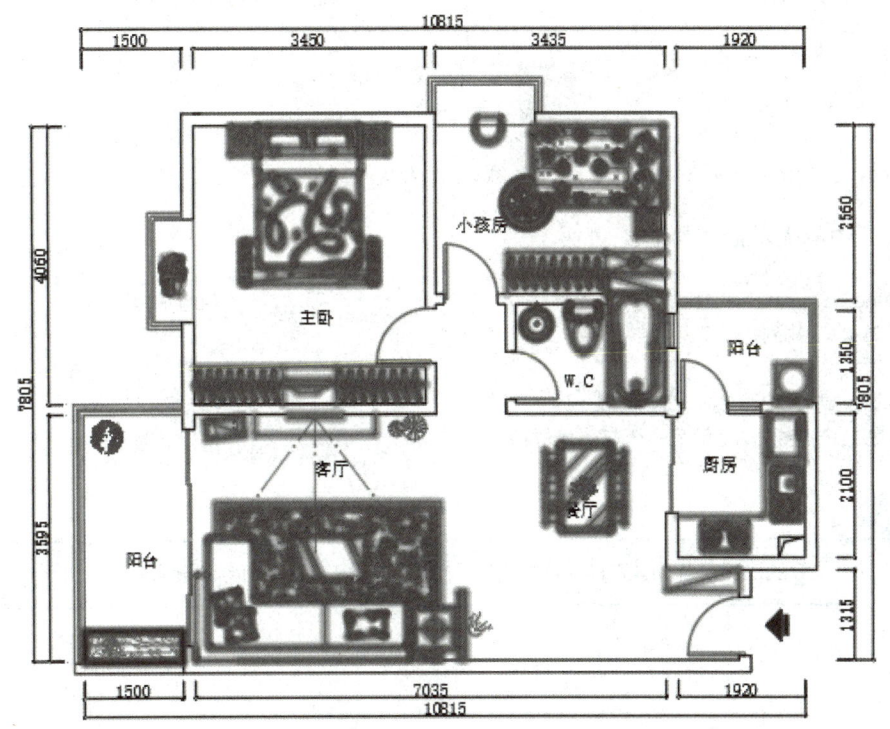

图 4-15 全部选中家具图形

· 65 ·

4.2 移动与复制图形

要想快速绘制多个图形，可借助复制、偏移、镜像、阵列等命令操作。要想调整图形的位置、角度及大小，则可借助移动、旋转、缩放等命令操作。灵活运用这些命令，可提高绘图效率。

■4.2.1 移动图形

移动图形是指在不改变图形特性的情况下，将图形从当前位置移动到新的位置。在"默认"选项卡的"修改"面板中单击"移动"按钮，如图4-16所示。根据命令行中的提示信息，选中所需图形，按回车键，指定移动的基点，如图4-17所示。再次按回车键，指定新基点，即可完成移动操作，如图4-18、图4-19所示。

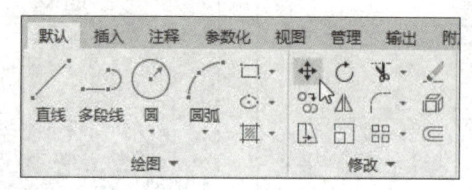

图 4-16 单击"移动"按钮

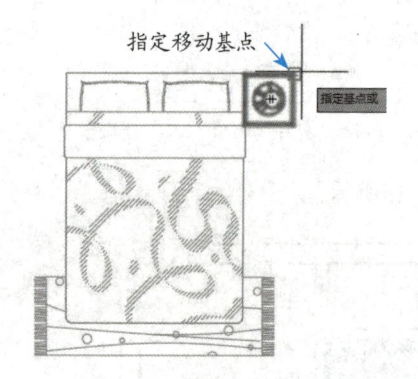

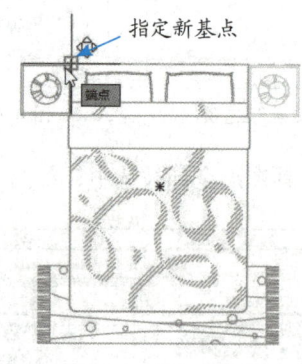

图 4-17 指定移动基点　　　图 4-18 指定新基点　　　图 4-19 完成移动操作

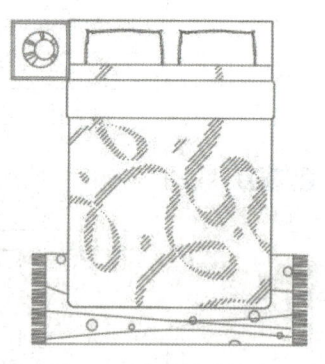

命令行中的提示信息如下：

```
命令：_move                                          执行命令
选择对象：找到 1 个
选择对象：                                           选择图形，回车
指定基点或 [位移(D)] <位移>：                         指定移动基点
指定第二个点或 <使用第一个点作为位移>：               指定新基点
```

> **知识点拨**
>
> "移动"命令的快捷键为 M。在命令行中输入"M"，按回车键，即可启动该命令。

■4.2.2 复制图形

如果需要绘制大量相同的图形，可以使用"复制"命令操作。在"修改"面板中单击"复制"按钮，如图4-20所示。根据命令行中的提示信息，选中所需图形，按回车键，指定复制基点和新基点，如图4-21、图4-22所示。按回车键，即可完成复制操作，复制结果如图4-23所示。

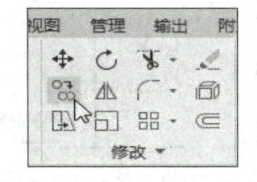

图 4-20 单击"复制"按钮

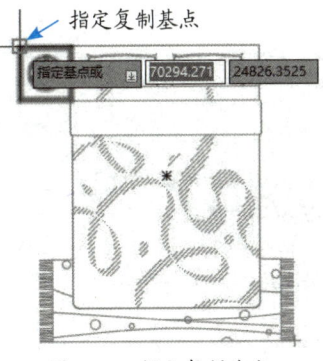

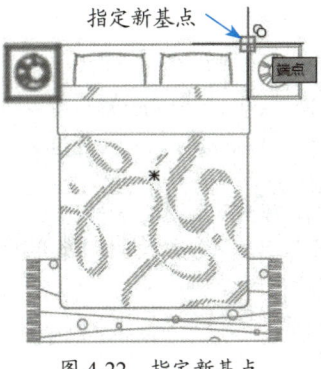

图 4-21 指定复制基点　　图 4-22 指定新基点　　图 4-23 复制结果

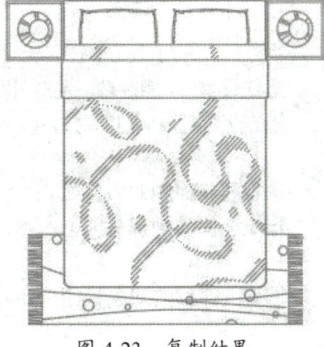

命令行中的提示信息如下：

命令：_copy	执行命令
选择对象：找到 1 个	
选择对象：	选择图形，回车
当前设置：复制模式 = 多个	
指定基点或 [位移(D)/模式(O)] <位移>：	指定复制基点
指定第二个点或 [阵列(A)] <使用第一个点作为位移>：	指定新基点，回车，结束复制

知识点拨

"复制"命令的快捷键为CO。在命令行中输入"CO"，按回车键，即可启动该命令。

■4.2.3 偏移图形

偏移图形是创建一个与选定图形类似的新图形，并将它放置在原图形的内侧或外侧。需注意的是，偏移图形只能对线段、圆形、矩形等进行操作，其他图块或组合图形不可用。

在"修改"面板中单击"偏移"按钮，如图4-24所示。根据命令行中的提示信息，设置偏移距离，如图4-25所示，然后选中所需图形，并指定偏移方向，如图4-26所示，单击，即可完成图形的偏移操作，偏移结果如图4-27所示。

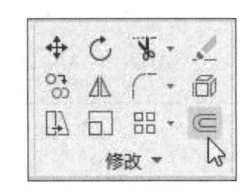

图 4-24 单击"偏移"按钮

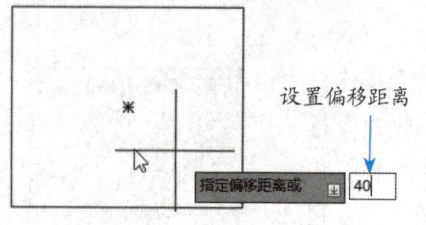

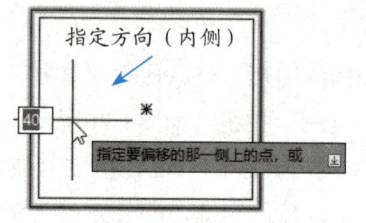

图 4-25　设置偏移距离　　　　　图 4-26　指定偏移方向　　　　　图 4-27　偏移结果

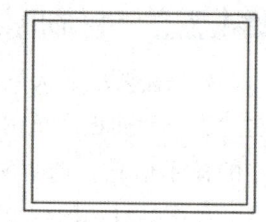

命令行中的提示信息如下：

```
命令：_offset                                              执行命令
当前设置：删除源=否　图层=源　OFFSETGAPTYPE=0
指定偏移距离或 [通过(T)/删除(E)/图层(L)] <通过>：40
                                                          输入偏移距离值"40"，回车
选择要偏移的对象，或 [退出(E)/放弃(U)] <退出>：           选择所需图形
指定要偏移的那一侧上的点，或 [退出(E)/多个(M)/放弃(U)] <退出>：
                                                          指定偏移方向上的一点
选择要偏移的对象，或 [退出(E)/放弃(U)] <退出>：
```

> **知识点拨**
>
> "偏移"命令的快捷键为 O。在命令行中输入"O"，按回车键，即可启动该命令。

上手操作　绘制窗户立面图

下面利用"偏移"命令绘制窗户立面图。

步骤01 执行"矩形"命令，绘制一个长2 100 mm、宽1 500 mm的矩形，如图4-28所示。

步骤02 执行"直线"命令，捕捉矩形上、下的两个中点，绘制中线，如图4-29所示。

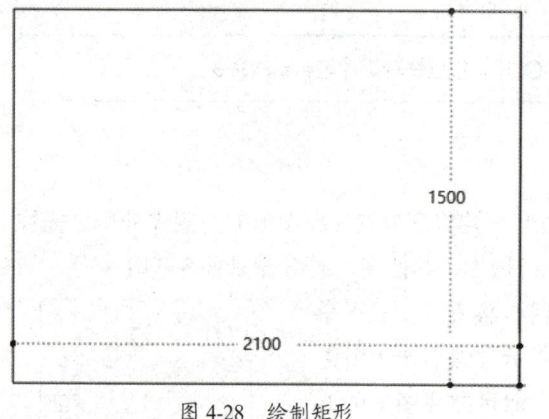

图 4-28　绘制矩形　　　　　　　　　　　图 4-29　绘制中线

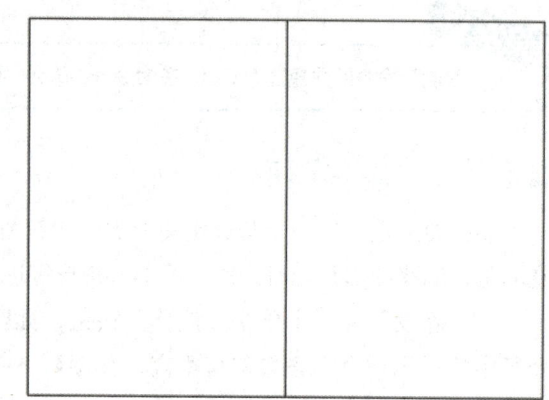

步骤 03 执行"偏移"命令，根据命令行中的提示信息，设置偏移距离为50 mm，选中矩形，指定矩形内侧一点，将矩形向内偏移，如图4-30所示。

命令行中的提示信息如下：

```
命令：_offset                                          执行命令
当前设置：删除源＝否  图层＝源  OFFSETGAPTYPE=0
指定偏移距离或 [通过(T)/删除(E)/图层(L)] <10.0000>: 50
                                                      输入偏移距离值"50"，回车
选择要偏移的对象，或 [退出(E)/放弃(U)] <退出>：        选择矩形
指定要偏移的那一侧上的点，或 [退出(E)/多个(M)/放弃(U)] <退出>：
                                                      指定矩形内侧一点
选择要偏移的对象，或 [退出(E)/放弃(U)] <退出>：
```

步骤 04 继续执行"偏移"命令，将中线分别向两侧偏移25 mm，如图4-31所示。

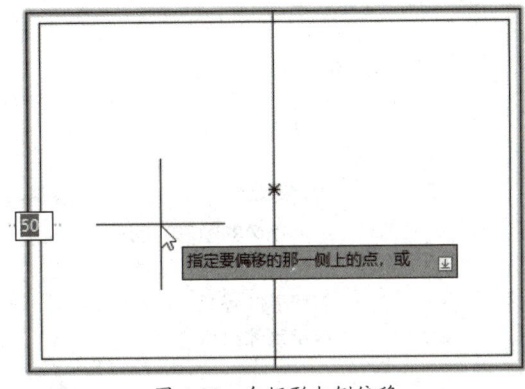

图 4-30　向矩形内侧偏移　　　　　　　　　　图 4-31　偏移中线

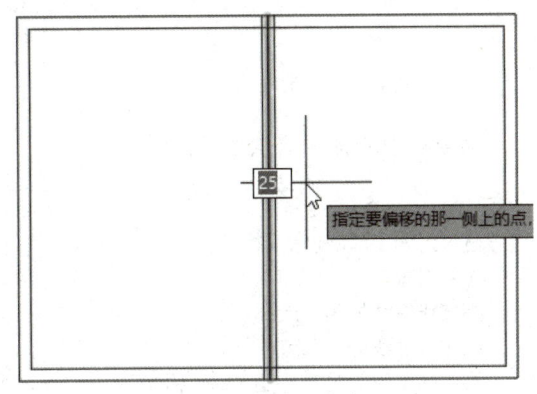

步骤 05 删除矩形中线，执行"修剪"命令，剪掉多余的线段，如图4-32所示。

步骤 06 执行"直线"命令，绘制任意几条斜线，如图4-33所示。至此，窗户立面图绘制完成。

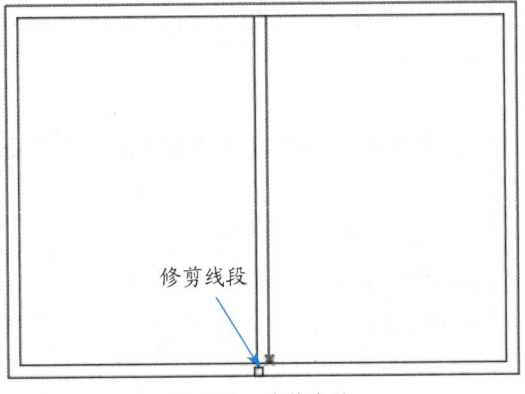

图 4-32　修剪线段　　　　　　　　　　图 4-33　绘制直线

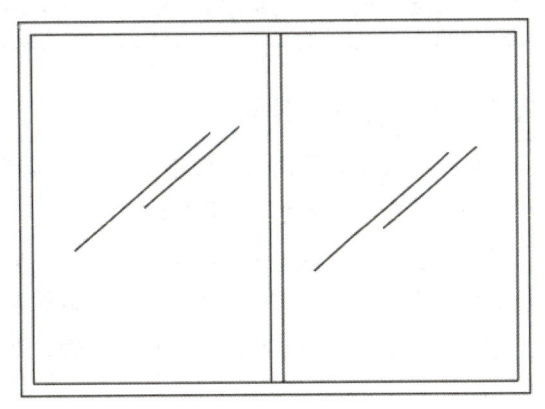

■4.2.4 镜像图形

要绘制对称图形，可以使用"镜像"命令，该命令用于将指定的图形进行对称复制。在"修改"面板中单击"镜像"按钮，如图4-34所示。根据命令行中的提示信息，选择图形，并指定两个镜像点，如图4-35所示。在"要删除源对象吗？"列表中选择"否"选项，如图4-36所示，即可完成镜像操作。

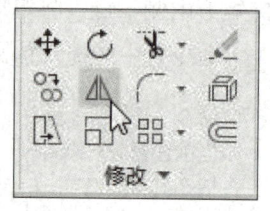

图 4-34 单击"镜像"按钮

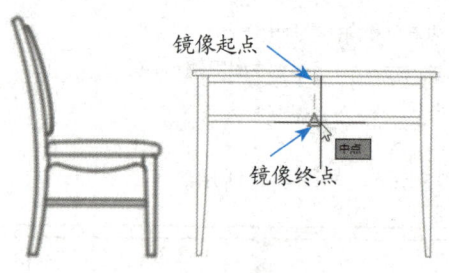

图 4-35 指定镜像点

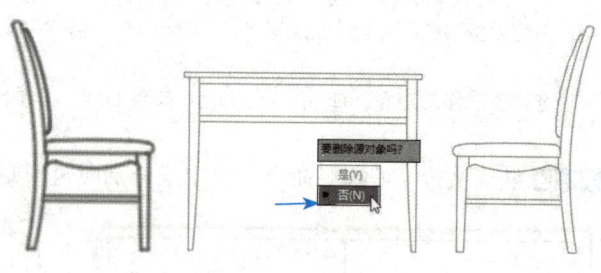

图 4-36 选择"否"选项

命令行中的提示信息如下：

```
命令：_mirror                                          执行命令
选择对象：找到 1 个                                    选择镜像的图形，回车
选择对象：
指定镜像线的第一点：                                   指定镜像起点
指定镜像线的第二点：                                   指定镜像终点
要删除源对象吗？[是(Y)/否(N)] <否>：
                                           回车，保留源对象 / 选择"否"选项，删除源对象
```

> **知识点拨**
> "镜像"命令的快捷键为 MI。在命令行中输入"MI"，按回车键，即可启动该命令。

■4.2.5 旋转图形

旋转图形是指将图形按照指定的旋转基点及角度进行旋转。正的角度值按逆时针方向旋转，负的角度值按顺时针方向旋转。

在"修改"面板中单击"旋转"按钮，如图4-37所示。根据命令行中的提示信息，选择图形，并指定旋转基点，如图4-38所示。指定旋转角度，如图4-39所示，按回车键，即可完成旋转操作，如图4-40所示。

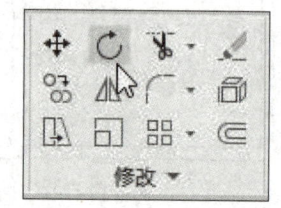

图 4-37 单击"旋转"按钮

模块4 编辑室内二维图形

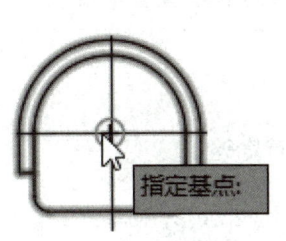

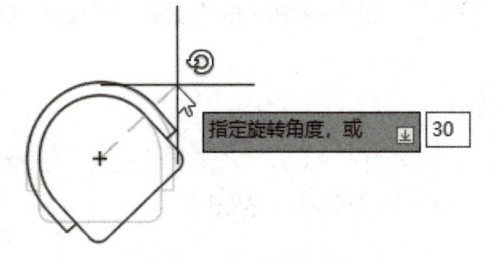

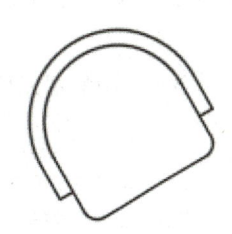

图 4-38 指定旋转基点　　　图 4-39 指定旋转角度　　　图 4-40 完成旋转操作

命令行中的提示信息如下：

命令：_rotate	执行命令
UCS 当前的正角方向： ANGDIR=逆时针 ANGBASE=0	
选择对象：指定对角点：找到 1 个	选择图形，回车
选择对象：	
指定基点：	指定旋转基点
指定旋转角度，或 [复制(C)/参照(R)] <0>:30	输入旋转角度"30"，回车，结束旋转

在设置旋转角度时，如果输入"C"，则启动复制旋转命令，也就是在旋转的同时进行复制操作。如果输入"R"，则启动参照命令，即指定某个方向作为起始参照，然后拾取该方向上的两个点以确认要旋转到的位置。

知识点拨

"旋转"命令的快捷键为 RO。在命令行中输入"RO"，按回车键，即可启动该命令。

上手操作 复制座椅图形

下面结合"旋转"和"镜像"命令，对座椅图形进行复制操作。

步骤 01 执行"旋转"命令，选中座椅图形，并指定其旋转基点，如图4-41所示。

步骤 02 在命令行中输入"c"，启动"复制"命令，如图4-42所示，按回车键。

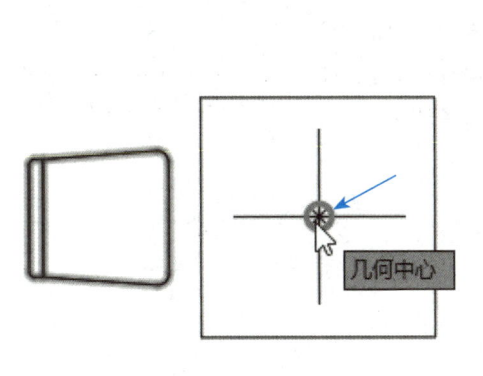

图 4-41 指定座椅图形的旋转基点　　　图 4-42 启动"复制"命令

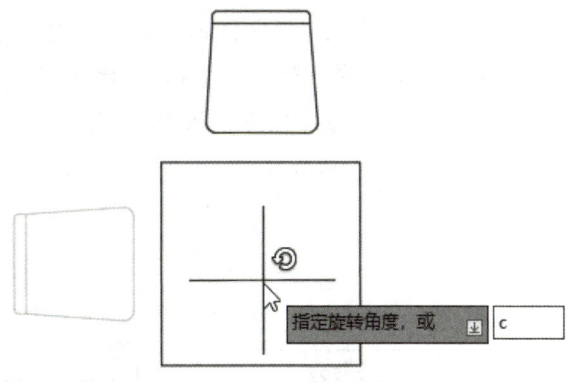

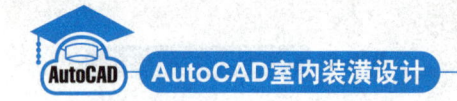

步骤03 输入旋转角度为"-90",将座椅图形围绕桌面图形的中心点进行垂直复制旋转,如图4-43所示。

命令行中的提示信息如下:

命令:_rotate	执行命令
UCS 当前的正角方向: ANGDIR=逆时针 ANGBASE=0	
选择对象:找到 1 个	选中座椅图形,回车
选择对象:	
指定基点:	指定桌面图形的中心点
指定旋转角度,或 [复制(C)/参照(R)] <270>:c	输入"c",选择"复制"选项,回车
旋转一组选定对象。	
指定旋转角度,或 [复制(C)/参照(R)] <270>:-90	输入旋转值,回车

步骤04 执行"镜像"命令,选中两个座椅图形,捕捉桌面图形的两个对角点作为镜像线,如图4-44所示。在"要删除源对象吗?"列表中选择"否"选项,完成所有复制操作,如图4-45所示。

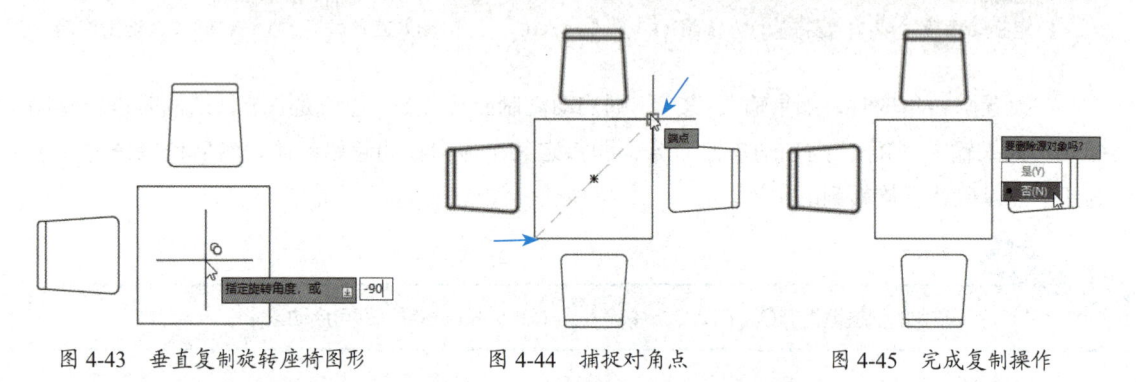

图 4-43 垂直复制旋转座椅图形　　图 4-44 捕捉对角点　　图 4-45 完成复制操作

4.2.6 缩放图形

缩放图形是指将图形按照指定的比例进行放大或缩小操作。默认的比值为1。

在"修改"面板中单击"缩放"按钮,如图4-46所示。根据命令行中的提示信息,选择图形,按回车键,指定缩放基点,如图4-47所示,然后移动光标并输入比例因子值,按回车键即可。比例因子值小于1,为缩小图形,如图4-48所示;比例因子值大于1,为放大图形,如图4-49所示。

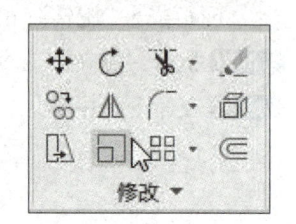

图 4-46 单击"缩放"按钮

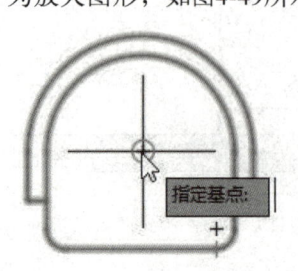

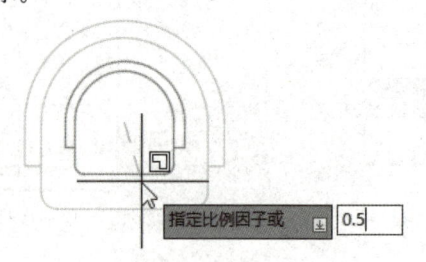

图 4-47 指定缩放基点　　图 4-48 缩小图形　　图 4-49 放大图形

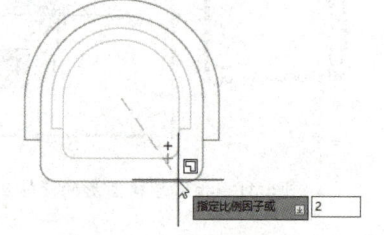

命令行中的提示信息如下：

命令：_scale	执行命令
选择对象：指定对角点：找到 1 个	选择图形，回车
选择对象：	
指定基点：	指定缩放基点
指定比例因子或 [复制(C)/参照(R)]：0.5	输入比例因子值"0.5"，回车

知识点拨

"缩放"命令的快捷键为 SC。在命令行中输入"SC"，按回车键，即可启动该命令。

■4.2.7 阵列图形

阵列图形是一种有规则的复制图形命令。当图形要按照指定的位置进行分布时，可以使用阵列图形命令，阵列图形命令包括矩形阵列、环形阵列和路径阵列3种。

1. 矩形阵列

矩形阵列是指将图形对象按照指定的行数和列数呈矩形结构排列复制。使用此命令，可以创建均布结构或聚心结构的复制图形。

在"修改"面板中单击"矩形阵列"按钮，如图4-50所示。选中所需图形，打开"阵列创建"选项卡，在该选项卡中可对其"列数""行数""介于""总计""级别"等进行相应的设置，如图4-51所示。

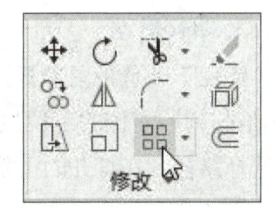

图 4-50　单击"矩形阵列"按钮

图 4-51　"阵列创建"选项卡

该选项卡中各面板的主要功能讲解如下：

- **特性**：用于指定阵列的特性。"关联"用于指定阵列中的对象是关联的还是独立的；"基点"用于指定阵列基点和夹点的位置。
- **列**：用于指定列数、介于和总计数。"列数"用于指定阵列中图形的列数；"介于"用于指定每列之间的距离；"总计"用于指定起点和端点列数之间的总距离。
- **行**：用于指定行数、介于和总计数。"行数"用于指定阵列中图形的行数；"介于"用于指定每行之间的距离；"总计"用于指定起点和端点行数之间的总距离。
- **层级**：用于指定图形的层数、介于和总计数。"层数"用于指定阵列中的层数；"介于"用于指定每层之间的距离；"总计"用于指定从底层至最高层之间的总距离。

2. 环形阵列

环形阵列是指图形对象呈环形结构阵列。单击"矩形阵列"右侧的下拉按钮，选择"环形阵列"选项，即可启动该命令，如图4-52所示。选择所需图形，指定旋转基点，在打开的"阵列创建"选项卡中进行相关设置，如图4-53所示。

图 4-52 选择"环形阵列"选项

图 4-53 "阵列创建"选项卡

在该选项卡中，通常只需对"项目"面板中的参数进行设置，其他参数保存默认设置即可。其中，"项目数"用于指定阵列图形的数值；"介于"用于指定阵列图形之间的角度；"填充"用于指定阵列中第一个和最后一个图形之间的角度。

3. 路径阵列

路径阵列是指图形根据指定的路径进行阵列，路径可以是曲线、弧线、折线等线段。单击"矩形阵列"右侧的下拉按钮，选择"路径阵列"选项，即可启动该命令。选择所需图形，然后选择路径，在打开的"阵列创建"选项卡中进行相关设置，如图4-54所示。

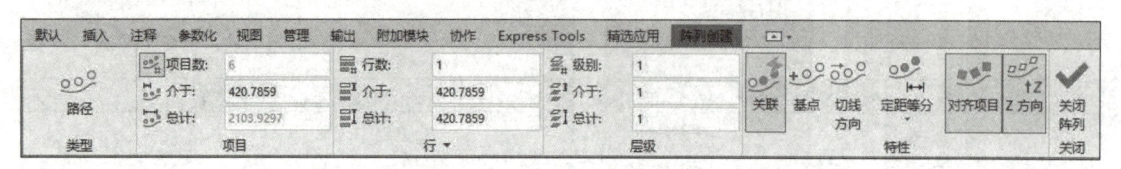

图 4-54 "阵列创建"选项卡

在该选项卡中，通常可对"项目数""介于""对齐项目""切线方向"几个选项进行设置。其中，"项目数"用于指定图形阵列的数目；"介于"（"项目"面板中）用于指定阵列图形之间的距离；"对齐项目"用于控制阵列图形是否与路径对齐；"切线方向"用于指定阵列的图形如何相对于路径的起始方向对齐。

4.3 改变图形与线段的形态

如果需要对图形或线段的形态进行修改，就要利用修剪、编辑类工具了，例如倒/圆角、修剪、延伸、拉伸等。

4.3.1 倒角与圆角

利用倒角和圆角可以修饰图形，也可对图形相邻的两条边进行修剪。

1. 倒角

在"修改"面板中单击"圆角"右侧的下拉按钮,在其列表中选择"倒角"选项,即可启动该命令,如图4-55所示。默认情况下,倒角距离为0,可以先设置倒角距离,然后进行倒角操作。

启动命令后,在命令行中输入"d",按回车键,设置两个倒角距离值,如图4-56、图4-57所示,然后选择相邻的两条边线,即可完成倒角操作,如图4-58所示。

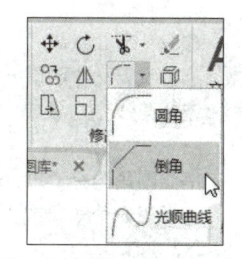

图 4-55 选择"倒角"选项

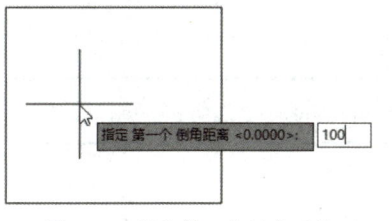

图 4-56 指定第 1 个倒角距离 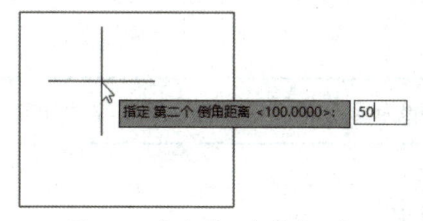　　图 4-57 指定第 2 个倒角距离 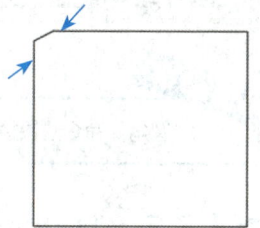　　图 4-58 完成倒角操作

命令行中的提示信息如下:

```
命令:_chamfer                                          执行命令
("修剪"模式) 当前倒角距离 1 = 0.0000,距离 2 = 0.0000
选择第一条直线或 [放弃(U)/多段线(P)/距离(D)/角度(A)/修剪(T)/方式(E)/多个(M)]: d
                                                       输入"d",回车
指定 第一个 倒角距离 <0.0000>: 100                       输入第 1 个倒角距离值"100",回车
指定 第二个 倒角距离 <100.0000>: 50                      输入第 2 个倒角距离值"50",回车
选择第一条直线或 [放弃(U)/多段线(P)/距离(D)/角度(A)/修剪(T)/方式(E)/多个(M)]:
                                                       选择第 1 条边
选择第二条直线,或按住 Shift 键选择直线以应用角点或 [距离(D)/角度(A)/方法(M)]:
                                                       选择第 2 条边
```

2. 圆角

圆角是指通过指定的圆弧半径将多边形的边界棱角部分光滑连接起来。圆角是倒角的一种表现形式。在"修改"面板中单击"圆角"按钮,如图4-59所示,先在命令行中输入"R",再设置圆角半径,然后选择两条边进行圆角操作,如图4-60、图4-61所示。

图 4-59 单击"圆角"按钮

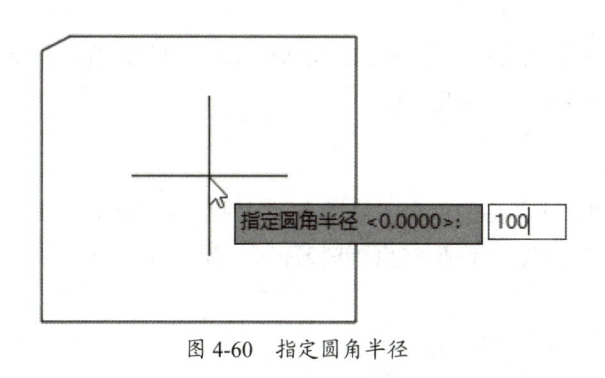

图 4-60 指定圆角半径 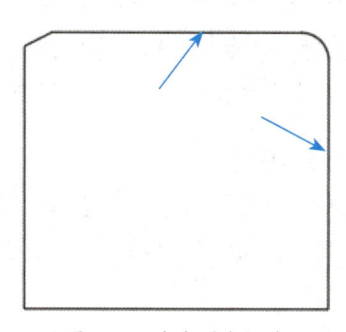　　　　　　图 4-61 完成圆角操作

命令行中的提示信息如下：

```
命令：_fillet                                                    执行命令
当前设置：模式 = 修剪，半径 = 0.0000
选择第一个对象或 [放弃(U)/多段线(P)/半径(R)/修剪(T)/多个(M)]: r
                                                                 输入"r"，回车
指定圆角半径 <0.0000>: 100                                        输入半径值"100"，回车
选择第一个对象或 [放弃(U)/多段线(P)/半径(R)/修剪(T)/多个(M)]:
                                                                 选择第1条边
选择第二个对象，或按住 Shift 键选择对象以应用角点或 [半径(R)]:    选择第2条边
```

> **知识点拨**
>
> "圆角"命令的快捷键为F。在命令行中输入"F"，按回车键，即可启动该命令。

■4.3.2 打断图形

利用"打断"命令可将已有的线段分离为两段。被分离的线段只能是单独的线条，不能是任何组合形体，如图块、编组等。

单击"修改"面板的下拉按钮，展开"修改"面板，单击"打断"按钮，如图4-62所示。根据命令行中的提示信息，指定图形中的第1个打断点，如图4-63所示。移动光标，指定第2个打断点，即可完成打断操作，如图4-64所示。

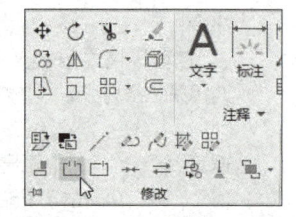

图 4-62　单击"打断"按钮

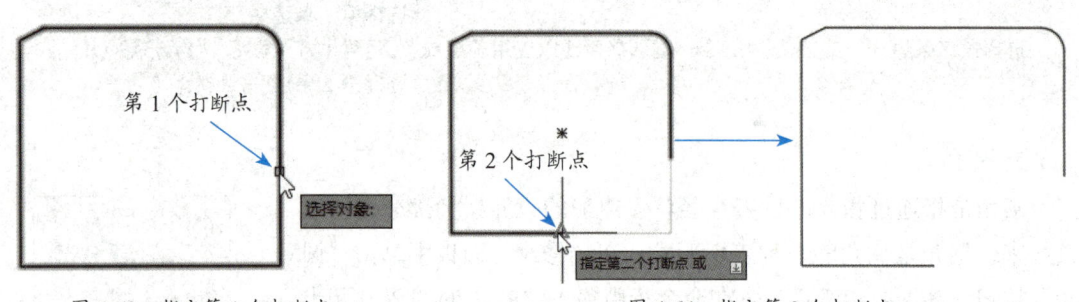

图 4-63　指定第1个打断点　　　　图 4-64　指定第2个打断点

■4.3.3 修剪/延伸图形

"修剪"命令是编辑命令中使用频率非常高的一个命令。"延伸"命令和"修剪"命令效果相反，两个命令在使用过程中可以通过按Shift键相互转换。

1. 修剪图形

使用"修剪"命令可对超出图形边界或图形中多余的线段进行修剪。在"修剪"面板中单击"修剪"按钮，如图4-65所示，然后选择图形中要修剪的线段即可，如图4-66所示。

图 4-65　单击"修剪"按钮 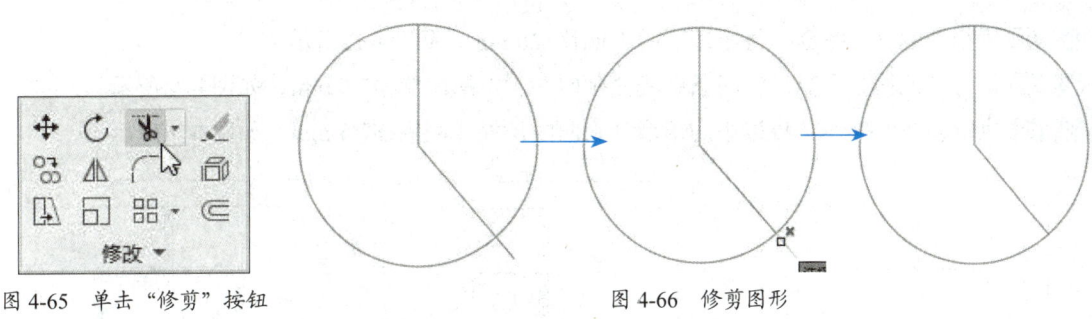　　　　　图 4-66　修剪图形

知识点拨

"修剪"命令的快捷键为 TR。在命令行中输入"TR",按回车键,即可启动该命令。

2. 延伸图形

利用"延伸"命令可以将线段延伸到指定的边界上。在"修剪"下拉列表中选择"延伸"选项,如图4-67所示,然后选中要延伸的线段即可,如图4-68所示。

图 4-67　选择"延伸"选项 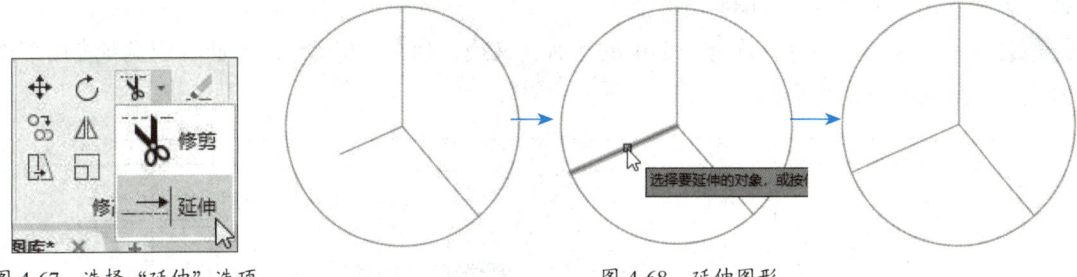　　　　　图 4-68　延伸图形

上手操作 绘制中式花窗图形

下面结合"偏移""修剪"命令绘制中式花窗图形。

步骤 01 执行"矩形"命令,绘制一个长570 mm、宽510 mm的矩形。执行"偏移"命令,将该矩形向外偏移50 mm,如图4-69所示。

步骤 02 执行"直线"命令,分别捕捉两个矩形的角点,绘制4条斜线,如图4-70所示。

扫码观看视频

步骤 03 继续执行"直线"命令,捕捉小矩形的4个中点,绘制两条相互垂直的中线,如图4-71所示。

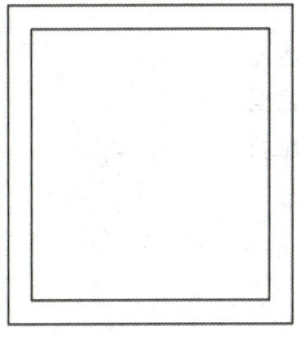

图 4-69　偏移矩形 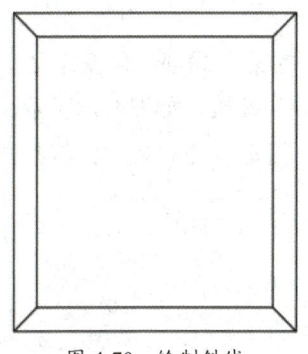　　　　图 4-70　绘制斜线 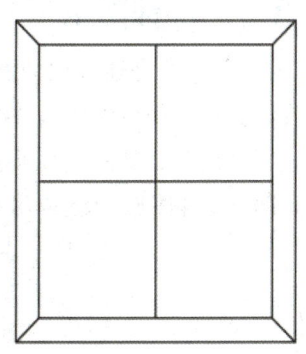　　　　图 4-71　绘制中线

步骤 04 执行"偏移"命令，将小矩形向内偏移120 mm，如图4-72所示。

步骤 05 执行"偏移"命令，将两条中线分别向左、右两侧偏移7.5 mm，如图4-73所示。

步骤 06 执行同样的操作，将最小的矩形分别向内、外两侧偏移7.5 mm，如图4-74所示。

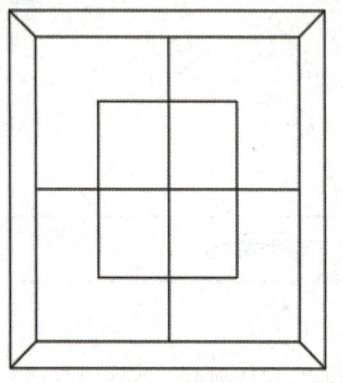

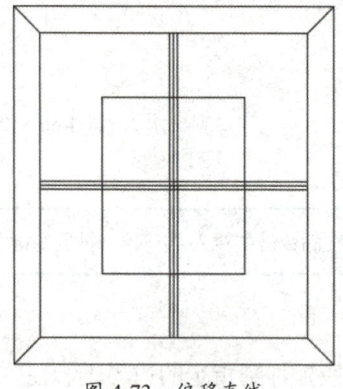

图 4-72　偏移矩形　　　　　图 4-73　偏移直线　　　　　图 4-74　偏移矩形

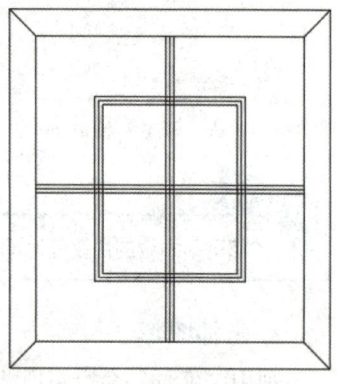

步骤 07 删除所有的中线，如图4-75所示。

步骤 08 执行"修剪"命令，修剪图形中的所有交叉线，如图4-76所示。至此，中式花窗图形绘制完毕，结果如图4-77所示。

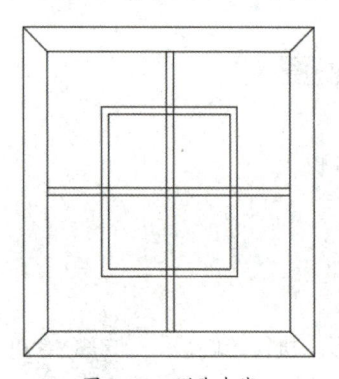

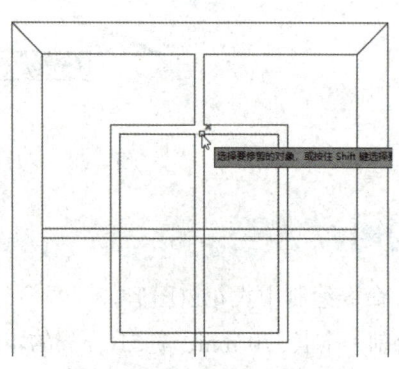

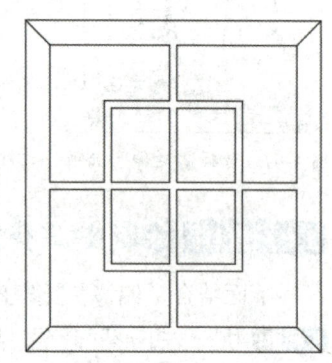

图 4-75　删除中线　　　　　图 4-76　修剪交叉线　　　　图 4-77　完成中式花窗图形的绘制

> **知识点拨**
> 在修剪时，可以使用框选方式选择多个修剪线段，从而提高制作效率。

■4.3.4　拉伸图形

"拉伸"命令是通过拉伸图形的某个局部，使整个图形发生变化。在"修剪"面板中单击"拉伸"按钮，如图4-78所示。从右至左框选图形局部，如图4-79所示。指定拉伸的基点，将其移动至新位置，即可拉伸图形，如图4-80所示。

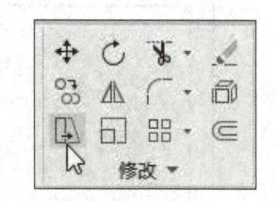

图 4-78　单击"拉抻"按钮

· 78 ·

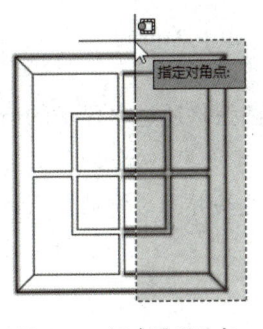

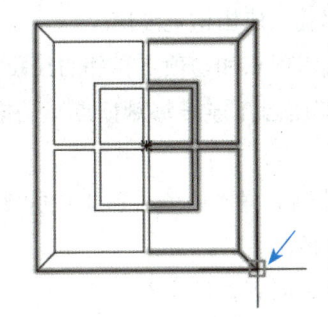

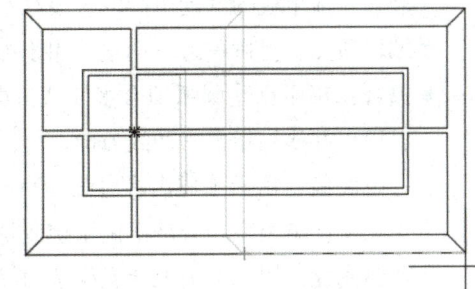

图 4-79　框选图形局部　　　　　图 4-80　拉伸图形

在执行拉伸操作时，圆、圆弧、椭圆类图形是不能够进行拉伸的。如果遇到组合图形，需先将其分解才可拉伸。

■4.3.5　编辑多线

利用"多线"命令绘制图形后，通常需要对图形进行修改编辑，才能达到预期效果。双击多线，打开"多线编辑工具"对话框，在此选择所需编辑工具即可，如图4-81、图4-82所示。

图 4-81　"多线编辑工具"对话框　　　　　图 4-82　编辑多线

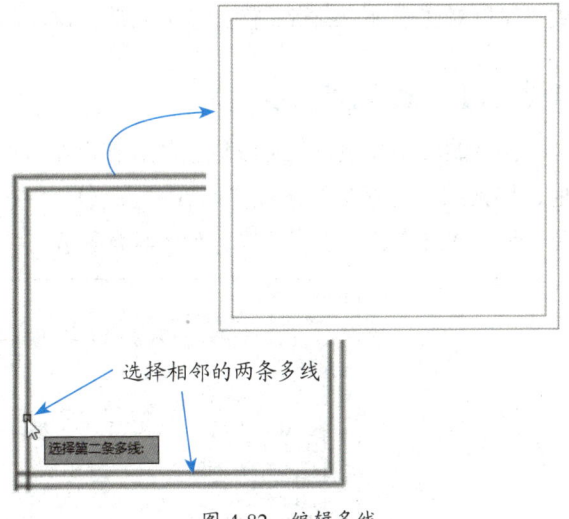

■4.3.6　编辑多段线

与多线类似，绘制的多段线也可进行二次编辑加工。双击要编辑的多段线，打开编辑列表，如图4-83所示，可根据需要选择相应的编辑选项进行操作。

下面对各编辑选项进行讲解。

- **闭合**：用于闭合当前多段线，使其成为一个封闭的多边形。
- **合并**：用于将其他圆弧、直线、多段线连接到已有的多段线上，连接端点必须精确重合。
- **宽度**：用于指定二维多段线的宽度。输入新宽度值

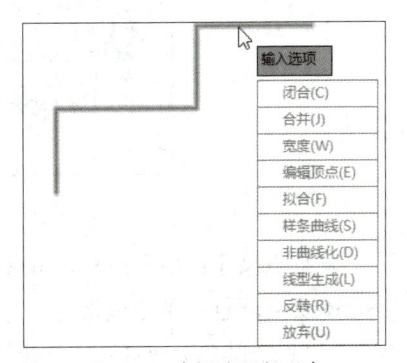

图 4-83　多段线编辑列表

后，先前生成的宽度不同的多段线都统一使用该宽度值。
- **编辑顶点**：提供一组子选项，用于编辑顶点和与顶点相邻的线段。
- **拟合**：用于创建圆弧拟合多段线（即由圆弧连接每对顶点），该圆弧将通过多段线的所有顶点并使用指定的切线方向。
- **样条曲线**：用于生成由多段线顶点控制的样条曲线，所生成的多段线并不一定通过这些顶点，样条类型、分辨率由系统变量控制。
- **非曲线化**：用于取消拟合或样条曲线，回到初始状态。
- **线型生成**：用于控制非连续线型多段线顶点处的线型。如果"线型生成"为关闭状态，在多段线的顶点处将采用连续线型，否则在多段线的顶点处将采用多段线自身的非连续线型。
- **反转**：用于反转多段线。

4.4 编辑图形夹点

在选取图形时，图形中会显示相应的夹点，夹点默认为蓝色小方框的形式。利用这些图形夹点可以对图形进行编辑，例如拉伸图形、移动图形、旋转图形、缩放图形等。

■4.4.1 设置夹点

夹点的大小和颜色是可以设置的。在命令行中输入"OP"，按回车键，打开"选项"对话框，切换到"选择集"选项卡，在"夹点尺寸"和"夹点"选项组中，可对夹点的大小、颜色、显示状态等选项进行设置，如图4-84所示。

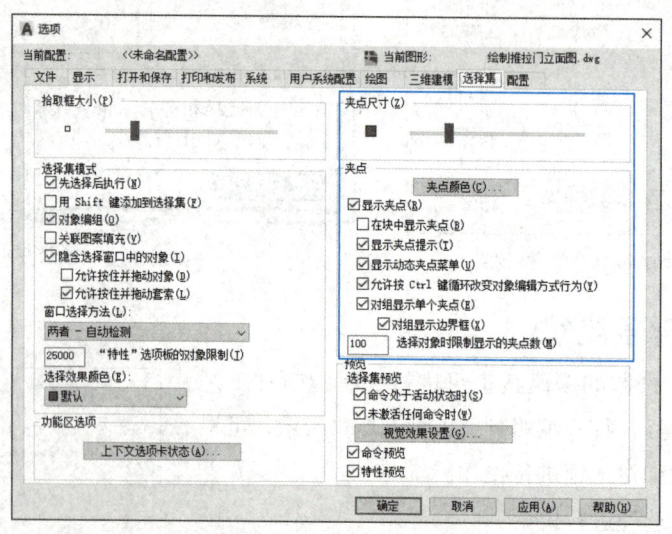

图4-84 "选项"对话框

- **夹点尺寸**：用于控制显示夹点的大小。
- **夹点颜色**：单击该按钮，打开"夹点颜色"对话框，根据需要选择相应的选项，然后在"选择颜色"对话框中选择所需颜色即可。
- **显示夹点**：勾选该复选框，在选择对象时显示夹点。

- **在块中显示夹点**：勾选该复选框，系统会显示块中每个对象的所有夹点；若取消勾选该复选框，则在被选择的块中显示一个夹点。
- **显示夹点提示**：勾选该复选框，则光标悬停在自定义对象的夹点上时，显示夹点的特定提示。
- **选择对象时限制显示的夹点数**：设定夹点的显示数，默认为100。若被选择的对象的夹点数大于设定的数值，该对象的夹点将不显示。夹点数的设置范围为1～32 767。

■4.4.2 编辑夹点

选中图形，右击图形中需编辑的夹点，系统会打开编辑菜单，在此可选择相应的编辑命令进行操作，如图4-85所示。

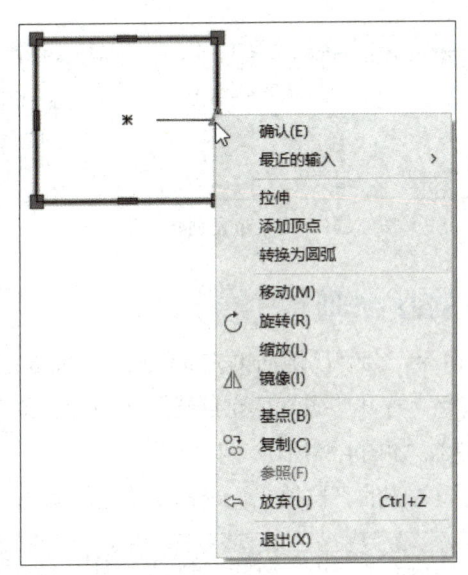

图 4-85 夹点编辑菜单

常用编辑命令讲解如下：
- **拉伸**：用于拉伸图形对象。默认情况下单击夹点，当其呈红色显示时，移动光标至指定位置，再次单击即可拉伸图形对象。
- **移动**：用于将图形对象从当前位置移动到新的位置，也可以进行多次复制。选择要移动的图形对象，进入夹点选择状态，按回车键，即可进入移动编辑模式。
- **旋转**：用于将图形对象绕基点进行旋转，也可以进行多次旋转复制。选择要旋转的图形对象，进入夹点选择状态，连续两次按回车键，即可进入旋转编辑模式。
- **缩放**：用于将图形对象相对于基点缩放，也可以进行多次缩放复制。选择要缩放的图形，选择夹点编辑菜单中的"缩放"命令，连续3次按回车键，即可进入缩放编辑模式。
- **镜像**：用于将图形对象基于镜像线进行镜像或镜像复制。选择要镜像的图形对象，指定基点及第二点连线，即可进行镜像编辑操作。
- **复制**：用于将图形对象基于基点进行复制操作。选择要复制的图形对象，将光标移动到夹点上，按回车键，即可进入复制编辑模式。

4.5 为图形填充图案

图案填充是用各类图案对指定的图形进行填充的操作。在操作过程中，可对其图案样式、填充比例、填充颜色、填充角度进行设置。

4.5.1 图案填充

在"绘图"面板中单击"图案填充"按钮，如图4-86所示。打开"图案填充创建"选项卡，可对填充参数进行设置，如图4-87所示。

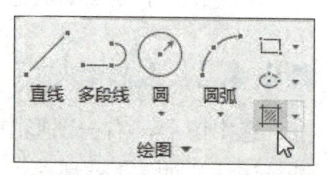

图4-86 单击"图案填充"按钮

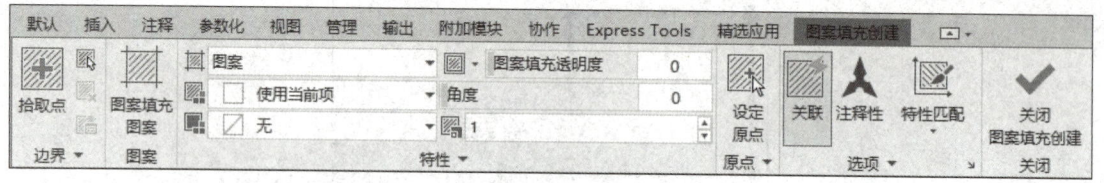

图4-87 "图案填充创建"选项卡

上手操作 填充两居室客厅地面

下面利用"图案填充"命令，为客厅地面填充800 mm×800 mm的地砖图案。

步骤 01 执行"图案填充"命令，打开"图案填充创建"选项卡。单击"图案填充图案"按钮，选择要填充的图案，如图4-88所示。

步骤 02 单击"图案填充颜色"右侧的下拉按钮，选择要填充的颜色，如图4-89所示。

扫码观看视频

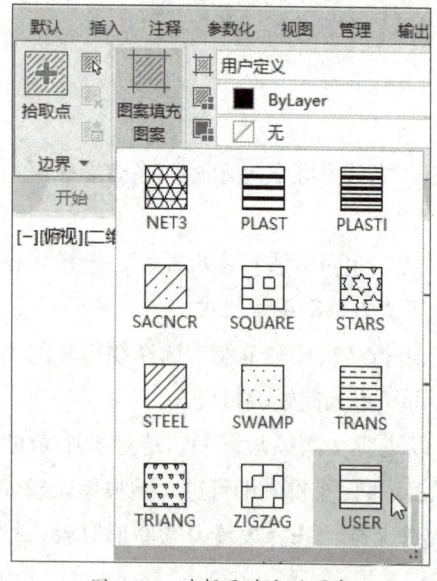

图4-88 选择要填充的图案

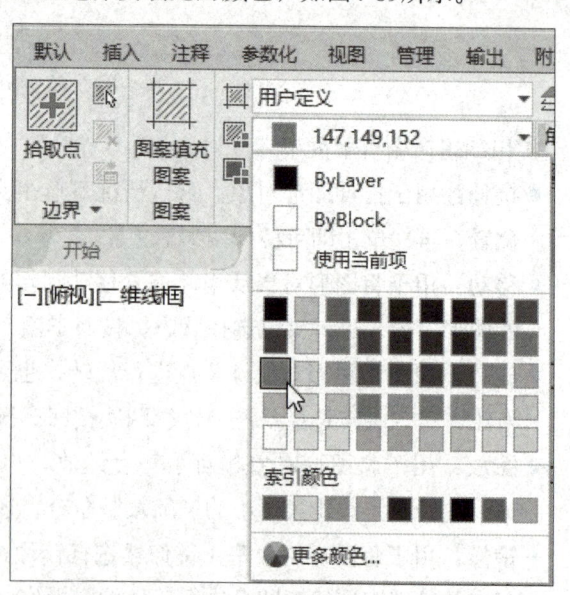

图4-89 选择要填充的颜色

· 82 ·

步骤 03 将"图案填充间距"设置为800，如图4-90所示。

图 4-90 设置图案填充间距

步骤 04 其他参数保持默认设置。选择图纸中的客厅区域，单击即可填充，如图4-91所示。

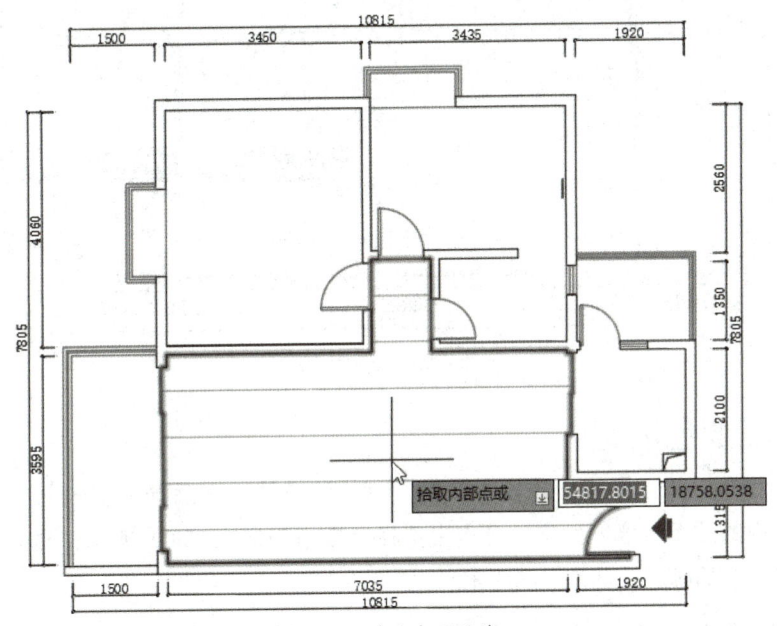

图 4-91 填充客厅区域

步骤 05 再次执行"图案填充"命令，保持填充图案不变，将"角度"设置为90°，如图4-92所示。

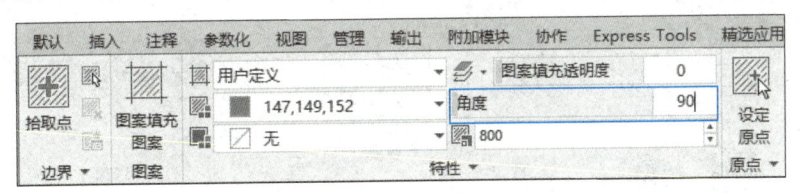

图 4-92 设置填充角度

步骤 06 其他参数设置保持不变，再次单击客厅区域，进行叠加填充，如图4-93所示。至此，客厅地面填充完毕。可使用"距离"测量命令，验证填充的地砖大小是否为800 mm×800 mm。

> **知识点拨**
>
> 在进行图案填充时，填充的区域必须是封闭的区域，否则无法执行该命令。

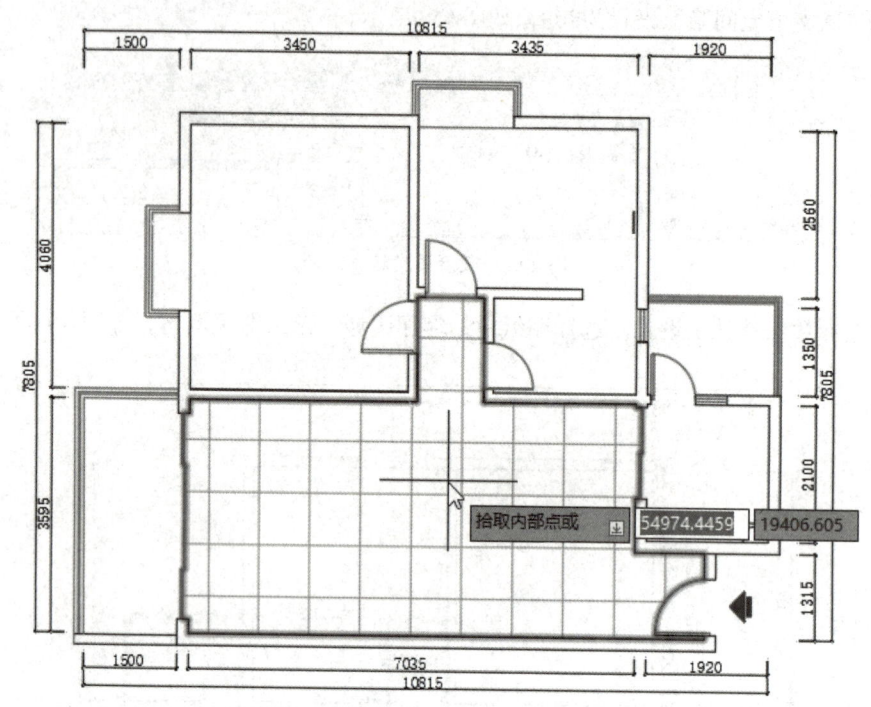

图 4-93　叠加填充

■4.5.2　渐变色填充

在绘图过程中，为了有较好的视觉效果，可为填充的图案添加渐变颜色。在"图案填充创建"选项卡中的"图案填充图案"列表中选择渐变类型，如图4-94所示，然后设置"渐变色1"和"渐变色2"的颜色，如图4-95所示。

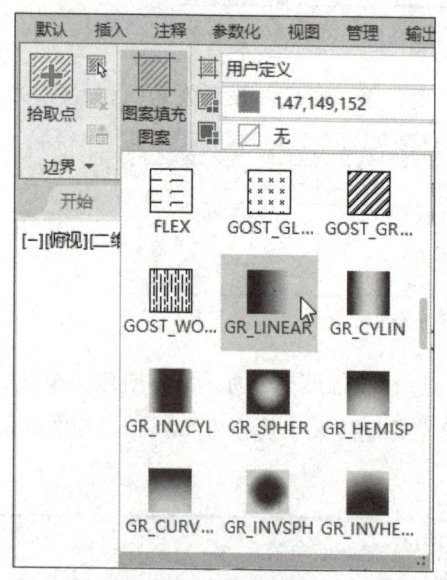

图 4-94　选择渐变类型　　　　　图 4-95　设置渐变颜色

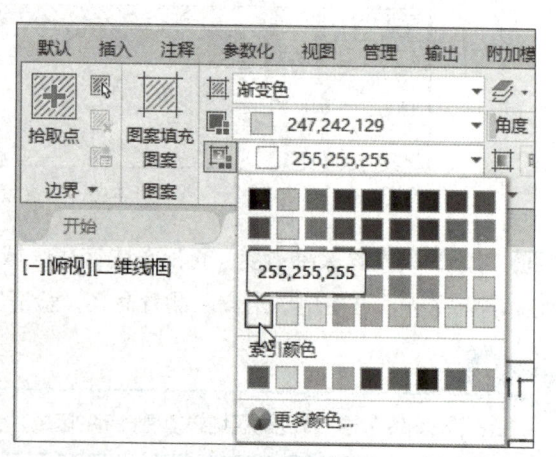

此外，在"图案填充透明度"选项中可设置渐变色的透明程度，如图4-96所示。设置完成后，单击要填充的区域，效果如图4-97所示。

图 4-96　设置"图案填充透明度"

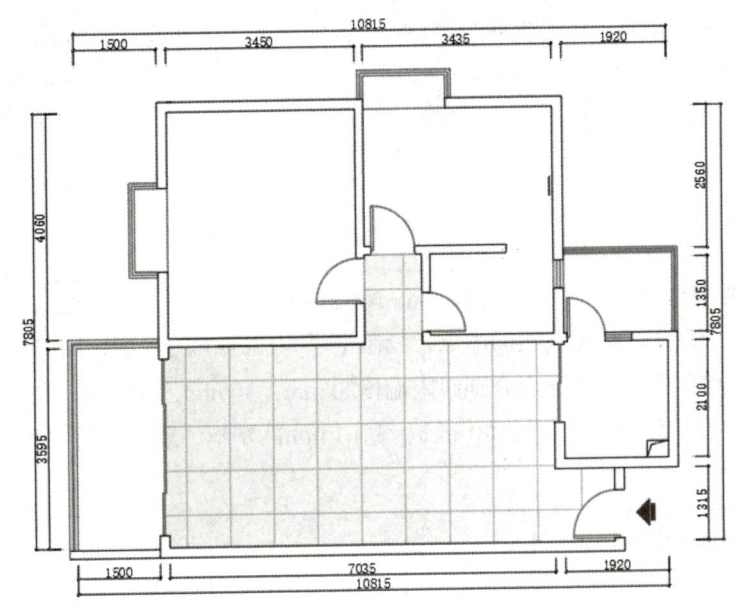

图 4-97　填充渐变

对于习惯使用旧版本填充功能的用户来说，可在"图案填充创建"选项卡中单击"选项"面板右侧的小箭头，打开"图案填充和渐变色"对话框，在此进行相关设置，如图4-98所示。

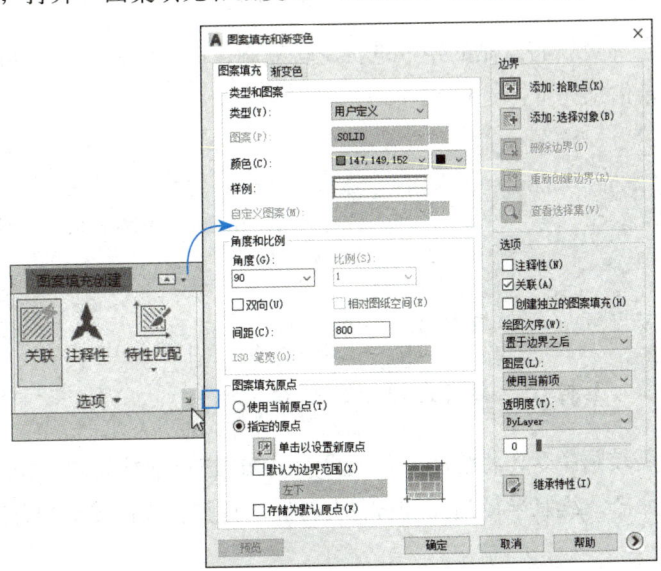

图 4-98　"图案填充和渐变色"对话框

实战演练 绘制燃气灶图形

本例将结合本模块所学知识点绘制燃气灶图形，其中涉及的重要命令有"偏移""镜像""旋转""圆角"等。

步骤 01 执行"矩形"命令，绘制一个长1 000 mm、宽600 mm的矩形。执行"偏移"命令，将矩形向外侧偏移5 mm，如图4-99所示。

步骤 02 执行"圆角"命令，将圆角半径设置为55 mm，对矩形的4个角点进行圆角操作，如图4-100所示。

步骤 03 执行"直线"命令，捕捉矩形的中心点，向左绘制一条直线，如图4-101所示。

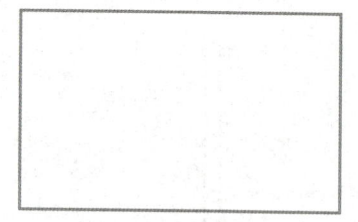

图 4-99　偏移矩形 　　　　　图 4-100　进行圆角操作 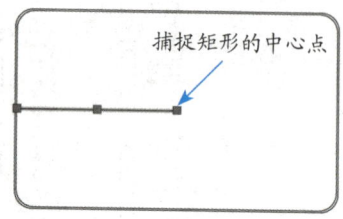　　　　　图 4-101　绘制直线

步骤 04 执行"圆"命令，捕捉直线的中点，绘制半径为150 mm的圆形，如图4-102所示。

步骤 05 执行"偏移"命令，将圆形分别向内偏移20 mm、30 mm、60 mm，如图4-103所示。

步骤 06 执行"矩形"命令，绘制长100 mm、宽10 mm的矩形，将其放置在图形的合适位置，如图4-104所示。

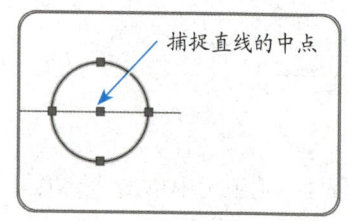

图 4-102　绘制圆形 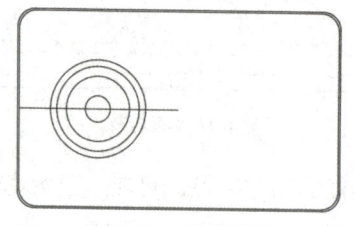　　　　　图 4-103　偏移圆形 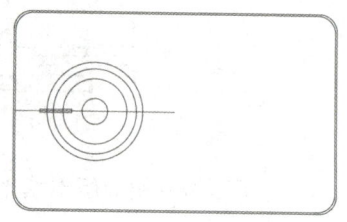　　　　　图 4-104　绘制矩形并调整位置

步骤 07 执行"旋转"命令，将绘制的矩形进行旋转复制，设置旋转角度为90°，如图4-105所示。命令行中的提示信息如下：

命令：_rotate	执行命令
UCS 当前的正角方向：ANGDIR=逆时针 ANGBASE=0	
选择对象：找到 1 个	选择矩形，回车
选择对象：	
指定基点：	捕捉圆心
指定旋转角度，或 [复制(C)/参照(R)] <0>：c	输入"c"，回车
旋转一组选定对象。	
指定旋转角度，或 [复制(C)/参照(R)] <0>：90	输入"90"，回车

步骤 08 继续执行"旋转"命令，将绘制的矩形再次以90°进行旋转复制，如图4-106所示。

步骤 09 执行"圆"命令，绘制半径为30 mm的小圆形，将其放置在图形的合适位置，如图4-107所示。

模块4 编辑室内二维图形

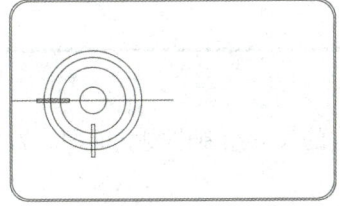

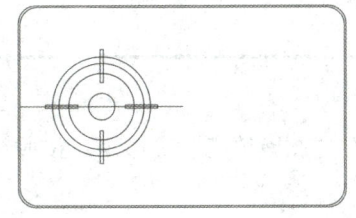

图 4-105 旋转复制矩形　　图 4-106 再次旋转复制矩形　　图 4-107 绘制圆形

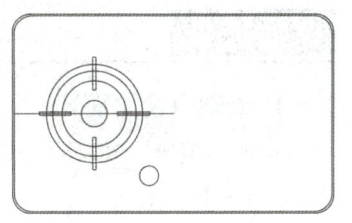

步骤 10 执行"矩形"命令，绘制长 40 mm、宽 10 mm 的小矩形，将其并放置在小圆形内，如图 4-108 所示。

步骤 11 执行"镜像"命令，以大圆角矩形的垂直中线为镜像线，对以上绘制的图形进行镜像复制，如图 4-109 所示。

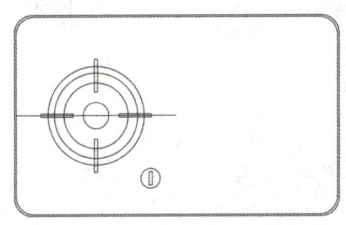

图 4-108 绘制矩形并调整位置　　　　图 4-109 镜像复制图形

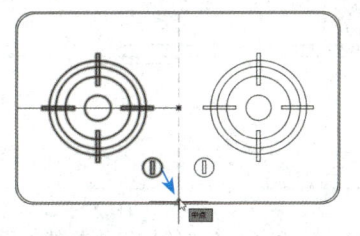

步骤 12 执行"修剪"命令，对图形中多余的线段进行修剪。至此，燃气灶图形绘制完成，效果如图 4-110 所示。

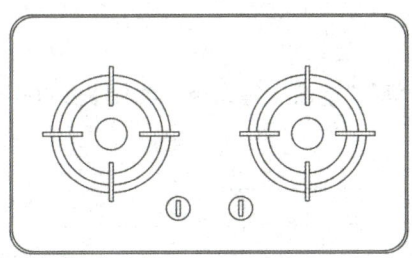

图 4-110 燃气灶图形绘制完成

拓展阅读

"修剪"的艺术——设计中的取舍之道

西安大明宫遗址复原项目中，设计师面对残缺的夯土基址，选择用 CAD 虚线标注推测部分，实线呈现考古实证部分。这种"留白"的处理方式，体现了对历史的尊重。就像老子所言"凿户牖以为室，当其无，有室之用"，设计中学会做减法往往比堆砌更重要。2023 年杭州亚运村采用模块化设计，通过图纸的批量编辑功能，实现 20% 公共空间的最大化利用，这正是"编辑"思维在可持续发展中的价值。

课后作业

1. 绘制电视立面图

利用"矩形""偏移""修剪""图案填充"等命令,按照给定的尺寸绘制电视立面图,效果如图4-111所示。

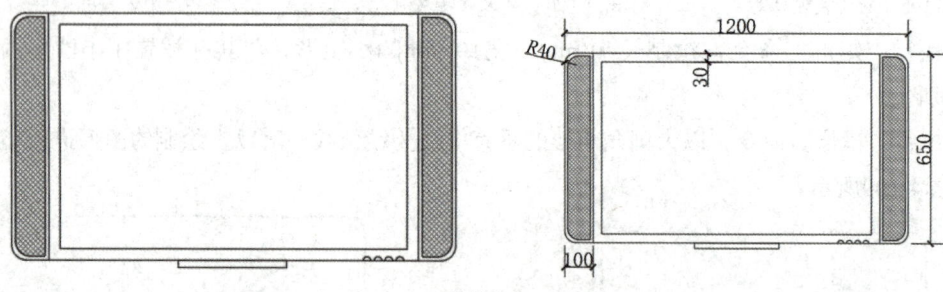

图 4-111 绘制电视立面图

操作提示

- 执行"矩形"命令,绘制电视机的轮廓。
- 执行"偏移""复制""修剪""镜像"命令,绘制电视机的细节图形。
- 执行"图案填充"命令,填充电视机图形。

2. 绘制推拉门立面图

利用"矩形""偏移""修剪""镜像"等命令,绘制长2 000 mm、宽1 600 mm的推拉门图形,效果如图4-112所示。

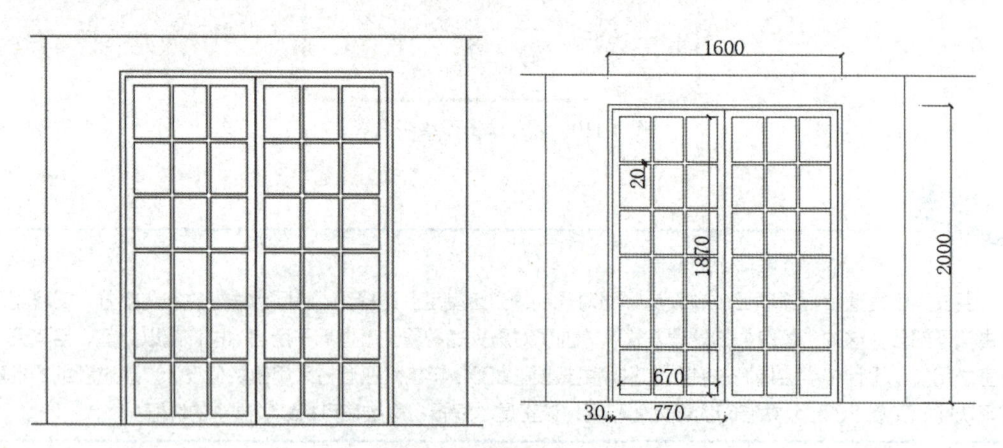

图 4-112 绘制推拉门立面图

操作提示

- 执行"矩形""偏移"命令,绘制门框的轮廓。
- 执行"偏移""修剪"命令,绘制装饰分割线,完成一扇门图形的绘制。执行"镜像"命令,镜像得到另一扇门图形。

模块 5

创建与管理室内图块

内容概要

如果将经常会使用到的图形编辑成图块，会极大地提高绘图效率。本模块将对图块的常用功能进行详细讲解。例如，图块的创建、保存、插入；图块属性的编辑与修改；图块管理方式等。

知识要点

- 掌握图块的创建与保存。
- 掌握属性块的创建与编辑。
- 了解外部参照的使用方法。
- 了解设计中心功能的应用。

数字资源

【本模块素材】："素材文件\模块5"目录下
【本模块实战演练最终文件】："素材文件\模块5\实战演练"目录下

5.1 创建与存储块

图块是由一个或多个对象组成的对象集合，常用于绘制复杂、重复的图形。将图形设置成图块，可以很方便地将这些图块按照一定的比例插入至图纸中，以节省制图时间。

■5.1.1 创建块

在"插入"选项卡的"块定义"面板中单击"创建块"按钮，如图5-1所示。打开"块定义"对话框，输入图块名称，单击"选择对象"按钮，如图5-2所示，在绘图区中选择要创建成块的图形，按回车键确认操作。

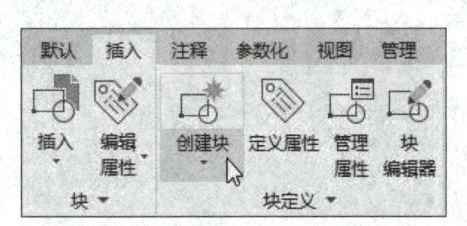

图 5-1　单击"创建块"按钮　　　　　图 5-2　"块定义"对话框

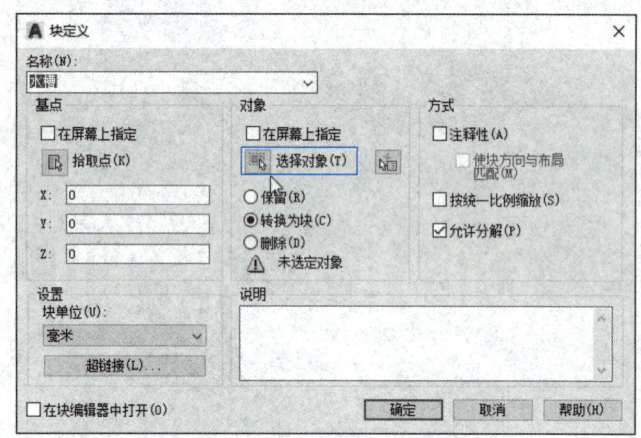

返回该对话框，单击"拾取点"按钮，如图5-3所示，在绘图区中指定图块插入基点，如图5-4所示。

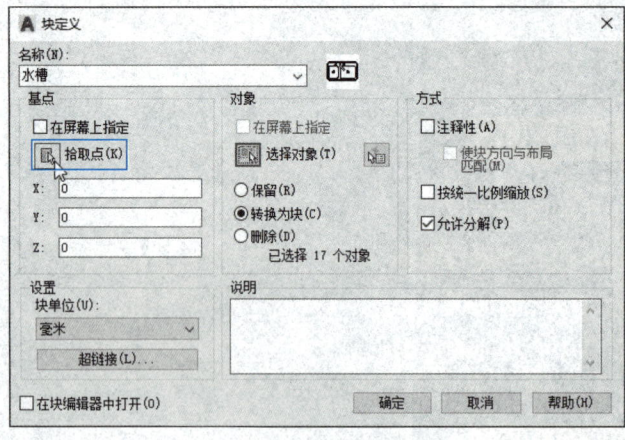

图 5-3　"块定义"对话框　　　　　图 5-4　指定插入基点

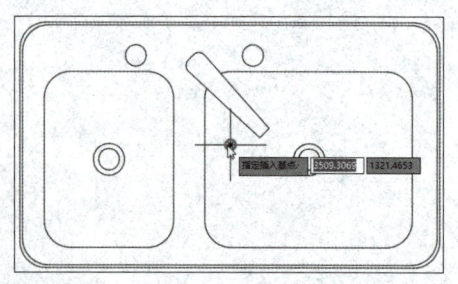

再次返回对话框,单击"确定"按钮,完成图块的创建操作。将光标移至图块上,系统会显示当前图块的一些基本信息,如图5-5所示。

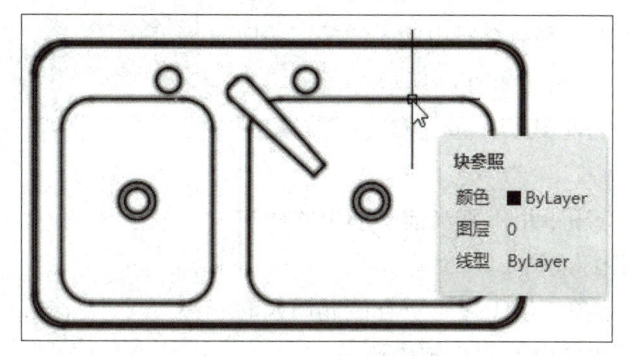

图 5-5 显示图块基本信息

> **知识点拨**
> 使用该方法创建的图块只能用于当前文件中,其他文件无法调用。

5.1.2 存储块

存储块是指将生成的图块存储到本地磁盘中,方便将其调入其他图纸文件中。在"创建块"下拉列表中选择"写块"命令,如图5-6所示,打开"写块"对话框,单击"选择对象"按钮,在绘图区中选择所需图形,单击"拾取点"按钮,在绘图区中指定图块插入基点,设置"文件名和路径"选项,单击"确定"按钮,如图5-7所示。此时被选中的图形将作为新文件进行保存,如图5-8所示。

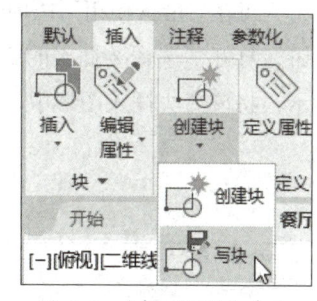

图 5-6 选择"写块"命令

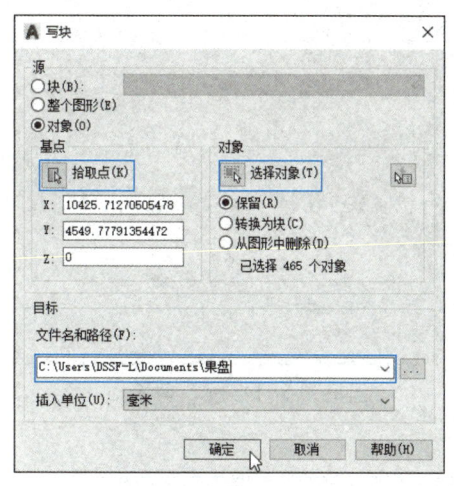

图 5-7 "写块"对话框

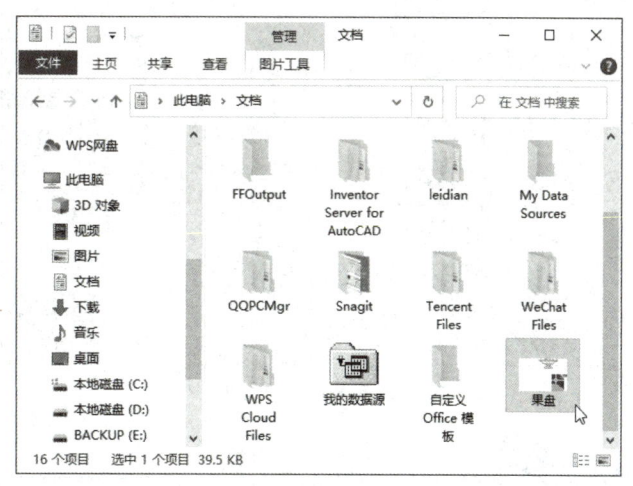

图 5-8 存储块

5.1.3 插入块

将图形创建成图块后，可使用"插入块"命令将图块插入到当前文件中。在命令行中输入"i"，按回车键，即可打开"块"面板，如图5-9所示。

"块"面板分为"当前图形""最近使用""收藏夹""库"4个选项卡。

- **当前图形**：该选项卡用于将当前图形中的所有块定义显示为图标或列表。
- **最近使用**：该选项卡用于显示所有最近插入的块。在该选项卡中的图块可以被清除。
- **收藏夹**：该选项卡主要用于图块的云存储，方便在各个设备之间共享图块。
- **库**：该选项卡用于存储在单个图形文件中的块定义集合。可使用Autodesk或其他厂商提供的块库或自定义块库。

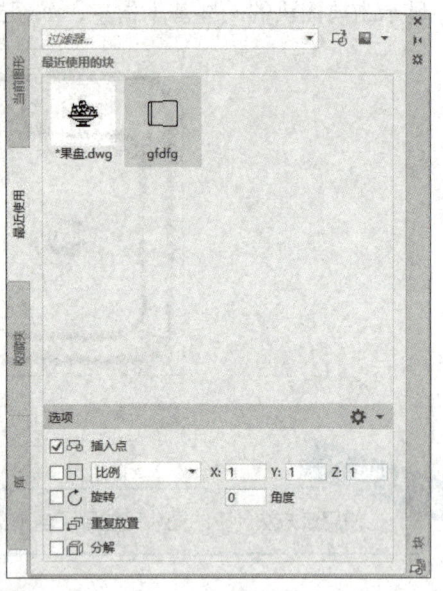

图 5-9 "块"面板

可在"最近使用"选项卡中查找所需使用的图块。如果没有合适图块，可单击右上方的 按钮，打开"选择要插入的文件"对话框，选择所需图块文件，单击"打开"按钮，如图5-10所示，将该图块插入图形中，同时在"块"面板中也会显示出相应的图块，如图5-11所示。

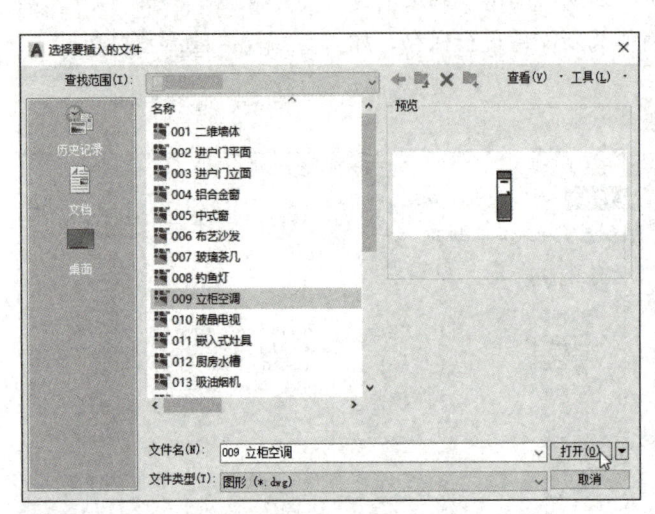

图 5-10 "选择要插入的文件"对话框 图 5-11 "块"面板

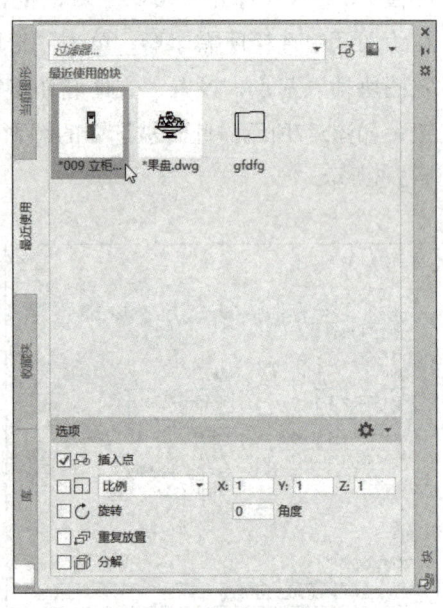

> **知识点拨**
> 想要插入"块"面板中的图块，只需选中它，直接将其拖入绘图区即可；或者右击图块，选择"插入"选项。

上手操作 插入坐便器立面图块

下面将利用"插入块"命令，在卫生间立面图中插入坐便器立面图块，从而完善立面图。

步骤 01 在命令行中输入"i"，按回车键，打开"块"面板。单击 按钮，如图5-12所示。

步骤 02 打开"选择要插入的文件"对话框，选择"坐便器立面"图块文件，单击"打开"按钮，如图5-13所示。

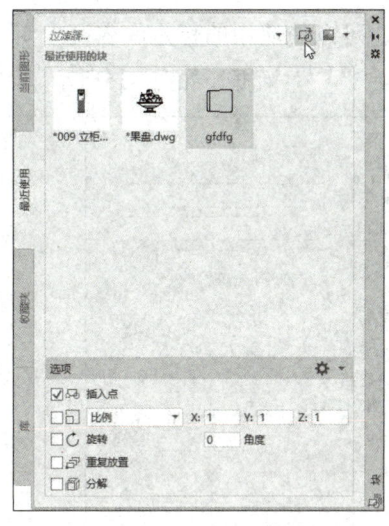

图 5-12 "块"面板

图 5-13 "选择要插入的文件"对话框

步骤 03 在立面图中指定插入点，插入"坐便器立面"图块并调整图块的位置，如图5-14所示。

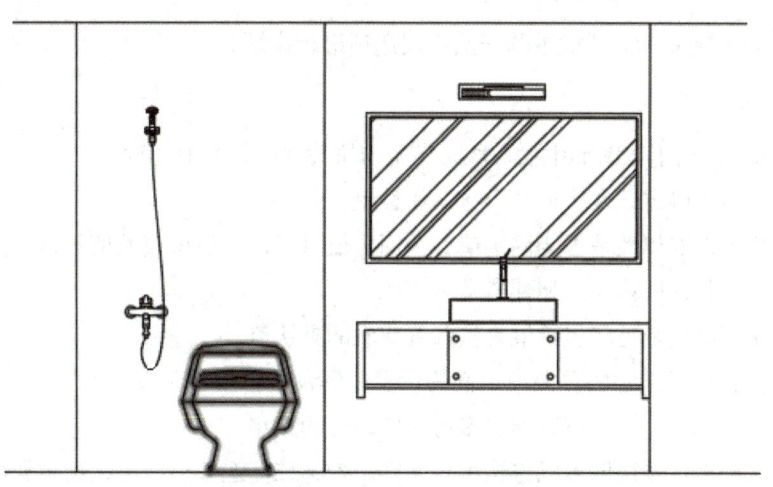

图 5-14 插入"坐便器立面"图块

知识点拨

如果插入的图块比例不合适，可在插入后对图块进行放大或缩小操作；或者在"块"面板的"选项"选项组中设置好比例再插入。

5.2 设置块属性

块属性是指与图块关联的文本信息，它是图块的组成部分。图块的属性可以文本形式显示在屏幕中，也可以不可见的方式存储在图形中。

■5.2.1 创建并使用带有属性的块

属性块是由图形对象和属性对象组成的。为块添加属性，可以使块中的指定内容发生变化。在"块定义"面板中单击"定义属性"按钮，打开"属性定义"对话框，如图5-15所示。

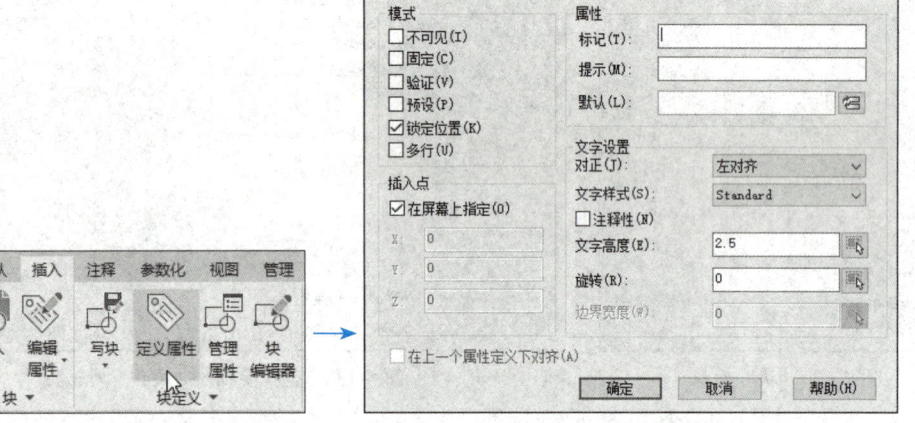

图 5-15　打开"属性定义"对话框

下面对"属性定义"对话框中的一些常用选项进行讲解。

1. 模式

"模式"选项组用于在图形中插入块时设定与块关联的属性值选项。

- **不可见**：用于确定插入块后是否显示属性值。
- **固定**：用于设置属性是否为固定值，为固定值时插入块后该属性值不再发生变化。
- **验证**：用于验证所输入的属性值是否正确。
- **预设**：用于确定是否将属性值直接预置成它的默认值。
- **锁定位置**：用于锁定块参照中属性的位置，解锁后，属性可以相对于使用夹点编辑的块的其他部分移动，并且可以调整多行文字属性的大小。
- **多行**：用于指定属性值可以包含多行文字。勾选该复选框后，可以指定属性的边界宽度。

2. 属性

"属性"选项组用于设定属性数据。

- **标记**：用于标识图形中每次出现的属性。
- **提示**：用于指定在插入包含该属性定义的块时显示的提示。如果不输入提示，属性标记将用作提示。如果在"模式"选项组中勾选"固定"复选框，"提示"选项将不可用。
- **默认**：用于指定默认属性值。单击右侧的"插入字段"按钮，可以打开"字段"对话框，插入一个字段作为属性的全部或部分值。如果在"模式"选项组中勾选"多行"复选框，则显示"多行编辑器"按钮，单击该按钮，会弹出含有"文字格式"工具栏和标尺的在位文字编辑器。

3. 插入点
"插入点"选项组用于指定属性位置。
- **在屏幕上指定**：用于在绘图区中指定一点作为插入点。
- **X/Y/Z**：用于在文本框中输入插入点的坐标。

4. 文字设置
"文字设置"选项组用于设置属性文字的对正、样式、高度和旋转。
- **对正**：用于设置属性文字相对于参照点的排列方式。
- **文字样式**：用于指定属性文字的预定义样式，显示当前加载的文字样式。
- **注释性**：用于指定属性为注释性。如果块是注释性的，则属性将与块的方向相匹配。
- **文字高度**：用于指定属性文字的高度。
- **旋转**：用于指定属性文字的旋转角度。
- **边界宽度**：换行至下一行前，用于指定多行文字属性中一行文字的最大长度，不适用于单行文字属性。

5. 在上一个属性定义下对齐
该选项用于将属性标记直接置于之前定义的属性的下方。如果之前没有创建属性定义，则此选项不可用。

■5.2.2 编辑图块属性

定义块属性后，插入块时，如果不需要属性完全一致的块，就需要对块进行编辑操作。在"块定义"面板中单击"单个"或"多个"按钮，然后选择要编辑的属性图块，打开"增强属性编辑器"对话框，如图5-16所示。

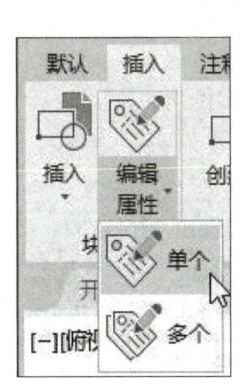

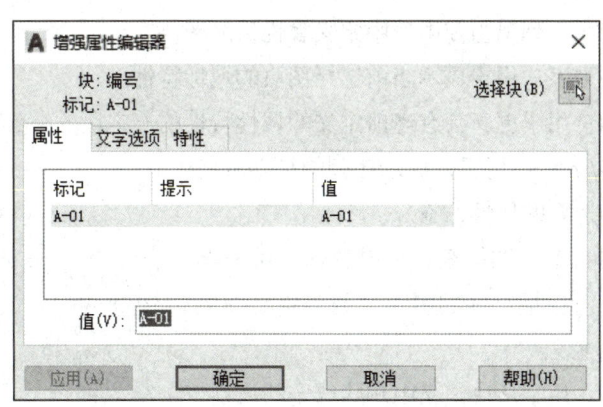

图 5-16　编辑图块属性

该对话框中的相关选项卡讲解如下：
- **属性**：用于显示块的"标记""提示""值"。选择属性，对话框下方的"值"文本框中会出现属性值，可以在其中进行设置。

- **文字选项**：用于修改文字格式，其中包括"文字样式""对正""高度""旋转""宽度因子""倾斜角度""反向"和"倒置"等选项，如图5-17所示。
- **特性**：在其中可以设置"图层""线型""颜色""线宽""打印样式"等选项，如图5-18所示。

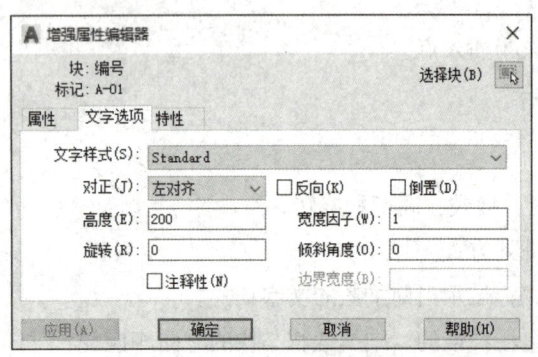

图 5-17 "文字选项"选项卡　　　　图 5-18 "特性"选项卡

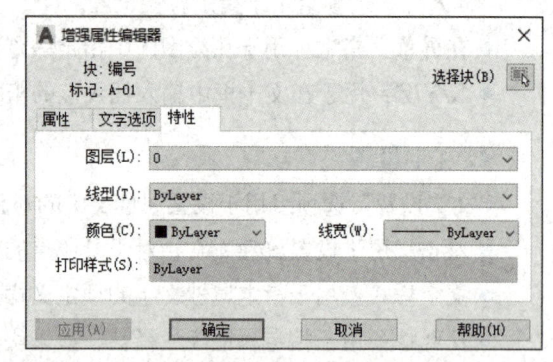

在"块定义"面板中单击"管理属性"按钮，打开"块属性管理器"对话框，如图5-19所示。在该对话框中，可对块属性进行管理操作。

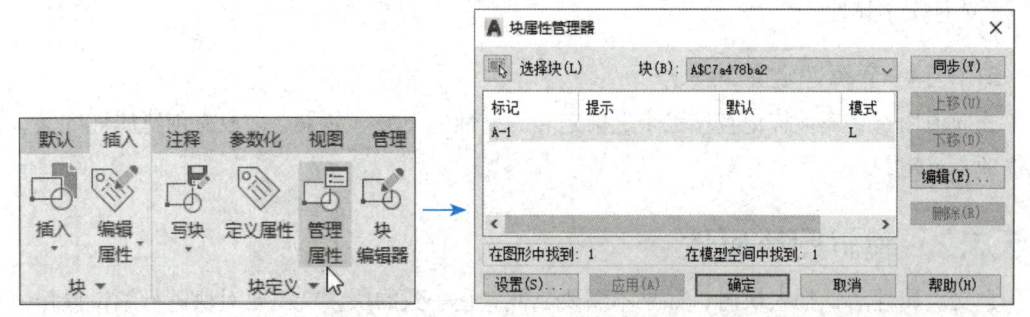

图 5-19 打开"块属性管理器"对话框

该对话框中的相关选项讲解如下：
- **块**：用于列出当前图形中定义属性后的图块。
- **属性列表**：用于显示当前选择图块的属性特性。
- **同步**：用于更新具有当前定义的属性特性的选定块的全部实例。
- **上移/下移**：用于在提示序列的早期阶段移动选定的属性标签。
- **编辑**：单击该按钮，可以打开"编辑属性"对话框，在其中可以修改定义图块的属性。
- **删除**：用于从块定义中删除选定的属性。
- **设置**：单击该按钮，可以打开"块属性设置"对话框，如图5-20所示，在其中可以设置属性信息的列出方式。

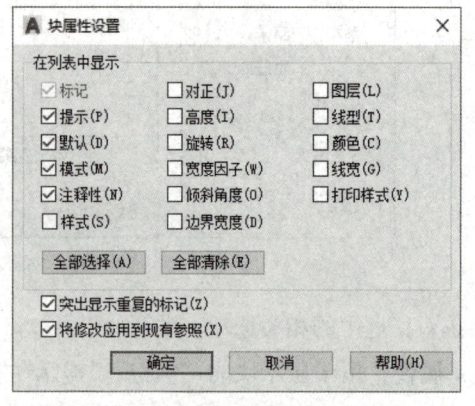

图 5-20 "块属性设置"对话框

上手操作 创建带属性的窗图块

下面以窗图块为例,讲解创建属性图块的具体操作。

步骤01 执行"定义属性"命令,打开"属性定义"对话框,将"标记"设置为"W-1500",将"文字高度"设置为200,单击"确定"按钮,如图5-21所示。

步骤02 将该文字属性放至窗图形中的合适位置,如图5-22所示。

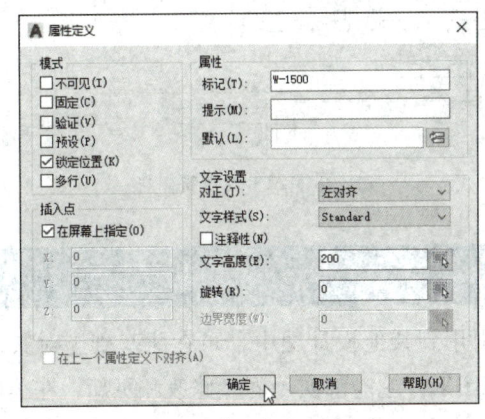

图 5-21 "属性定义"对话框

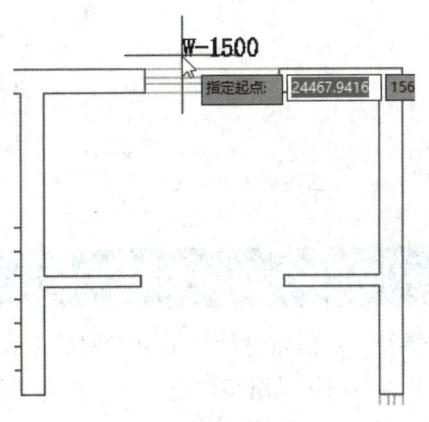

图 5-22 设置文字属性

步骤03 执行"创建块"命令,打开"块定义"对话框,设置图块名称,单击"选择对象"按钮,选择窗图形及文字属性,如图5-23所示。

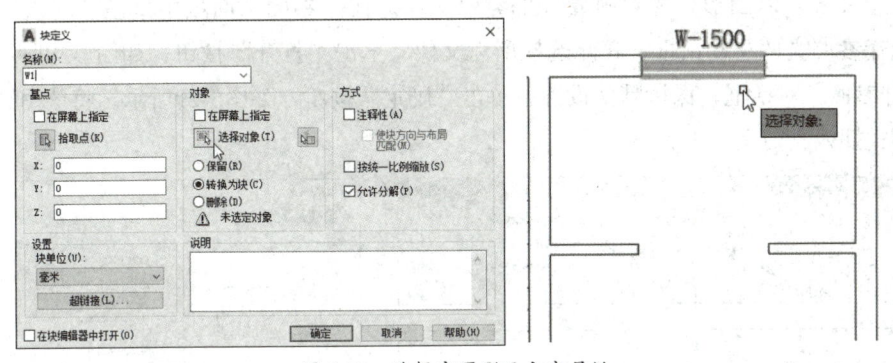

图 5-23 选择窗图形及文字属性

步骤04 按回车键,返回对话框,单击"拾取点"按钮,指定图块的插入基点,如图5-24所示。

步骤05 返回对话框,单击"确定"按钮,打开"编辑属性"对话框,将标记设置为"W1",单击"确定"按钮,如图5-25所示。

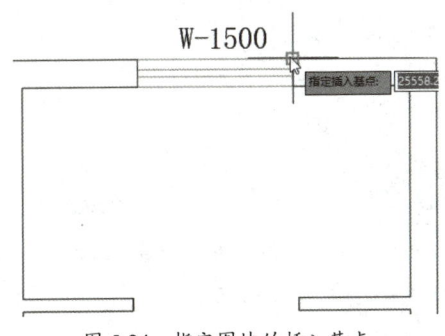

图 5-24 指定图块的插入基点

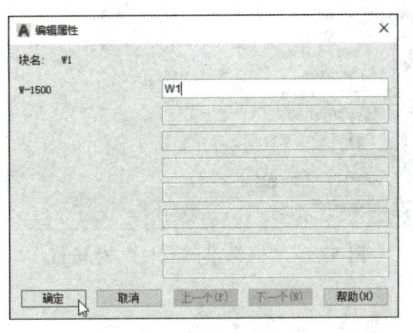

图 5-25 "编辑属性"对话框

步骤 06 该窗图块标记发生相应的改变，如图5-26所示，将该窗图块复制到其他窗洞中，完成窗图块的创建操作，如图5-27所示。

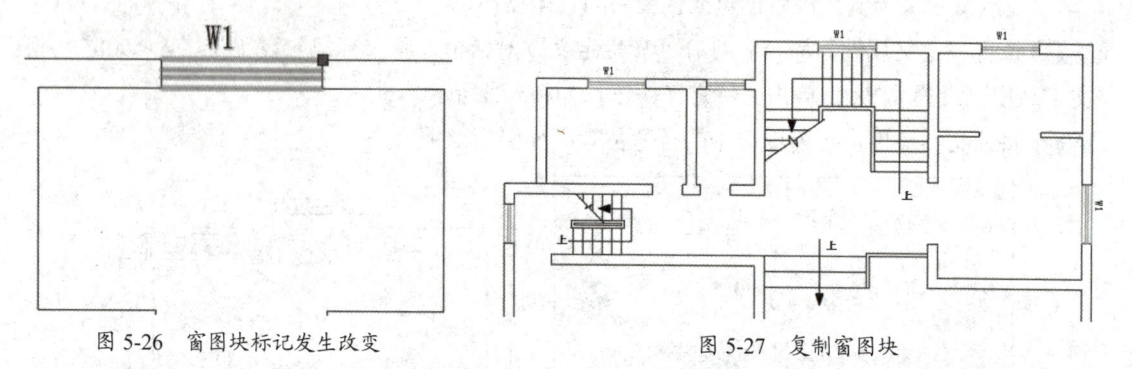

图 5-26 窗图块标记发生改变

图 5-27 复制窗图块

5.3 应用外部参照

外部参照是指将设计图纸以参照的形式引用到其他设计图中，可在此基础上对其进行深化。外部参照只记录路径信息，不会保存参照图纸。它能够实现同步修改和更新，在绘制大型设计图纸时为用户带来了极大的便利。

5.3.1 附着外部参照

要使用外部参照图形，先要附着外部参照文件。在"参照"面板中单击"附着"按钮，打开"选择参照文件"对话框，在此选择所需文件，单击"打开"按钮，如图5-28所示。打开"附着外部参照"对话框，保持默认设置，单击"确定"按钮，如图5-29所示。将该图纸以外部参照的形式插入当前文件中。

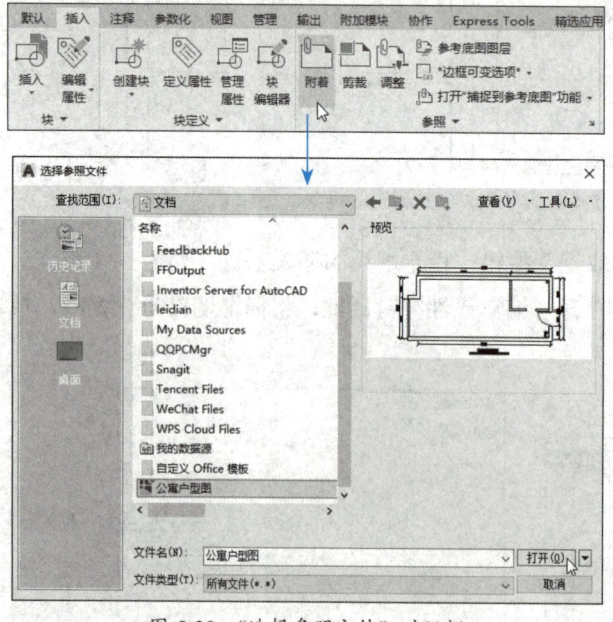

图 5-28 "选择参照文件"对话框

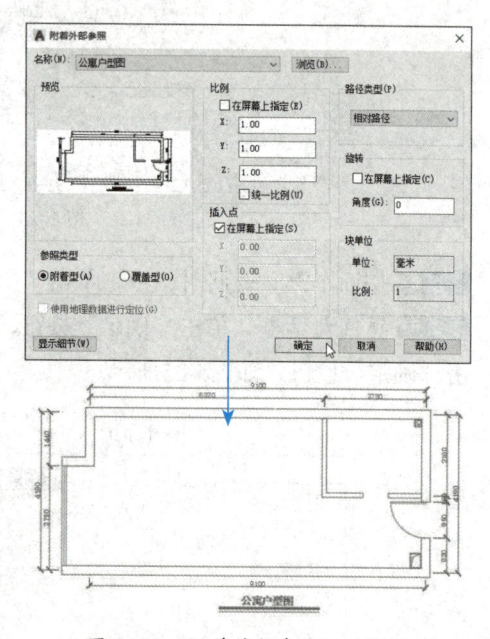

图 5-29 "附着外部参照"对话框

外部参照分为"附着型"和"覆盖型"。

- **附着型**：在图形中附着附着型的外部参照时，若其中嵌套有其他外部参照，则将嵌套的外部参照包含在内。
- **覆盖型**：在图形中附着覆盖型外部参照时，任何嵌套在其中的覆盖型外部参照都将被忽略，而其本身也不能显示。

■5.3.2 编辑外部参照

插入外部参照后，如需对其进行修改或编辑，可使用"在位编辑参照"功能。单击要编辑的外部参照，在"外部参照"面板中单击"在位编辑参照"按钮，如图5-30所示，打开"参照编辑"对话框。

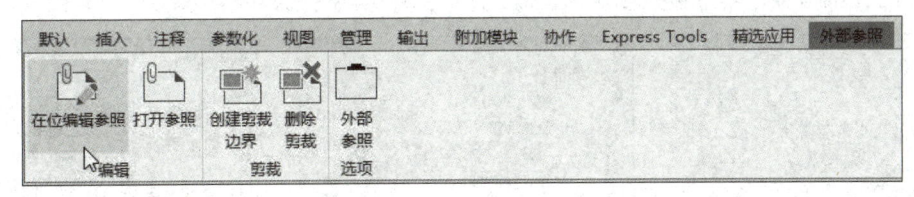

图 5-30　单击"在位编辑参照"按钮

在"参照编辑"对话框中选择参照名，单击"确定"按钮，即可在该外部参照中进行编辑了，如图5-31所示。

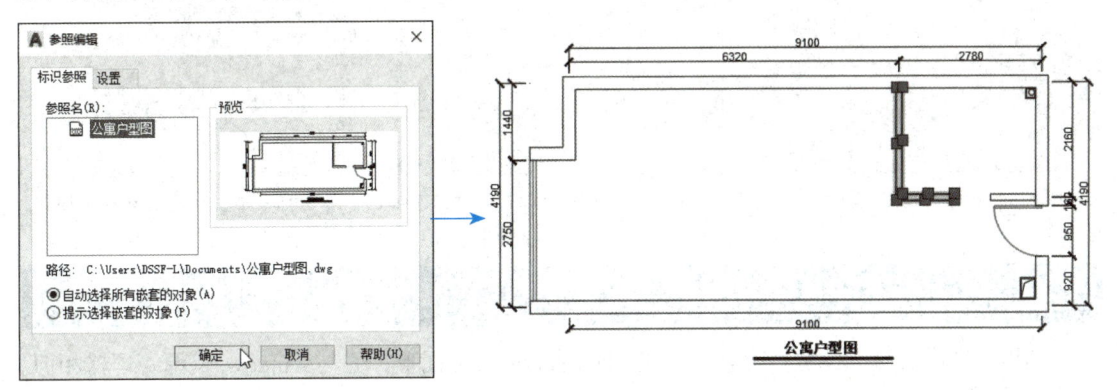

图 5-31　编辑外部参照

完成编辑后，可在"编辑参照"面板中单击"保存修改"按钮保存参照修改，如图5-32所示。

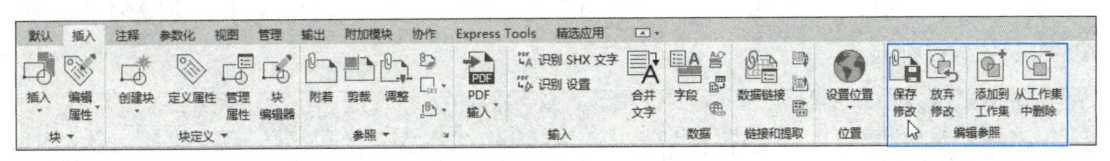

图 5-32　"编辑参照"面板

5.3.3 管理外部参照

利用"外部参照"面板可对外部参照文件进行管理，如查看附着的文件参照，或者编辑附件的路径等。"外部参照"面板是一种外部应用程序，可以用于检查图形文件可能附着的所有文件。

在"参照"面板中单击面板右侧的小箭头 ，打开"外部参照"面板，在此可以查看当前文件中的所有参照图形名称及信息，如图5-33所示。

单击"附着"按钮 ，可添加不同格式的外部参照文件，如图5-34所示；单击"刷新"按钮 ，可以刷新当前图形的参照；单击"更改路径"按钮 ，可对参照文件的路径进行操作，如图5-35所示；"文件参照"列表显示当前文件中各种外部参照的名称；"详细信息"列表显示参照文件的详细信息，其中包括参照名、状态、大小、类型、保存路径等。

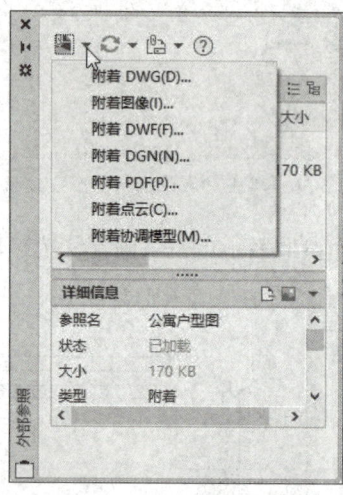

图 5-33 "外部参照"面板　　图 5-34 单击"附着"按钮　　图 5-35 单击"更改路径"按钮

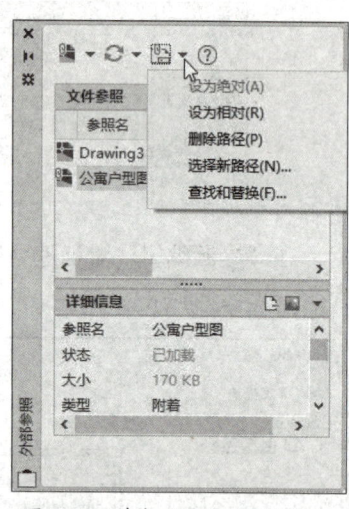

5.4 使用设计中心功能

利用设计中心可以浏览、查找、预览和管理AutoCAD图形，它与Windows资源管理器相似。可将其他图形中的任何内容拖动到当前图形中，还可以对图形进行修改，使用起来非常方便。

5.4.1 "设计中心"选项板

在"视图"选项卡的"选项板"面板中单击"设计中心"按钮，可打开该选项板，如图5-36、图5-37所示。

图 5-36 单击"设计中心"按钮

模块5 创建与管理室内图块

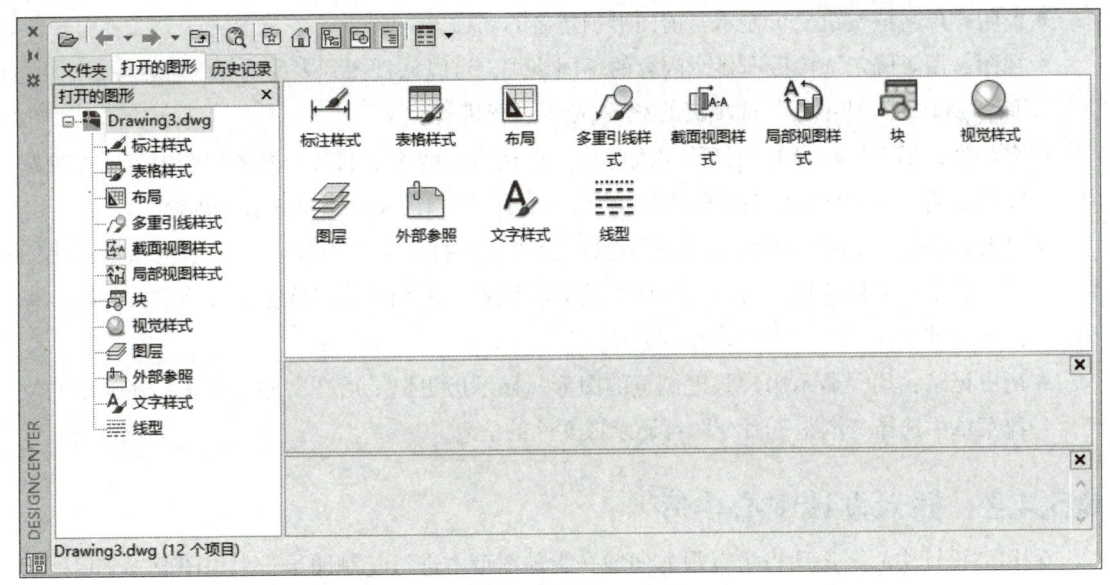

图 5-37 "设计中心"选项板

设计中心由工具栏和选项卡组成。工具栏主要包括"加载"、"上一页"、"下一页"、"上一级"、"搜索"、"收藏夹"、"主页"、"树状图"、"预览"、"说明"、"视图"等工具；选项卡包括"文件夹""打开的图形""历史记录"。

在选项板的工具栏中，可以控制树状图和内容区中信息的浏览和显示。需要注意的是，当设计中心的选项卡不同时，该信息略有不同，下面分别进行简要讲解。

- **加载**：单击该按钮，会弹出"加载"对话框，在其中可以选择预加载的文件。
- **上一页**：单击该按钮，可以返回设计中心的上一步操作。如果没有上一步操作，则该按钮呈未激活的灰色状态，表示该按钮无效。
- **下一页**：单击该按钮，可以返回设计中心的下一步操作。如果没有下一步操作，则该按钮呈未激活的灰色状态，表示该按钮无效。
- **上一级**：单击该按钮，会在内容区或树状图中显示上一级内容、内容类型、内容源、文件夹、驱动器等。
- **搜索**：单击该按钮，可以提供类似于Windows的查找功能，用于查找内容源、内容类型及内容等。
- **收藏夹**：单击该按钮，可以找到常用文件的快捷方式图标。
- **主页**：单击该按钮，会使设计中心返回默认文件夹。安装软件时设计中心的默认文件夹被设置为"…\Sample\DesignCenter"。可以在树状结构中选中一个对象，右击该对象，在弹出的快捷菜单中选择"设置为主页"命令，以更改默认文件夹。
- **树状图**：单击该按钮，可以显示或者隐藏树状图。如果绘图区需要更多的空间，可以隐藏树状图。隐藏树状图后，可以使用内容区浏览器加载图形文件。在树状图中使用"历史记录"选项卡时，"树状图"按钮不可用。
- **预览**：用于切换预览窗格打开或关闭的状态。如果选定项目没有保存的预览图像，则预览区为空。

- **说明**：单击该按钮，可显示当前图形创建者的名称。
- **视图**：用于确定选项板所显示内容的不同格式，可以从视图列表中选择一种视图。

下面分别对"设计中心"选项板的3个选项卡进行讲解。

- **文件夹**：用于显示导航图标的层次结构。选择层次结构中的某一对象，在内容区、预览区和说明区中会显示该对象的内容信息；还可以向当前文档中插入各种内容。
- **打开的图形**：用于在设计中心显示当前绘图区中打开的所有图形，其中包括最小化图形。选中某文件选项，可查看该图形的有关设置，例如图层、线型、文字样式、块、标注样式等。
- **历史记录**：用于显示用户最近浏览的图形。显示历史记录后在文件上右击，在弹出的快捷菜单中选择"浏览"命令即可显示该文件的信息。

■5.4.2 插入设计中心内容

利用"设计中心"选项板可以很方便地在当前图形中进行复制图层、引用图像、使用外部参照、插入图块等操作。

1. 复制图层

在"文件夹列表"中，双击要复制的图层文件，进入该文件。在右侧内容区中双击"图层"选项，系统会显示出该文件中的所有图层信息，如图5-38所示，按住鼠标左键将其拖至新文件中，即可完成图层复制操作。

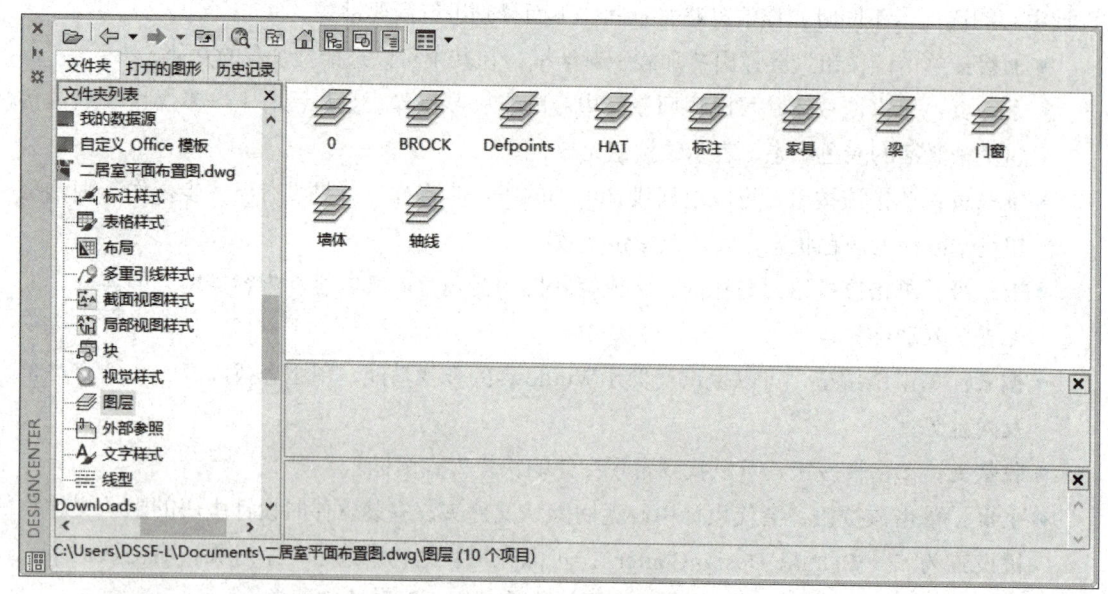

图 5-38　显示图层信息

该操作既节省了大量的作图时间，又保证了图形的一致性。执行同样的操作，还可进行图形的线型、尺寸样式、布局等属性的复制操作。

模块5 创建与管理室内图块

上手操作 复制指定图层文件

下面利用设计中心功能,将公寓平面图中的部分图层复制到新建的空白文件中。

步骤 01 打开"设计中心"选项板,在"文件夹列表"中按照指定的路径查找到"公寓平面图"文件,然后在右侧内容区中双击"图层"选项,如图5-39所示。

步骤 02 进入图层信息列表,选择要复制的图层文件,如图5-40所示。

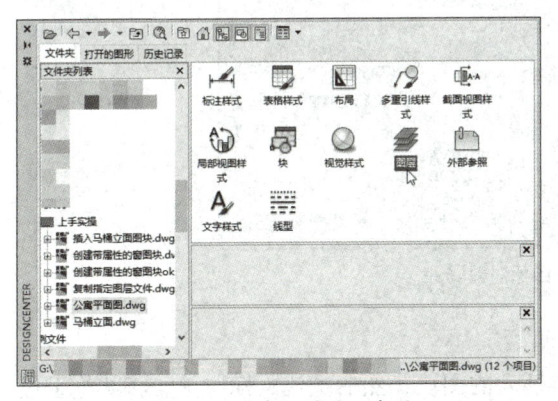

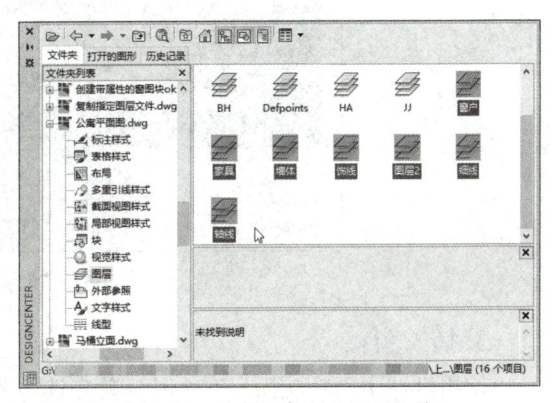

图 5-39 双击"图层"选项   图 5-40 选择要复制的图层文件

步骤 03 将选中的图层文件直接拖至绘图区,此时,在新文件中单击"图层"右侧的下拉按钮,即可查看所有复制的图层文件,如图5-41所示。

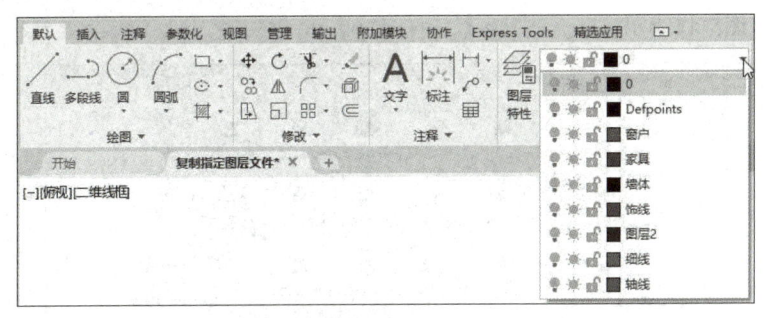

图 5-41 查看复制的图层文件

2. 引用图像

在绘图过程中若想插入一些设计图片,可以利用设计中心功能进行操作。在"文件夹列表"中指定文件路径,然后在右侧内容区中右击所需图像,在弹出的快捷菜单中选择"附着图像"命令,如图5-42所示。

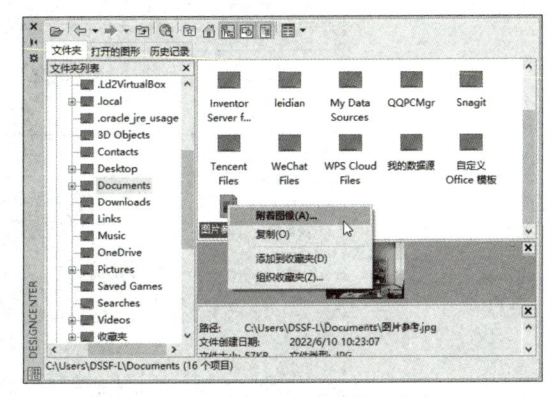

图 5-42 选择"附着图像"命令

· 103 ·

在打开的"附着图像"对话框中单击"确定"按钮，如图5-43所示，然后在绘图区中指定插入点即可。

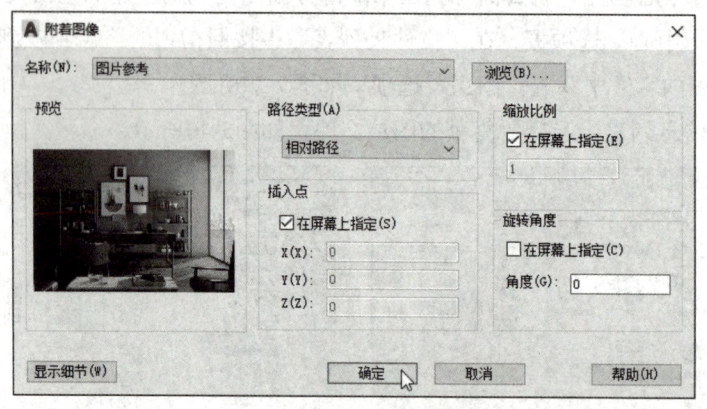

图 5-43 "附着图像"对话框

3. 插入图块

使用设计中心功能插入图块时，首先选中要插入的图块，然后按住鼠标左键，将其拖至绘图区，放开鼠标即可。

也可以在选中图块后右击，在弹出的快捷菜单中选择"插入为块"命令，在打开的"插入"对话框中根据需要确定插入基点、插入比例等，单击"确定"按钮，完成图块的插入操作，如图5-44、图5-45所示。

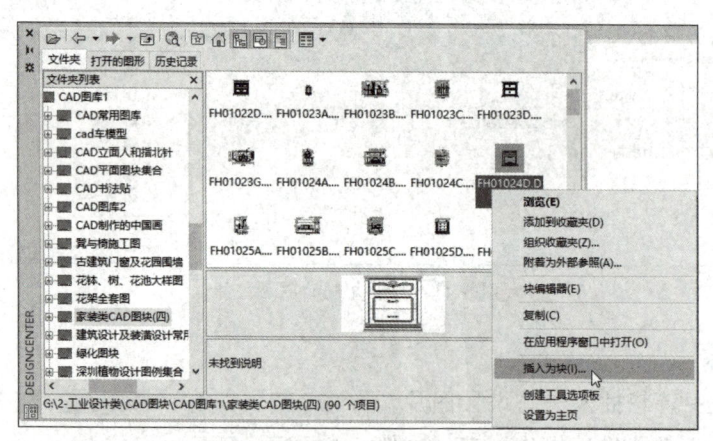

图 5-44 选择"插入为块"命令

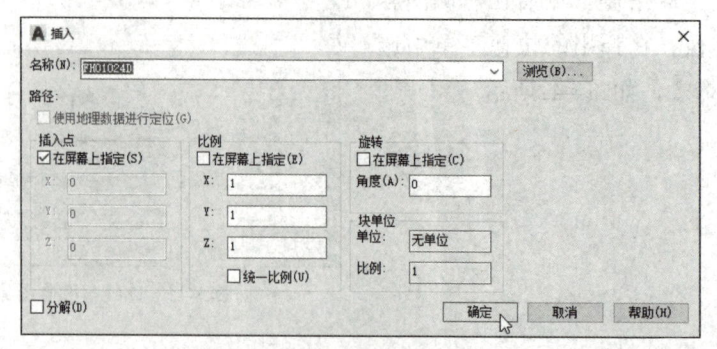

图 5-45 "插入"对话框

实战演练 在平面图中插入方向标识图块

本例将结合本模块所学知识创建并在平面图中插入方向标识图块，其中涉及的主要命令有"偏移""镜像""旋转""图案填充"等。

扫码观看视频

步骤 01 执行"圆"命令，绘制一个半径为300 mm的圆。执行"直线"命令，绘制圆的水平中线，长度为800 mm，如图5-46所示。

步骤 02 执行"直线"命令，以中线两个端点为起点，分别捕捉圆两侧的切点，绘制两条斜线并相交，完成三角形的绘制，如图5-47所示。

步骤 03 执行"图案填充"命令，将填充图案设置为"SOLID"，其他参数为默认设置，对三角形进行填充，填充结果如图5-48所示。

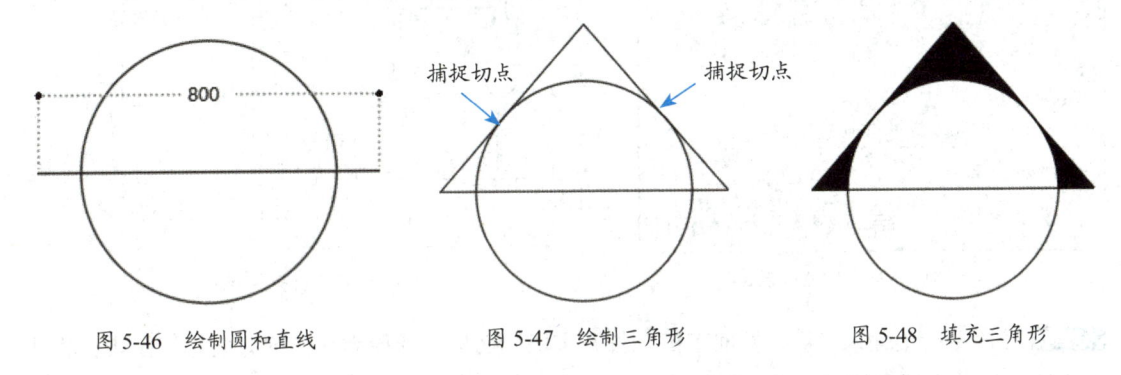

图 5-46 绘制圆和直线

图 5-47 绘制三角形

图 5-48 填充三角形

步骤 04 执行"定义属性"命令，打开"属性定义"对话框，各项参数设置如图5-49所示。

步骤 05 在图形中指定标识的插入点，如图5-50所示。单击，完成方向标识图形的创建。

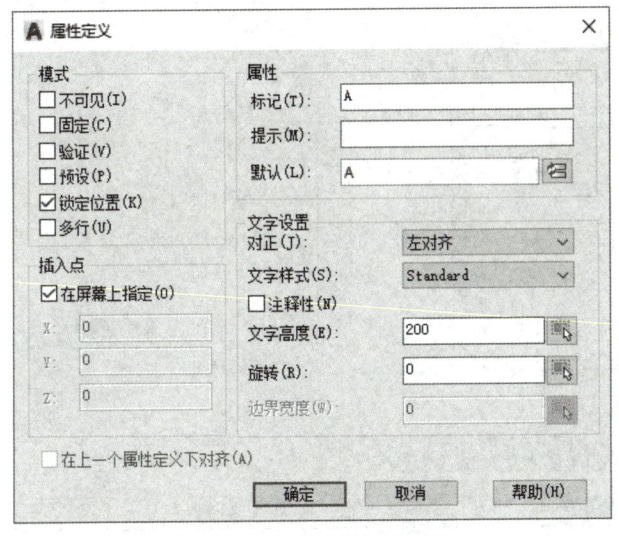

图 5-49 "属性定义"对话框

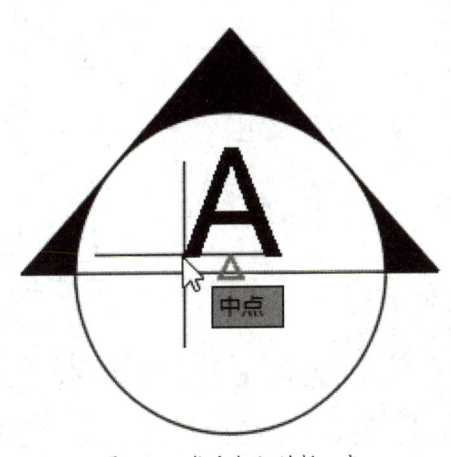

图 5-50 指定标识的插入点

步骤 06 执行"写块"命令,打开"写块"对话框,单击"选择对象"按钮,选择创建的标识图形,单击"拾取点"按钮,设置插入基点,然后调整图块的存储路径,单击"确定"按钮,保存该图块,如图5-51所示。

步骤 07 打开如图5-52所示的平面图素材。

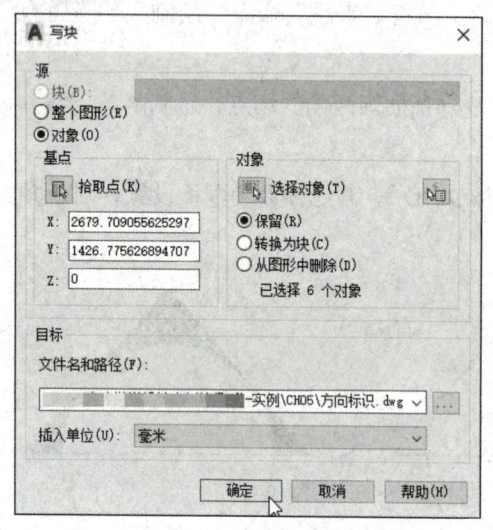

图 5-51 "写块"对话框

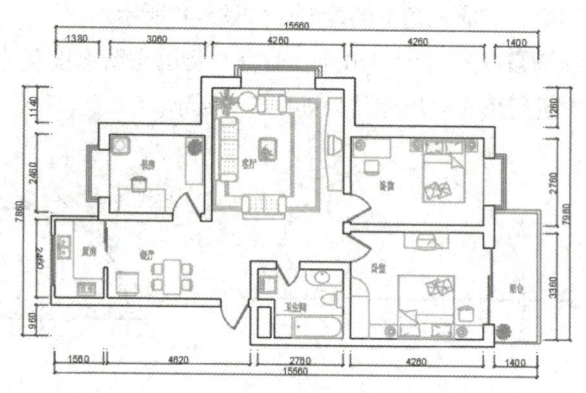

图 5-52 打开素材

步骤 08 在命令行中输入"i",按回车键,打开"块"面板,选择刚存储的方向标识图块,将其拖至平面图的合适位置,如图5-53所示。

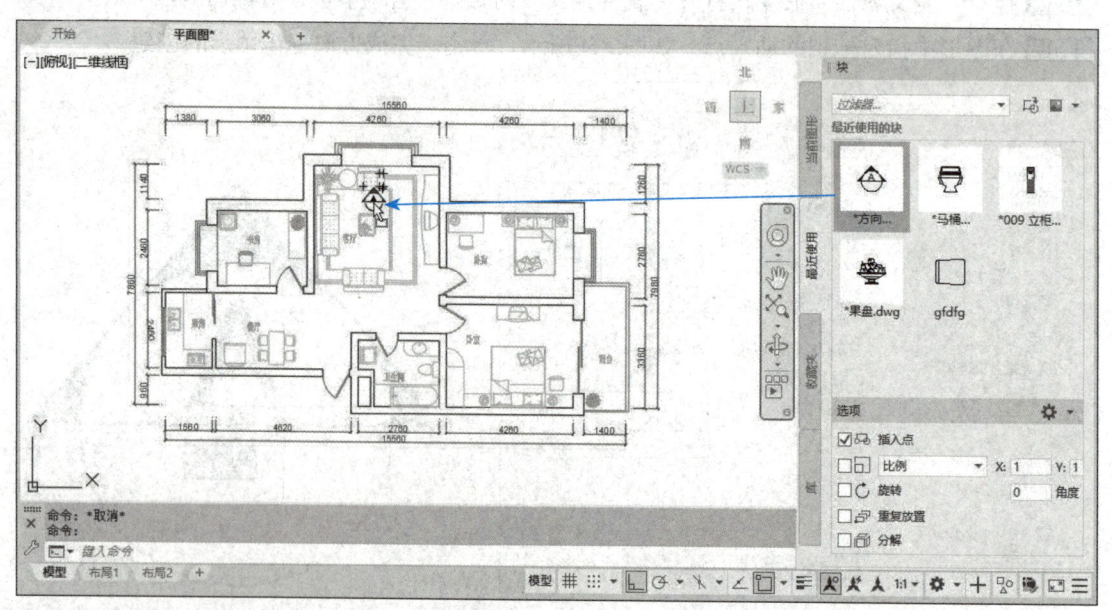

图 5-53 拖入图块

步骤 09 执行"复制"和"旋转"命令,复制标识图块,并将其放置在平面图中的指定位置,如图5-54所示。

步骤 10 双击其中一个标识图块,在"增强属性编辑器"对话框中修改属性值,如图5-55所示,单击"确定"按钮,即可看到修改后的标识图块,如图5-56所示。

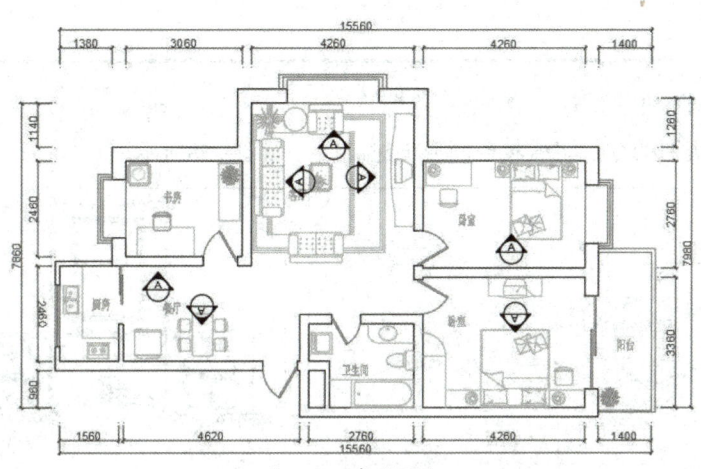

图 5-54　复制图块

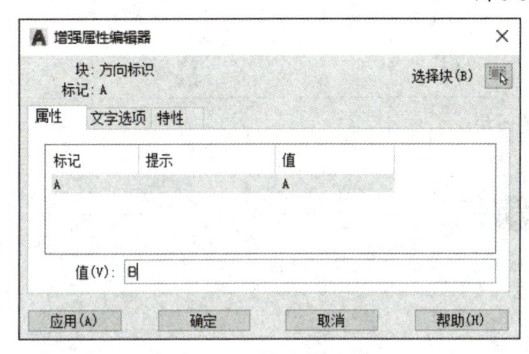

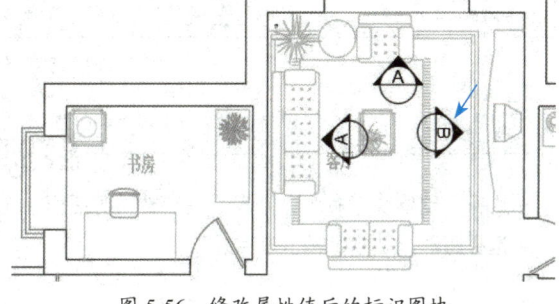

图 5-55　修改属性值

图 5-56　修改属性值后的标识图块

步骤 11 执行同样的操作，修改其他标识的属性值，完成本案例的制作，效果如图5-57所示。

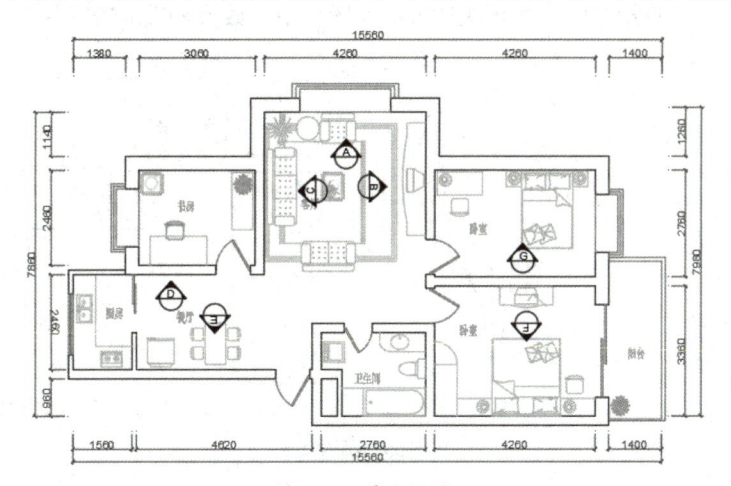

图 5-57　最终效果

拓展阅读

从"模件化"到知识产权——设计的标准化与创新边界

北宋李诫编撰的《营造法式》记载的"材分制"，将木构件标准化为八等规格，工匠可快速拼装出殿堂楼阁，这与现代 CAD 图块库的设计思维不谋而合。2023 年苏州博物馆西馆建设中，设计师将园林花窗纹样数字化为 300 余个参数化图块，实现传统元素的现代转译。但某装修公司因盗用他人图块库被判侵权赔偿 120 万元的事件警示我们：模块化不是抄袭的借口。正如《中华人民共和国著作权法》明确"实用艺术作品"保护条款，设计师应像尊重榫卯结构专利的故宫修缮团队那样，在标准化与创新间找到平衡。

课后作业

1. 创建家具图块

利用"创建块"命令，将梳妆台图形创建成块，如图5-58所示。

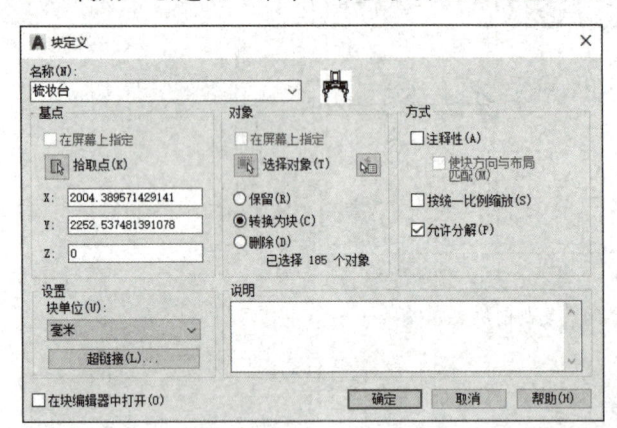

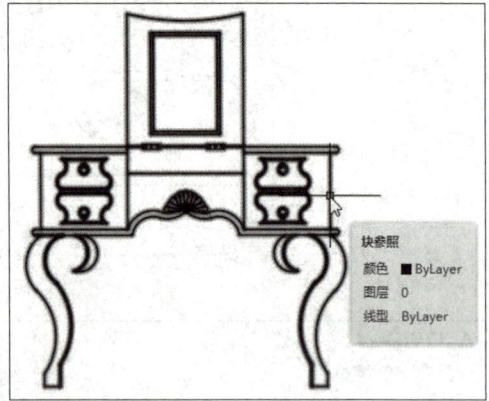

图 5-58 创建图块

操作提示

- 执行"创建块"命令，打开"块定义"对话框。
- 选择图形，并指定插入基点。

2. 插入人物图块

利用"块"面板将指定的人物图块插入沙发图形中，效果如图5-59所示。

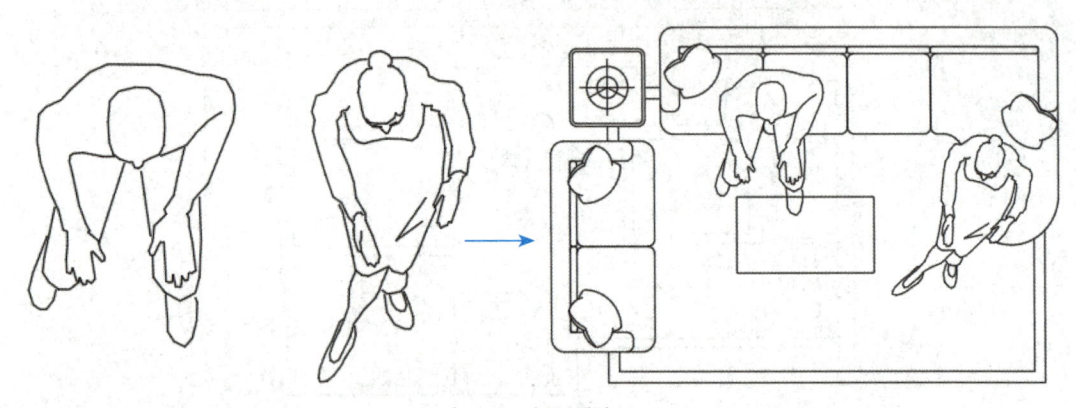

图 5-59 插入图块

操作提示

- 在命令行中输入"I"，打开"块"面板。
- 打开"选择要插入的文件"对话框，选择人物图块。
- 将人物图块拖入图形中，调整人物图块的大小。

模块 6

为室内图形添加尺寸标注

内容概要

在平面图纸中为了能够清晰地表达图形的大小,以及各图形之间的尺寸关系,需要为这些图形添加相应的尺寸标注。因此,尺寸标注在设计图中是必不可少的重要元素。本模块将讲解在室内图纸中添加尺寸及引线标注的方法。

知识要点

- 掌握尺寸标注的结构与规则。
- 掌握添加各类尺寸标注的操作。

数字资源

【本模块素材】:"素材文件\模块6"目录下
【本模块实战演练最终文件】:"素材文件\模块6\实战演练"目录下

6.1 了解尺寸标注的规则

在对图形标注尺寸时必须要遵循标注规则，以避免由于图纸绘制不规范而产生无法施工的问题。

1. 基本规则

国家标准《机械制图 尺寸注法》（GB/T 4458.4—2003）对尺寸标注的基本规则作了明确规定，规则如下：

- 机件的真实大小应以图样上所注的尺寸数值为依据，与图形的大小及绘图的准确度无关。
- 图样中（包括技术要求和其他说明）的尺寸，以毫米为单位时，不需标注单位符号（或名称），如采用其他单位，则应注明相应的单位符号。
- 图样中所标注的尺寸，为该图样所示机件的最后完工尺寸，否则应另加说明。
- 机件的每一尺寸，一般只标注一次，并应标注在反映该结构最清晰的图形上。

2. 尺寸标注的组成

一般情况下，完整的尺寸标注是由尺寸界线、尺寸线、箭头和尺寸数字这4个部分组成的，如图6-1所示。

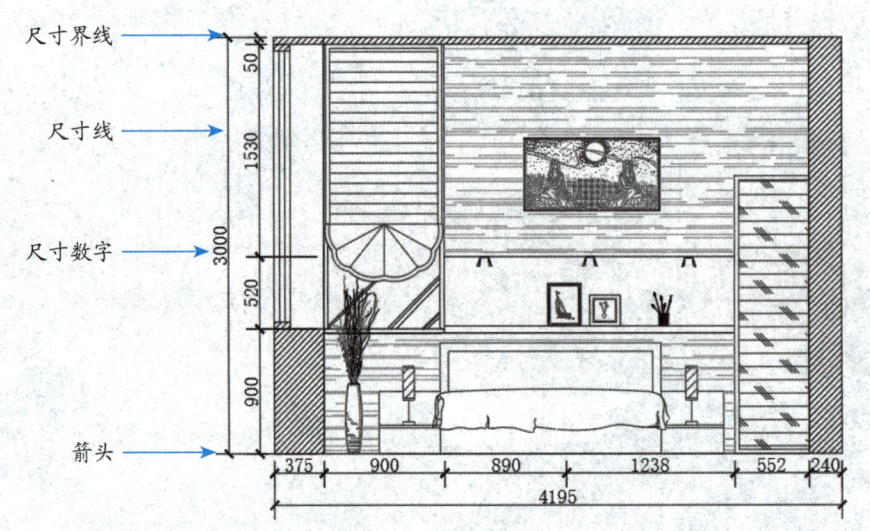

图 6-1 尺寸标注的组成

- **尺寸界线**：也被称为"投影线"，一般情况下与尺寸线垂直，有时也可将其倾斜。
- **尺寸线**：用于显示标注范围，一般情况下与图形平行，在标注圆弧和角度时是圆弧线。
- **标注文字**：用于显示标注所属数值，反映图形尺寸。特殊尺寸（公差）数值前会有相应的标注符号。
- **箭头**：用于显示标注的起点和终点，箭头的表现方法有很多种，可以是斜线、块和其他自定义符号。

6.2 添加各类尺寸标注

尺寸标注是图纸的重要组成部分，合理、工整的尺寸标注可以为图纸加分。

6.2.1 创建标注样式

为了使标注外观能够统一、美观，需要先对尺寸标注的样式进行设置。在"注释"选项卡中单击"标注"面板右侧的小箭头，打开"标注样式管理器"对话框，如图6-2所示，在此可以对标注样式进行新建、修改等操作。

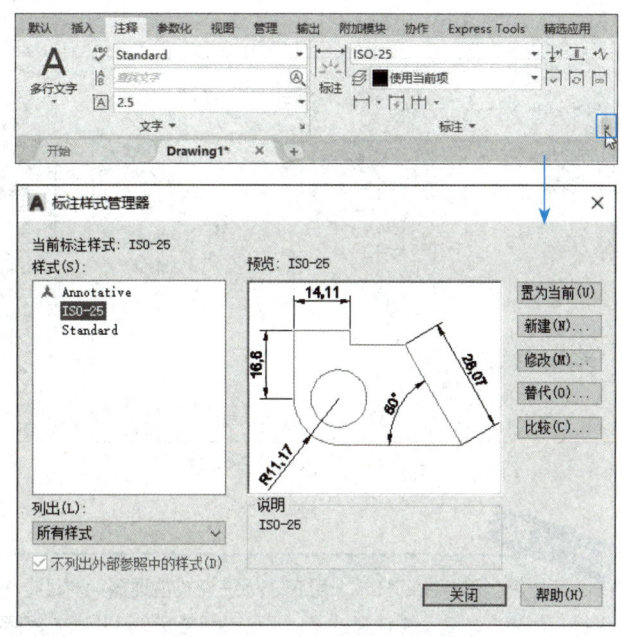

图 6-2 "标注样式管理器"对话框

1. 新建标注样式

单击"新建"按钮，打开"创建新标注样式"对话框，输入新样式名，单击"继续"按钮，如图6-3所示。进入"新建标注样式"对话框，可根据需求对尺寸线的颜色和位置、箭头大小及符号、文字大小及颜色、尺寸精度等参数进行设置，如图6-4所示。

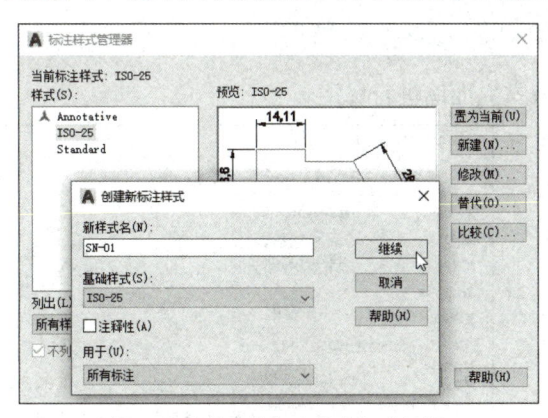

图 6-3 "创建新标注样式"对话框　　　　图 6-4 "新建标注样式"对话框

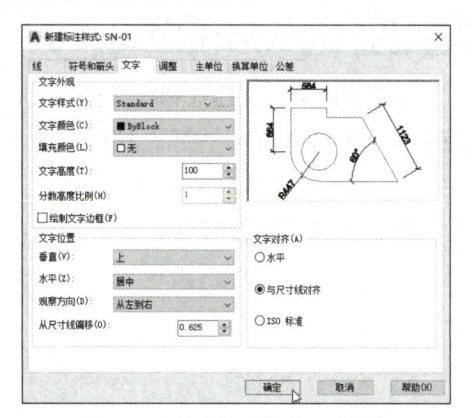

完成设置后，单击"确定"按钮返回上一级对话框，单击"置为当前"按钮，即可将样式设置为当前使用。

2. 修改标注样式

如果要对当前标注样式进行修改，只需在"标注样式管理器"对话框中选择该样式名，然后单击"修改"按钮，如图6-5所示，在打开的"修改标注样式"对话框中单击相应的选项卡，对其参数进行修改即可，如图6-6所示。

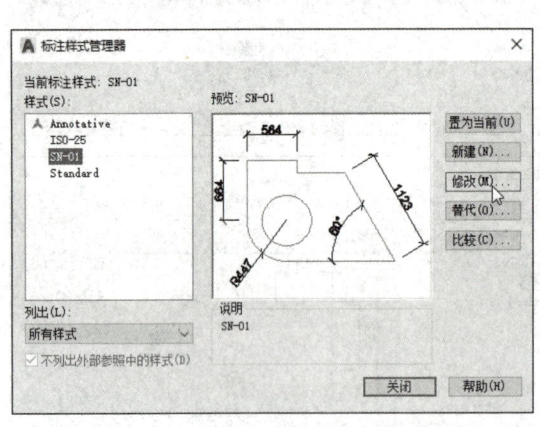

图 6-5 "标注样式管理器"对话框　　　　图 6-6 "修改标注样式"对话框

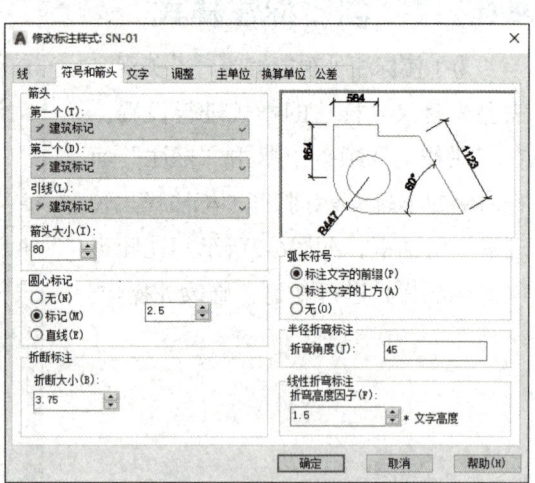

> **知识点拨**
>
> 要想删除多余的样式，可在"标注样式管理器"对话框中右击要删除的样式名，在弹出的快捷菜单中选择"删除"命令。需注意的是，无法删除当前使用的样式和系统样式。

■ 6.2.2　线性标注

线性标注用于标注水平或垂直方向上的尺寸。在"标注"面板中单击"线性"按钮，指定测量点和尺寸线的位置，即可完成线性标注。

上手操作 标注办公室立面尺寸

下面通过设置标注样式和线性标注对办公室立面图进行标注。

步骤 01 在命令行中输入"D"，按回车键，打开"标注样式管理器"对话框，单击"修改"按钮，打开"修改标注样式"对话框，如图6-7所示。

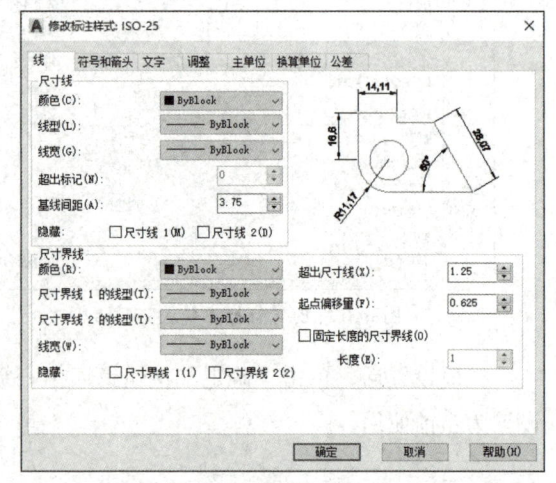

图 6-7 "修改标注样式"对话框

步骤 02 切换到"文字"选项卡,将"文字高度"设置为80,如图6-8所示。

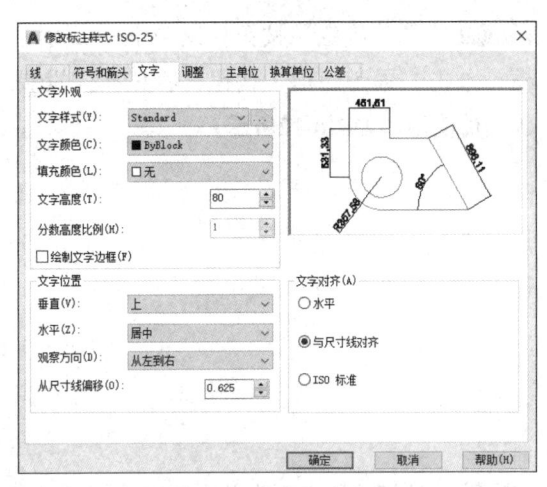

图 6-8 "文字"选项卡

步骤 03 切换到"主单位"选项卡,将"精度"设置为0,如图6-9所示。

步骤 04 切换到"符号和箭头"选项卡,将"第一个""第二个""引线"样式设置为"建筑标记",将"箭头大小"设置为50,如图6-10所示。

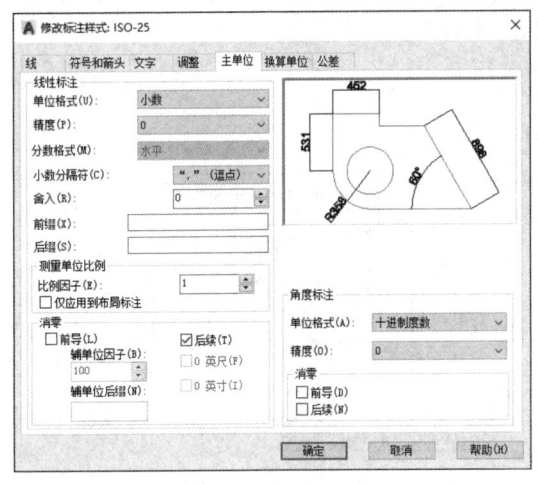

图 6-9 "主单位"选项卡

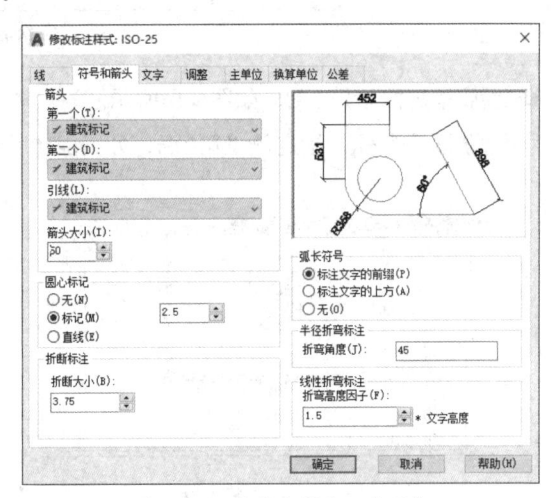

图 6-10 "符号和箭头"选项卡

步骤 05 切换到"线"选项卡,将"超出尺寸线"设置为50,将"起点偏移量"设置为100,如图6-11所示。

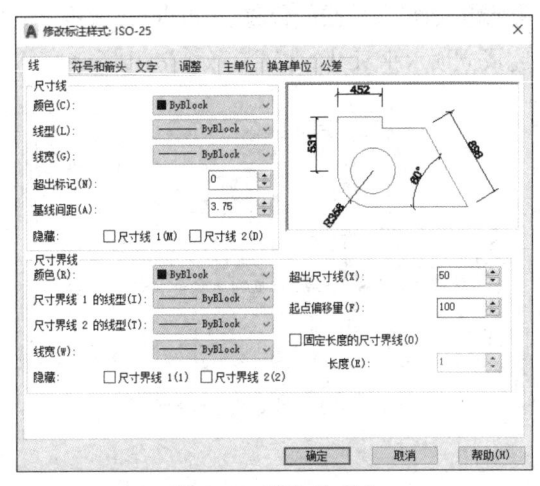

图 6-11 "线"选项卡

步骤 06 单击"确定"按钮,返回上一级对话框,单击"置为当前"按钮,将该样式设置为当前使用,如图6-12所示。

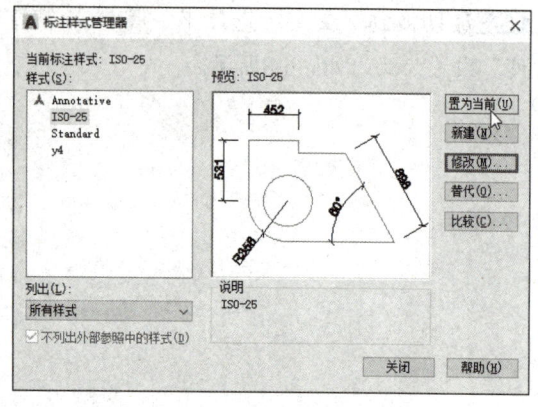

图6-12 "标注样式管理器"对话框

步骤 07 在"标注"面板中单击"线性"按钮,如图6-13所示。

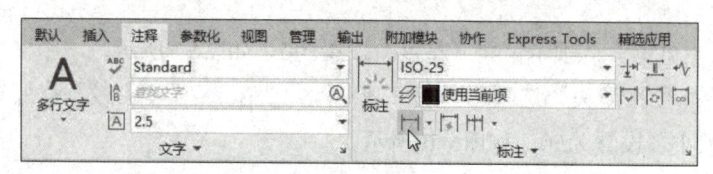

图6-13

步骤 08 指定测量第1点,如图6-14所示。

步骤 09 移动光标,指定测量第2点,如图6-15所示。

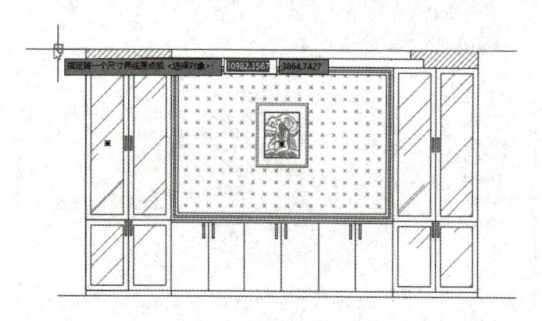

图6-14 指定第1点

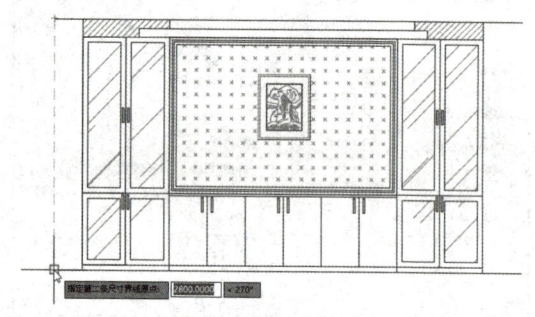

图6-15 指定第2点

步骤 10 指定尺寸线的位置,如图6-16所示,完成立面垂直尺寸的标注操作。执行同样的操作,完成立面水平尺寸的标注,如图6-17所示。

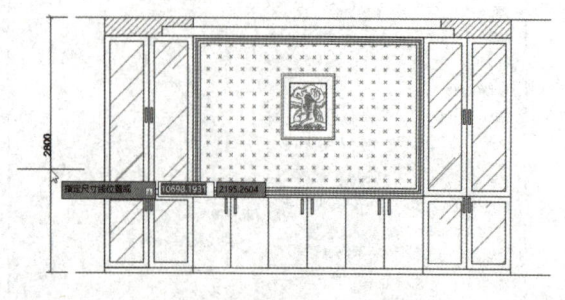

图6-16 指定尺寸线的位置

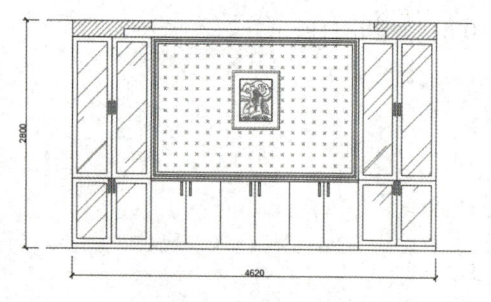

图6-17 完成尺寸标注

■6.2.3 对齐标注

对齐标注又被称为"平行标注",尺寸线始终与标注对象保持平行。若是圆弧,则对齐标注的尺寸线与圆弧两个端点对应的弦保持平行。对齐标注被广泛应用于对斜线、斜面等具有倾斜特征的尺寸标注。

单击"线性"右侧的下拉按钮,在弹出的下拉列表中选择"已对齐"选项,如图6-18所示,指定两个图形的两个测量点和尺寸线的位置即可,如图6-19所示。

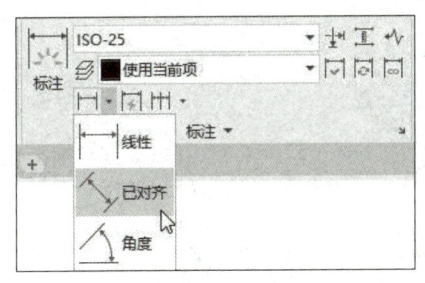

图6-18 选择"已对齐"选项

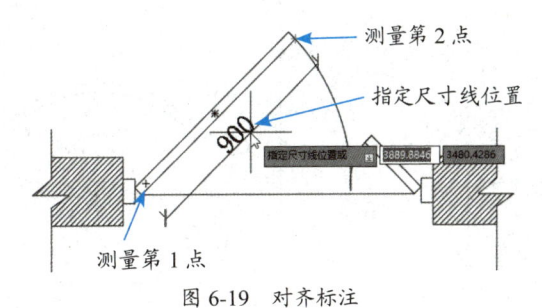

图6-19 对齐标注

■6.2.4 角度标注

角度标注用于标注两条非平行线之间的夹角,测量对象包括直线、圆弧、圆和点4种,如图6-20所示。

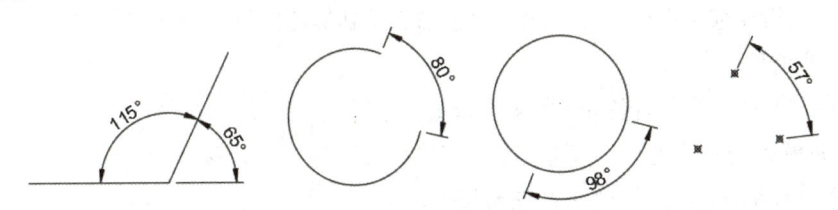

图6-20 角度标注的测量对象

单击"线性"右侧的下拉按钮,在弹出的下拉列表中选择"角度"选项,如图6-21所示,然后选中夹角的两条测量线段,并指定尺寸线的位置即可,如图6-22所示。

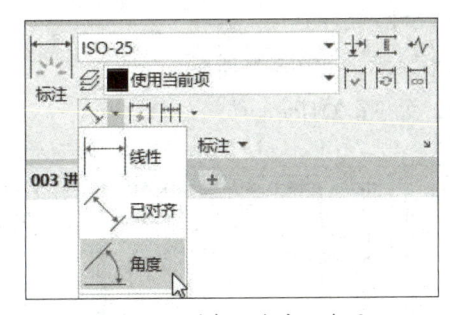

图6-21 选择"角度"选项

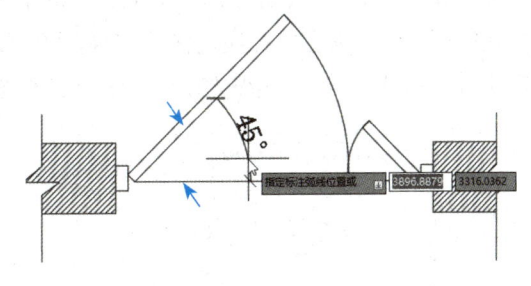

图6-22 角度标注

> **知识点拨**
> 在进行角度标注时,尺寸线位置的选择很关键。当尺寸标注放置在当前测量角度之外时,所测量的角度是当前角度的补角。

6.2.5 半径与直径标注

半径和直径标注用于标注圆和圆弧的半径和直径尺寸，并在尺寸前面显示字母符号"R"和"ϕ"。在"线性"下拉列表中选择"半径"或"直径"选项，即可启动相应的标注功能，如图6-23所示。选中所需的圆，指定标注所在的位置即可，如图6-24所示。

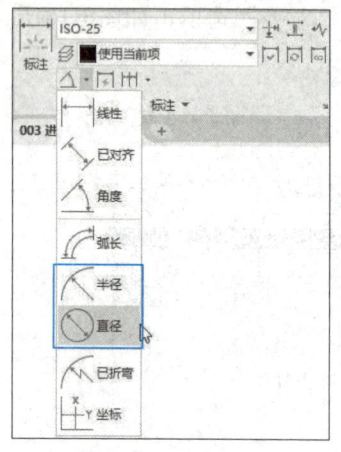

图 6-23 选择"直径"选项

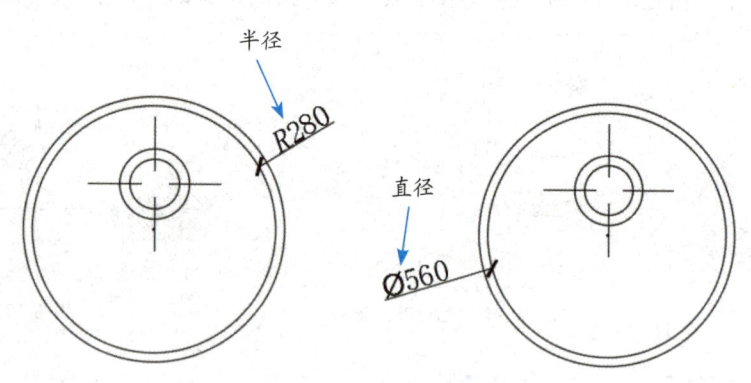

图 6-24 半径与直径标注

6.2.6 连续标注

连续标注是指连续地进行线性标注，用于创建系列标注。每一个连续标注都从前一个标注的第2条尺寸界线开始。

首先执行"线性"命令标注第1个尺寸标注，然后在"标注"面板中单击"连续"按钮，如图6-25所示，以第1个尺寸标注的第2条尺寸界线为起点，依次指定其他测量点，即可进行连续标注。

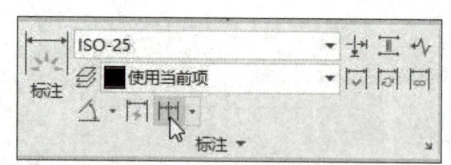

图 6-25 单击"连续"按钮

上手操作 完善办公室立面尺寸

下面利用"连续"命令标注所有立面柜体的水平尺寸。

步骤 01 执行"线性"命令，标注左侧第1个柜体的水平尺寸，如图6-26所示。

步骤 02 执行"连续"命令，指定第2个柜体的测量点，如图6-27所示。

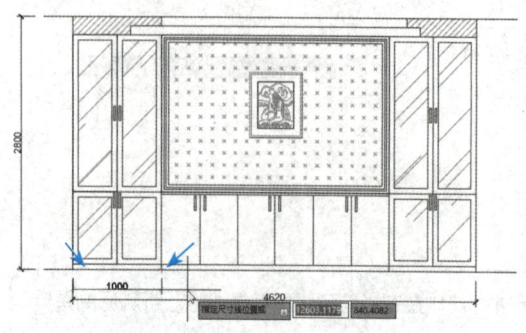

图 6-26 标注第1个柜体的水平尺寸

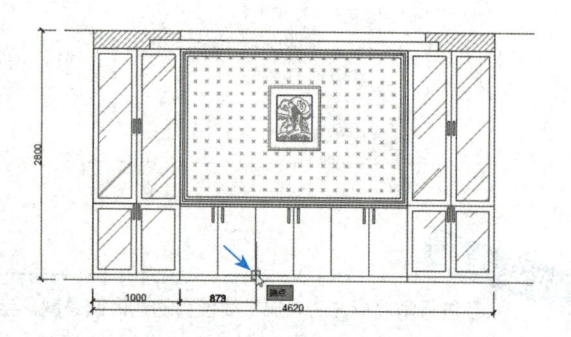

图 6-27 指定第2个柜体的测量点

步骤 03 指定第3个柜体的测量点，如图6-28所示。

步骤 04 执行同样的操作，继续指定其他柜体的测量点，直到结束，按回车键，完成所有立面柜体水平尺寸的标注，如图6-29所示。

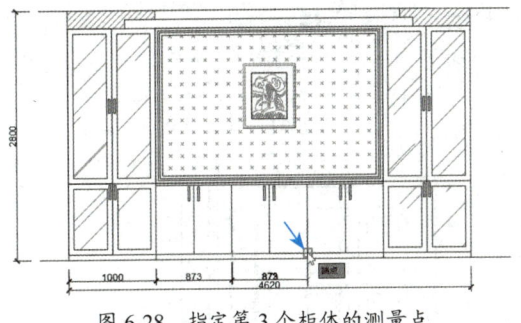

图 6-28　指定第3个柜体的测量点

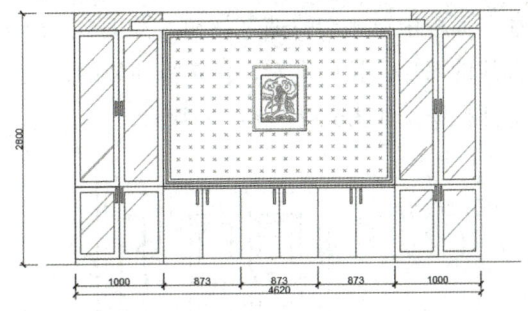

图 6-29　完成所有立面柜体水平尺寸的标注

6.2.7　基线标注

基线标注又被称为"平行尺寸标注"，用于多个尺寸标注使用同一条尺寸线作为尺寸界线的情况。在标注时，系统自动在已有尺寸的尺寸线一端坐标标注的起点进行标注。

在"标注"面板中单击"连续"右侧的下拉按钮，在弹出的下拉列表中选择"基线"选项，如图6-30所示。首先指定已有尺寸线一端的尺寸界线，然后指定下一个测量点，即可在已有尺寸的下方创建尺寸。

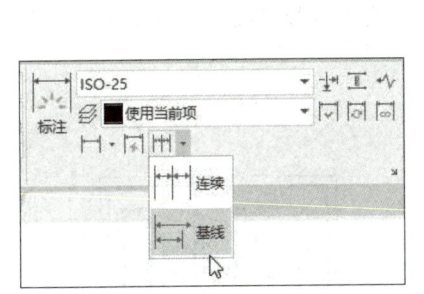

图 6-30　基线标注

> **知识点拨**　使用"基线"标注对象必须在已经进行了线性或角度标注的基础上，否则无法进行基线标注。

6.2.8 快速标注

快速标注用于快速创建标注，可以创建基线标注、连续尺寸标注、半径标注、直径标注、坐标标注，但不能进行圆心标记和标注公差。在"标注"面板中单击"快速"按钮，如图6-31所示。选择要标注的图形，按回车键，指定标注线的位置，即可完成标注操作，如图6-32、图6-33所示。

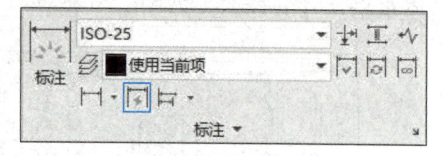

图 6-31　单击"快速"按钮

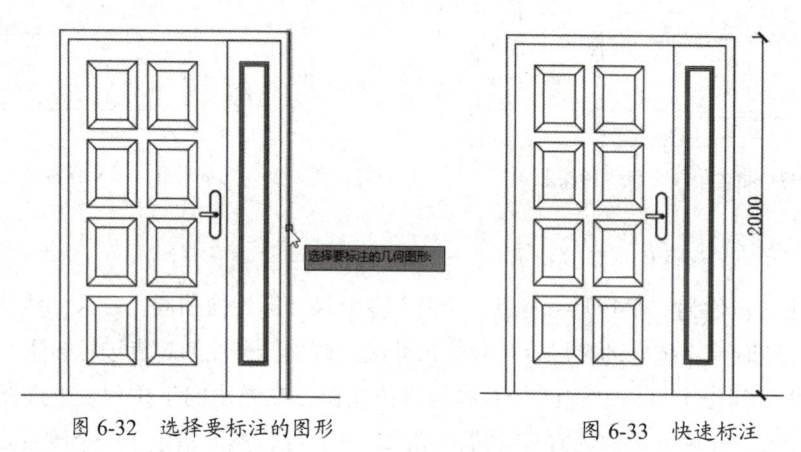

图 6-32　选择要标注的图形

图 6-33　快速标注

6.3　编辑尺寸标注

如果对当前标注的尺寸不满意，可对其进行编辑加工，例如更改尺寸数字、设置数字位置或颜色等。

6.3.1　编辑标注文本

尺寸数字在尺寸标注中是必不可少的一项元素。如果创建的尺寸数字没有达到要求，可对其数字或数字位置进行调整。

1. 编辑尺寸数字

双击尺寸数字，当其呈编辑状态时可进行更改，如图6-34所示，然后单击空白处即可完成更改，如图6-35所示。

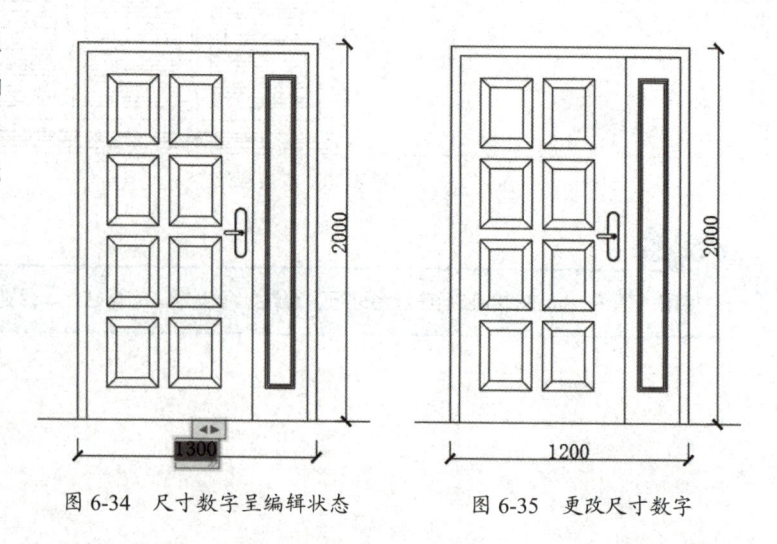

图 6-34　尺寸数字呈编辑状态

图 6-35　更改尺寸数字

2. 调整数字角度

如果需要对尺寸数字的角度进行调整，可单击"标注"面板的下拉按钮，在展开的面板中单击"文字角度"按钮，如图6-36所示，然后选择要调整的尺寸数字并输入旋转角度，如图6-37所示，按回车键即可完成调整，如图6-38所示。

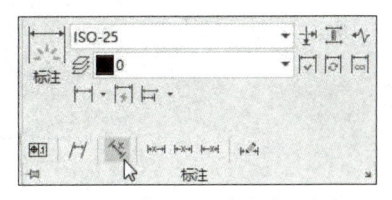

图 6-36 单击"文字角度"按钮

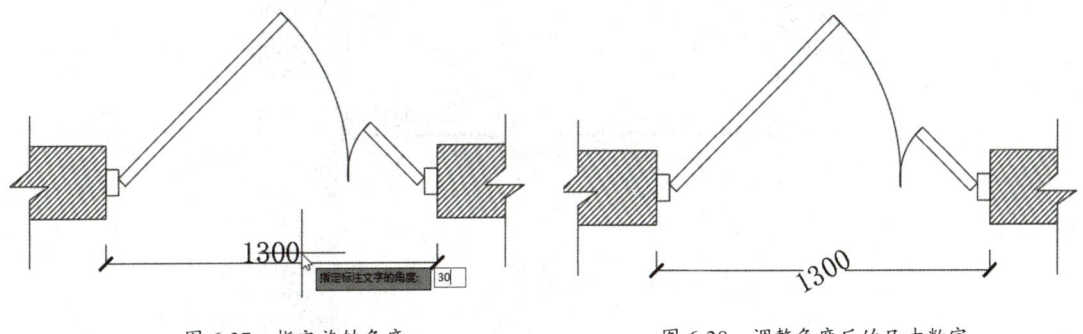

图 6-37 指定旋转角度

图 6-38 调整角度后的尺寸数字

3. 调整数字位置

除了可以编辑尺寸数字外，还可以对数字的位置进行调整。执行"标注"→"对齐文字"命令，在其级联菜单中会显示"默认""角度""左""居中""右"5个选项，如图6-39所示，根据需要选择其中一项，然后单击要调整的尺寸数字即可，尺寸数字右对齐效果如图6-40所示。

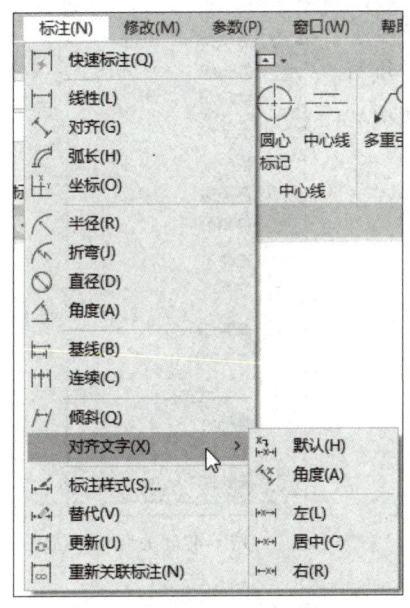

图 6-39 "对齐文字"级联菜单选项

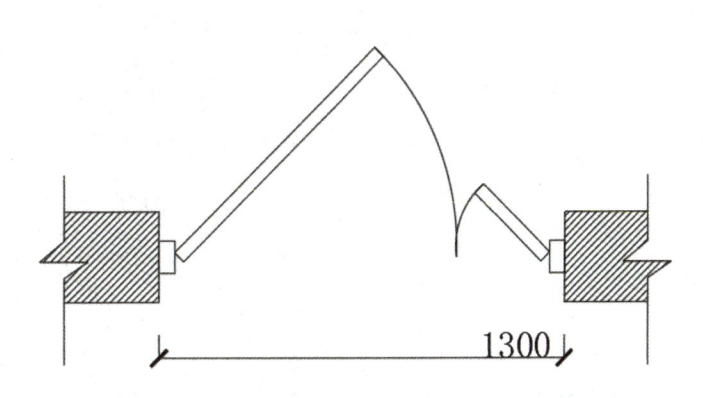

图 6-40 尺寸数字右对齐

此外，将光标移动到文本位置的夹点上，在弹出的快捷菜单中也可对尺寸数字的位置进行编辑，如图6-41所示。

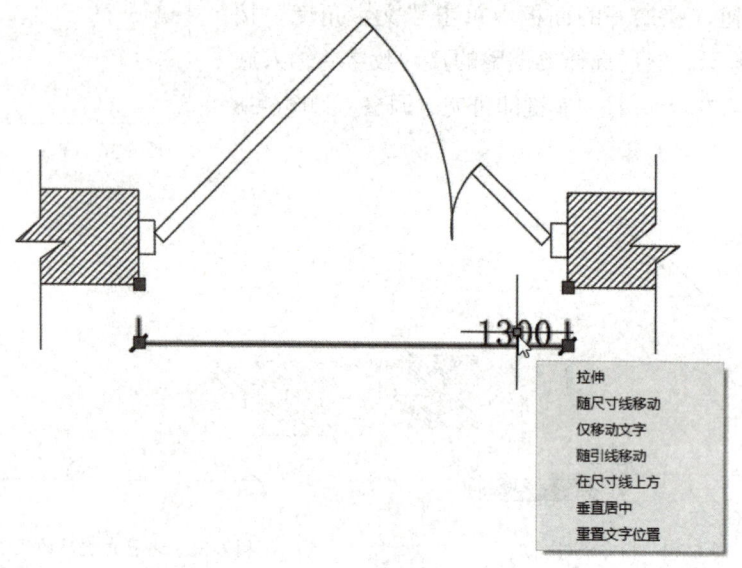

图 6-41　利用快捷菜单编辑尺寸数字的位置

■6.3.2　关联尺寸

关联尺寸是指所标注尺寸与被标注对象有关联关系。对图形对象进行标注后，如果移动了图形的位置或修改了对象的尺寸等，图形对象和尺寸标注将会分离，但将标注与图形对象进行关联后，在修改对象的同时尺寸标注也会随之改变。执行"标注"→"重新关联标注"命令即可进行关联操作，如图6-42所示。

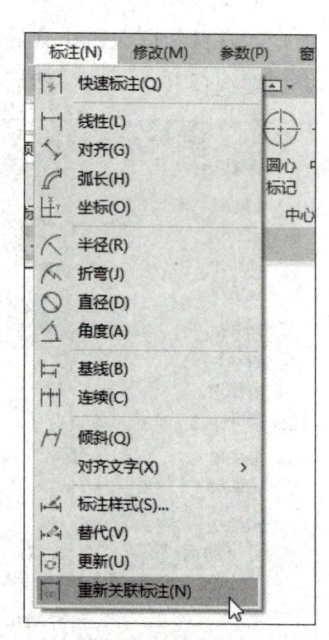

图 6-42　关联尺寸

> **知识点拨**
> 在命令行中输入"DIMREASSOCIATE"，按回车键，也可执行重新关联标注操作。

模块6 为室内图形添加尺寸标注

实战演练 为公寓户型图添加尺寸标注

本例将结合本模块所学的知识为公寓户型图添加尺寸标注，其中涉及的主要操作有新建标注样式、线性标注、连续标注等。

步骤 01 在命令行中输入"D"，按回车键，打开"标注样式管理器"对话框，单击"新建"按钮，在打开的"创建新标注样式"对话框中设置新样式名，单击"继续"按钮，如图6-43所示。

步骤 02 打开"新建标注样式"对话框，切换至"文字"选项卡，将"文字高度"设置为100，如图6-44所示。

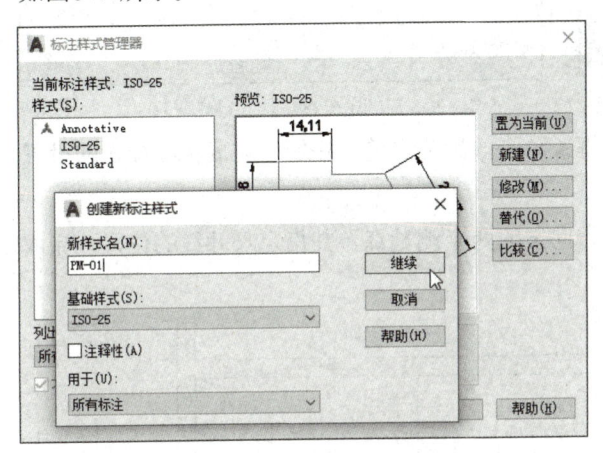

图 6-43 设置新样式名

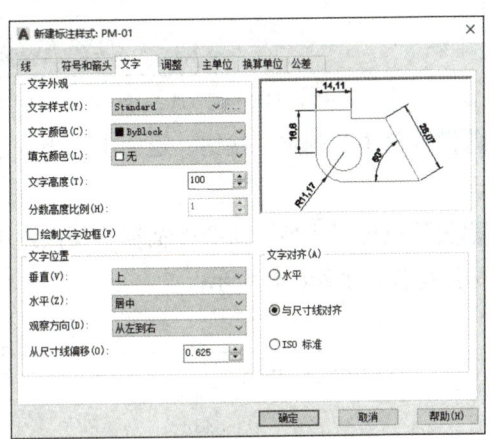

图 6-44 "文字"选项卡

步骤 03 切换至"符号和箭头"选项卡，将箭头类型设置为"建筑标记"，将"箭头大小"设置为50，如图6-45所示。

步骤 04 切换至"主单位"选项卡，将"精度"设置为0，如图6-46所示。

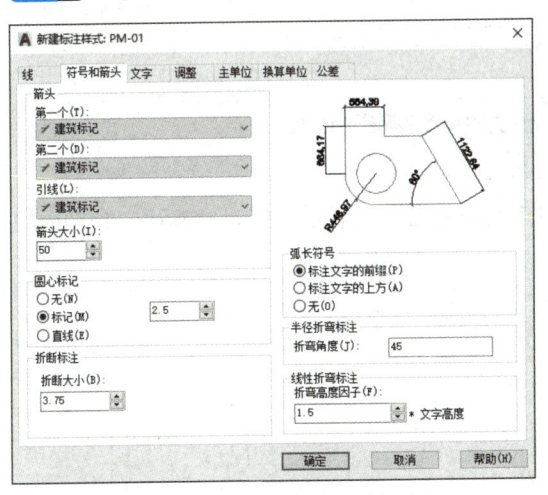

图 6-45 "符号和箭头"选项卡

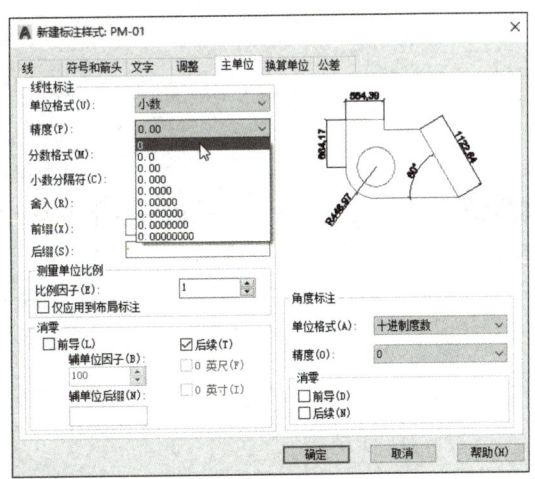

图 6-46 "主单位"选项卡

步骤 05 切换至"线"选项卡，将"超出尺寸线"设置为50，将"起点偏移量"设置为200，如图6-47所示。

步骤 06 将"尺寸线"和"尺寸界线"的颜色设置为绿色，如图6-48所示。

· 121 ·

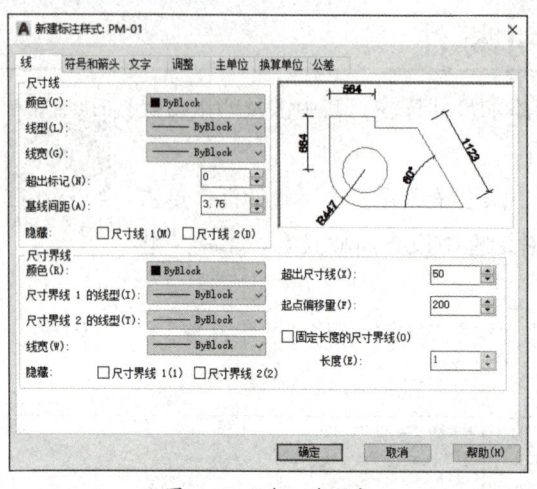

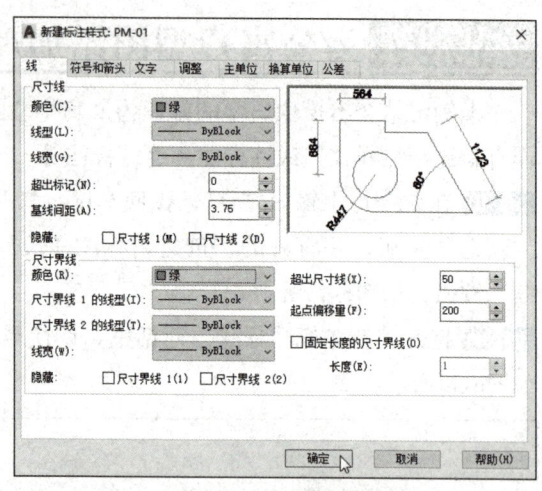

图 6-47 "线"选项卡　　　　　　　　图 6-48 设置颜色

步骤 07 单击"确定"按钮，返回上一级对话框，单击"置为当前"按钮，完成标注样式的设置操作。

步骤 08 执行"线性"命令，捕捉户型图水平方向上的两个测量点，并指定尺寸线的位置，完成标注操作，如图6-49所示。

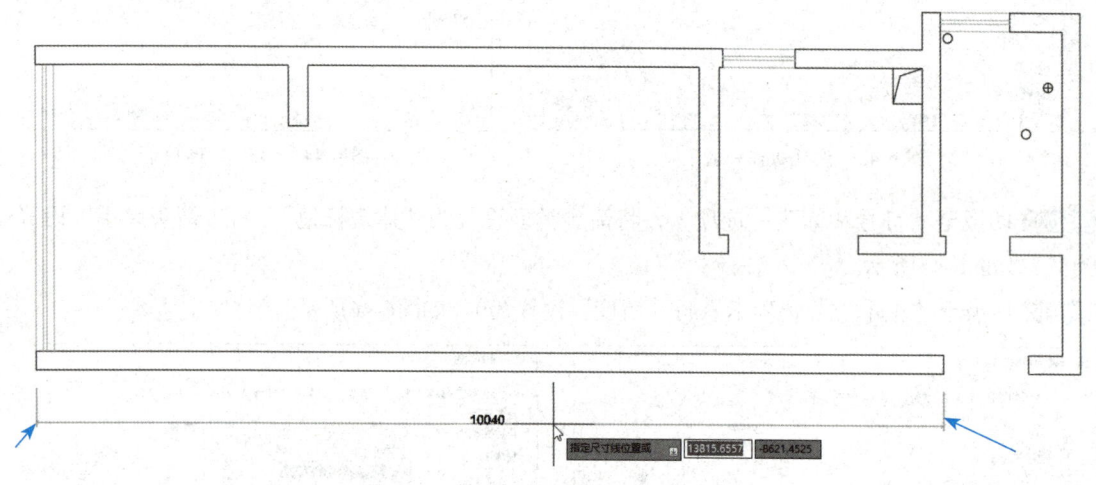

图 6-49 标注尺寸

步骤 09 执行"连续"命令，捕捉该水平方向上的其他测量点，完成第一道尺寸标注，如图6-50所示。

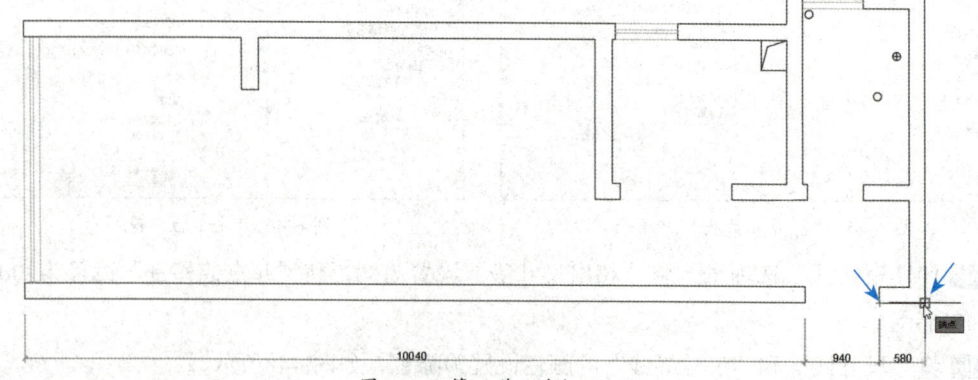

图 6-50 第一道尺寸标注

模块6 为室内图形添加尺寸标注

步骤⑩ 执行"线性"命令,捕捉标注的尺寸线的第一点和最后一点,完成水平方向上的第二道尺寸标注,如图6-51所示。

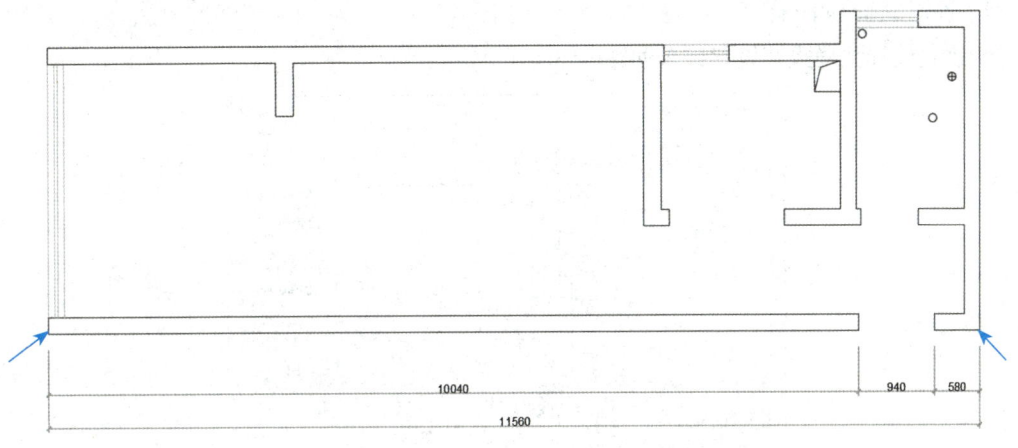

图 6-51　第二道尺寸标注

步骤⑪ 执行同样的操作,完成户型图其他方向的尺寸标注,最终效果如图6-52所示。

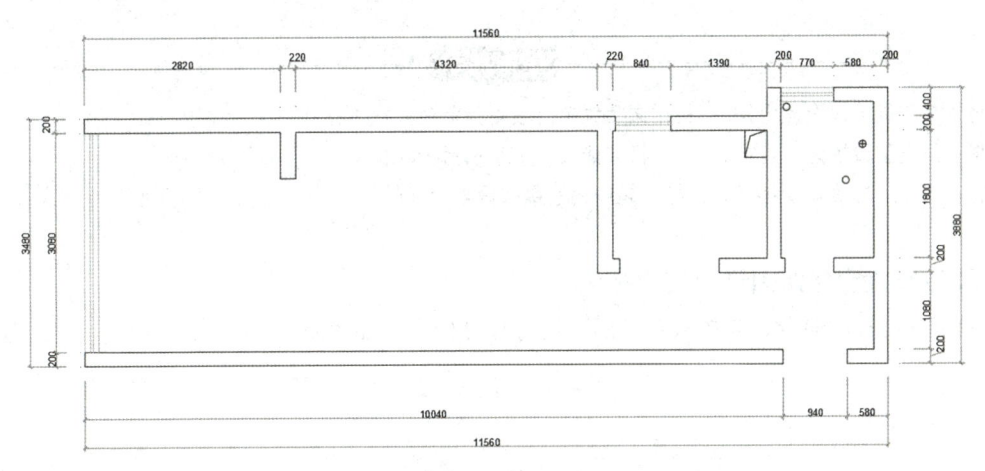

图 6-52　最终效果

拓展阅读

毫厘间的文明——从《考工记》到现代精度体系

　　战国《周礼·考工记》规定"匠人营国,方九里,旁三门",以"分、寸、尺"构建起最早的尺寸标准体系。南京大报恩寺琉璃塔复原工程中,考古团队通过0.1 mm精度的三维扫描,还原了明代"一寸三钉"的标注传统。反观2022年某跨海大桥因桥墩间距误差超5 cm导致返工,直接经济损失超2 000万元。这印证了出自《礼记·经解》的成语"失之毫厘,谬以千里。"现代设计师当以"毫厘精神"践行职业准则,让每个尺寸标注都经得起历史检验。

课后作业

1. 新建立面标注样式

新建立面标注样式，设置结果如图6-53所示。

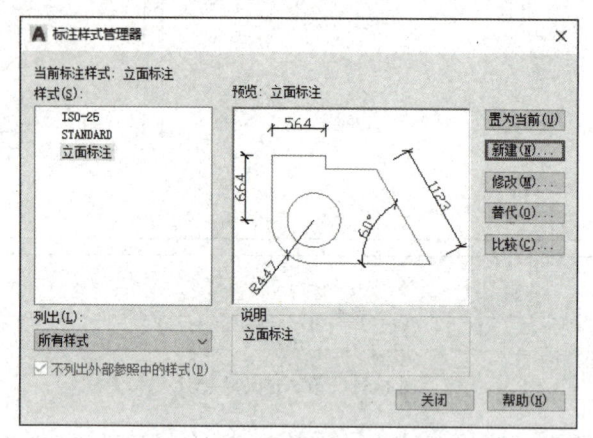

图 6-53 新建立面标注样式

> **操作提示**
> - 将"文字高度"设置为100，将"文字颜色"设置为蓝色。
> - 将箭头类型设置为"建筑标记"，将"箭头大小"设置为80。
> - 将"超出尺寸线"设置为50，将"起点偏移量"设置为200。

2. 为梳妆台立面图进行尺寸标注

利用各类标注命令，为梳妆台立面图进行尺寸标注，如图6-54所示。

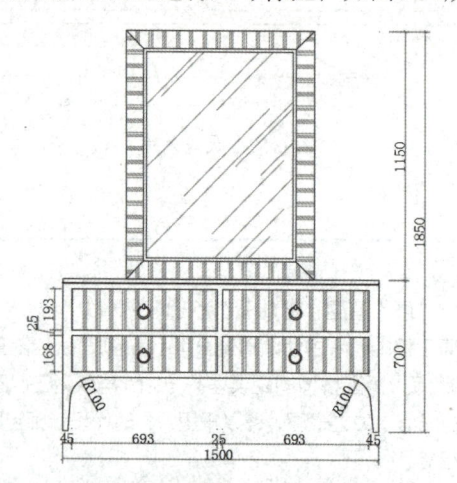

图 6-54 梳妆台立面图尺寸标注

> **操作提示**
> - 执行"线性"和"连续"命令，标注梳妆台水平方向和垂直方向的尺寸。
> - 将"超出尺寸线"设置为50，将"起点偏移量"设置为200。执行"半径"命令，标注柜角的圆角尺寸。

模块 7

为室内图形添加文字标注

内容概要

在图纸中需要添加一些必要的文字说明，例如材料说明、图纸说明、施工工艺说明等。本模块将着重讲解如何在图纸中创建文字说明和表格的方法。

知识要点

- 掌握文字样式的创建方法。
- 掌握单行/多行文字的创建方法。
- 掌握文字的编辑方法。
- 掌握引线的标注方法。
- 了解表格功能的应用。

数字资源

【本模块素材】："素材文件\模块7"目录下
【本模块实战演练最终文件】："素材文件\模块7\实战演练"目录下

7.1 创建文字样式

与创建尺寸标注相似,在创建文字前需要对文本样式进行设置,以保持图纸中文字样式的统一性和美观性。

7.1.1 创建新文字样式

在"注释"选项卡中单击"文字"面板右侧的小箭头,打开"文字样式"对话框,在此可对"字体名""字体样式""高度""效果"等进行设置,如图7-1所示。

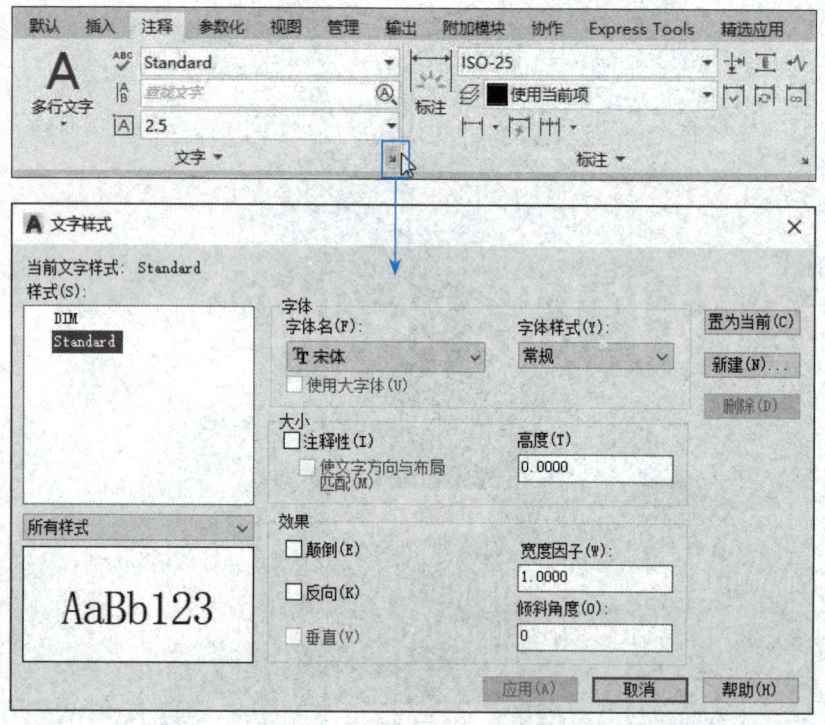

图7-1 打开"文字样式"对话框

单击"新建"按钮,在打开的"新建文字样式"对话框中设置样式名,单击"确定"按钮,如图7-2所示,返回"文字样式"对话框,在"样式"列表中会添加新样式"文字",如图7-3所示。

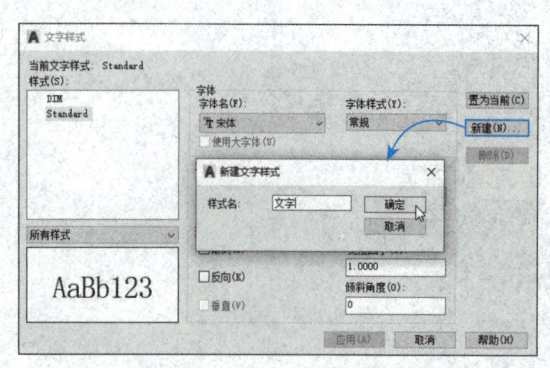

图7-2 设置样式名　　　　　　　　　图7-3 添加新样式

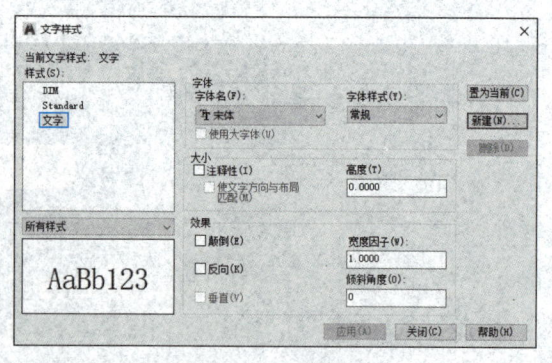

如果需要删除"样式"列表中的样式，可右击该样式名，在弹出的快捷菜单中选择"删除"命令，弹出警告提示框，单击"确定"按钮，如图7-4所示。

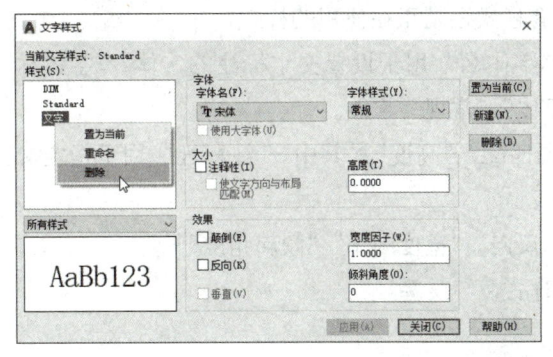

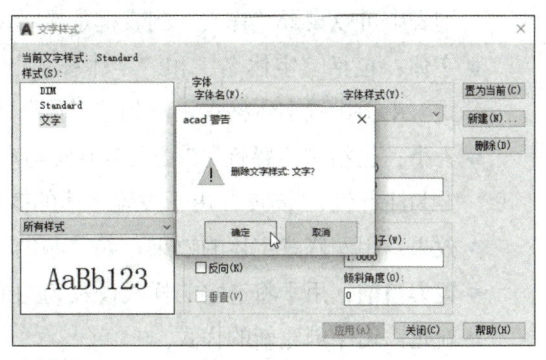

图 7-4　删除样式

■7.1.2　设置字体与文本高度

完成新文字样式名称的设置后，在"文字样式"对话框中可根据需要对文字的字体与大小进行设置。

单击"字体名"右侧的下拉按钮，在打开的字体列表中选择满意的字体名称，如图7-5所示，在"大小"选项组中的"高度"文本框中输入高度值，即可完成文字字体与大小的设置操作，如图7-6所示。

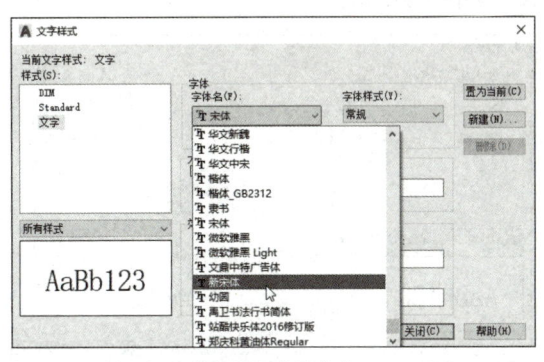

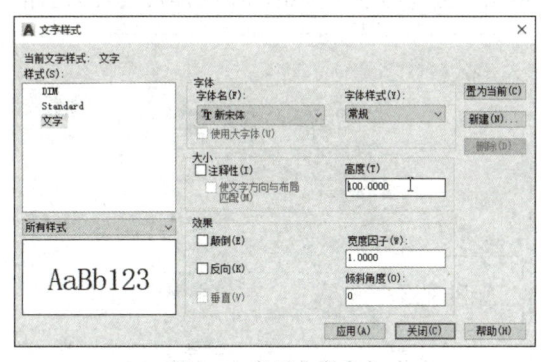

图 7-5　设置字体　　　　　　　　图 7-6　设置文字高度

> **知识点拨**
>
> AutoCAD的字体可分为两种：一种是普通字体，即TrueType字体；另一种是系统特有的字体，即*.shx字体。在"字体名"下拉列表中，还可以看到以@开头的字体，如图7-7所示，选中该字体，则当前标注文字向左旋转90°。
>
> 图 7-7　以@开头的字体

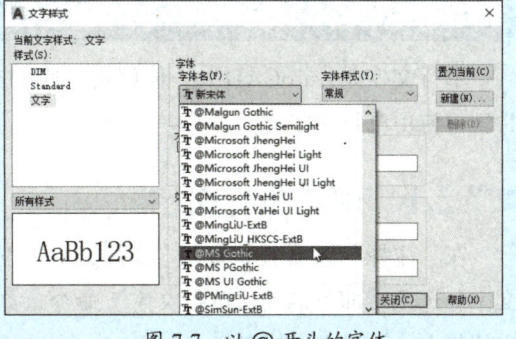

"文字样式"对话框中部分选项讲解如下：

- **样式**：用于显示已有的文字样式。单击"所有样式"列表框右侧的箭头按钮，在弹出的列表中可以设置"样式"列表框是显示所有样式还是正在使用的样式。
- **字体**：包括"字体名"和"字体样式"。"字体名"用于设置文字标注的字体；"字体样式"用于设置字体格式，例如"斜体""粗体""常规"字体。
- **大小**：包括"注释性""使文字方向与布局匹配""高度"。其中，"注释性"用于指定文字为注释性，"高度"用于设置字体的高度。
- **效果**：用于修改字体的效果，如"颠倒""反向""宽度因子""倾斜角度"等。
- **置为当前**：用于将选定的样式设置为当前样式。
- **新建**：用于创建新的样式。
- **删除**：单击"样式"列表框中的样式名，可以激活"删除"按钮，单击该按钮即可删除样式。

上手操作 创建文字样式

下面通过以上所学知识创建"平面注释"文字样式。

步骤01 打开"文字样式"对话框，单击"新建"按钮，新建"平面注释"样式名，如图7-8所示。

步骤02 返回"文字样式"对话框，将"字体名"设置为"新宋体"，将"高度"设置为150，单击"置为当前"按钮，将该样式设置为当前样式，如图7-9所示。

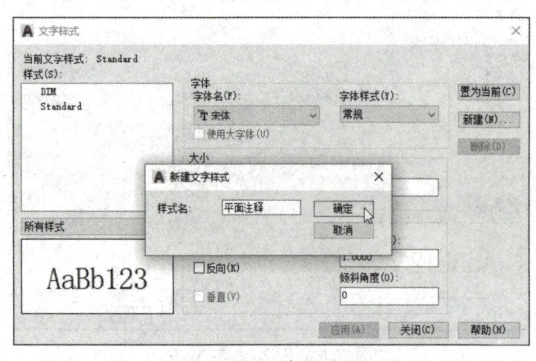

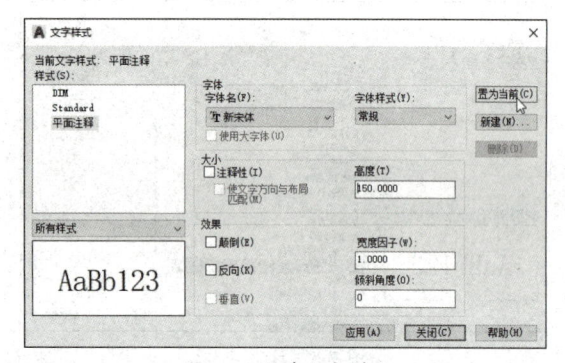

图 7-8 新建样式名　　　　　　　图 7-9 创建文字样式

7.2 创建与编辑单行文字

单行文字是AutoCAD中一种创建文字的方法。当需要在图纸中输入简短的文字加以注释时，可使用单行文字。

■7.2.1 创建单行文字

在"注释"选项卡中单击"多行文字"下方的下拉按钮，在弹出的下拉列表中选择"单行文字"选项，即可启动"单行文字"命令，如图7-10所示。根据命令行中的提示信息，指定文字的起点，设置文字的高度，如图7-11所示，按回车键即可。

图 7-10 选择"单行文字"选项

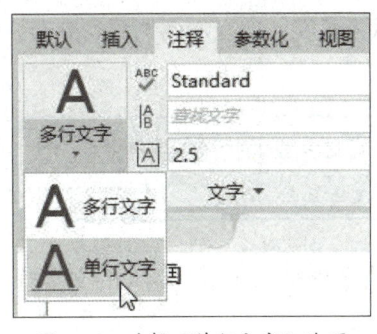

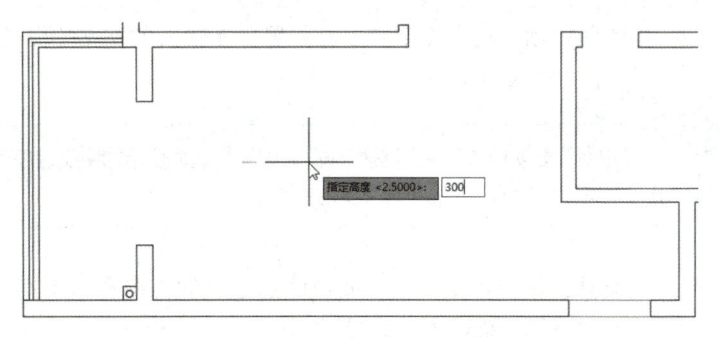

图 7-11 设置文字高度

将旋转角度设置为0，按回车键，进入文字编辑状态，输入所需文字内容，如图7-12所示，然后单击空白处，并按Esc键，结束输入操作，如图7-13所示。

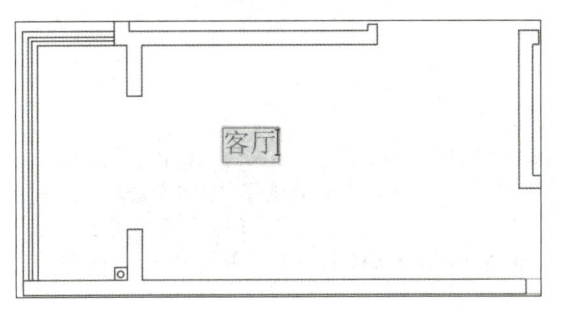

图 7-12 输入文字内容

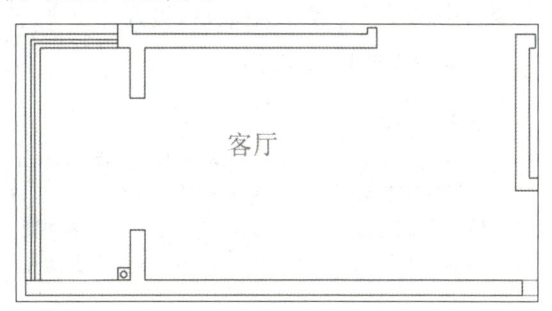

图 7-13 结束输入操作

命令行中的提示信息如下：

```
命令: _text                                              执行命令
当前文字样式: "Standard" 文字高度: 2.5000 注释性: 否 对正: 左
指定文字的起点 或 [对正(J)/样式(S)]:                      指定文字的起点
指定高度 <2.5000>: 300                                    输入文字高度"300"，回车
指定文字的旋转角度 <0>:                                   保存默认值，回车
```

1. 设置文字对齐方式

在命令行中选择"对正"选项，可设置文字的对齐方式，默认为左对齐，在此选择"居中"选项。

命令行中的提示信息如下：

```
命令: _text
当前文字样式: "Standard" 文字高度: 300.0000 注释性: 否 对正: 左
指定文字的起点 或 [对正(J)/样式(S)]: j                    输入"j"，选择"对正"选项
输入选项 [左(L)/居中(C)/右(R)/对齐(A)/中间(M)/布满(F)/左上(TL)/中上(TC)/
右上(TR)/左中(ML)/正中(MC)/右中(MR)/左下(BL)/中下(BC)/右下(BR)]: C
```

- **居中**：用于确定标注文本基线的中点，使输入的文字均匀地分布在该中点的两侧。
- **对齐**：用于指定基线的第1端点和第2端点，使输入的文字只保留在指定的区域中，文字的数量取决文字的大小。

- **中间**：用于指定文字的中心位置，使输入的文字均以该点为基准，向左右两侧平均分布。

> **知识点拨**
>
> "中间"选项和"正中"选项不同，"中间"选项使用的中点是包括下行文字在内的所有文字的中点，而"正中"选项使用的是大写字母高度的中点。

- **布满**：用于指定文字按照由两点定义的方向和一个高度值布满整个区域。输入的文字越多，文字之间的距离就越小。

2. 设置文字样式

执行"单行文字"命令后，系统会以默认的文字样式显示文字。如果需要调整样式，可在命令行中选择"样式"选项进行设置。

命令行中的提示信息如下：

```
命令：_text
当前文字样式："Standard"  文字高度：100.0000  注释性：  否  对正：布满
指定文字基线的第一个端点 或 [对正(J)/样式(S)]：s  输入"s"，选择"样式"选项，回车
输入样式名或 [?] <Standard>：文字注释                  输入所需样式名
当前文字样式："Standard"  文字高度：180.0000  注释性：  否  对正：布满
```

> **知识点拨**
>
> 提前设置好需要的文字样式，然后在命令行中直接输入相应的名称即可。

■7.2.2 编辑单行文字

如果需要对单行文字进行修改或编辑，可使用"特性"面板。右击所需文本，在弹出的快捷菜单中选择"特性"命令，如图7-14所示。打开"特性"面板，在"文字"选项组中可对"内容""样式""高度""旋转"等参数进行修改，如图7-15所示。

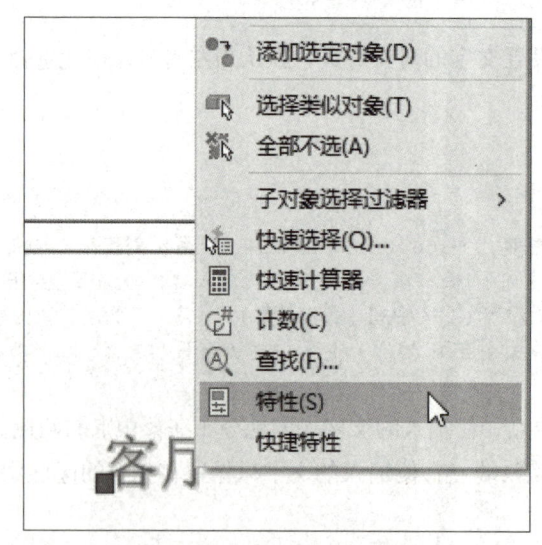

图 7-14　选择"特性"选项　　　　图 7-15　"特性"面板

7.2.3 输入特殊符号

在制图时经常会使用一些特殊符号,例如直径、度数、角度、百分号等符号,可以输入相应的符号代码进行操作。常用的特殊符号及其代码如表7-1所示。

表7-1 常用的特殊符号及其代码

代 码	对应的特殊符号	代 码	对应的特殊符号
%%o	上划线	\U+2220	角度(∠)
%%u	下划线	\U+2248	几乎相等(≈)
%%d	度数(°)	\U+2260	不相等(≠)
%%p	正/负(±)	\U+0394	差值(△)
%%c	直径(⌀)	\U+00B2	平方(^{2})
%%%	百分号(%)	\U+2082	下标2($_2$)

上手操作 为三居室户型图添加文字注释

下面利用"单行文字"命令,为三居室户型图添加文字诠释。

步骤01 执行"单行文字"命令,指定文字的起点,将文字高度设置为400,将"旋转"设置为0,输入文字"主卧",如图7-16所示。

命令行中的提示信息如下:

```
命令:_text                                          执行命令
当前文字样式:"Standard" 文字高度:300.0000  注释性:否 对正:居中
指定文字的中心点 或 [对正(J)/样式(S)]:              指定文字起点
指定高度 <300.0000>:400                            输入文字高度值,回车
指定文字的旋转角度 <0>:                             默认值,回车
```

步骤02 执行"复制"命令,将该单行文字复制到图纸中的其他合适位置,如图7-17所示。

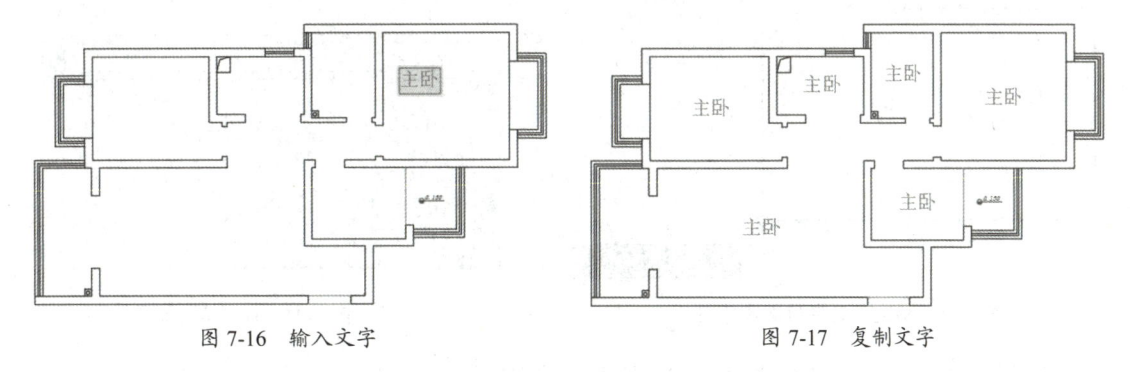

图 7-16 输入文字   图 7-17 复制文字

步骤 03 双击复制的文字,进入文字编辑状态,输入新文字,如图7-18所示。
步骤 04 执行同样的操作,修改其他复制的文字内容,结果如图7-19所示。

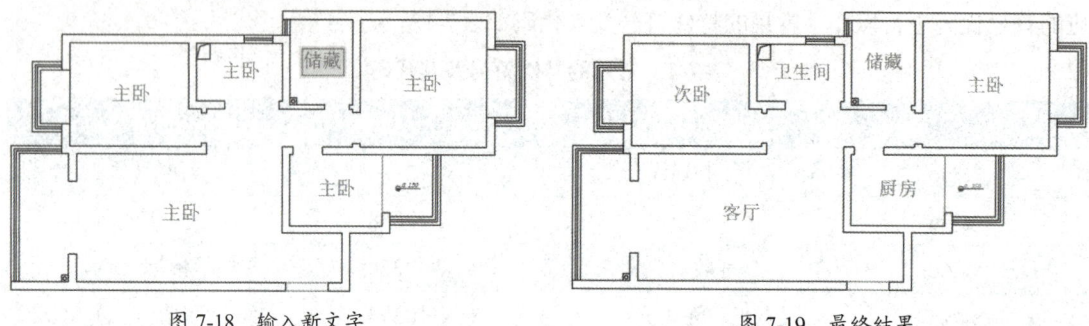

图 7-18 输入新文字　　　　　　　　　图 7-19 最终结果

7.3 创建与编辑多行文字

"多行文字"命令是AutoCAD中的另一个文字创建命令,可用于创建一个或多个文字段落,例如创建设计说明类文字。

■7.3.1 创建多行文字

在"注释"选项卡的"文字"面板中单击"多行文字"按钮,如图7-20所示,在绘图区中通过指定对角点框选出文字的输入范围,如图7-21所示,在文本框中输入文字,如图7-22所示。

图 7-20 单击"多行文字"按钮

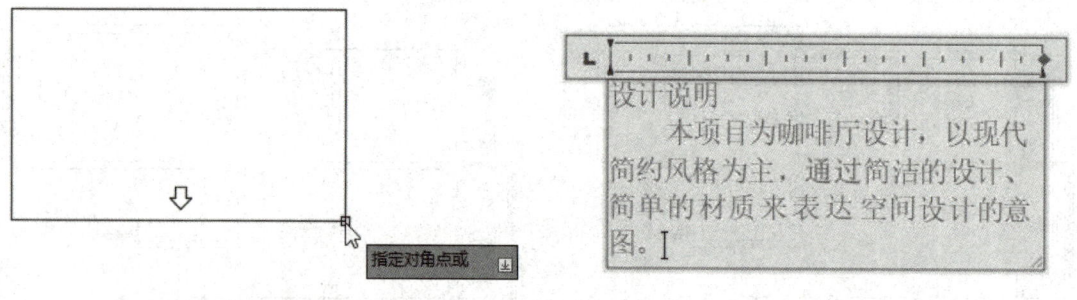

图 7-21 框选出文字的输入范围　　　　　图 7-22 输入多行文字

完成文字输入后,单击绘图区的空白处即可结束操作。

■ 7.3.2 编辑多行文字

执行"多行文字"命令输入文字后，文字高度默认为2.5，可以根据需要对其进行设置。在文本框中选中所需文字，在"文字编辑器"选项卡中单击"文字高度"方框，即可设置高度值，如图7-23所示。

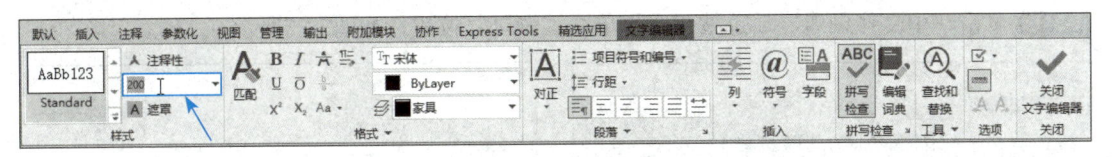

图 7-23 设置文字高度

在"文字编辑器"选项卡中，还可对文字的格式、颜色、对齐方式、段落行距等进行详细的设置。单击"符号"下方的下拉按钮，在打开的下拉列表中可选择一些特殊符号进行插入，如图7-24所示。如果下拉列表中没有合适的符号，可选择"其他"选项，在打开的"字符映射表"对话框中选择所需符号，如图7-25所示。

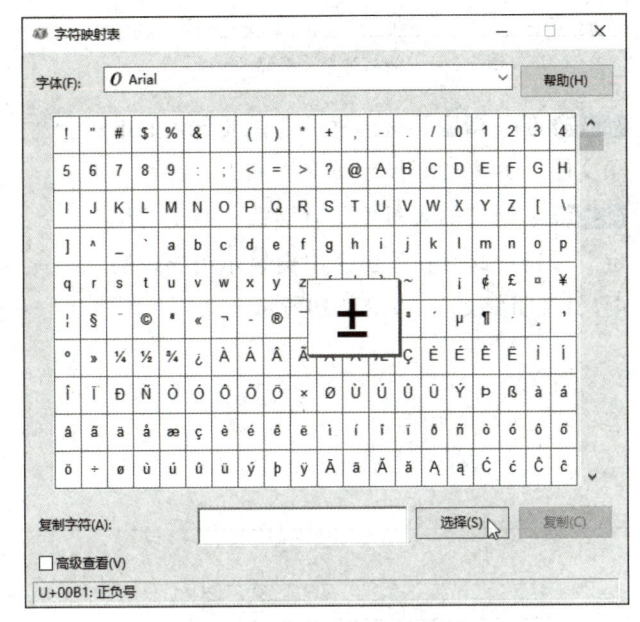

图 7-24 "符号"下拉列表　　　　图 7-25 "字符映射表"对话框

> **知识点拨**
> 使用"特性"面板，也可对多行文字进行编辑，方法与编辑单行文字相同。

■ 7.3.3 调用外部文本

如果存有完整的电子文档，可使用调用外部文本功能，将电子文档直接导入图纸中，无需再手动输入文字内容。

上手操作 将"设计说明"文本导入图纸中

下面以导入"设计说明"文本内容为例,讲解调用外部文本功能的具体操作。

步骤 01 打开"三室平面图.dwg"素材文件,在"插入"选项卡的"数据"面板中单击"OLE对象"按钮,打开"插入对象"对话框,如图7-26所示。

步骤 02 单击"由文件创建"单选按钮,再单击"浏览"按钮,如图7-27所示。

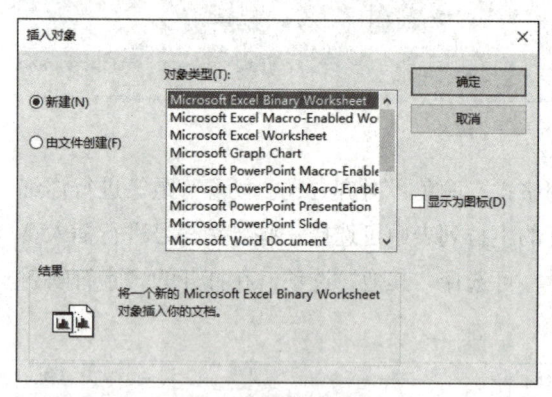

图7-26 "插入对象"对话框

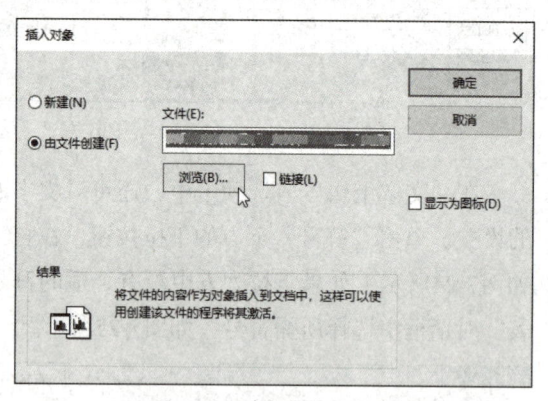

图7-27 单击相应的按钮

步骤 03 在"浏览"对话框中选择要导入的电子文件,如图7-28所示,单击"打开"按钮。

步骤 04 返回"插入对象"对话框,单击"确定"按钮,此时在绘图区中会显示出导入的"设计说明"文本,如图7-29所示。

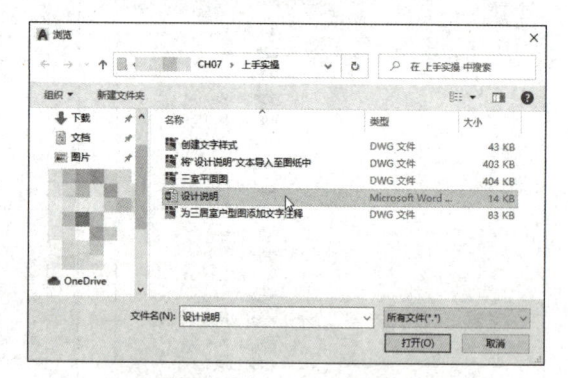

图7-28 选择要导入的电子文件

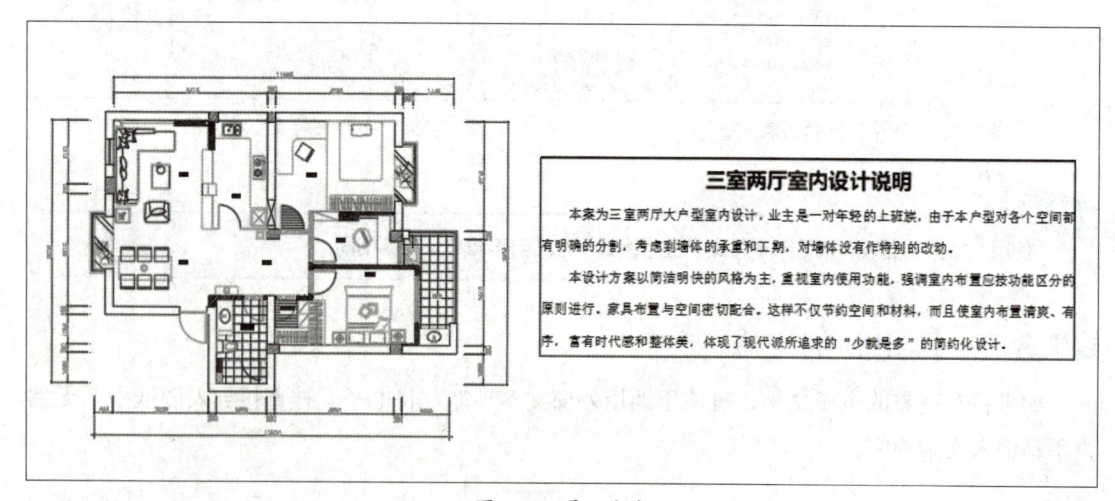

图7-29 导入文本

· 134 ·

7.4 添加多重引线

引线是一条线或样条曲线，一端带有箭头或设置为没有箭头，另一端带有多行文字对象或块。"多重引线"标注命令常用于对图形中的某些特定对象进行说明，使图形表达更清楚。

7.4.1 添加引线注释

在"注释"选项卡中单击"引线"面板右侧的箭头按钮，如图7-30所示。在打开的"多重引线样式管理器"对话框中可以新建引线样式，也可以对已定义的引线样式进行设置，如图7-31所示。单击"修改"按钮，在打开的"修改多重引线样式"对话框中，可根据需要对"引线格式""引线结构""内容"参数进行设置，方法与设置标注样式相似，如图7-32所示。

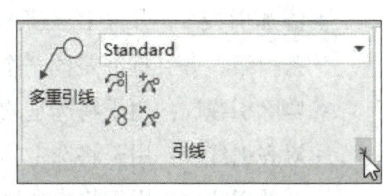

图 7-30 单击"引线"面板右侧的箭头按钮

图 7-31 "多重引线样式管理器"对话框

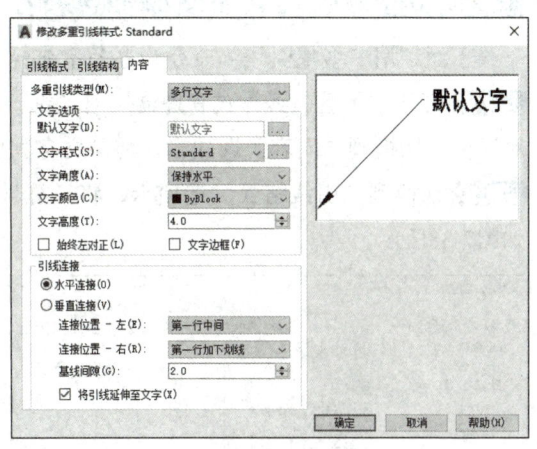

图 7-32 "修改多重引线样式"对话框

完成引线样式的设置后，可在"引线"面板中单击"多重引线"按钮，如图7-33所示，为图纸添加相应的引线注释。首先指定引线的起点，再指定引线的基线位置，如图7-34所示，然后在光标处输入注释文字，单击图纸的空白处即可完成引线标注操作，如图7-35所示。

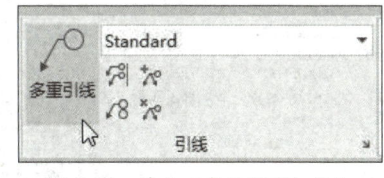

图 7-33 单击"多重引线"按钮

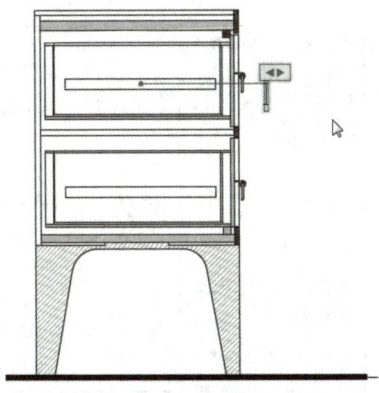

图 7-34 指定引线的基线位置

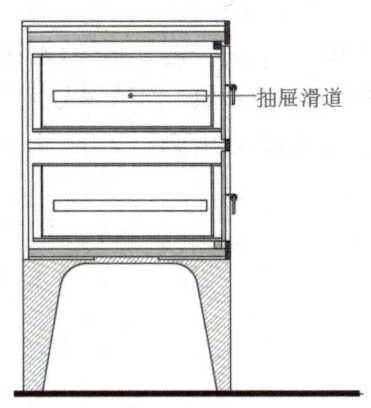

图 7-35 完成引线标注

7.4.2 编辑多重引线

完成引线标注的创建后，如果要对其内容或形式进行修改，可在"注释"选项卡的"引线"面板中根据需要选择相应的编辑命令。编辑多重引线的命令包括"添加引线""删除引线""对齐""合并"4个选项，如图7-36所示。

下面具体讲解各选项的含义：

- **添加引线**：用于在一条引线的基础上添加另一条引线，并且标注是同一个。
- **删除引线**：用于将选定的引线删除。
- **对齐引线**：用于将选定的引线对象对齐并按一定的间距排列。
- **合并引线**：用于将包含块的选定多重引线组织到行或列中，并使用单引线显示结果。

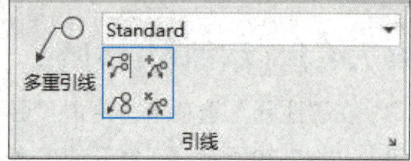

图 7-36 编辑多重引线的命令选项

上手操作 为前台立面图添加材料注释

下面利用"多重引线"命令为办公室前台立面图形添加相应的材料说明文字。

步骤 01 打开"多重引线样式管理器"对话框，单击"修改"按钮，打开"修改多重引线样式"对话框，切换到"内容"选项卡，将"文字高度"设置为80，如图7-37所示。

步骤 02 切换到"引线格式"选项卡，将"符号"设置为"建筑标记"，将"大小"设置为50，如图7-38所示。

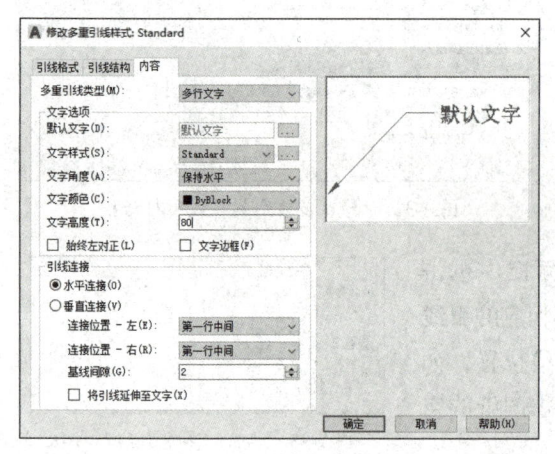

图 7-37 "内容"选项卡

图 7-38 "引线格式"选项卡

步骤 03 单击"确定"按钮，返回上一级对话框，单击"置为当前"按钮，将该样式设置为当前应用样式，如图7-39所示。

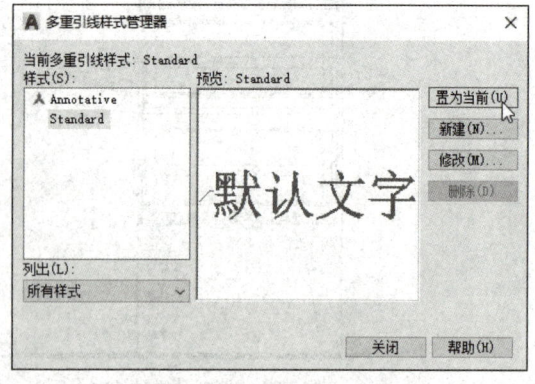

图 7-39 设置为当前应用样式

步骤 04 执行"多重引线"命令,指定引线的起点和引线的基线位置,如图7-40所示。

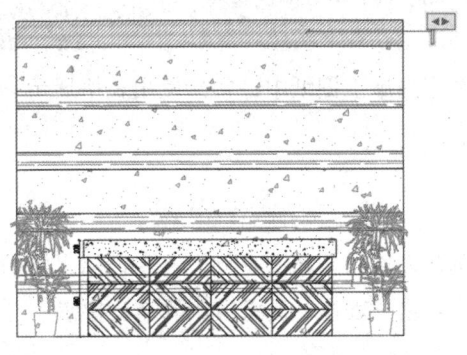

图 7-40　指定引线的位置

步骤 05 进入文字编辑状态,输入材料说明文字,单击绘图区的空白处,完成引线注释的添加操作,如图7-41所示。

步骤 06 执行"复制"命令,将添加的引线注释进行复制,并放至立面的相应位置,如图7-42所示。

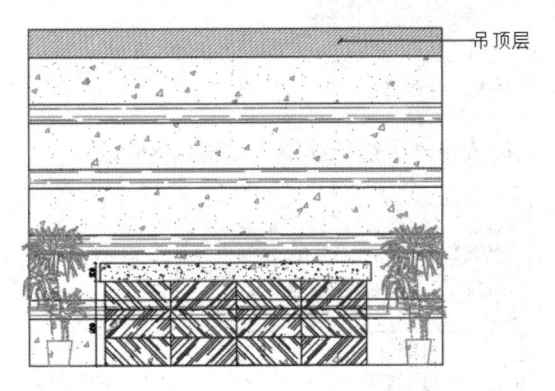

图 7-41　添加引线注释

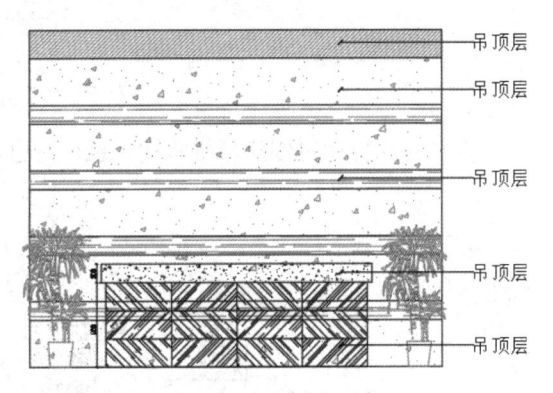

图 7-42　复制引线注释

步骤 07 双击复制的引线文字,进入文字编辑状态,重新输入注释文字,如图7-43所示。

步骤 08 执行同样的操作,更改其他材料说明文字,结果如图7-44所示。

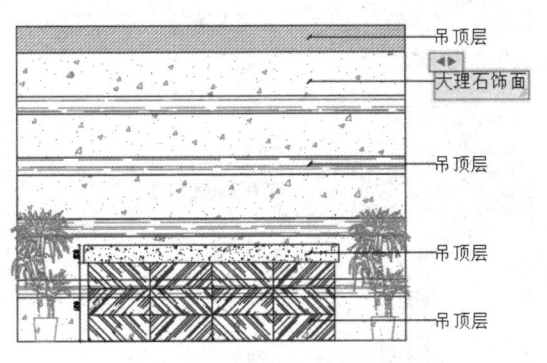

图 7-43　重新输入注释文字

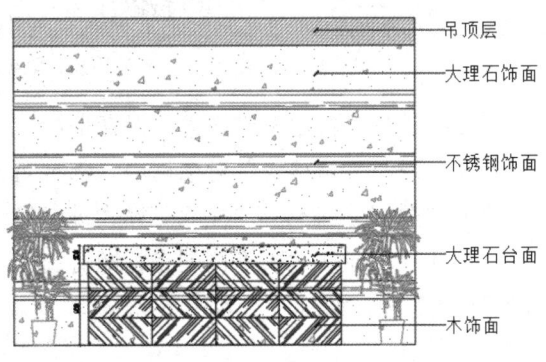

图 7-44　最终结果

7.5 使用表格功能

在室内施工图纸中经常会使用表格展示一些图形数据，例如门窗图例、插座图例、开关图例等。

■ 7.5.1 定义表格样式

创建表格与创建文本相似，在创建表格前需要对表格样式进行系统的设置。在"注释"选项卡中单击"表格"面板右侧的箭头按钮，打开"表格样式"对话框，如图7-45所示。

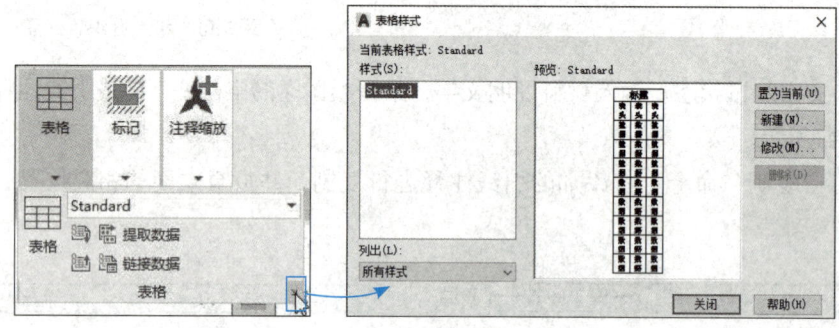

图 7-45 打开"表格样式"对话框

在该对话框中可创建表格样式，也可对已定义的表格样式进行编辑，如图7-46所示。

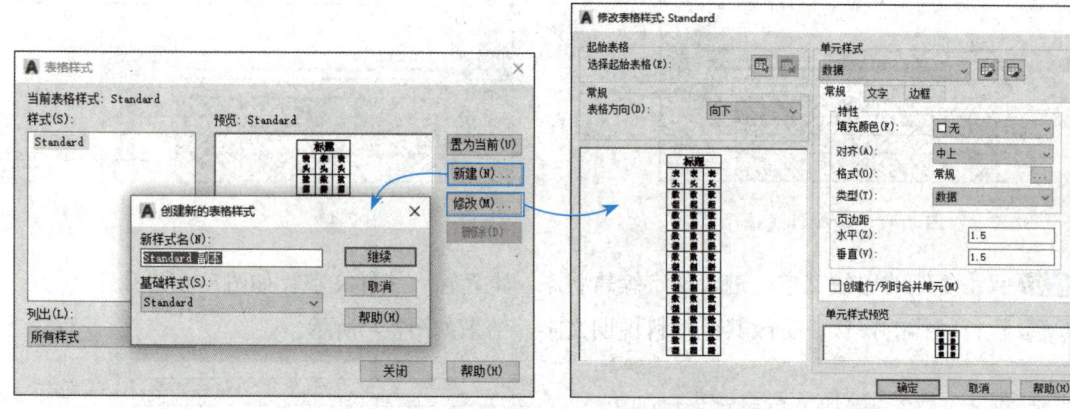

图 7-46 创建或修改表格样式

无论是在"新建表格样式"对话框中，还是在"修改表格样式"对话框中，都可对表格的"数据""表头""标题"样式进行设置。展开"单元样式"下拉列表，即可选择所需样式选项，如图7-47所示。

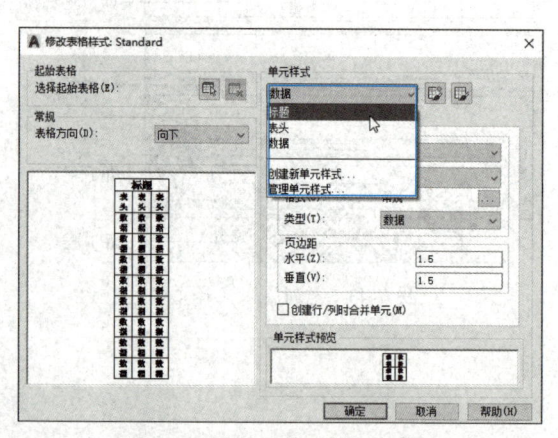

图 7-47 选择"单元样式"选项

根据需要在"常规""文字""边框"选项卡中对样式参数进行设置，如图7-48所示。

在"常规"选项卡中可以设置表格的颜色、对齐方式、格式、类型和页边距等；在"文字"选项卡中可以设置文字的样式、高度、颜色、角度等；在"边框"选项卡中可以设置表格边框的线宽、线型、颜色等。

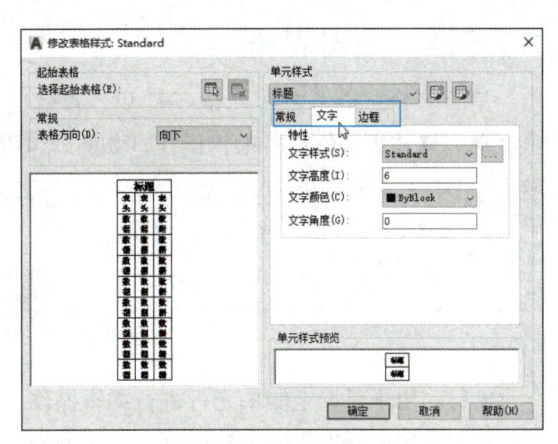

图 7-48 设置样式参数

■7.5.2 插入表格

完成表格样式的设置后，可使用插入功能插入并制作表格。在"表格"面板中单击"表格"按钮，如图7-49所示，打开"插入表格"对话框。

在"插入表格"对话框中根据需要设置插入的行、列等参数，如图7-50所示，单击"确定"按钮，在绘图区中指定表格的插入位置，如图7-51所示，完成表格的插入操作。

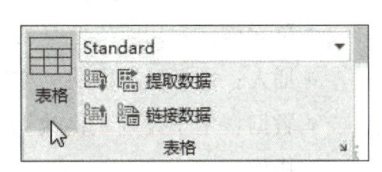

图 7-49 单击"表格"按钮

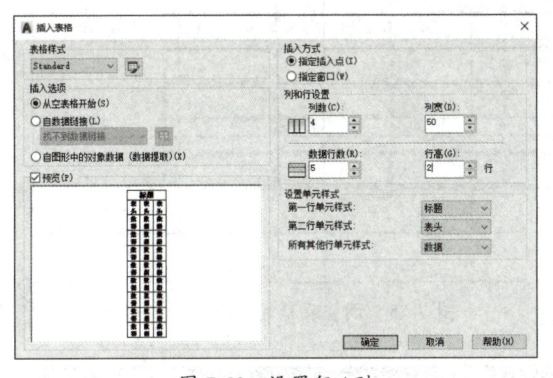

图 7-50 设置行/列

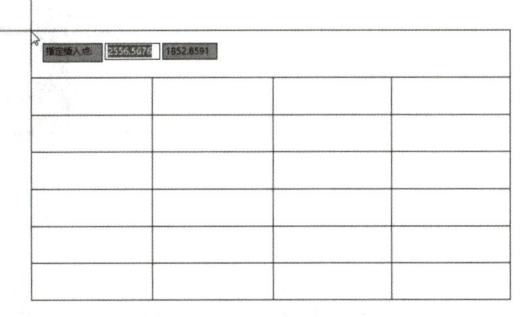

图 7-51 指定表格的插入位置

系统直接进入文字编辑状态，输入表格内容，如图7-52所示，按回车键，系统将按照表格顺序自动进入下一单元格的内容输入操作，如图7-53所示，完成输入后单击表格外的空白处即可。

图 7-52 输入表格内容

图 7-53 进入下一单元格输入内容

7.5.3 编辑表格

单击表格中的某个单元格，打开"表格单元"选项卡，在此可对表格的行、列、单元样式、单元格式等属性进行编辑操作，如图7-54所示。

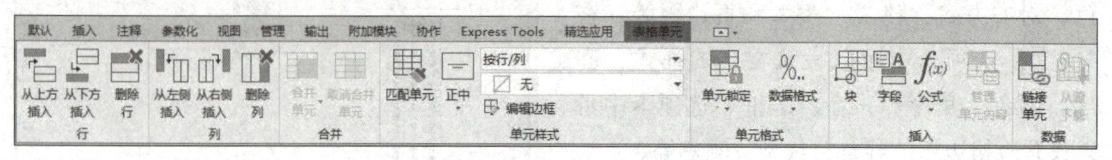

图7-54 "表格单元"选项卡

- **行**：用于对选定的单元行进行编辑操作，例如插入行、删除行。
- **列**：用于对选定的单元列进行编辑操作，例如插入列、删除列。
- **合并**：用于将多个单元格合并成一个单元格，或者将已合并的单元格取消合并。
- **单元样式**：用于设置表格文字的对齐方式、单元格的颜色和表格的边框样式等。
- **单元格式**：用于确定是否对选择的单元格进行锁定操作，或者设置单元格的数据类型。
- **插入**：用于插入图块、字段和公式等特殊符号。
- **数据**：用于设置表格数据，例如将Excel电子表格中的数据与当前表格中的数据进行链接操作。

选中表格，单击表格右下角的夹点，将其移至合适位置，可统一调整表格的大小，如图7-55所示。

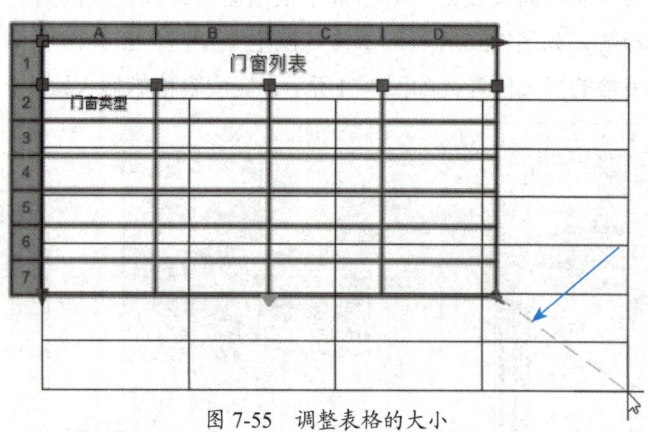

图7-55 调整表格的大小

单击表格右上角的夹点，将其移动至合适位置，可统一调整表格的列宽，如图7-56所示。

❗ **提示**：如果想要统一调整行高，单击表格左下角的夹点，将其移动至合适的位置，即可统一调整表格的行高。

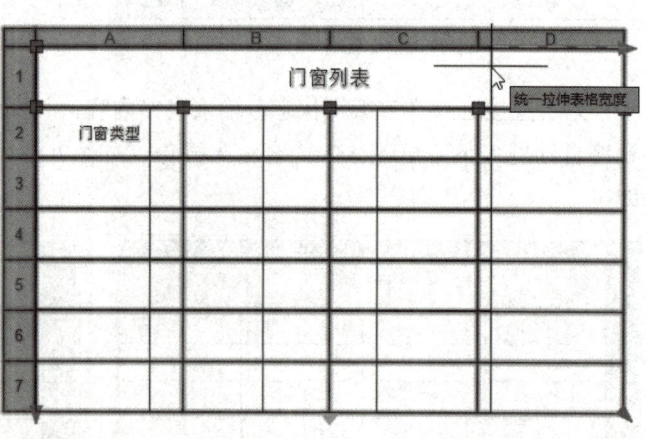

图7-56 调整列宽

如果表格中的某个列宽或行高不合适，可选中相应的行或列区域，通过拖动夹点进行修改，如图7-57、图7-58所示。

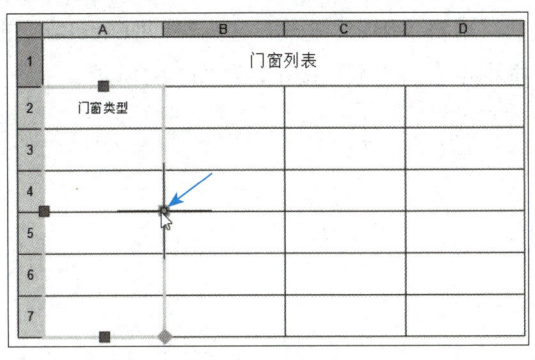

图 7-57　调整行高

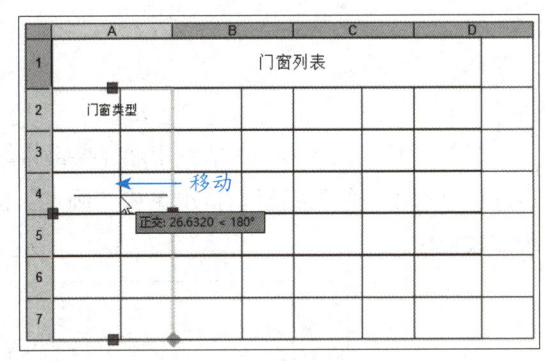

图 7-58　调整列宽

■7.5.4　调用外部表格

将外部表格导入图纸中，可以有效提高绘图效率。在"表格"面板中单击"表格"按钮，在打开的"插入表格"对话框中单击"自数据链接"单选按钮，并单击"启动'数据链接管理器'对话框"按钮，如图7-59所示。

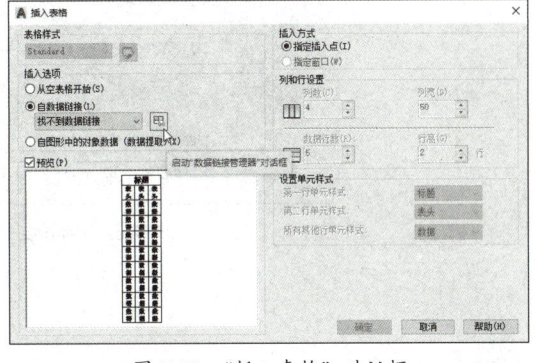

图 7-59　"插入表格"对话框

打开"选择数据链接"对话框，在其中选择"创建新的Excel数据链接"选项，在"输入数据链接名称"对话框中输入新的链接名称，如图7-60所示。

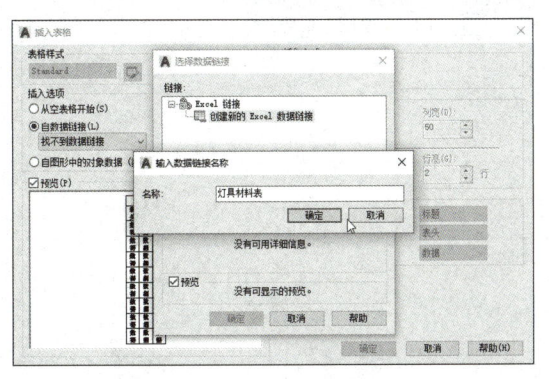

图 7-60　输入数据链接名称

单击"确定"按钮,在"新建Excel数据链接"对话框中单击"浏览"按钮,如图7-61所示。

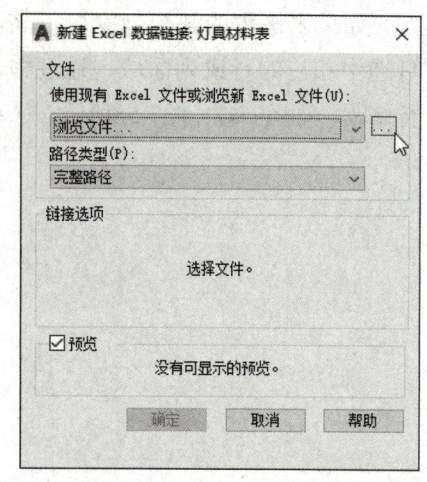

图 7-61　单击"浏览"按钮

在打开的"另存为"对话框中选择要链接的Excel电子表格,单击"打开"按钮,如图7-62所示。返回上一级对话框,依次单击"确定"按钮,然后在绘图区中指定表格的起始位置,即可完成操作。

图 7-62　选择要链接的 Excel 电子表格

实战演练 为室内插座布置图添加文字说明

本例将结合本模块所学的知识为室内插座布置图添加图纸说明、图纸标题内容，其中涉及的主要操作有设置多行文字和单行文字。

扫码观看视频

步骤01 执行"单行文字"命令，在图纸下方的合适位置指定文字的起点，指定文字高度为300，如图7-63所示。

步骤02 指定旋转角度为0，按回车键，输入图纸标题内容，如图7-64所示。

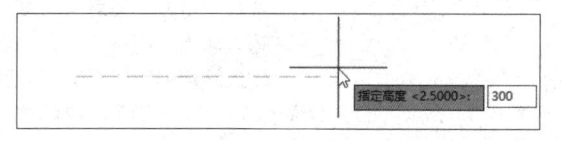

图 7-63　指定文字高度　　　　　　　图 7-64　输入图纸标题内容

步骤03 右击输入的图纸标题，在弹出的快捷菜单中选择"特性"命令，打开"特性"面板，如图7-65所示。

步骤04 在"文字"选项组中单击"样式"右侧的下拉按钮，选择"TITLE"样式，如图7-66所示。

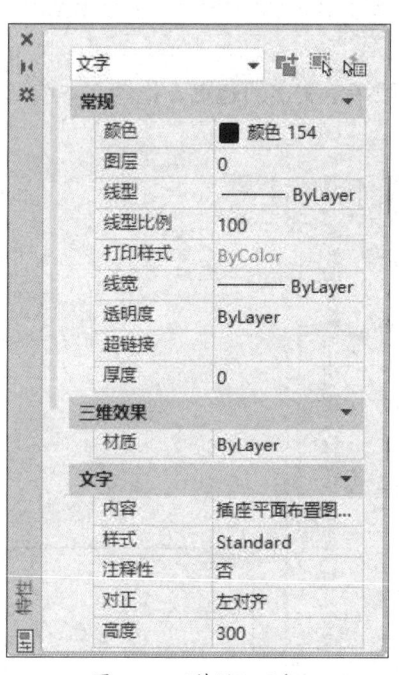

图 7-65　"特性"面板　　　　　　　图 7-66　选择样式

步骤05 关闭"特性"面板，此时图纸标题的样式已发生了变化，如图7-67所示。

图 7-67　改变图纸标题的样式

步骤 06 执行"多段线"命令，在标题的下方绘制一条直线，将多段线起点和端点的宽度设置为80，如图7-68所示。

命令行中的提示信息如下：

```
PLINE                                               执行命令，回车
指定起点：                                           指定多段线的起点
当前线宽为 0.0000
指定下一个点或 [圆弧(A)/半宽(H)/长度(L)/放弃(U)/宽度(W)]: w
                                                    选择"宽度"选项，回车
指定起点宽度 <0.0000>: 80                            输入起点的宽度"80"，回车
指定端点宽度 <80.0000>: 80                           输入端点的宽度"80"，回车
指定下一个点或 [圆弧(A)/半宽(H)/长度(L)/放弃(U)/宽度(W)]:  指定多段线的终点
```

图 7-68 设置线宽

步骤 07 执行"多行文字"命令，在图纸的合适区域指定文字的起点，拖动文本编辑框至满意为止，如图7-69所示，进入文字编辑状态。

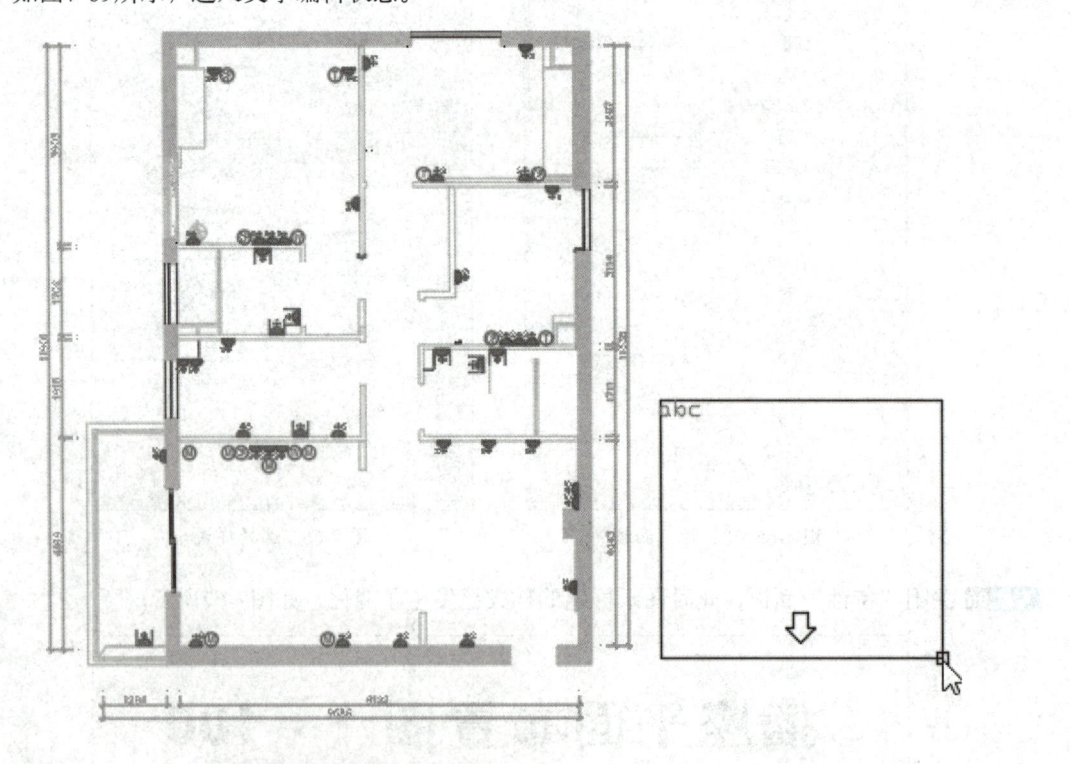

图 7-69 拖动文本编辑框

模块7　为室内图形添加文字标注

步骤08 输入图纸注释内容，如图7-70所示。

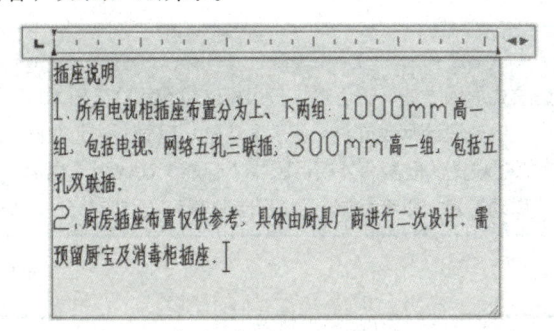

图 7-70　输入图纸注释内容

步骤09 选中所有文字，在"文字编辑器"选项卡的"样式"面板中，将字体高度设置为200，如图7-71所示。

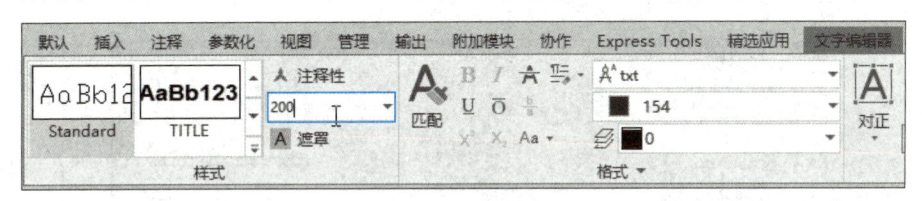

图 7-71　设置字体高度

步骤10 选中相应的文字，在"格式"面板中将字体设置为宋体，标题文本为加粗显示，如图7-72所示。

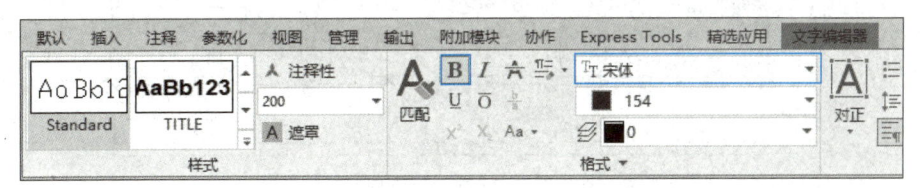

图 7-72　设置字体格式

步骤11 在"段落"面板中将文字行间距设置为"1.5x"，如图7-73所示。

步骤12 将光标移至文本编辑框上方的标尺控制点上，当光标呈双向箭头时，按住鼠标左键拖动该控制点至满意为止，松开鼠标即可调整文字的显示范围，如图7-74所示。

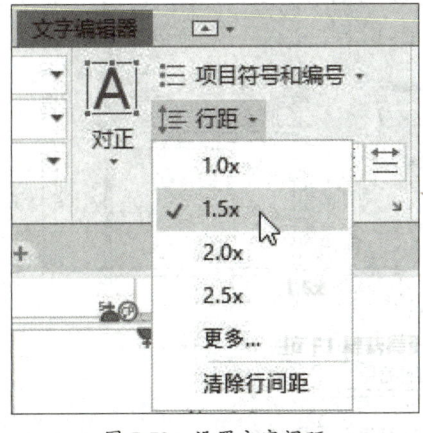

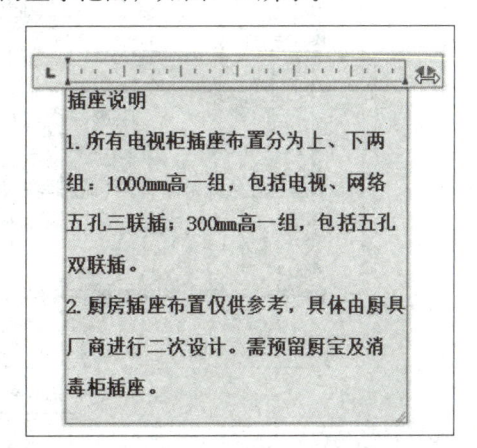

图 7-73　设置文字间距　　　　图 7-74　调整文字的显示范围

· 145 ·

拓展阅读

字里行间的匠心——从《营造法式》注疏到设计规范

北宋李诫编撰的《营造法式》用"注、疏、笺"三级标注系统解释建筑术语,其严谨程度堪比现代制图标准。北京大兴机场建设中,中外设计师通过统一使用《CAD 工程制图规则》(GB/T 18229—2000)字体库,避免了 37 处多语言标注歧义。但某海外项目因将"阻燃"错标为"易燃"导致重大事故的案例,犹如《礼记·月令》所警:"物勒工名,以考其诚。"设计师的每一处文字标注,都是对生命的郑重承诺。

课后作业

1. 为办公室平面图添加文字注释

利用"单行文字"命令,为办公室所有区域添加文字注释,结果如图 7-75 所示。

办公室平面布置图

办公室平面布置图

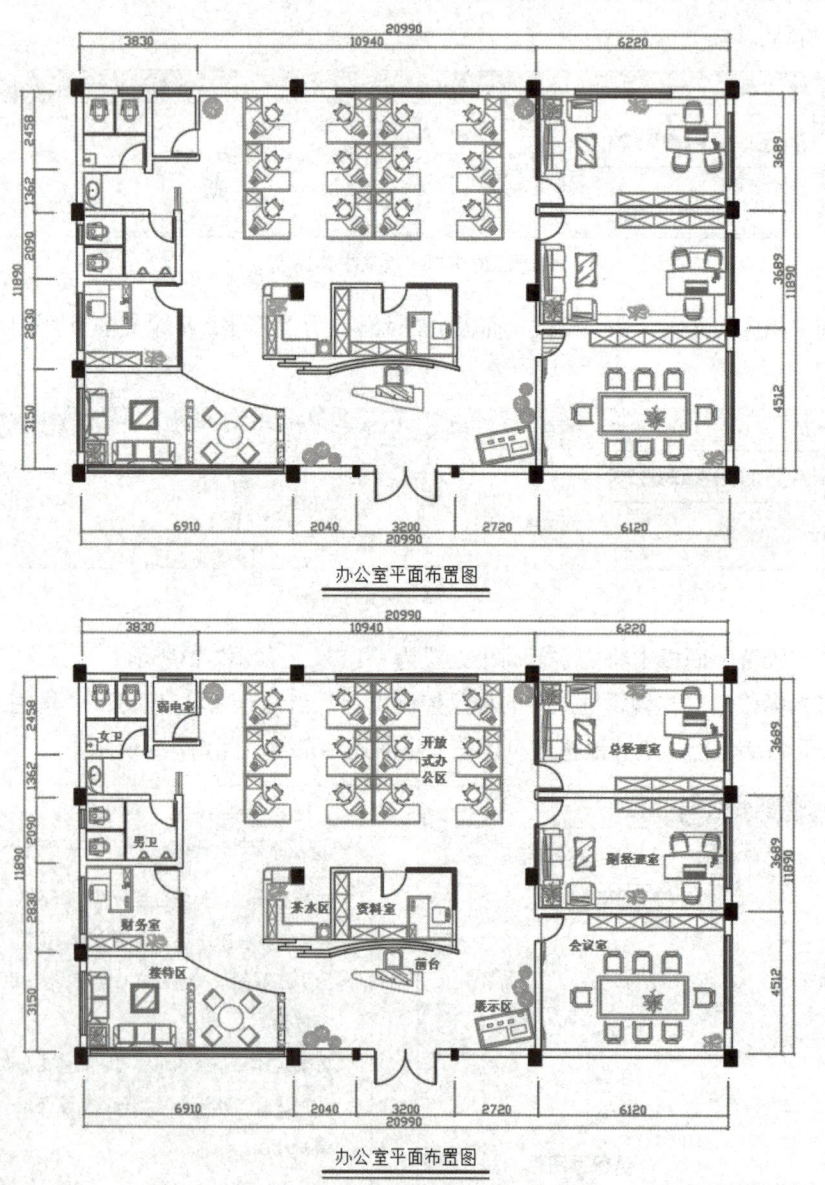

图 7-75 为办公室平面图添加文字注释

> **操作提示**

- 执行"单行文字"命令，将"文字高度"设置为300，输入文字注释。
- 执行"复制"命令，复制文字注释。
- 双击复制的文字注释，对其内容进行修改。

2. 为办公室平面图添加材料说明

利用"多重引线"命令，为办公室平面图中所使用的材料进行文字说明，如图7-76所示。

办公室平面布置图

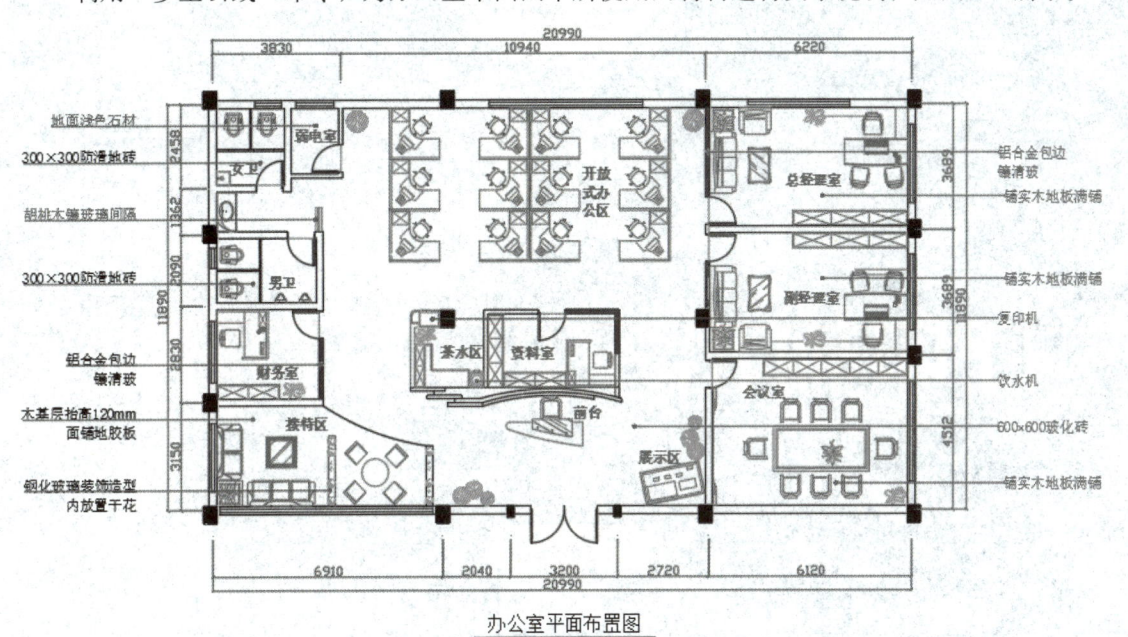

图 7-76　为办公室平面图添加材料说明

> **操作提示**

- 打开"多重引线样式管理器"对话框，将"文字高度"设置为300，将"箭头大小"设置为120，将箭头类型设置为"点"。
- 执行"多重引线"命令，为图纸中的地面及墙面材质进行文字注释。

模块 8

打印输出室内设计图纸

内容概要

图纸的输出是制图的最后一步，可以根据需要选择输出方式。AutoCAD提供了功能强大的布局和打印输出工具，同时提供了丰富的打印样式表，以帮助用户得到所期望的打印效果。本模块将对图纸的输出与打印操作进行讲解。

知识要点

- 掌握图纸的输入与输出操作。
- 掌握布局视口的创建操作。
- 掌握图纸的打印操作。

数字资源

【本模块素材】："素材文件\模块8"目录下
【本模块实战演练最终文件】："素材文件\模块8\实战演练"目录下

8.1 图形的输入输出

可以将其他格式的文件导入AutoCAD图纸中，也可以将所绘制的图纸输出成其他格式的文件，方便有不同需求的人查看。

8.1.1 输入图形

输入图形的方式有很多，包括将图形以图块的方式输入、以外部参照的方式输入、将图形链接输入等。如果要输入不同格式的文件，可使用"输入"功能来操作。

单击 A▾ 按钮，在菜单浏览器中单击"输入"按钮，在其级联列表中选择"其他格式"选项，如图8-1所示。在打开的"输入文件"对话框中将"文件类型"设置为"所有文件（*.*）"，如图8-2所示，然后选择所需文件，单击"打开"按钮。

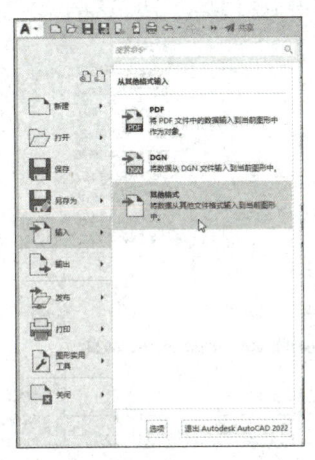

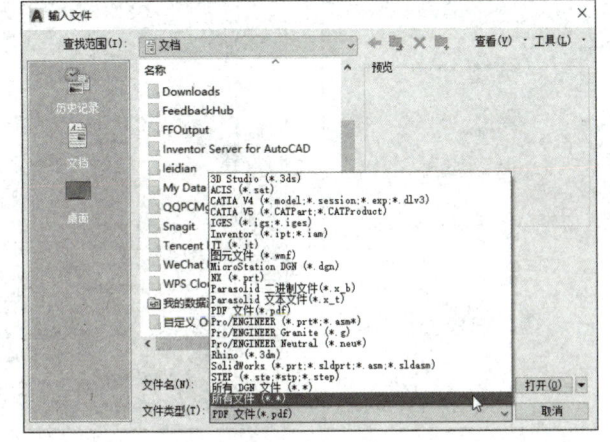

图 8-1 选择"其他格式"选项　　　　图 8-2 选择"所有文件（*.*）"选项

8.1.2 插入OLE对象

OLE是指对图形对象进行链接和嵌入，它提供了一种利用不同应用程序的信息创建复合文档的有效方法，对象几乎包括所有信息类型，例如，位图、文本、矢量图形等。

在"插入"选项卡中单击"OLE对象"按钮，在"插入对象"对话框中选择要插入的对象类型，如图8-3所示，单击"确定"按钮，系统会自动启动相应的应用程序，如图8-4所示。可在应用程序中进行操作，此时在AutoCAD中会显示相应的操作内容。

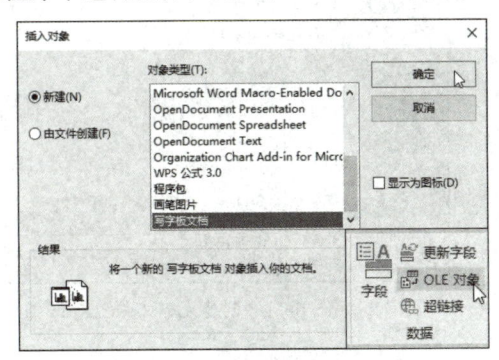

图 8-3 选择要插入的对象类型　　　　图 8-4 启动应用程序

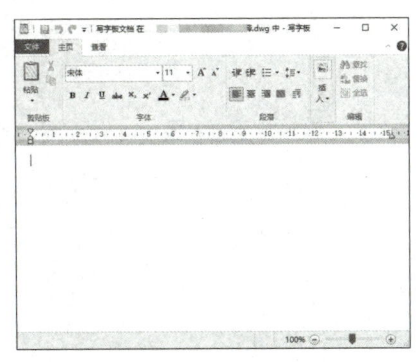

> **知识点拨**
>
> 默认情况下，未打印的 OLE 对象显示有边框。OLE 对象支持绘图次序，都是不透明的，打印结果也是不透明的，它们覆盖了其背景中的对象。

8.1.3 输出图形

图形输出功能是将图形转换为其他类型的图形文件，如JPG、PDF等，以达到和其他软件兼容的目的。单击 A 按钮，在菜单浏览器中单击"输入"按钮，在其级联列表中选择要转换的格式选项，或选择"其他格式"选项，如图8-5所示，在打开的"输出数据"对话框中设置"文件名"和"文件类型"，如图8-6所示，单击"保存"按钮即可完成输出操作。

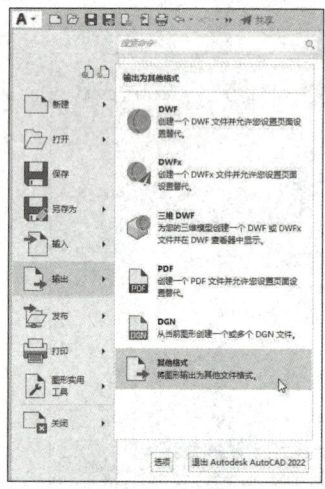

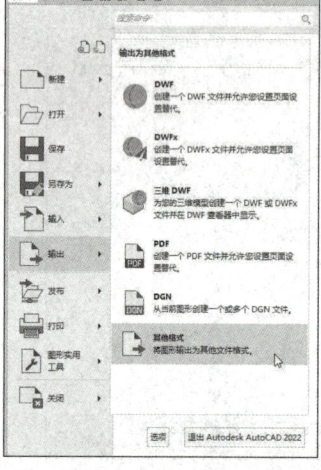

图 8-5　选择"其他格式"选项　　　　图 8-6　设置"文件类型"

上手操作　将两居室平面图输出为JPG格式

在"输出数据"对话框中没有JPG格式选项可选择，如果需要将图纸输出为该格式，可通过以下方法。

步骤 01 在命令行中输入"JPGOUT"，按回车键，打开"创建光栅文件"对话框，设置保存路径，单击"保存"按钮，如图8-7所示。

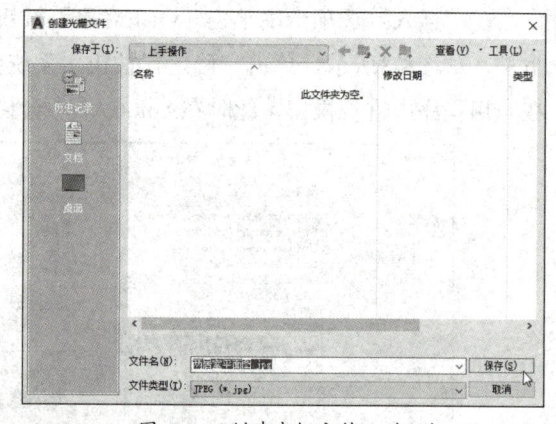

图 8-7　"创建光栅文件"对话框

步骤02 在绘图区中框选出要输出的图形，如图8-8所示。

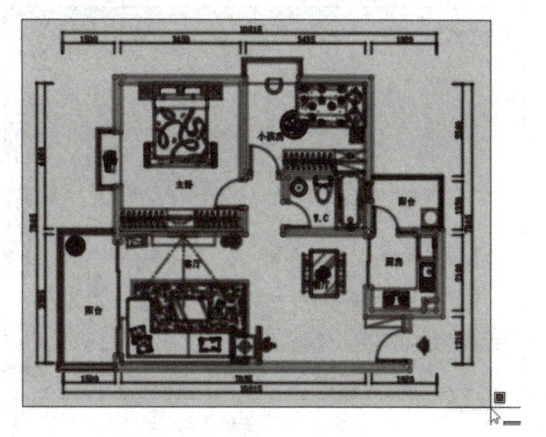

图 8-8　框选出要输出的图形

步骤03 按回车键即可完成输出操作。根据保存路径，可查看到输出结果，如图8-9所示。

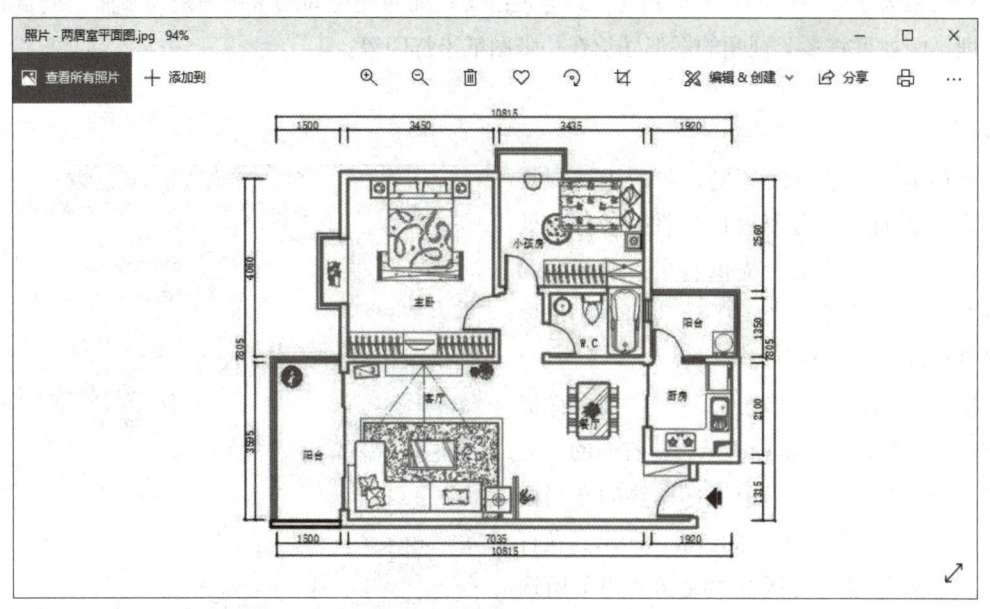

图 8-9　输出结果

8.2　模型与布局

AutoCAD为用户提供了模型空间和布局空间两种绘图环境，默认为模型空间，在状态栏中单击"布局"选项卡即可切换绘图环境。

8.2.1　模型空间与布局空间

模型空间用于创建和设计图形，并且是按照1∶1比例的实际尺寸绘图，如图8-10所示。布局空间主要用于图纸输出和打印，可方便插入各类图框，设置打印设备、纸张、比例等，并且能预览实际的出图效果，如图8-11所示，但无法绘制图形。

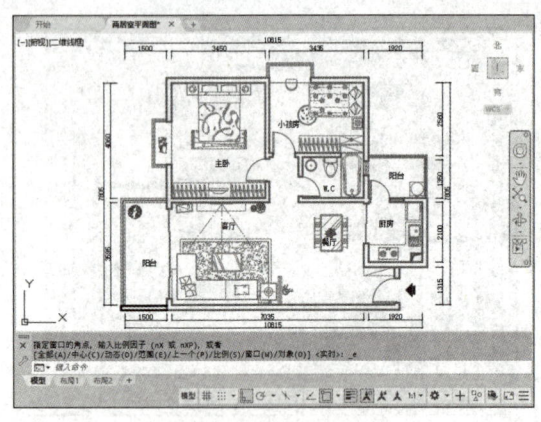

图 8-10　模型空间　　　　　　　　　　　图 8-11　布局空间

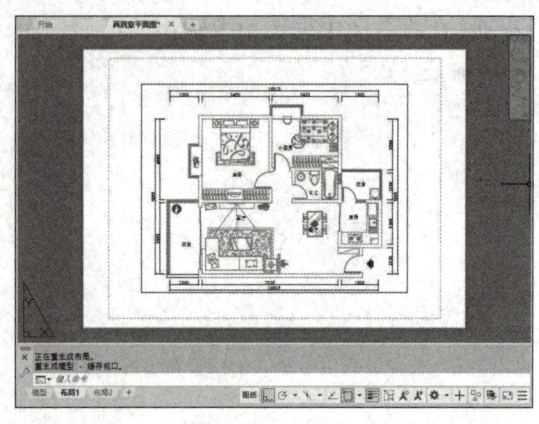

不论是模型空间还是布局空间，都可以使用多种视图，但性质和作用各不相同。模型空间的多视图是为了观察图形的各个角度，以方便绘图；而布局空间的多视图是为了使图纸布局更加合理，例如可将多个视角的图形摆放在一张图纸上打印等。

■8.2.2　创建布局

布局是指图纸空间环境，可用于模拟真实的图纸页面，以方便用户查看图纸打印效果。默认情况下系统会提供两个布局环境，分别为"布局1"和"布局2"，也可根据需要创建符合自己要求的布局环境。

执行"插入"→"布局"→"来自样板的布局"命令，如图8-12所示。在打开的"从文件选择样板"对话框中选择需要的布局模板，单击"打开"按钮，如图8-13所示。在打开的"插入布局"对话框中显示了当前所选布局模板的名称，单击"确定"按钮即可，如图8-14所示。

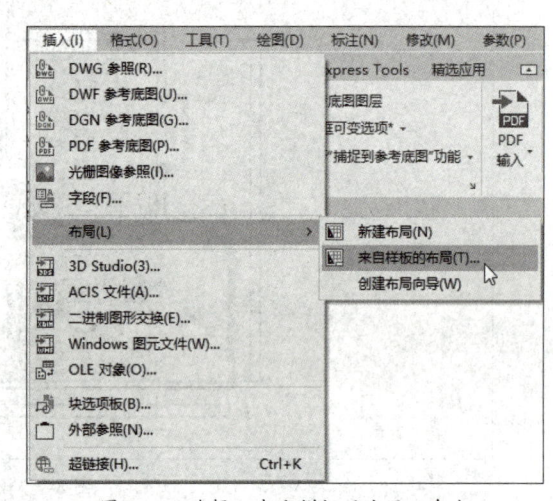

图 8-12　选择"来自样板的布局"命令

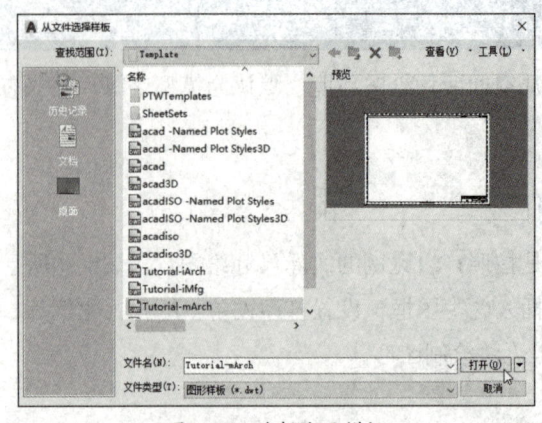

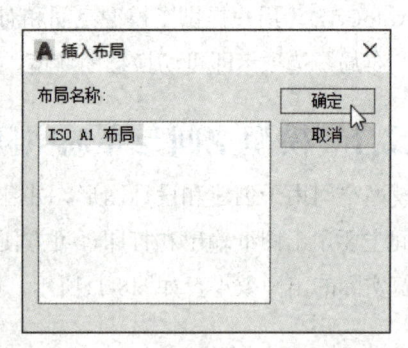

图 8-13　选择布局模板　　　　　　　　　图 8-14　当前所选布局模板的名称

以上是通过系统内置的布局样板创建的布局，还可利用"创建布局向导"命令创建布局。布局向导用于引导用户创建新的布局，每个向导页面都会提示用户为正在创建的新布局指定不同的版面和打印设置。

执行"插入"→"布局"→"创建布局向导"命令，打开"创建布局-开始"对话框，如图8-15、图8-16所示。

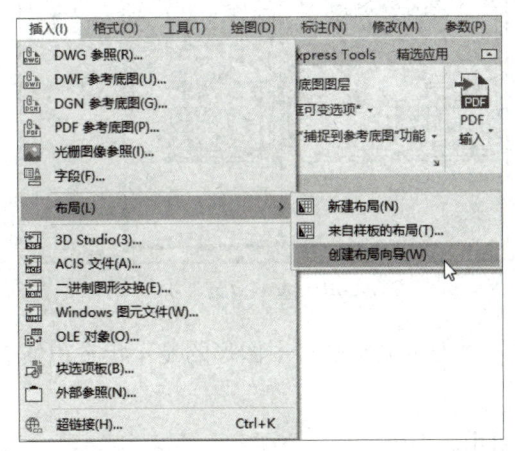

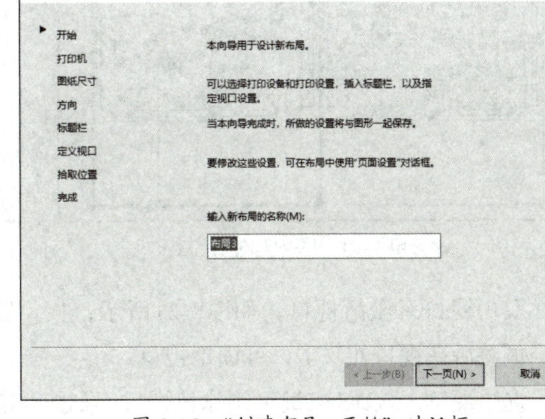

图 8-15 选择"创建布局向导"命令　　图 8-16 "创建布局 - 开始"对话框

该向导会一步步引导用户创建布局，在此过程中会分别对布局的名称、打印机、图纸尺寸和单位、图纸方向、添加标题栏及其类型、视口类型，以及视口大小和位置等进行设置。利用向导创建布局的过程比较简单，一目了然。

■8.2.3　布局视口

视口是指布局中用于显示模型空间图形的窗口，它可以控制图形显示的范围和比例。如果默认的视口模式不符合打印需求，可重新创建新的视口模式。

执行"视图"→"视口"命令，在其级联菜单中根据需要选择新视口模式即可，如图8-17、图8-18所示。

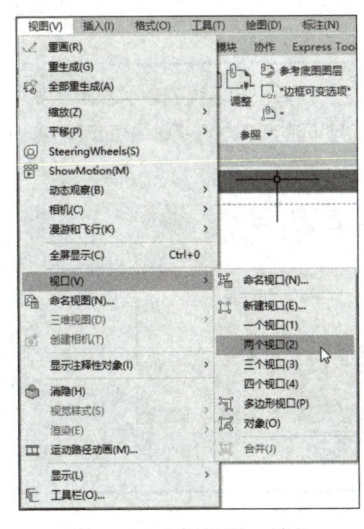

图 8-17 选择新视口模式　　图 8-18 新视口显示效果

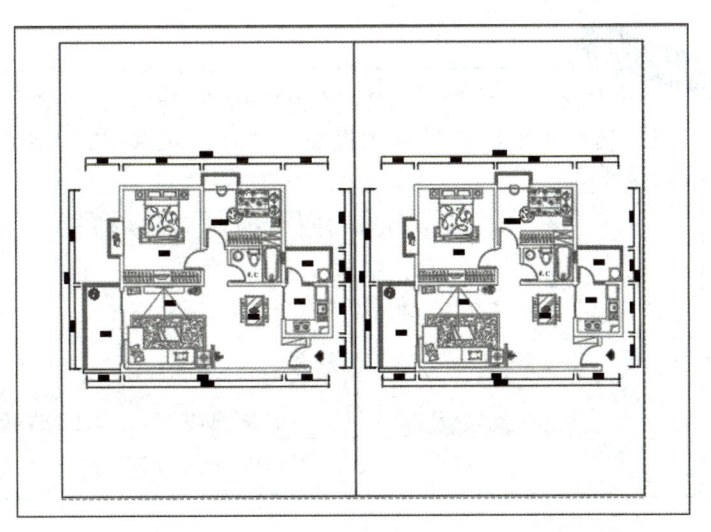

选择创建的视口，拖动视口四周的任意夹点，可对视口的大小进行调整，如图8-19、图8-20所示。

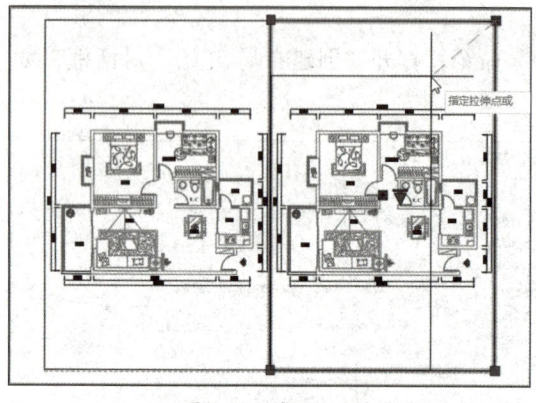

图 8-19　拖动夹点

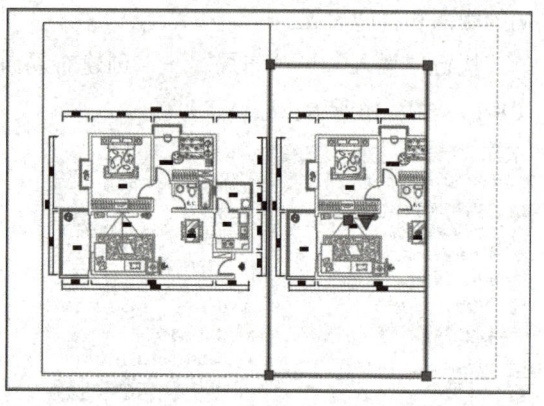

图 8-20　调整视口的大小

双击视口可激活视口，如图8-21所示；按住鼠标中键可调整视口中图形的显示状态和位置；调整后在视口外双击，可锁定视口。

选中视口，按Delete键可删除该视口，如图8-22所示。

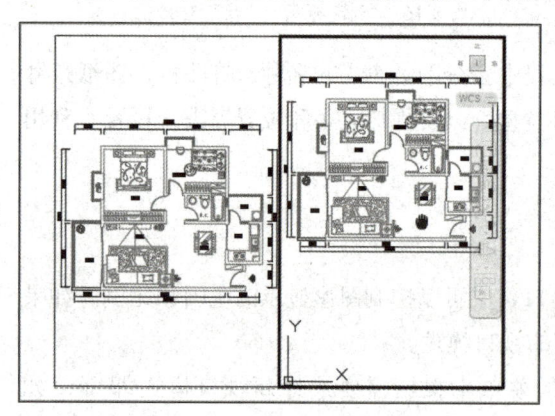

图 8-21　双击可激活视口

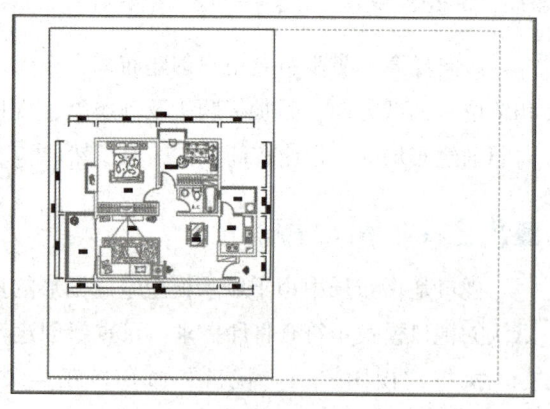

图 8-22　按 Delete 键可删除视口

知识点拨

在"布局"选项卡的"布局视口"面板中单击"矩形"右侧的下拉按钮，在弹出的下拉列表中选择"多边形"选项，如图 8-23 所示。在图纸空间中只指定起点和端点，然后创建封闭的图形，按回车键即可创建不规则视口。

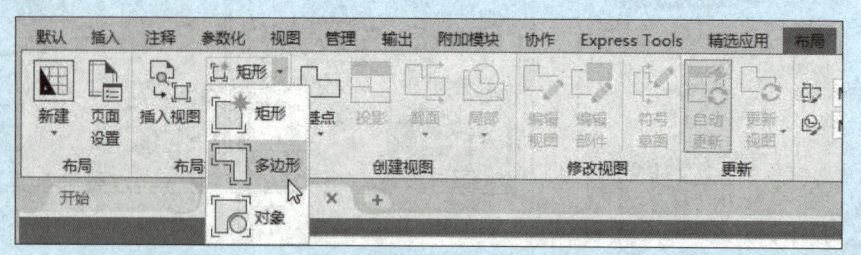

图 8-23　选择"多边形"选项

上手操作 创建并调整视口显示状态

下面以办公室平面图为例，讲解视口创建与调整的具体操作。

步骤 01 切换到"布局1"空间，系统会显示默认的视口模式，如图8-24所示。

步骤 02 选中默认视口，按Delete键将其清除。执行"视图"→"视口"→"新建视口"命令，如图8-25所示。

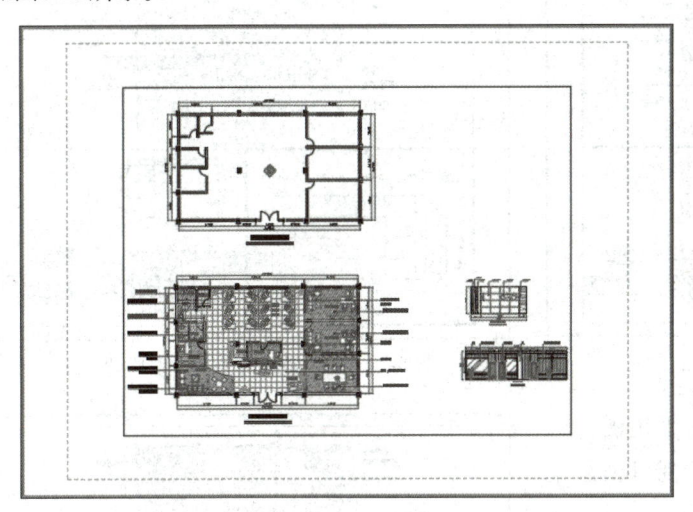

图 8-24 默认视口模式显示

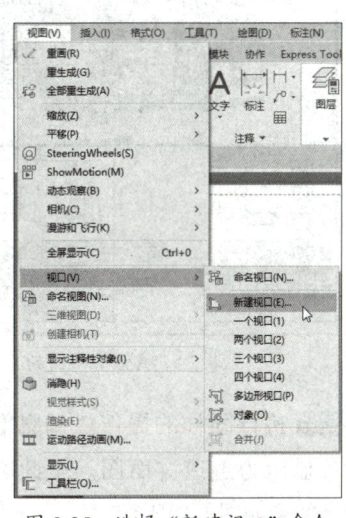

图 8-25 选择"新建视口"命令

步骤 03 在"视口"对话框中选择"三个：上"标准视口模式，单击"确定"按钮，如图8-26所示。

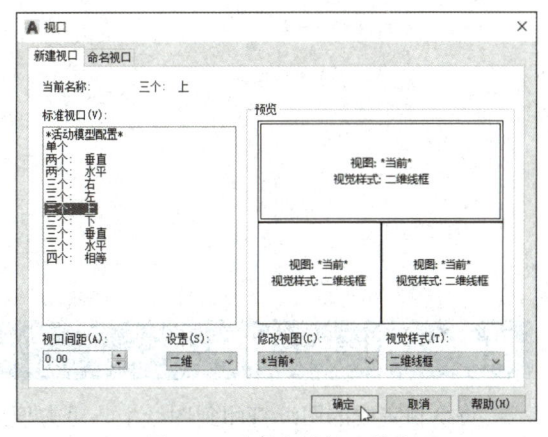

图 8-26 选择标准视口模式

步骤 04 指定视口左上角的角点位置，拖动光标指定视口右下角的角点位置，即可完成视口的创建，如图8-27所示。

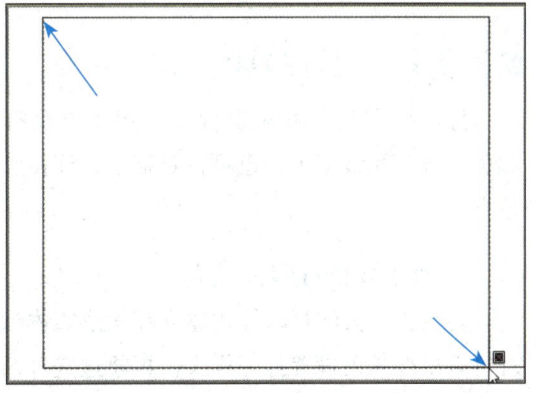

图 8-27 创建视口

步骤 05 双击上方一个视口，将其激活，按住鼠标中键将平面布置图调整至视口中，如图8-28所示。

步骤 06 双击并激活左下角的视口，按住鼠标中键将前台背景墙立面图调整至视口中，如图8-29所示。

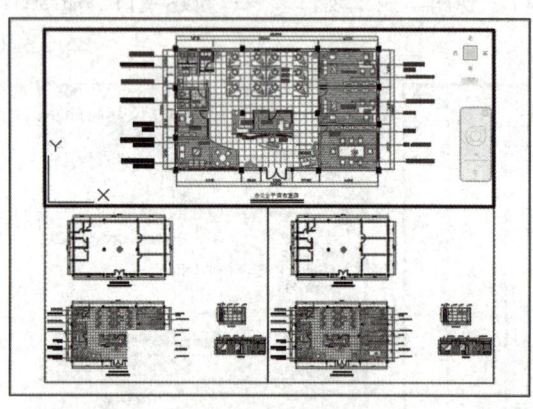

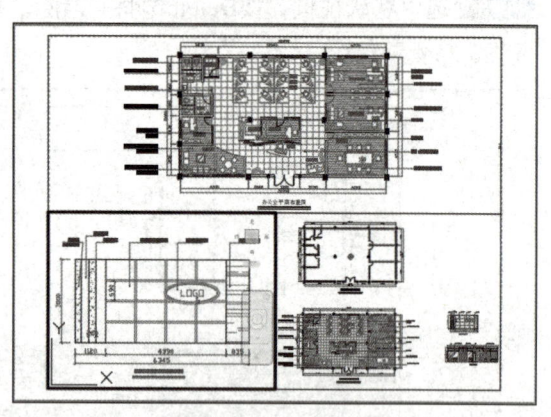

图 8-28 调整平面图的位置　　　　图 8-29 调整前台背景墙立面图的位置

步骤 07 执行同样的操作，调整右下角视口，使其显示为走道立面图。至此，视口创建完毕，效果如图8-30所示。

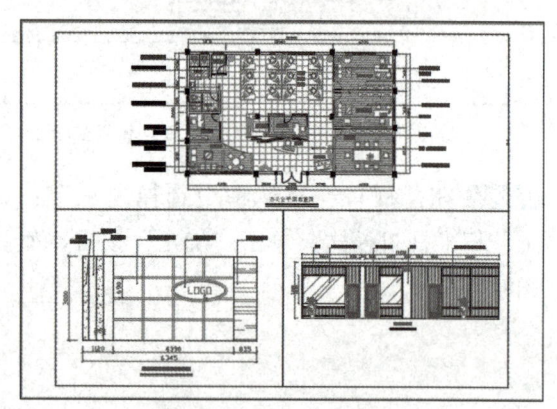

图 8-30 完成视口创建

8.3 图形的打印

将绘制完成的图纸打印到图纸上，可方便施工人员查看，在打印之前需要对打印样式及打印参数等进行设置。

■8.3.1 设置打印样式

打印样式是一种对象特性，用于修改打印图形的外观。设置打印样式包括指定对象的颜色、线型和线宽等，也可指定端点、连接和填充样式，以及抖动、灰度、笔号和淡显等输出效果。

1. 创建颜色打印样式表

与颜色相关的打印样式建立在图形实体颜色设置的基础上，通过颜色控制图形输出。使用时可以根据颜色设置打印样式，再将这些打印样式赋予使用该颜色的图形实体，从而控制图形的最终输出。在创建图层时，系统将根据所选颜色的不同自动为其指定不同的打印样式。

与颜色相关的打印样式表都被保存在以（.ctb）为扩展名的文件中，命名打印样式表被保存在以（.stb）为扩展名的文件中。

2. 添加打印样式表

为适合当前图形的打印效果，通常在打印前需设置页面和添加打印样式表。

执行"工具"→"向导"→"添加打印样式表"命令，打开"添加打印样式表"对话框，如图8-31、图8-32所示。

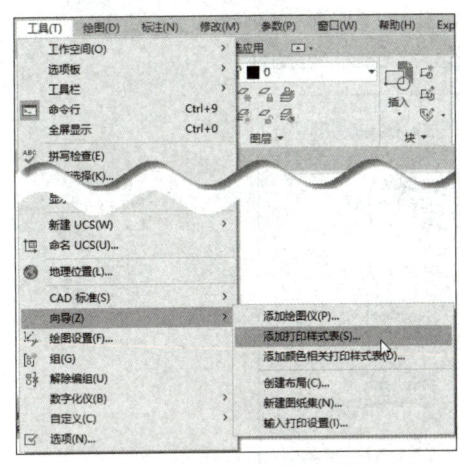

图 8-31　选择"添加打印样式表"命令 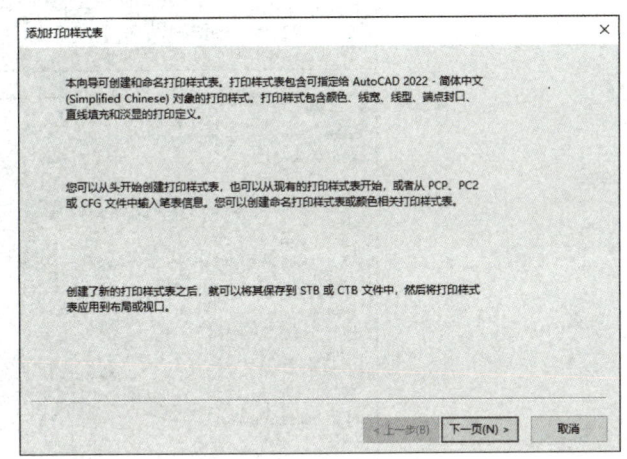　　　　图 8-32　"添加打印样式表"对话框

该向导会一步步引导用户进行打印样式表的添加操作，在此过程中会分别对打印的表格类型、样式表名称等参数进行设置。

3. 管理打印样式表

如果要对相同颜色的图形进行不同的打印设置，可使用命名打印样式表，根据需要创建统一颜色的多种命名打印样式，并将其指定给图形。

执行"文件"→"打印样式管理器"命令，打开如图8-33所示的打印样式列表，在该列表中显示了之前添加的打印样式表文件。双击需要的打印样式表文件，在打开的"打印样式表编辑器"对话框中设置打印颜色、线宽、打印样式和填充等参数即可，如图8-34所示。

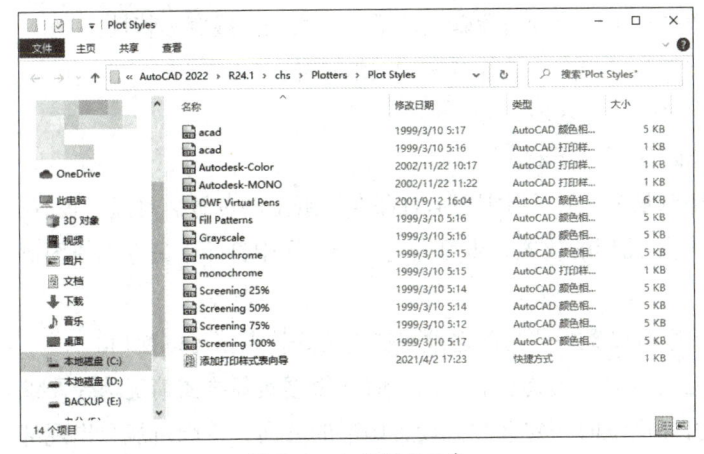

图 8-33　打印样式列表 　　　　图 8-34　"打印样式表编辑器"对话框

8.3.2 设置打印参数

在进行图纸打印前，要对一些基本打印参数进行设置。在"输出"选项卡中单击"打印"按钮，打开"打印-模型"对话框，如图8-35所示，在此可设置对打印机、图纸尺寸、打印范围、打印比例、图纸方向等参数。

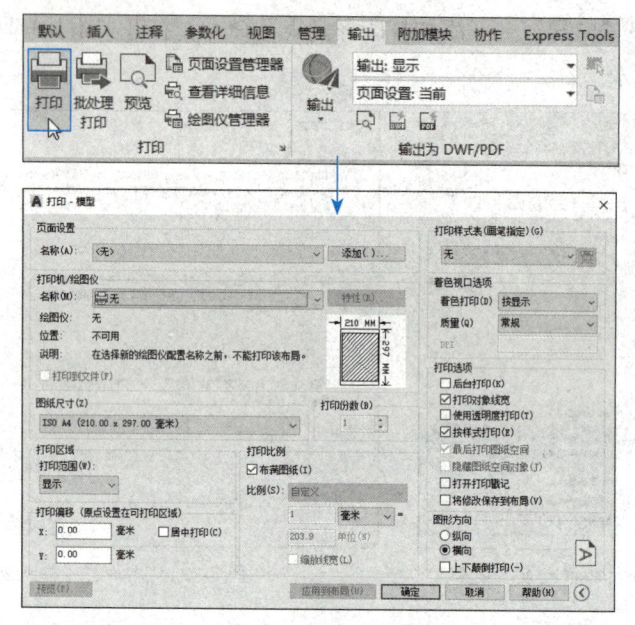

图 8-35 打开"打印-模型"对话框

知识点拨

按 Ctrl+P 组合键可快速打开"打印"对话框。

下面对该对话框中的主要设置选项进行讲解。

- **打印机/绘图仪**：用于选择输出图形所需使用的打印设备。若需要修改当前打印机配置，可单击右侧的"特性"按钮，在打开的"绘图仪配置编辑器"对话框中对打印机的输出进行设置。
- **打印样式表（画笔指定）**：用于修改图形打印的外观。图形中的每个对象或图层都具有打印样式属性，通过修改打印样式可以改变对象输出的颜色、线型、线宽等特性。
- **图纸尺寸**：用于根据打印机类型及纸张大小选择合适的图纸尺寸。
- **打印区域**：用于设置图形输出时的打印区域。
- **打印比例**：用于设置图形输出时的打印比例。
- **打印偏移（原点设置在可打印区域）**：用于指定图形打印在图纸上的位置。可通过设置 x 轴和 y 轴上的偏移距离来精确控制图形的位置，也可通过勾选"居中打印"复选框使图形打印在图纸中间。
- **打印选项**：用于在设置打印参数时设置一些打印选项，在需要的情况下可以使用。
- **图形方向**：用于指定图形输出的方向。因为在制作图纸时会根据实际绘图情况选择图纸是横向还是纵向的，所以在打印图纸时一定要注意设置图形的方向，否则可能会出现部分图形超出纸张而未被打印出来的情况。

■8.3.3 保存与调用打印设置

如果要重复使用当前的打印设置，可将该打印设置进行保存，以方便下次调用。

打开"打印-模型"对话框，单击"添加"按钮，在打开的"添加页面设置"对话框中为需要保存的设置重命名，单击"确定"按钮即可保存，如图8-36所示。

当调用该打印设置时，在"输出"选项卡中单击"页面设置管理器"按钮，打开"页面设置管理器"对话框，选择保存的打印设置名，单击"置为当前"按钮即可调用，如图8-37所示。

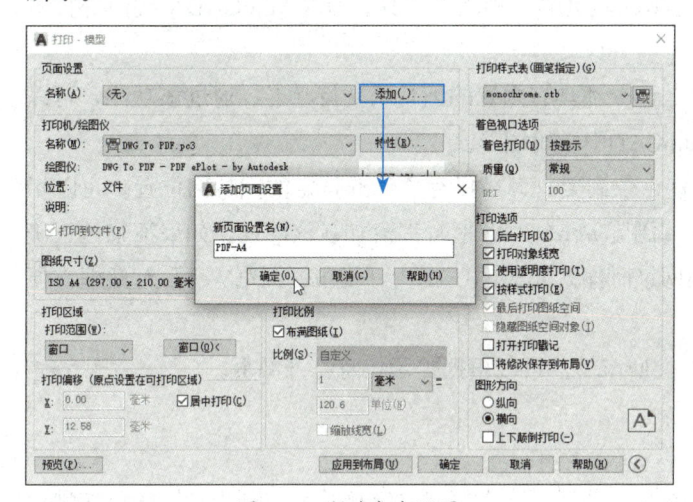

图 8-36　保存打印设置　　　　　　　　图 8-37　调用打印设置

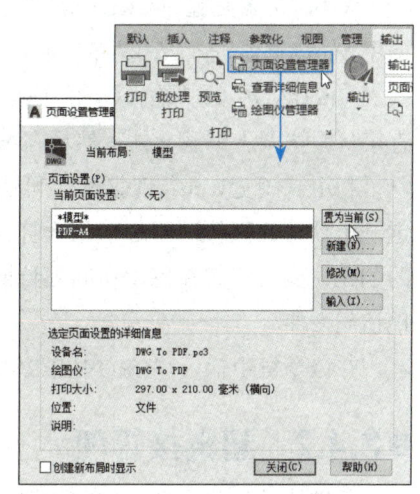

■8.3.4 预览打印

在完成打印设置后，可以预览打印效果，查看是否符合要求，如果不符合要求可以关闭预览进行更改，如果符合要求可以进行打印。

在"打印-模型"对话框中单击"预览"按钮，即可预览打印效果，如图8-38、图8-39所示。如需调整，可按Esc键退出预览操作。

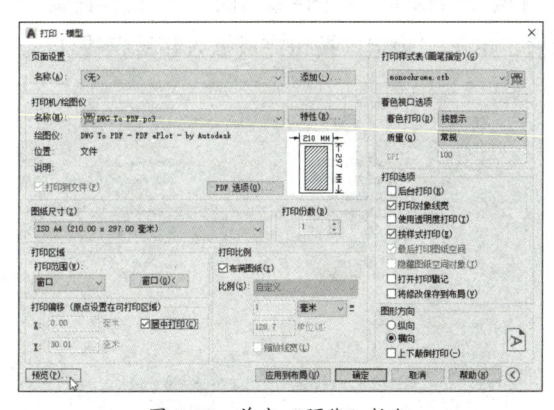

图 8-38　单击"预览"按钮　　　　　　　图 8-39　预览打印效果

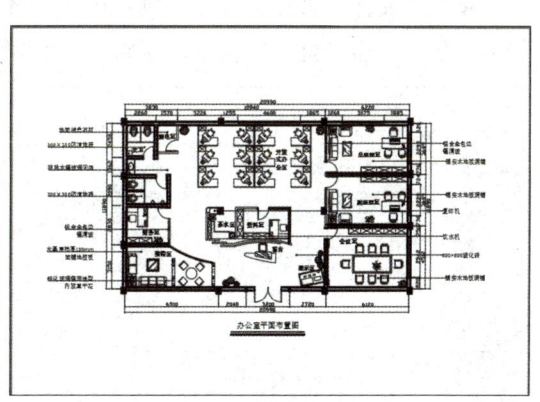

8.4 网络应用

除了将图纸进行打印输出外，还可将其输出为电子文件，以方便分享图纸。例如在因特网上预览图纸，为图纸插入超链接、将图纸以电子形式进行打印，并将设置好的图纸发布到网页上以供用户浏览等。

8.4.1 Web浏览器应用

Web浏览器是通过URL获取并显示Web网页的一种软件工具。可在AutoCAD系统内部直接调用Web浏览器进入Web网络。

AutoCAD中的"输入"和"输出"命令都具有内置的因特网支持功能。通过该功能，可以直接从因特网上下载文件，然后在AutoCAD中编辑图形。

利用"浏览Web"对话框，可快速定位到要打开或保存文件的特定的因特网位置。可以指定一个默认的因特网网址，每次打开"浏览Web"对话框时都会加载该网址。如果不知道正确的URL，或者不想在每次访问因特网网址时输入冗长的URL，可使用"浏览Web"对话框方便地访问文件。

在命令行中输入"BROWSER"，按回车键，可以根据提示信息打开网页。

8.4.2 超链接管理

超链接是指将图纸与其他数据、信息、动画、声音等建立链接关系。利用超链接可实现由当前图形对象到关联图形文件的跳转。超链接的对象可以是现有文件或Web网页，也可以是电子邮件地址等。

1. 链接文件或网页

在"插入"选项卡中单击"超链接"按钮，在绘图区中选择所需图形，按回车键即可打开"插入超链接"对话框，如图8-40所示。

单击"文件"按钮，打开"浏览Web-选择超链接"对话框，如图8-41所示，在此选择要链接的文件，单击"打开"按钮，返回上一级对话框，单击"确定"按钮完成插入超链接操作。

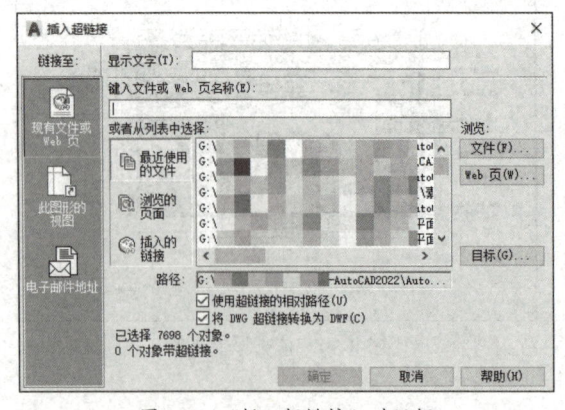

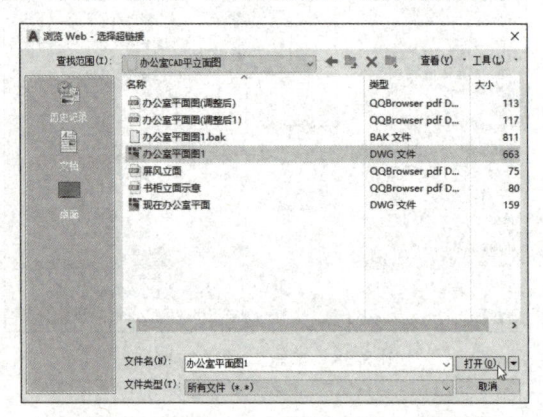

图8-40 "插入超链接"对话框　　　　图8-41 "浏览Web-选择超链接"对话框

在带有超链接的图形文件中,将光标移至带有超链接的图形对象上,光标右侧会显示超链接符号,并显示链接文件名称,此时按住Ctrl键并单击该超链接对象,即可按照链接网址跳转到相关联的文件中。

"插入超链接"对话框中的主要选项讲解如下。

- **显示文字**:用于指定超链接的说明文字。
- **现有文件或Web页**:用于创建到现有文件或Web页面的超链接。
- **键入文件或Web页名称**:用于指定要与超链接关联的文件或Web页面。
- **最近使用的文件**:用于显示最近链接过的文件列表,可从中选择超链接。
- **浏览的页面**:用于显示最近浏览过的Web页面列表。
- **插入的链接**:用于显示最近插入的超链接列表。
- **文件**:单击该按钮,在"浏览Web-选择超链接"对话框中指定与超链接相关联的文件。
- **Web页**:单击该按钮,在"浏览Web"对话框中指定与超链接相关联的Web页面。
- **目标**:单击该按钮,在"选择文档中的位置"对话框中选择链接到图形中的命名位置。
- **路径**:用于显示与超链接关联的文件的路径。
- **使用超链接的相对路径**:用于为超链接设置相对路径。
- **将DWG超链接转换为DWF**:用于转换文件的格式。

2. 链接电子邮件地址

在"插入超链接"对话框中单击左侧的"电子邮件地址"选项,如图8-42所示,然后在右侧的"电子邮件地址"文本框中输入邮件地址,并在"主题"文本框中输入邮件消息主题内容,如图8-43所示,单击"确定"按钮。

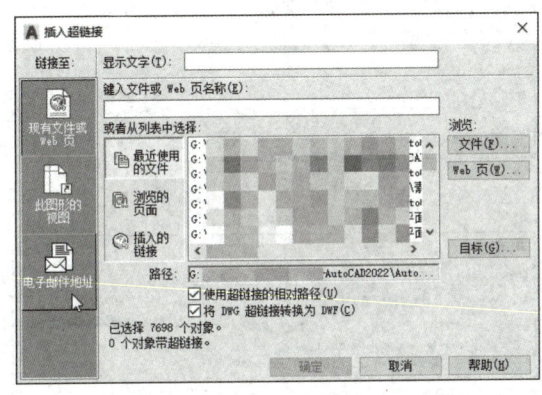

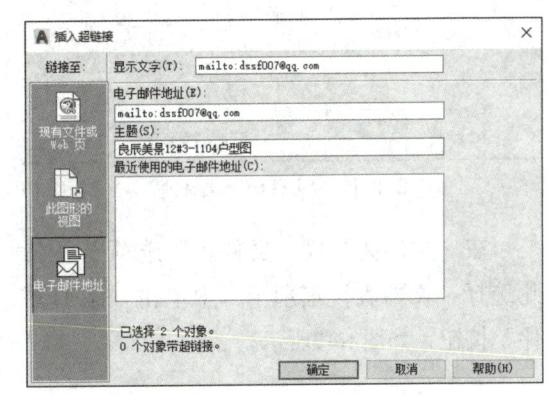

图 8-42 单击"电子邮件地址"选项

图 8-43 设置电子邮件超链接

在打开电子邮件超链接时,默认电子邮件应用程序将创建新的电子邮件消息,在此填写邮件地址和主题,输入邮件内容,并通过电子邮件发送。

8.4.3 电子传递设置

有时在发布图纸时会忘记发送字体、外部参照等相关描述文件，这使得接收图纸时往往打不开文档，从而造成无效传输。使用电子传递功能，可自动生成包含设计文档及其相关描述文件在内的数据包，然后将数据包粘贴到E-mail的附件中发送，这样大大简化了发送操作，并且保证了发送的有效性。

单击 A▼ 按钮，在打开的菜单浏览器中选择"发布"选项，在其级联列表中选择"电子传递"选项，如图8-44所示。打开"创建传递"对话框，在"文件树"和"文件表"选项卡中设置相应的参数，如图8-45、图8-46所示。

图 8-44 选择"电子传递"选项

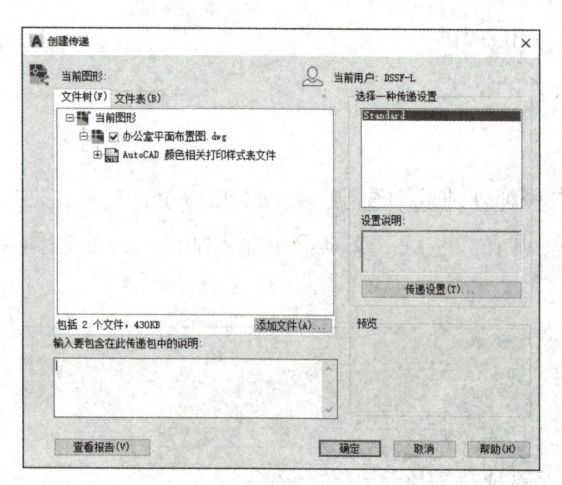

图 8-45 "文件树"文件夹

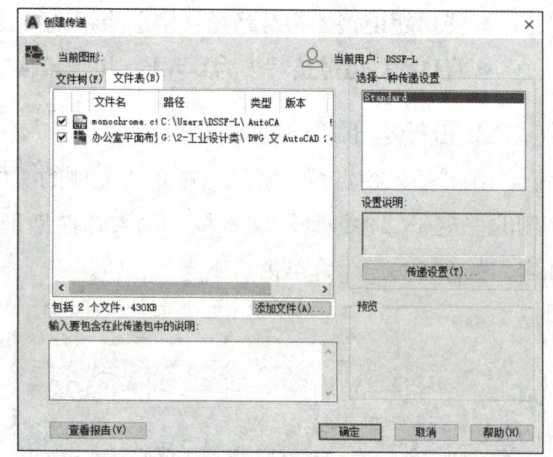

图 8-46 "文件表"文件夹

在"文件树"或"文件表"选项卡（在此选择"文件表"选项卡）中单击"添加文件"按钮，如图8-47所示。

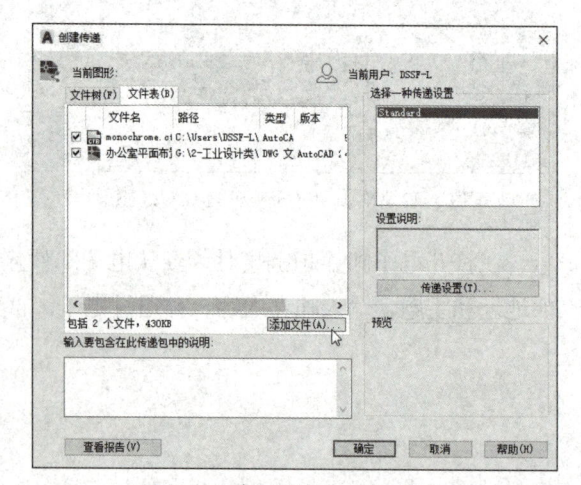

图 8-47 单击"添加文件"按钮

打开"添加要传递的文件"对话框,在此选择要包含的文件,如图8-48所示,单击"打开"按钮,返回上一级对话框。

在"创建传递"对话框中单击"传递设置"按钮,打开"传递设置"对话框,单击"修改"按钮,如图8-49所示,打开"修改传递设置"对话框,如图8-50所示。

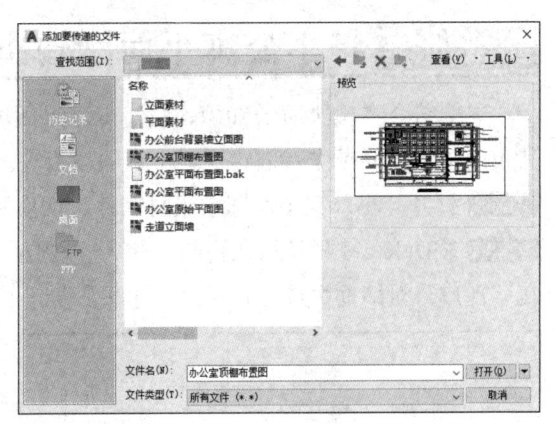

图 8-48 选择文件

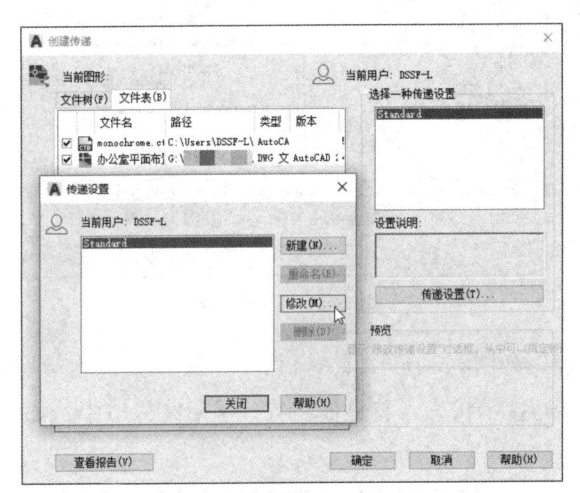

图 8-49 单击"修改"按钮

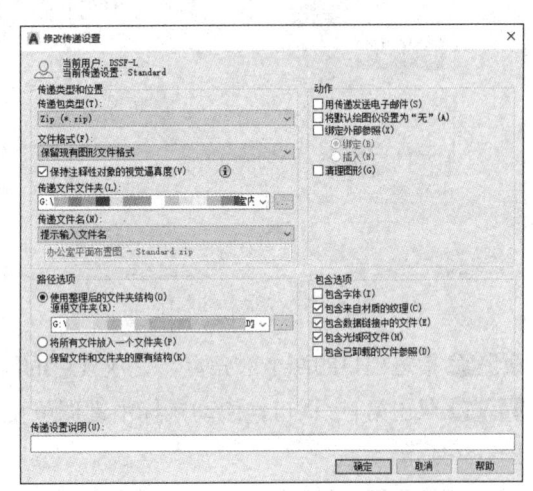

图 8-50 "修改传递设置"对话框

在"修改传递设置"对话框中单击"传递包类型"右侧的下拉按钮,在弹出的下拉列表中选择"文件夹(文件集)"选项,指定要使用的其他传递选项,如图8-51所示。在"传递文件文件夹"选项右侧单击"浏览"按钮,指定要在其中创建传递包的文件夹,如图8-52所示。单击"打开"按钮返回上一级对话框,依次单击"关闭""确定"按钮,完成在指定文件夹中创建传递包的操作。

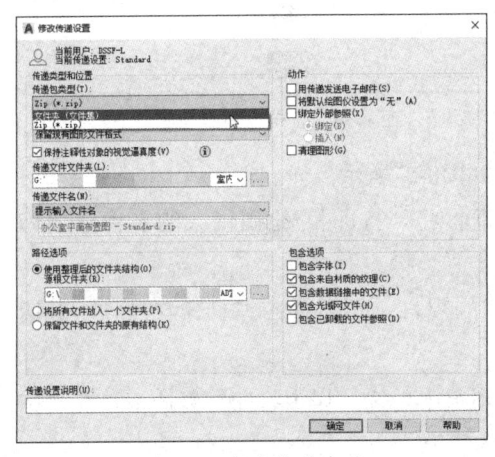

图 8-51 指定传递选项

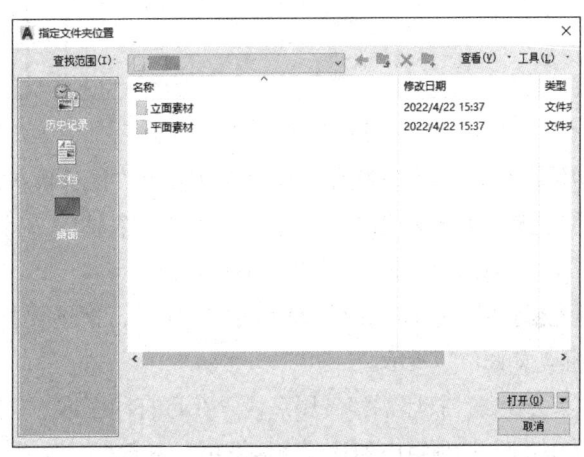

图 8-52 指定传递文件文件夹

实战演练 将小公寓平面图输出为PDF并打印

本例结合本模块所学知识，将小公寓平面图保存为PDF电子文件并将其打印，其中涉及的主要操作有创建视口、打印设置等。

步骤01 打开"小公寓平面图"素材文件，切换到"布局1"空间，如图8-53所示。

步骤02 按Delete键删除默认视口。执行"视图"→"视口"→"新建视口"命令，在"视口"对话框中选择"三个：水平"标准视口，如图8-54所示。

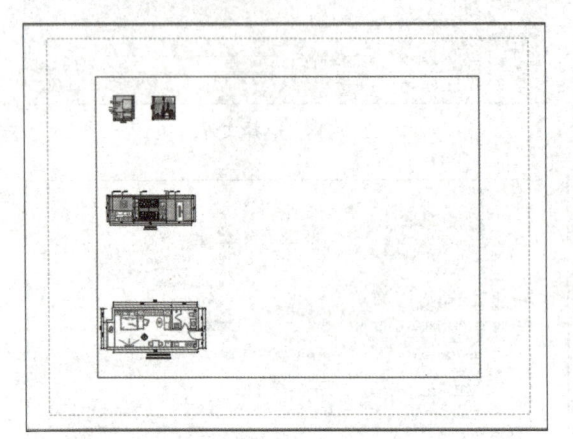

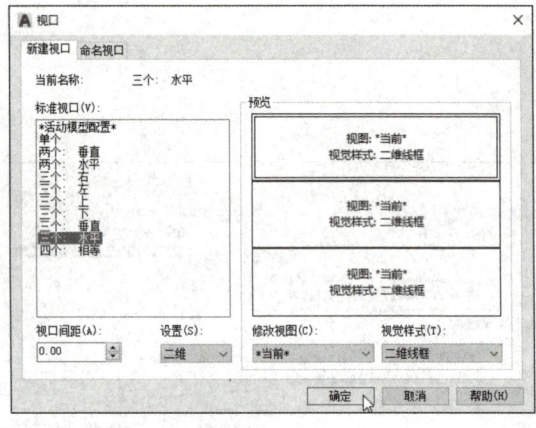

图 8-53 打开素材文件　　　　　　　　图 8-54 选择视口

步骤03 指定视口的两个对角点，完成视口的绘制，如图8-55所示。

步骤04 双击第1个视口，滚动鼠标中键调整视口的显示状态，将平面布置图显示在视口中，如图8-56所示。

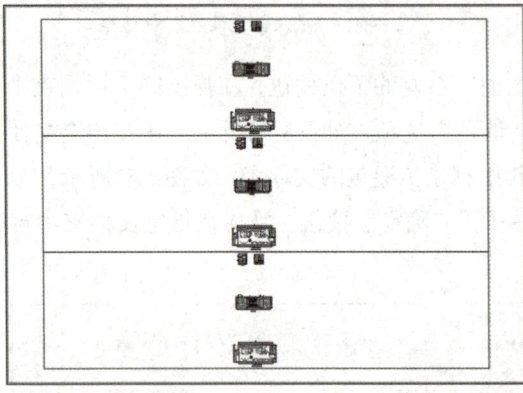

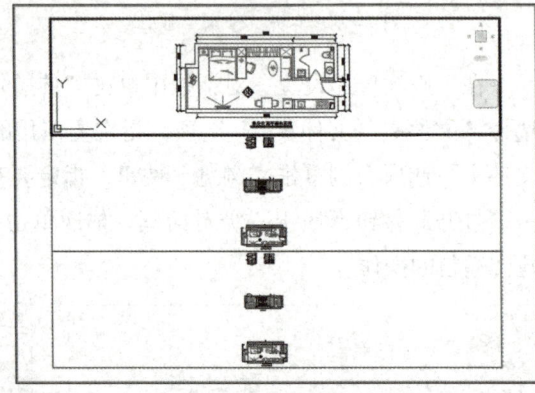

图 8-55 绘制视口　　　　　　　　图 8-56 显示平面布置图

步骤05 执行同样的操作，调整其他视口的显示状态，如图8-57所示。

步骤06 按Ctrl+P组合键，打开"打印-布局1"对话框，将"打印机/绘图仪"的名称设置为"DWG TO PDF.pc3"，如图8-58所示。

步骤07 将"打印范围"设置为"窗口"，框选要打印的视口，然后返回"打印-布局1"对话框，如图8-59所示。

步骤08 在"打印偏移（原点设置在可打印区域）"选项组中勾选"居中打印"复选框，在"打印比例"选项组中勾选"布满图纸"复选框，如图8-60所示。

模块8 打印输出室内设计图纸

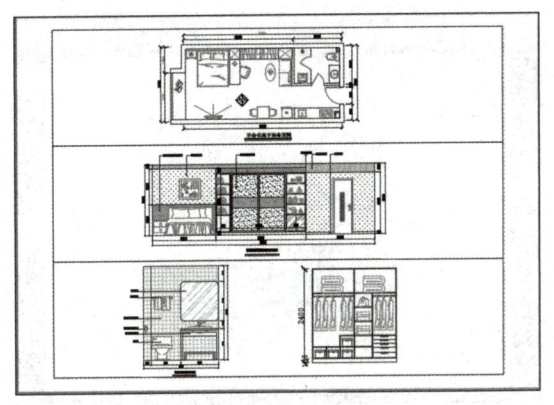

图 8-57 调整其他视口的显示状态

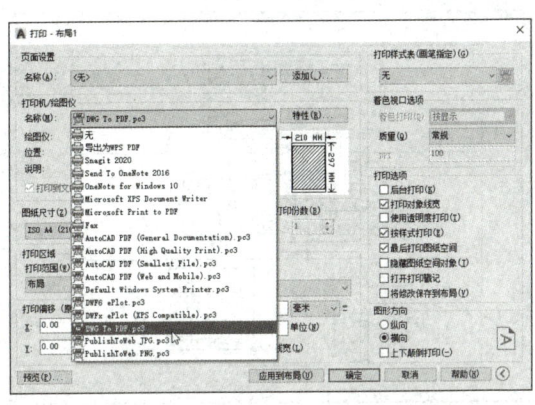

图 8-58 "打印-布局1"对话框

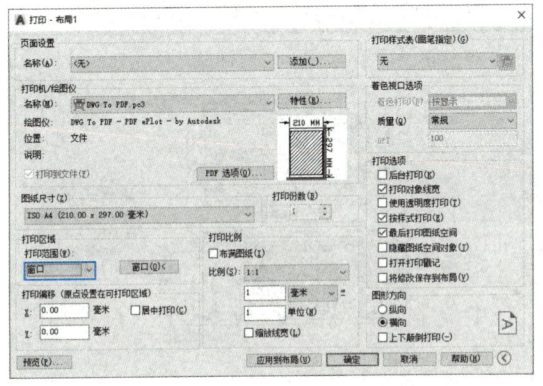

图 8-59 "打印-布局1"对话框

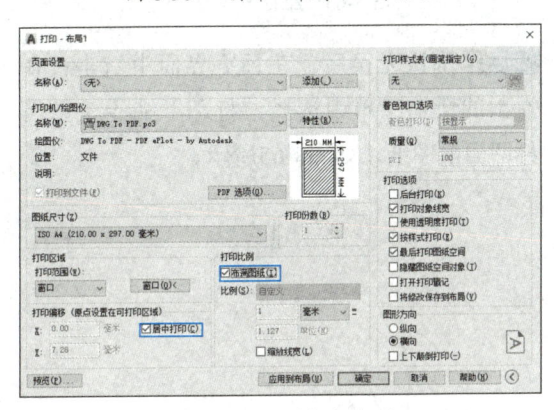

图 8-60 设置打印选项

步骤09 单击"确定"按钮,打开"浏览打印文件"对话框,设置保存路径及文件名,单击"保存"按钮,可将图纸保存为PDF文档,如图8-61、图8-62所示。

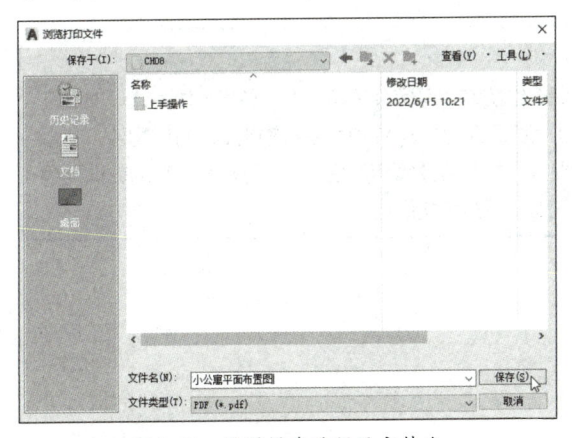

图 8-61 设置保存路径及文件名

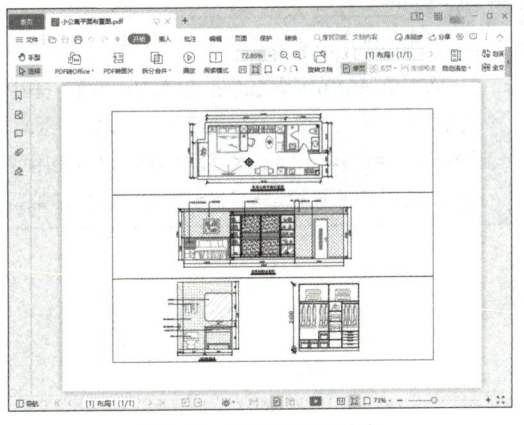

图 8-62 保存为 PDF 文档

步骤10 返回"打印-布局1"对话框,单击"打印范围"选项组中的"窗口"按钮,重新框选打印范围,如图8-63所示。

步骤11 在"打印-布局1"对话框中单击"预览"按钮,可预览打印效果,如图8-64所示。

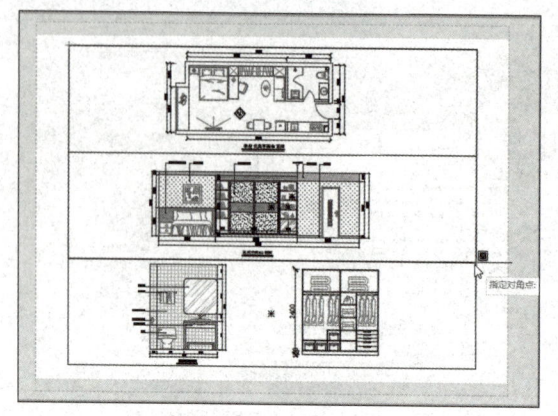

图 8-63　框选打印范围

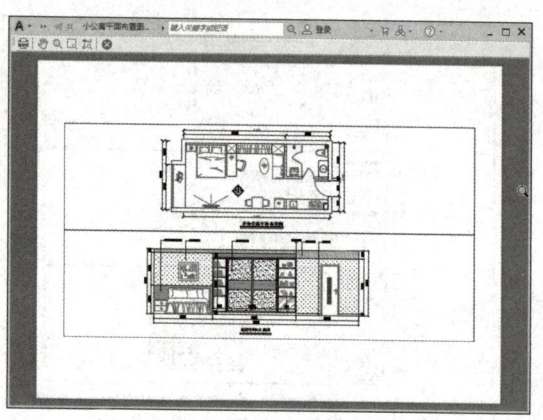

图 8-64　预览打印效果

步骤 12　确认无误后，在预览界面中右击，在弹出的快捷菜单中选择"打印"命令，即可打印当前图纸，如图8-65所示。

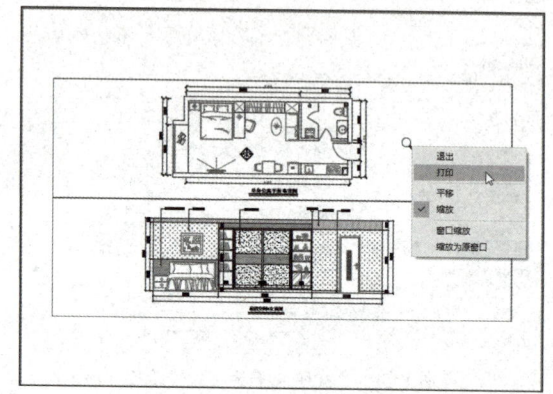

图 8-65　选择"打印"选项

拓展阅读

纸墨丹青与数字烙印——技术演进中的绿色使命

敦煌莫高窟藏经洞出土的唐代建筑图样，采用黄檗染纸防蛀，可保存千年；而今住房与城乡建设部推行"无纸化审图"，每年减少用纸超 1 200 t。上海中心大厦项目通过 BIM 模型直接输出 3D 打印构件，节省了 82% 的纸质施工图。但某设计院因过度使用亚光覆膜彩打，导致每年产生 3 t 不可降解废料的教训提醒我们：正如《墨子》所言"俭节则昌"，技术革新不应背离可持续发展初心。

课后作业

1. 将专卖店平面图输出为JPG格式的电子文档

利用输出相关命令，将专卖店平面图输出为JPG格式的电子文档，操作如图8-66、图8-67所示。

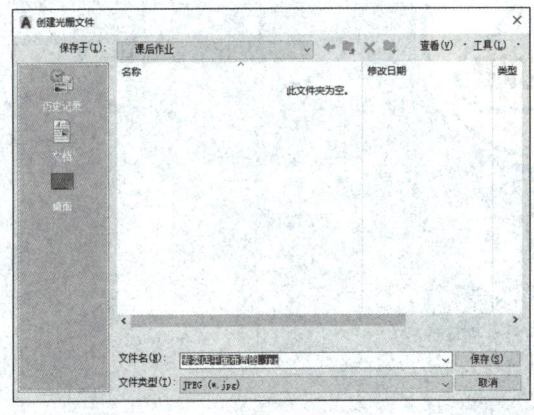

图 8-66　创建光栅文件

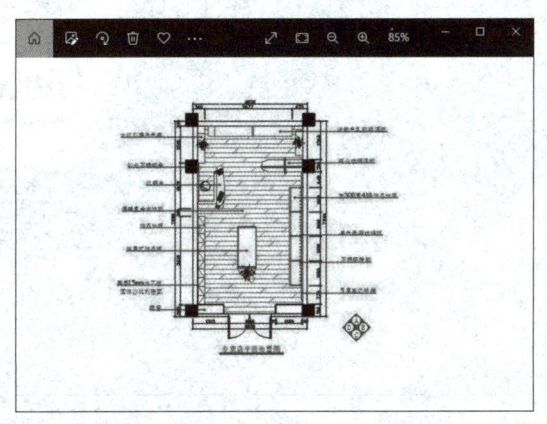

图 8-67　输出为JPG格式的电子文档

操作提示

- 在命令行中输入"JPGOUT"，按回车键，设置保存路径及文件名。
- 在绘图区中框选要输出的图纸内容。

2. 创建沙发三视图

利用"新建视口"命令创建沙发三视图效果，操作如图8-68、图8-69所示。

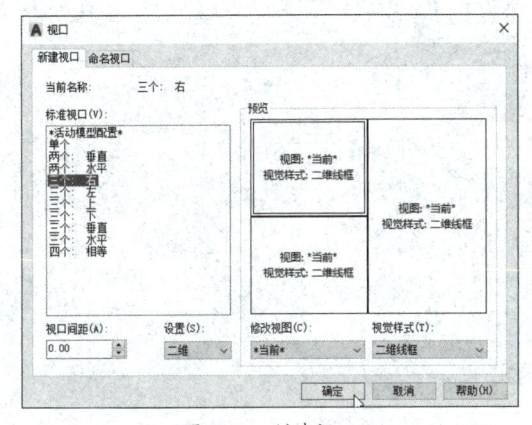

图 8-68　创建视口

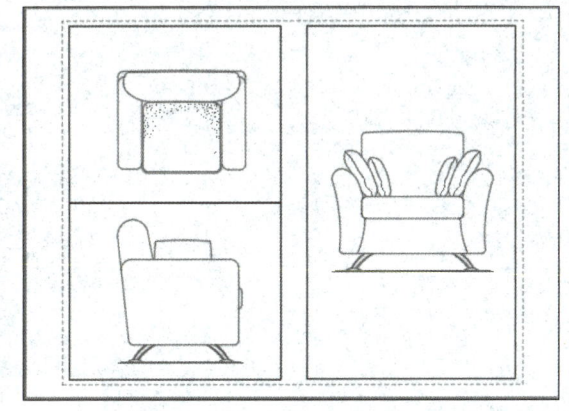

图 8-69　沙发三视图效果

操作提示

- 执行"新建视口"命令，在"视口"对话框中选择标准视口。
- 激活并调整每个视口的显示状态。

模块 9

创建室内三维模型

内容概要

利用AutoCAD除了能够精准绘制二维图形外，还能够创建三维模型。本模块将简单讲解三维模型的创建与应用，包括三维视图的切换、三维实体的创建与编辑、灯光及渲染功能的基本操作等。

知识要点

- 了解三维建模的基本要素。
- 掌握三维基本实体的创建操作。
- 掌握三维实体模型的编辑操作。

数字资源

【本模块素材】："素材文件\模块9"目录下
【本模块实战演练最终文件】："素材文件\模块9\实战演练"目录下

9.1 三维建模的基本要素

在绘制三维模型前,需要对AutoCAD三维工作空间有大致的了解,例如三维视图的切换、三维视图和三维视觉样式的选择、三维坐标的设置等。

■ 9.1.1 三维建模工作空间

启动AutoCAD后,默认显示的是"草图与注释"空间,在此空间中只能进行二维图形的绘制。想要切换至"三维建模"空间,可在快速访问工具栏中单击"工作空间"右侧的下拉按钮,在其下拉列表中选择"三维建模"选项,如图9-1所示。

"三维建模"空间除了功能区命令和绘图坐标与二维空间不同外,其他几乎相同,如图9-2所示。

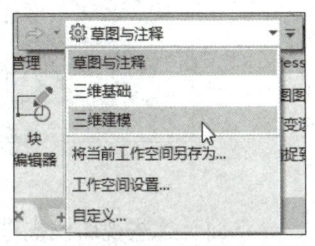

图 9-1 选择"三维建模"选项

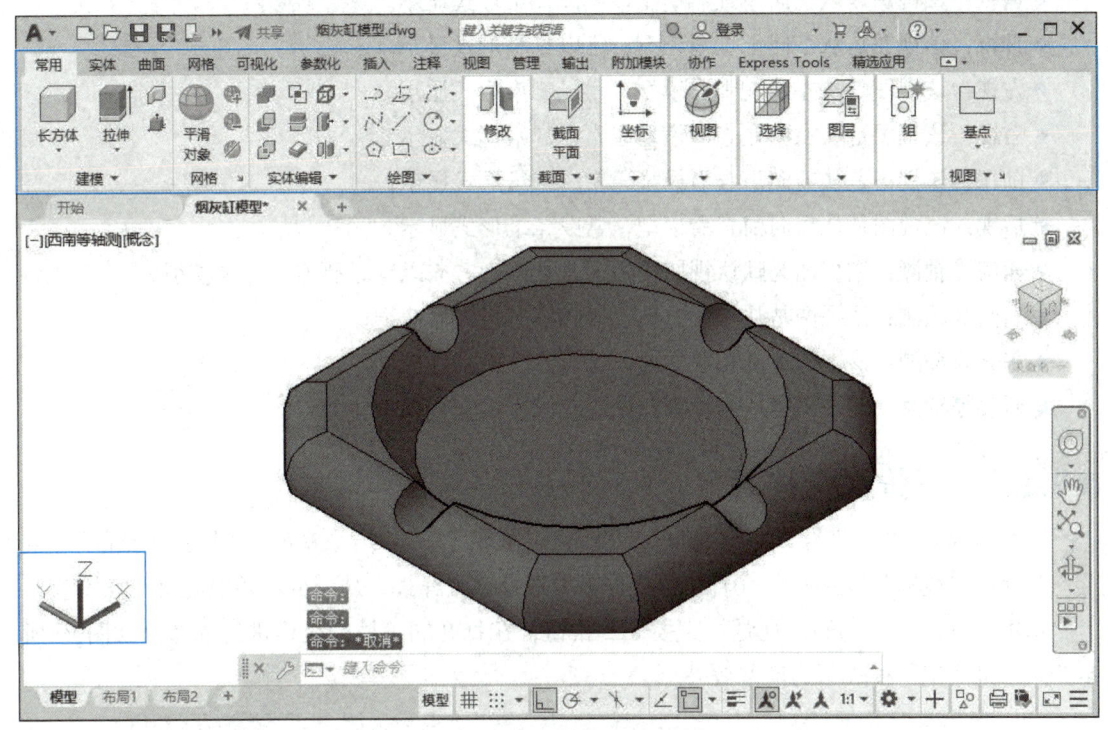

图 9-2 "三维建模"空间

■ 9.1.2 三维视图模式

在"三维建模"空间中经常用到的一类命令是"视图控件"。该命令包含10种三维视图模式,在创建三维模型时用于查看模型的各种角度,以便更好地绘制模型。

该命令位于绘图区的左上角,默认以"西南等轴测视图"显示。单击"视图控件"按钮,打开视图列表,选择其中任意视图模式,即可变换模型视角。如图9-3所示为"俯视图"下的模型视角。

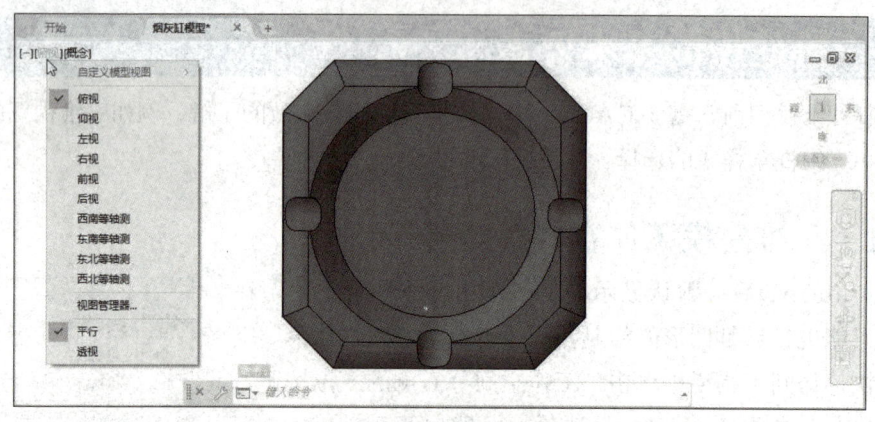

图 9-3 "俯视图"下的模型视角

下面对这些视图模式进行简单讲解：
- **俯视**：该视图是从上向下查看模型，常以二维形式显示。
- **仰视**：该视图是从下向上查看模型，常以二维形式显示。
- **左视**：该视图是从左向右查看模型，常以二维形式显示。
- **右视**：该视图是从右向左查看模型，常以二维形式显示。
- **前视**：该视图是从前向后查看模型，常以二维形式显示。
- **后视**：该视图是从后向前查看模型，常以二维形式显示。
- **西南等轴测**：该视图为默认视图模式，是从西南方向以等轴测方式查看模型。
- **东南等轴测**：该视图是从东南方向以等轴测方式查看模型。
- **东北等轴测**：该视图是从东北方向以等轴测方式查看模型。
- **西北等轴测**：该视图是从西北方向以等轴测方式查看模型。

9.1.3 三维视觉样式

三维视觉样式分别为"二维线框""概念""隐藏""真实""着色""带边缘着色""灰度""勾画""线框""X射线"10种。可根据需要选择这些样式，从而更清楚地观察三维模型。

单击绘图区左上角的"视觉样式控件"按钮，在打开的下拉列表中进行选择。如图9-4所示为"二维线框"样式下的模型效果。

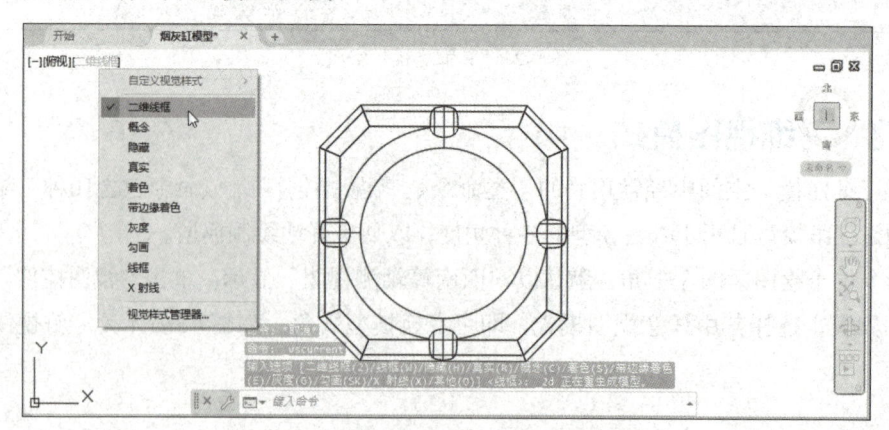

图 9-4 "二维线框"样式下的模型效果

下面对这些视觉样式进行简单讲解。
- **二维线框**：以单纯的线框模式表现当前模型效果，是三维视图的默认显示样式。
- **概念**：将模型背后不可见的部分进行遮挡，并以灰色面显示，从而形成比较直观的立体模型样式。
- **隐藏**：与"概念"样式相似，"概念"样式以灰度显示，而"隐藏"样式以白色显示。
- **真实**：在"概念"样式的基础上添加了简单的光影效果，并显示当前模型的材质贴图。
- **着色**：对当前模型的表面进行平滑着色处理，不显示贴图样式。
- **带边缘着色**：在"着色"样式的基础上，添加了模型线框和边线。
- **灰度**：在"概念"样式的基础上，添加了平滑灰度着色效果。
- **勾画**：使用延伸线和抖动边修改器显示当前模型手绘图的效果。
- **线框**：与"二维线框"样式相似，"二维线框"样式常用于二维或三维空间，两者都可显示，而线框样式只能够在三维空间中显示。
- **X射线**：在"线框"样式的基础上，更改面的透明度，使整个模型变成半透明，并略带光影和材质效果。

9.1.4 三维坐标系

三维坐标系分为世界坐标系和用户坐标系。其中，世界坐标系为系统默认坐标系，其坐标原点和方向固定不变；用户坐标系则可根据绘图需求改变坐标原点和方向，使用起来较为灵活。

在三维建模过程中经常需要调整三维坐标。在命令行中输入"UCS"，按回车键，在绘图区中指定坐标原点，然后分别指定 x 轴和 y 轴方向上的一点。

命令行中的提示信息如下：

```
命令：UCS                                                      输入命令
当前 UCS 名称：*俯视*
指定 UCS 的原点或 [面(F)/命名(NA)/对象(OB)/上一个(P)/视图(V)/世界(W)/X/Y/
Z/Z轴(ZA)] <世界>：                                            指定坐标原点
指定 X 轴上的点或 <接受>：<正交 开>                              指定 x 轴方向
指定 XY 平面上的点或 <接受>：                                    指定 y 轴方向
```

x 轴以红色轴表示，y 轴以绿色轴表示，z 轴以蓝色轴表示。无论坐标如何变换，一律是在 xy 平面上创建模型，因此，在调整三维坐标时只需要确定 x 轴和 y 轴方向即可，如图9-5～图9-7所示。xy 轴的方向不同，在其平面上创建的模型方向也不大相同。

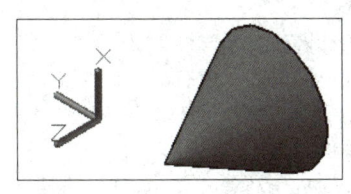

图9-5 不同 xy 轴向的模型方向 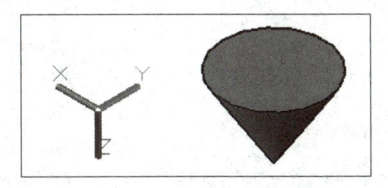   图9-6 不同 xy 轴向的模型方向 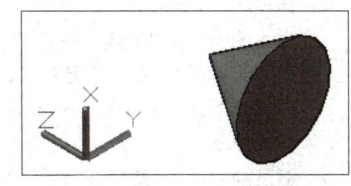   图9-7 不同 xy 轴向的模型方向

在调整三维坐标后,如果想要快速恢复到默认坐标,只需在命令行中输入"UCS",然后按两次回车键即可。

9.2 创建三维实体

利用AutoCAD创建三维实体有两种方式,即几何体创建和拉伸二维图创建。

9.2.1 创建三维基本实体

三维基本实体包括长方体、球体、圆柱体、楔体和圆环体等。基本实体是三维建模的基础。很多较为复杂的三维模型是由这些基本实体组成的。在"常用"选项卡的"建模"面板中单击"长方体"下方的下拉按钮,在打开的下拉列表中选择所需实体即可创建,如图9-8所示。

1. 长方体

单击"长方体"按钮,根据命令行中的提示信息,指定长方体底面的起点,如图9-9所示,输入底面矩形长、宽、高的参数,效果如图9-10所示。

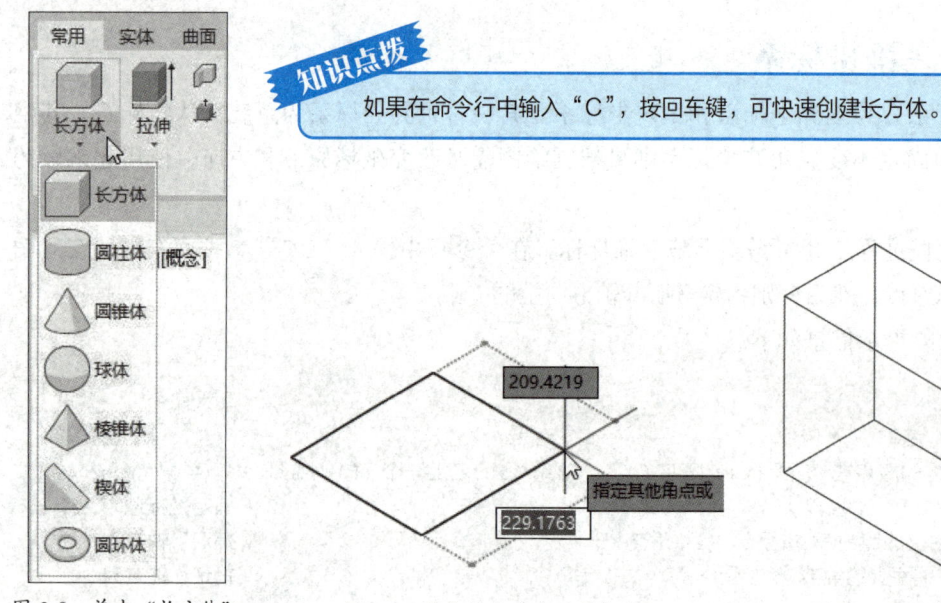

> **知识点拨**
> 如果在命令行中输入"C",按回车键,可快速创建长方体。

图9-8 单击"长方体"下方的下拉按钮   图9-9 指定长方体底面的起点 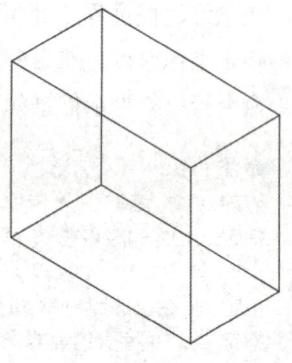   图9-10 创建长方体

命令行中的提示信息如下:

```
命令:_box                                          执行命令
指定第一个角点或 [中心(C)]:                          指定长方体底面的起点
指定其他角点或 [立方体(C)/长度(L)]:         l       选择"长度"选项,回车
指定长度: <正交 开> 600                              输入长度值"600",回车
指定宽度: 1200                                      输入宽度值"1200",回车
指定高度或 [两点(2P)] <64.6420>:            1000    向上移动光标,输入高度值"1000",回车
```

2. 柱体

圆柱体是以圆或椭圆为截面形状，沿该截面法线方向拉伸所形成的实体。执行"圆柱体"命令，根据命令行中的提示信息，确定底面的圆心和半径，移动光标设置高度值，如图9-11、图9-12所示。

命令行中的提示信息如下：

命令：_cylinder	执行命令
指定底面的中心点或 [三点(3P)/两点(2P)/切点、切点、半径(T)/椭圆€]：	指定底面的圆心
指定底面半径或 [直径(D)] <1.9659>：400	指定底面的半径
指定高度或 [两点(2P)/轴端点(A)] <-300.0000>：600	指定高度，回车

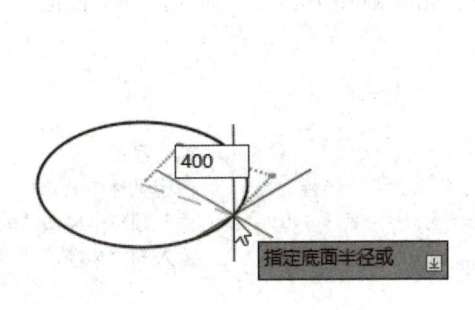

图 9-11 指定底面的圆心和半径　　图 9-12 指定高度

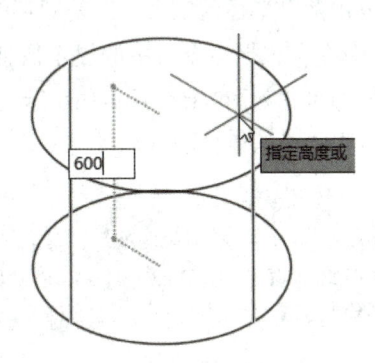

3. 楔体

可以将楔体看作以矩形为底面，其一边沿法线方向拉伸所形成的具有楔状特征的实体，也就是1/2长方体。楔体的表面总是平行于当前的UCS，斜面沿z轴倾斜。

执行"楔体"命令，根据命令行中的提示信息，指定楔体底面矩形的起点，输入矩形的长、宽值，指定楔体的高度值，即可完成绘制，如图9-13、图9-14所示。

命令行中的提示信息如下：

命令：_wedge	执行命令
指定第一个角点或 [中心(C)]：	指定楔形底面的起点
指定其他角点或 [立方体(C)/长度(L)]：@400,700	先输入"@"，再输入长、宽值，用逗号分隔，回车
指定高度或 [两点(2P)] <216.7622>：200	指定高度值，回车

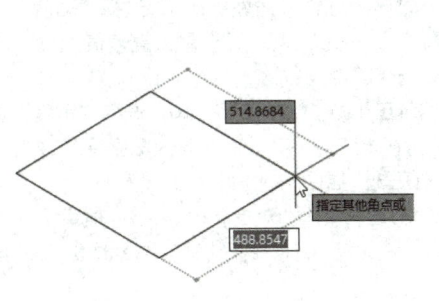

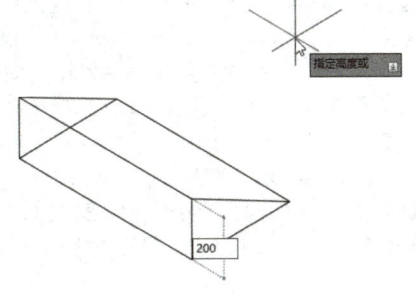

图 9-13 指定楔形底面　　图 9-14 指定楔体的高度值

4. 球体

球体是指到一个点即球心的距离相等的所有点的集合所形成的实体。执行"球体"命令，根据命令行中的提示信息，指定圆心和球半径值即可。

命令行中的提示信息如下：

```
命令：_sphere                                                      执行命令
指定中心点或 [三点(3P)/两点(2P)/切点、切点、半径(T)]：  指定中心点
指定半径或 [直径(D)] <200.0000>: 200                         输入半径值"200"，回车
```

5. 圆环体

圆环体由两个半径值定义，一是圆环的半径，二是从圆环体中心到圆管中心的距离。执行"圆环体"命令，根据命令行中的提示信息，指定圆环中心点，输入圆环半径值，然后输入圆管的半径值即可，如图9-15、图9-16所示。

命令行中的提示信息如下：

```
命令：_torus                                                        执行命令
指定中心点或 [三点(3P)/两点(2P)/切点、切点、半径(T)]：  指定圆环中心点
指定半径或 [直径(D)] <200.0000>:300                          输入圆环半径值"300"，回车
指定圆管半径或 [两点(2P)/直径(D)] <100.0000>: 100          输入半径值"100"，回车
```

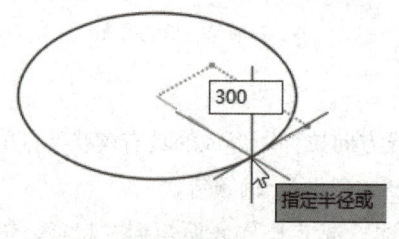

图 9-15　指定圆环半径　　　　　　图 9-16　指定圆管半径

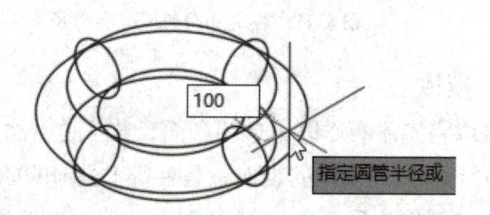

6. 多段体

绘制多段体与绘制多段线的方法相同。"多段体"命令常用于绘制建筑墙体模型。执行"多段体"命令，根据命令行中的提示信息，设置多段体的高度、宽度和对正方式，并指定多段体的起点，一次指定一点，直到结束，如图9-17、图9-18所示。

命令行中的提示信息如下：

```
命令：_Polysolid 高度 = 80.0000, 宽度 = 5.0000, 对正 = 居中  执行命令
指定起点或 [对象(O)/高度(H)/宽度(W)/对正(J)] <对象>: h       选择"高度"选项，回车
指定高度 <80.0000>: 1200                                         输入高度值"1200"，回车
高度 = 1200.0000, 宽度 = 5.0000, 对正 = 居中
指定起点或 [对象(O)/高度(H)/宽度(W)/对正(J)] <对象>: w       选择"宽度"选项，回车
指定宽度 <5.0000>: 120                                           输入宽度值"120"，回车
高度 = 1200.0000, 宽度 = 120.0000, 对正 = 居中
指定起点或 [对象(O)/高度(H)/宽度(W)/对正(J)] <对象>:          指定起点
指定下一个点或 [圆弧(A)/放弃(U)]:                              指定下一点，直到终点，回车结束
```

模块9 创建室内三维模型

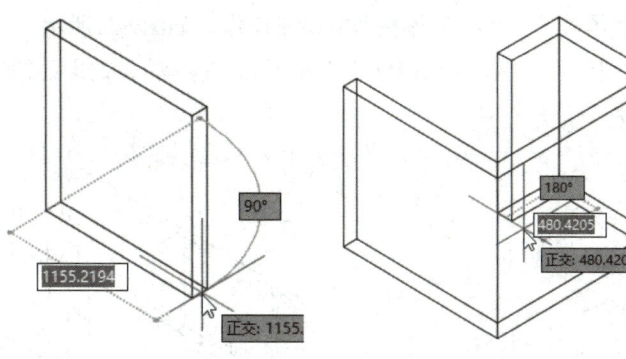

图 9-17 指定多段体的起点　　图 9-18 指定多段体的下一点

上手操作 创建小户型墙体模型

下面在小户型平面图的基础上，利用"多段体"命令创建墙体模型。

步骤 01 将工作空间切换至三维建模空间，单击"视图控件"按钮，选择"西南等轴测视图"模式，效果如图9-19所示。

步骤 02 执行"多段体"命令，根据命令行中的提示信息，设置墙体的宽度、高度和对正方式，捕捉二维墙体线的起点和端点，创建一段墙体，如图9-20所示。

命令行中的提示信息如下：

```
命令: _Polysolid 高度 = 80.0000, 宽度 = 5.0000, 对正 = 居中    执行命令
指定起点或 [对象(O)/高度(H)/宽度(W)/对正(J)] <对象>: h
                                                    选择"高度"选项，回车
指定高度 <80.0000>: 3000                            输入墙体高度值"3000"，回车
高度 = 3000.0000, 宽度 = 5.0000, 对正 = 居中
指定起点或 [对象(O)/高度(H)/宽度(W)/对正(J)] <对象>: w
                                                    选择"宽度"选项，回车
指定宽度 <5.0000>: 240                              输入墙体宽度值"240"，回车
高度 = 3000.0000, 宽度 = 240.0000, 对正 = 居中
指定起点或 [对象(O)/高度(H)/宽度(W)/对正(J)] <对象>: j
                                                    选择"对正"选项，回车
输入对正方式 [左对正(L)/居中(C)/右对正(R)] <居中>: r  选择"右对正"选项，回车
高度 = 3000.0000, 宽度 = 240.0000, 对正 = 右对齐
指定起点或 [对象(O)/高度(H)/宽度(W)/对正(J)] <对象>: 捕捉二维墙体线段的起点
指定下一个点或 [圆弧(A)/放弃(U)]:                    捕捉二维墙体线段的终点，回车
```

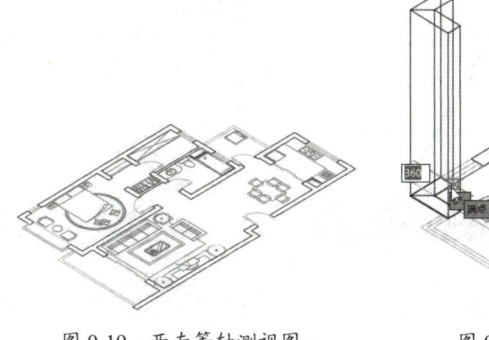

图 9-19 西南等轴测视图　　图 9-20 创建一段墙体

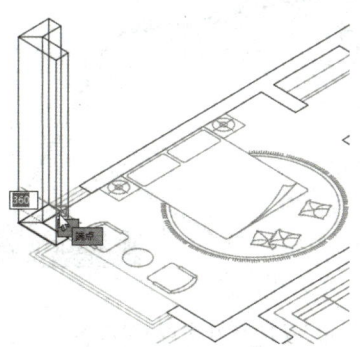

· 175 ·

步骤 03 继续捕捉其他墙体线，完成外墙体模型的绘制操作，如图9-21所示。

步骤 04 单击"视觉样式控件"按钮，将视觉样式设置为"隐藏"，效果如图9-22所示。至此，三维墙体模型绘制完成。

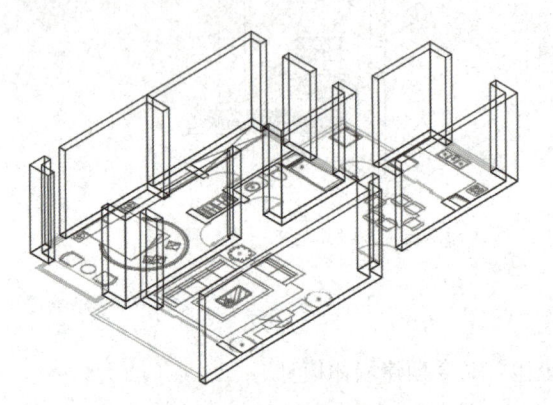

图 9-21　完成外墙体模型的绘制

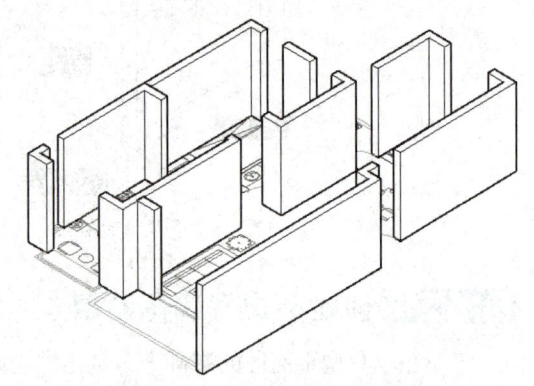

图 9-22　完成三维墙体模型的绘制

■9.2.2　二维图形生成三维实体

除了以上基本实体的创建外，还可通过"拉伸""旋转""放样""扫掠"命令将二维图形直接生成三维实体。在"常用"选项卡的"建模"面板中单击"拉伸"下方的下拉按钮，在其下拉列表中选择所需命令即可，如图9-23所示。

1. 拉伸

利用"拉伸"命令可将绘制的二维图形沿着指定的高度或路径进行拉伸，从而将其转换成三维实体。拉伸的对象可以是封闭的多段线、矩形、多边形、圆、椭圆和封闭样条曲线等。

单击"拉伸"按钮，根据命令行中的提示信息，选择要拉伸的图形，输入拉伸的高度值，按回车键即可完成操作，如图9-24、图9-25所示。

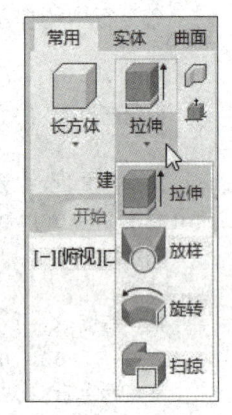

图 9-23　从二维图形生成三维实体的命令

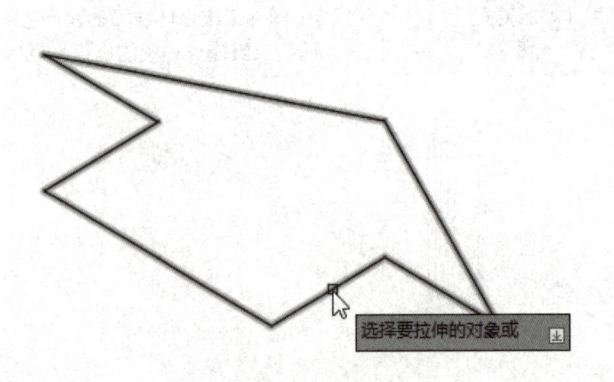

图 9-24　选择要拉伸的对象

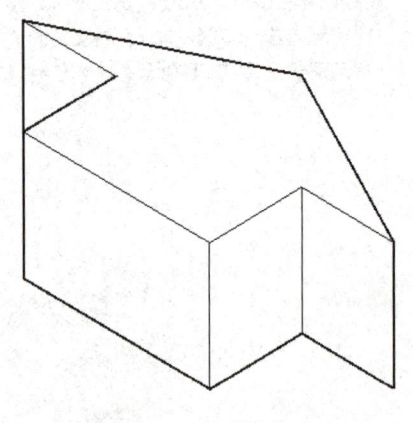

图 9-25　拉伸效果

命令行中的提示信息如下：

```
命令： _extrude                                              执行命令
当前线框密度： ISOLINES=4，闭合轮廓创建模式 = 实体
选择要拉伸的对象或 ［模式（MO）］：_MO 闭合轮廓创建模式 ［实体（SO）/曲面（SU）］＜实体＞：_SO
选择要拉伸的对象或 ［模式（MO）］：找到 1 个            选择要拉伸的图形，回车
选择要拉伸的对象或 ［模式（MO）］：
指定拉伸的高度或 ［方向（D）/路径（P）/倾斜角（T）/表达式（E）］＜500.0000＞：200
                                                        输入高度值"200"，回车
```

> **知识点拨**
> 拉伸的图形必须是闭合的图形，或者是一块面域，否则将无法拉伸。

2. 旋转

利用"旋转"命令可以通过绕轴旋转二维对象创建三维实体。执行"旋转"命令，根据命令行中的提示信息，选择要拉伸的图形，然选择旋转轴，其后输入旋转角度即可完成操作，如图9-26～图9-29所示。

命令行中的提示信息如下：

```
命令： _revolve                                              执行命令
当前线框密度： ISOLINES=4，闭合轮廓创建模式 = 实体
选择要旋转的对象或 ［模式（MO）］：_MO 闭合轮廓创建模式 ［实体（SO）/曲面（SU）］＜实体＞：_SO
选择要旋转的对象或 ［模式（MO）］：找到 1 个            选择闭合的图形，回车
选择要旋转的对象或 ［模式（MO）］：
指定轴起点或根据以下选项之一定义轴 ［对象（O）/X/Y/Z］＜对象＞：  指定旋转轴起点
指定轴端点：                                             指定旋转轴端点
指定旋转角度或 ［起点角度（ST）/反转（R）/表达式（EX）］＜360＞：   输入旋转角度，回车
```

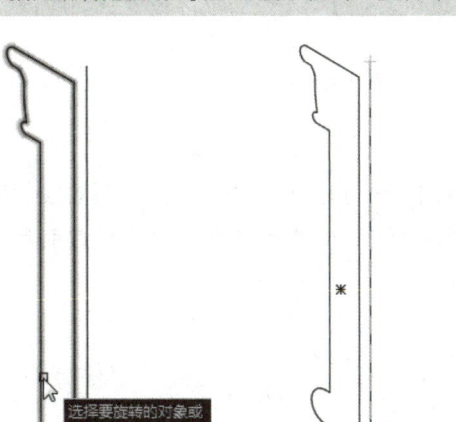

图 9-26 选择要旋转的对象 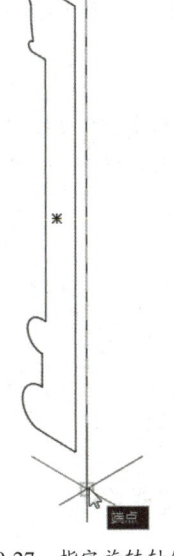   图 9-27 指定旋转轴的端点 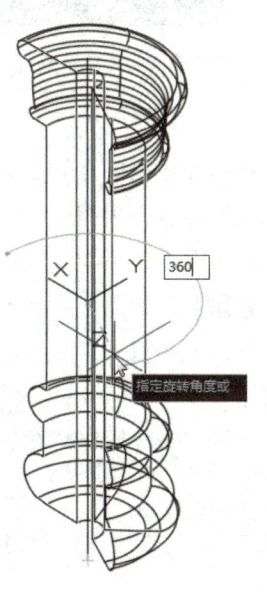   图 9-28 指定旋转角度 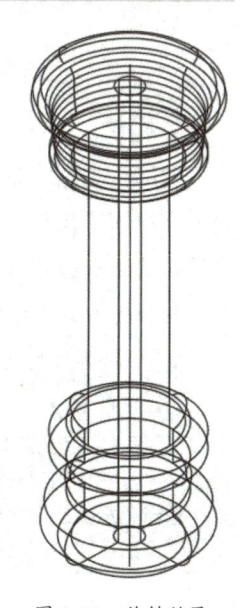   图 9-29 旋转效果

3. 放样

利用"放样"命令可通过两个或两个以上的横截面轮廓生成三维实体。执行"放样"命令，根据命令行中的提示信息，选中所有横截面轮廓，按回车键即可完成操作，如图9-30、图9-31所示。

命令行中的提示信息如下：

```
命令：_loft                                           执行命令
当前线框密度： ISOLINES=4，闭合轮廓创建模式 = 实体
按放样次序选择横截面或 [点(PO)/合并多边形(J)/模式(MO)]：_MO 闭合轮廓创建模式
[实体(SO)/曲面(SU)]<实体>：_SO                       按次序选择所有横截面
按放样次序选择横截面或 [点(PO)/合并多条边(J)/模式(MO)]：找到 1 个
按放样次序选择横截面或 [点(PO)/合并多条边(J)/模式(MO)]：找到 1 个，总计 5 个
按放样次序选择横截面或 [点(PO)/合并多条边(J)/模式(MO)]：选中了 5 个横截面
输入选项 [导向(G)/路径(P)/仅横截面(C)/设置(S)]<仅横截面>： 回车，完成操作
```

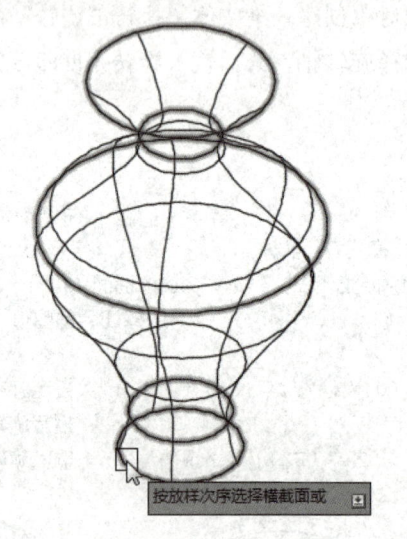

图 9-30　按放样次序选择横截面　　　　图 9-31　放样效果

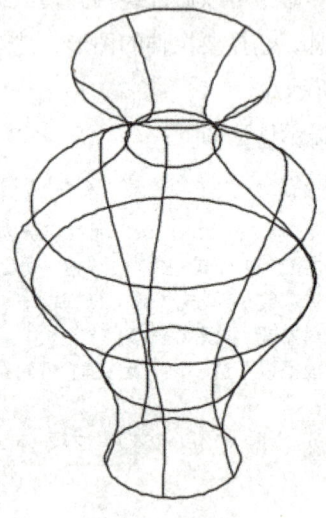

4. 扫掠

利用"扫掠"命令可沿开放或闭合的二维或三维路径，扫掠开放或闭合的平面曲线创建新的三维实体。执行"扫掠"命令，根据命令行中的提示信息，选择要扫掠的图形横截面和扫掠路径，按回车键即可完成操作，如图9-32～图9-34所示。

命令行中的提示信息如下：

```
命令：_sweep                                          执行命令
当前线框密度： ISOLINES=4，闭合轮廓创建模式 = 实体
选择要扫掠的对象或 [模式(MO)]：_MO 闭合轮廓创建模式 [实体(SO)/曲面(SU)]<实体>：_SO
选择要扫掠的对象或 [模式(MO)]：找到 1 个            选择横截面，回车
选择要扫掠的对象或 [模式(MO)]：
选择扫掠路径或 [对齐(A)/基点(B)/比例(S)/扭曲(T)]：  选择扫掠路径
```

· 178 ·

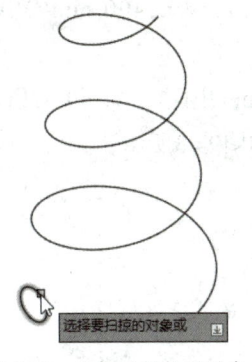

图 9-32　选择要扫掠的对象 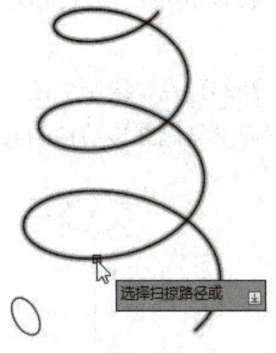　　图 9-33　选择扫掠路径 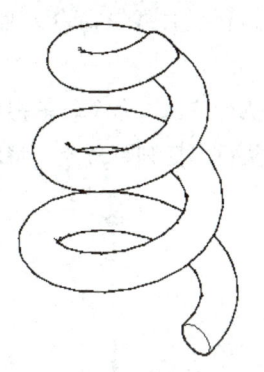　　图 9-34　扫掠效果

上手操作 绘制简易台灯模型

下面利用从二维图形生成三维图形的相关命令，绘制简易台灯模型。

步骤 01 打开"台灯底座横截面"素材文件，如图9-35所示。

步骤 02 将视图设置为"西南等轴测视图"，并在命令行中输入"UCS"，按两次回车键，恢复三维坐标，如图9-36所示。

步骤 03 执行"旋转"命令，选择底座横截面，如图9-36所示。

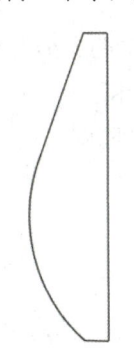

图 9-35　打开素材文件 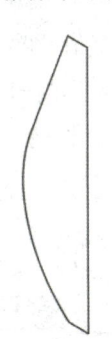　　图 9-36　恢复三维坐标 　　图 9-37　选择底座横截面

步骤 04 按回车键，指定旋转轴的起点和终点，如图9-38所示。

步骤 05 将旋转角度设置为360°，按回车键，完成台灯底座模型的绘制操作，如图9-39、图9-40所示。

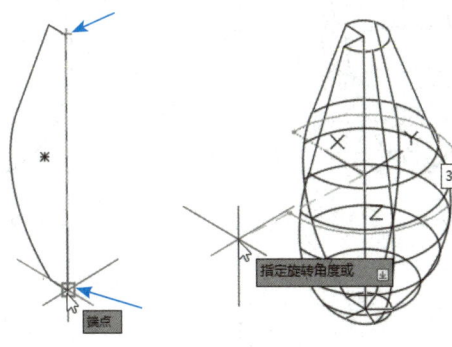

图 9-38　指定端点　　图 9-39　指定旋转角度 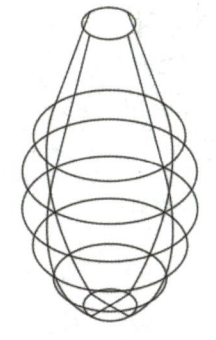　　图 9-40　完成台灯底座模型的绘制操作

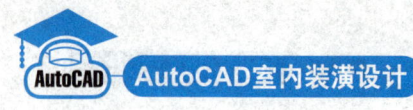

步骤 06 执行"直线"命令,捕捉台灯底座的两个圆心点,绘制一条长400 mm的中心线,如图9-41所示。

步骤 07 执行"圆"命令,捕捉中心线的顶点,绘制半径为25 mm的圆形,如图9-42所示。

步骤 08 执行"复制"命令,将圆形向下复制并移动120 mm,如图9-43所示。

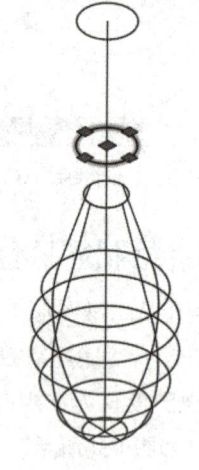

图 9-41 绘制中心线　　图 9-42 绘制圆形　　图 9-43 复制并移动圆形

步骤 09 选中复制的圆形的夹点,重新输入半径值"80",调整该圆形的大小,如图9-44所示。

步骤 10 执行"放样"命令,先选大圆形,再选小圆形,如图9-45所示。

步骤 11 按两次回车键,完成灯罩模型的绘制。将视觉样式设置为"隐藏",查看实体效果,如图9-45所示。

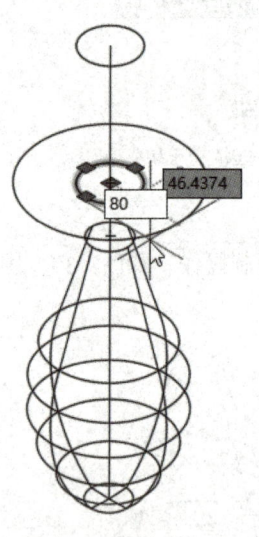

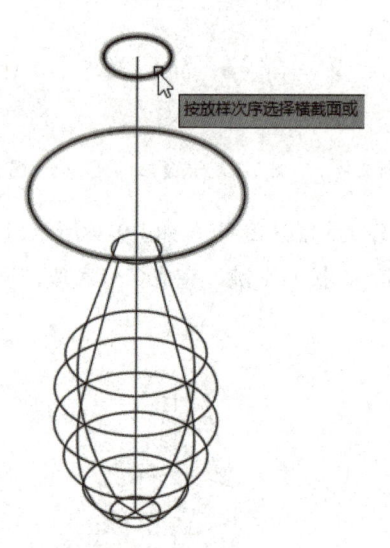

图 9-44 绘制圆形　　图 9-45 选择圆形　　图 9-46 绘制效果

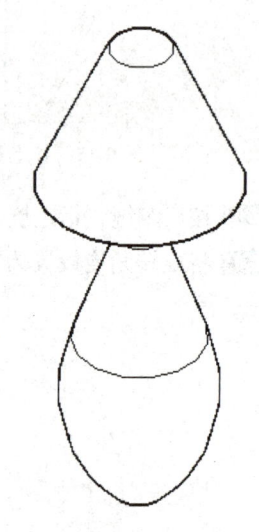

9.3 编辑三维实体模型

完成三维基本体的创建后，通常需要对这些基本体进行必要的编辑，以保证实体模型更加精准、逼真。

■9.3.1 变换三维实体

在绘制三维模型的过程中，如果要变换实体模型的方向和位置，可使用"三维旋转""三维移动""三维镜像""三维阵列""三维对齐"等命令。可在"常用"选项卡的"修改"面板中选择相关三维命令，如图9-47所示。

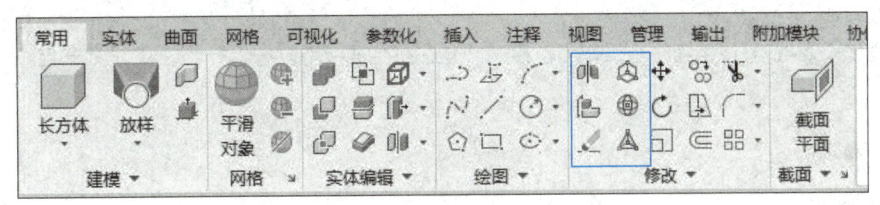

图9-47 三维实体变换命令

1. 三维旋转

利用"三维旋转"命令可以使三维对象按照指定的角度绕三维空间中的任意轴进行旋转，在旋转三维对象之前需要定义一个点为三维对象的基准点。执行"三维旋转"命令 ⊕，根据命令行中的提示信息，选中所需模型，指定旋转基点和旋转轴，然后输入旋转角度，即可完成操作，如图9-48～图9-50所示。

命令行中的提示信息如下：

命令：_3drotate	执行命令
UCS 当前的正角方向： ANGDIR=逆时针 ANGBASE=0	
选择对象：找到 1 个	选择实体模型，回车
选择对象：	
指定基点：	选择旋转基点和旋转轴，回车
** 旋转 **	
指定旋转角度或 [基点(B)/复制(C)/放弃(U)/参照(R)/退出(X)]：〈正交 开〉90	输入旋转角度"90"，回车
正在重生成模型。	

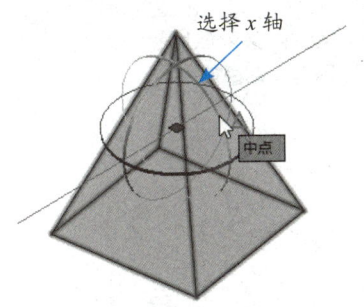

图9-48 选择旋转基点和旋转轴 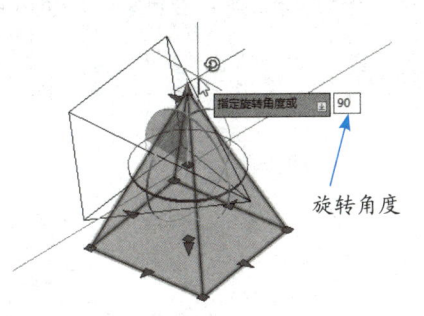　　图9-49 指定旋转角度 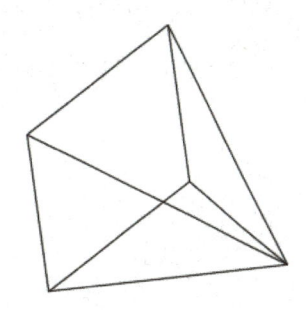　　图9-50 三维旋转效果

2. 三维移动

利用"三维移动"命令可以在三维空间中移动对象。该命令的操作方式与二维空间的相关命令一样，只不过在通过输入距离移动对象时，必须输入沿 x、y、z 轴的距离值。执行"三维移动"命令，根据命令行中的提示信息，选中需移动的三维对象，指定移动基点和新的目标点，或输入移动距离，即可完成三维移动操作，如图9-51～图9-53所示。

命令行中的提示信息如下：

```
命令：_3dmove                                                      执行命令
选择对象：找到 1 个                                                 选择实体，回车
选择对象：
指定基点或 [位移(D)] <位移>：                                       选择移动基点
指定第二个点或 <使用第一个点作为位移>：正在重生成模型。              选择新目标点
```

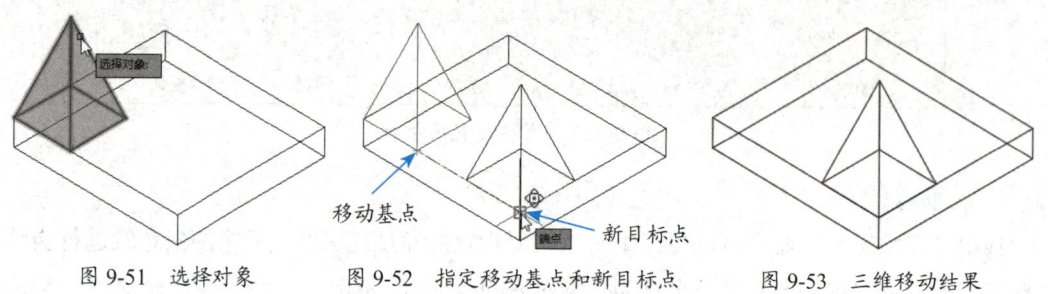

图 9-51　选择对象　　　　图 9-52　指定移动基点和新目标点　　　　图 9-53　三维移动结果

3. 三维镜像

利用"三维镜像"命令可以将三维实体沿指定的镜像平面进行镜像操作。镜像平面可以是已经创建的面，如实体的面和坐标轴上的面，也可以通过三点创建一个镜像平面。执行"三维镜像"命令，根据命令行中的提示信息，选中镜像平面和平面上的镜像点，即可完成镜像操作，如图9-54～图9-56所示。

命令行中的提示信息如下：

```
命令：_mirror3d                                                    执行命令
选择对象：找到 1 个                                                选择实体，回车
选择对象：
指定镜像平面（三点）的第一个点或
  [对象(O)/最近的(L)/Z 轴(Z)/视图(V)/XY 平面(XY)/YZ 平面(YZ)/ZX 平面(ZX)/
三点(3)] <三点>：在镜像平面上指定第二点：在镜像平面上指定第三点：
                                                                   指定镜像平面上的 3 个点
是否删除源对象？[是(Y)/否(N)] <否>：                               回车，结束操作
```

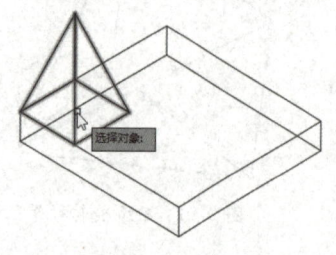

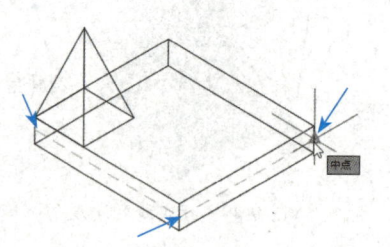

图 9-54　选择对象　　　　图 9-55　指定镜像平面上的点　　　　图 9-56　三维镜像结果

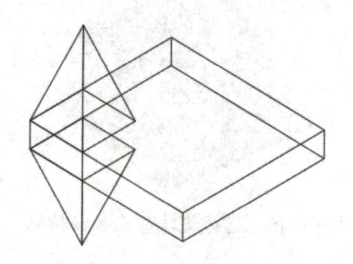

4. 三维阵列

利用"三维阵列"命令可将三维对象按照指定的顺序进行矩形或环形阵列，与二维阵列的操作方法相似。执行"修改"→"三维操作"→"三维阵列"命令，在命令行中选择"矩形"或"环形"阵列，然后按照提示信息输入相关参数。

（1）三维矩形阵列

三维矩形阵列是指以行、列、层的方式进行阵列操作。执行"三维阵列"命令，选中要阵列的三维对象，根据命令行中的提示信息，输入相关参数，即可完成操作，如图9-57、图9-58所示。

命令行中的提示信息如下：

命令：_3darray	执行命令
正在初始化... 已加载 3DARRAY。	
选择对象：找到 1 个	选择实体，回车
选择对象：	
输入阵列类型 ［矩形(R)/环形(P)］〈矩形〉:r	选择"矩形"阵列类型
输入行数 (---) 〈1〉: 3	输入阵列的行数"3"，回车
输入列数 (|||) 〈1〉: 4	输入阵列的列数"4"，回车
输入层数 (...) 〈1〉: 3	输入阵列的层数"3"，回车
指定行间距 (---): 200	输入行间距"200"，回车
指定列间距 (|||): 200	输入列间距"200"，回车
指定层间距 (...): 200	输入层间距"200"，回车

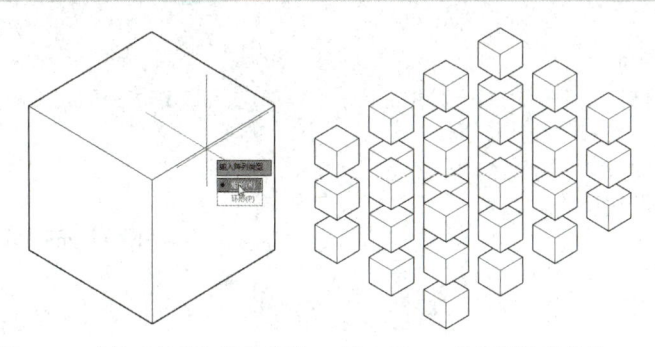

图 9-57　选择"矩形"阵列类型　　图 9-58　三维矩形阵列效果

（2）三维环形阵列

三维环形阵列是指通过指定阵列角度、阵列中心点和阵列数进行的阵列操作，如图9-59～图9-61所示。

命令行中的提示信息如下：

命令：_3darray	执行命令
选择对象：找到 1 个	选择实体，回车
选择对象：	
输入阵列类型 ［矩形(R)/环形(P)］〈矩形〉:p	选择"环形"阵列类型
输入阵列中的项目数目：8	输入阵列数"8"，回车
指定要填充的角度 (+=逆时针，-=顺时针)〈360〉:	回车，选择默认角度
旋转阵列对象？ ［是(Y)/否(N)］〈Y〉:	回车，选择"是"

| 指定阵列的中心点： | 指定旋转轴上的起点 |
| 指定旋转轴上的第二点： | 指定旋转轴上的终点 |

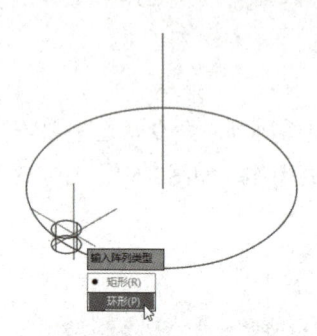

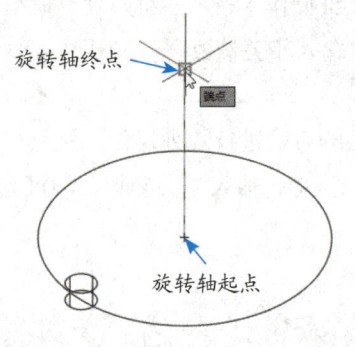

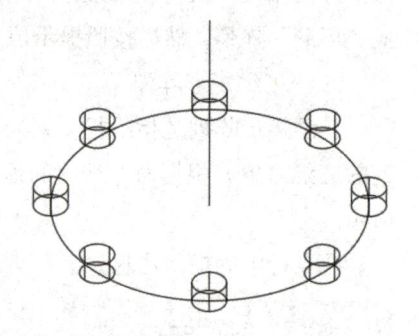

图 9-59 选择"环形"阵列类型　　图 9-60 指定阵列的中心点和第二点　　图 9-61 三维环形阵列效果

5. 三维对齐

利用"三维对齐"命令可将源对象与目标对象对齐。执行"三维对齐"命令，根据命令行中的提示信息，依次指定对齐平面上的基点和目标对齐的基点，即可完成操作，如图9-62、图9-63所示。

命令行中的提示信息如下：

```
命令：_3dalign
选择对象：找到 1 个                        选择实体，回车
选择对象：
 指定源平面和方向 ...
指定基点或 [复制(C)]：<打开对象捕捉>       指定对齐平面上的3个基点（1，2，3）
指定第二个点或 [继续(C)] <C>：
指定第三个点或 [继续(C)] <C>：
 指定目标平面和方向 ...
指定第一个目标点：                         指定目标对齐的3个基点（4，5，6）
指定第二个目标点或 [退出(X)] <X>：
指定第三个目标点或 [退出(X)] <X>：
```

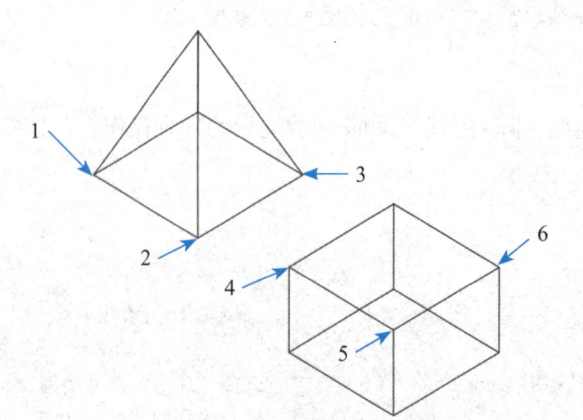

图 9-62 指定对齐的基点和目标点　　图 9-63 三维对齐结果

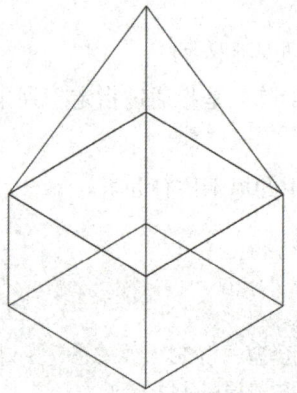

9.3.2 编辑三维实体

以上是通过各种三维命令对实体进行复制、移动等操作,如果要对实体本身进行修改,可使用实体编辑的相关命令,例如实体的倒角、抽壳、剖切和布尔运算等。在"常用"选项卡的"实体编辑"面板中选择所需命令,如图9-64所示。

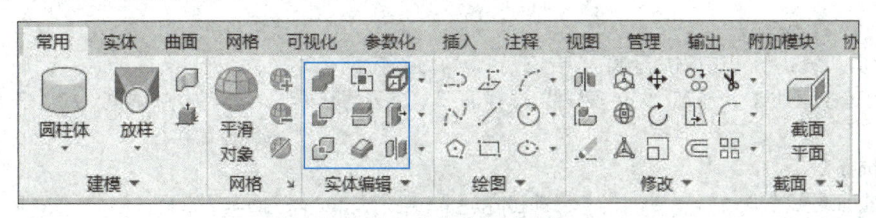

图9-64 "实体编辑"面板

1. 实体倒角

与二维倒角相似,三维实体倒角也分为倒圆角和倒直角。在执行命令时,可直接使用二维倒角命令。

(1) 三维倒圆角

在命令行中输入"F",按回车键,可启动"圆角"命令。根据命令行中的提示信息,选中倒圆角的边,并设置圆角半径,按两次回车键即可完成操作,如图9-65、图9-66所示。

命令行中的提示信息如下:

```
命令:F                                              执行命令
FILLET
当前设置:模式 = 修剪,半径 = 0.0000
选择第一个对象或 [放弃(U)/多段线(P)/半径(R)/修剪(T)/多个(M)]:
                                                    选择要倒圆角的边,回车
输入圆角半径或 [表达式(E)]:10                        输入半径值"10",回车
选择边或 [链(C)/环(L)/半径(R)]:                     再次回车,结束操作
已选定 1 个边用于圆角。
```

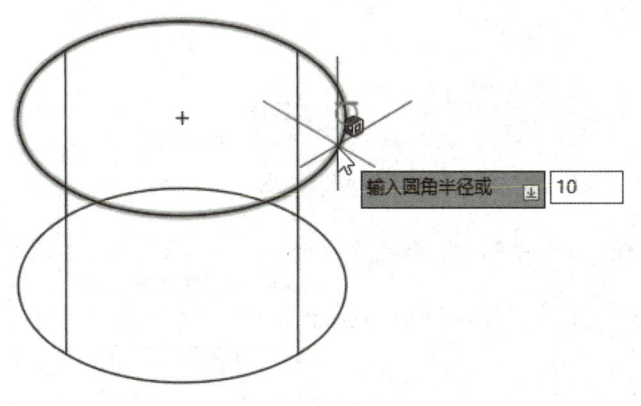

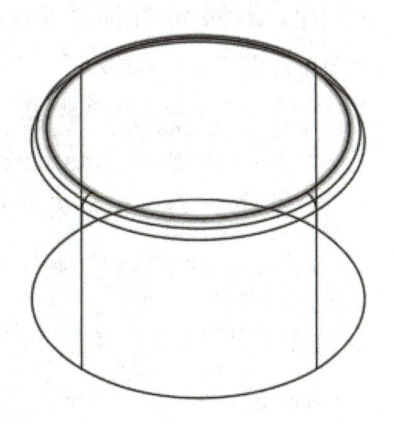

图9-65 输入圆角半径   图9-66 三维倒圆角效果

(2) 三维倒直角

在"修改"面板中执行"倒直角"命令，根据命令行中的提示信息，设置倒角距离值，并选择倒角边，即可完成操作，如图9-67～图9-69所示。

命令行中的提示信息如下：

```
命令：_chamfer                                      执行命令
("修剪"模式）当前倒角距离 1 = 0.0000，距离 2 = 0.0000
选择第一条直线或 ［放弃(U)/多段线(P)/距离(D)/角度(A)/修剪(T)/方式(E)/多个(M)］：
                                                    选择倒角边
基面选择...
输入曲面选择选项 ［下一个(N)/当前(OK)］ <当前(OK)>：回车，选择"当前"选项
指定基面倒角距离或 ［表达式(E)］：30                设置第一个倒角距离"30"，回车
指定其他曲面倒角距离或 ［表达式(E)］ <30.0000>：30  设置第二个倒角距离"30"，回车
选择边或 ［环(L)］：                                再次选择倒角边，回车，结束操作
选择边或 ［环(L)］：
```

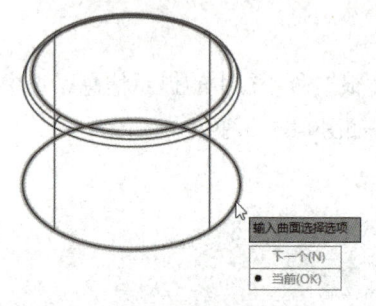

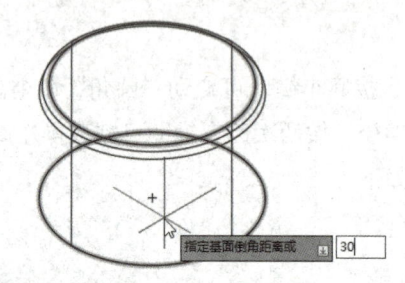

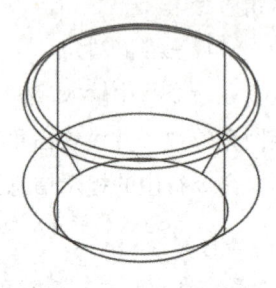

图9-67 输入曲面选择选项　　图9-68 指定倒角距离　　图9-69 最终倒直角效果

2. 实体抽壳

利用"抽壳"命令可以将三维实体转换为中空壳体，即创建具有一定厚度的壁，其厚度可根据需要指定。在"实体编辑"面板中单击"抽壳"按钮，根据命令行中的提示信息，进行抽壳操作，如图9-70～图9-72所示。

命令行中的提示信息如下：

```
命令：_solidedit                                    执行命令
实体编辑自动检查：SOLIDCHECK=1
输入实体编辑选项 ［面(F)/边(E)/体(B)/放弃(U)/退出(X)］ <退出>：_body
输入实体编辑选项
［压印(I)/分割实体(P)/抽壳(S)/清除(L)/检查(C)/放弃(U)/退出(X)］ <退出>：_shell
选择三维实体：                                      选择需抽壳的实体
删除面或 ［放弃(U)/添加(A)/全部(ALL)］：找到一个面，已删除 1 个。
                                                    选择要删除的面，回车
删除面或 ［放弃(U)/添加(A)/全部(ALL)］：
输入抽壳偏移距离：20                                输入偏移距离"20"，3次回车
已开始实体校验。
已完成实体校验。
```

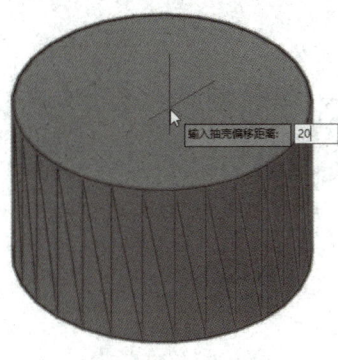

图 9-70　删除面　　　　　　图 9-71　输入抽壳偏移距离　　　　图 9-72　实体抽壳效果

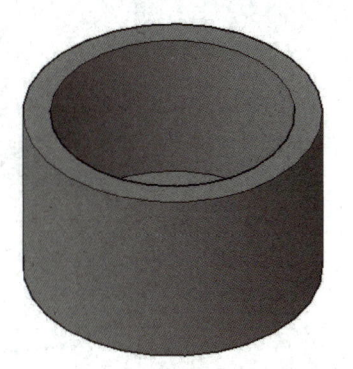

3. 实体剖切

利用"剖切"命令可以通过剖切现有实体创建新实体。可以通过多种方式定义剖切平面，包括指定点或者选择曲面或平面对象。在"实体编辑"面板中单击"剖切"按钮，根据命令行中的提示信息，在需剖切的实体上依次指定两个点以形成剖切面，并指定要保留的面上的任意一点，即可完成剖切操作，如图9-73～图9-75所示。

命令行中的提示信息如下：

```
命令：_slice                                                                执行命令
选择要剖切的对象：找到 1 个                                                 选择剖切实体，回车
选择要剖切的对象：
指定切面的起点或 [平面对象(O)/曲面(S)/z轴(Z)/视图(V)/xy(XY)/yz(YZ)/zx(ZX)/
三点(3)]＜三点＞：
指定平面上的第二个点：                                                      指定剖切平面上的两个点
在所需的侧面上指定点或 [保留两个侧面(B)]＜保留两个侧面＞：                  指定需保留面上的任意一点
```

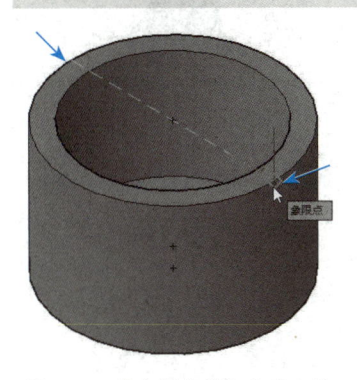

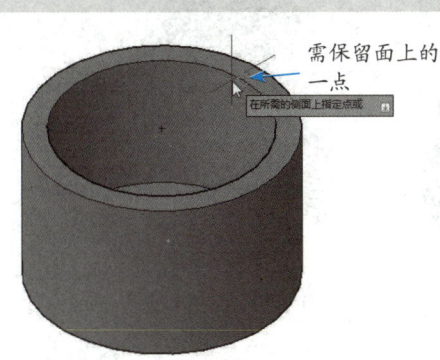

图 9-73　依次指定剖切平面上的两个点　　　图 9-74　指定需保留面上的任意一点　　　图 9-75　实体剖切结果

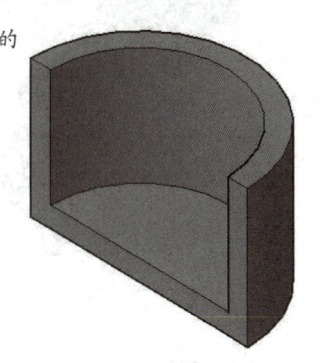

4. 布尔运算

利用布尔运算可以通过加减的方式使两个或两个以上的实体生成新的实体，在三维建模中该功能常被用到。AutoCAD中的布尔运算命令包括"并集""差集""交集"。

（1）并集

利用"并集"命令可以将两个或多个实体合并成一个新的复合实体。在"实体编辑"面板中单击"并集"按钮，选择所有合并的实体，然后按回车键，如图9-76、图9-77所示。

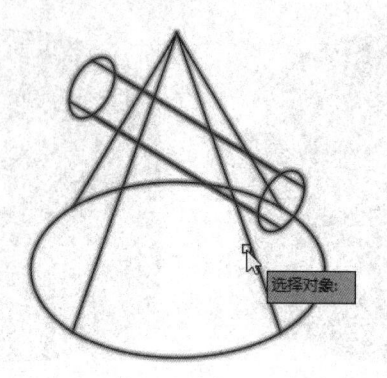

图 9-76 选择实体　　　　　　　　　　　图 9-77 并集效果

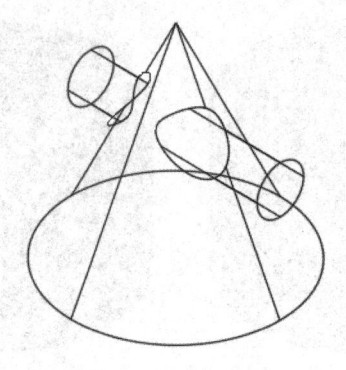

（2）差集

利用"差集"命令可以从一个或多个实体中减去其中之一或若干部分，从而得到一个新的实体。在"实体编辑"面板中单击"差集"按钮，选择实体，然后选择要从中减去的实体、曲面或面域，按回车键，如图9-78～图9-80所示。

命令行中的提示信息如下：

```
命令：_subtract 选择要从中减去的实体、曲面和面域…      执行命令
选择对象：找到 1 个                                   选择剖切实体，回车
选择对象：
选择要减去的实体、曲面和面域…
选择对象：找到 1 个                                   选择要减去的实体，回车
选择对象：
```

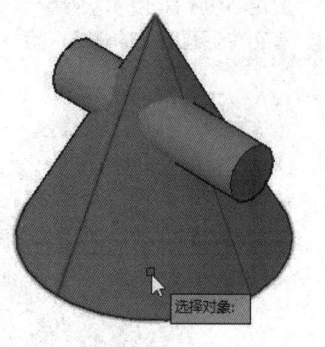

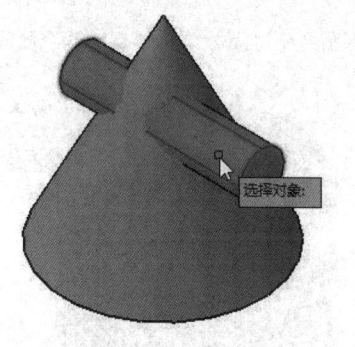

图 9-78 选择实体　　　　图 9-79 选择要减去的实体　　　　图 9-80 差集效果

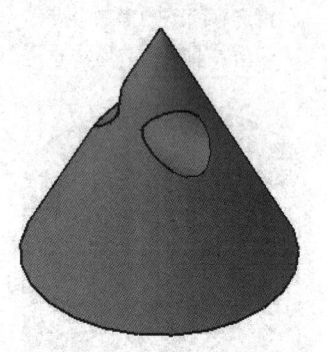

（3）交集

利用"交集"命令可以从两个以上重叠实体的公共部分创建复合实体。在"实体编辑"面板中单击"交集"按钮，选中所有实体，然后按回车键，如图9-81、图9-82所示。

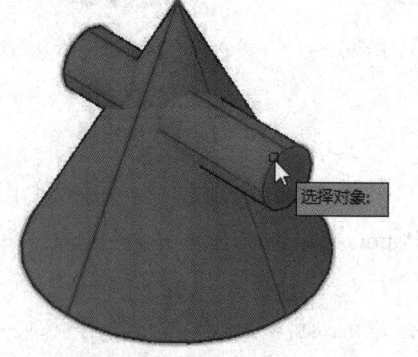

图 9-81 选择实体　　　　　　　　　　　图 9-82 交集效果

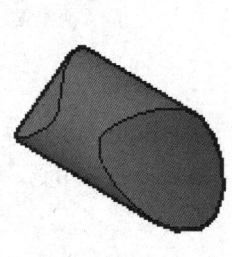

9.3.3 编辑三维实体面

除了对创建的实体进行编辑操作外，也可对当前实体的面进行编辑，例如拉伸、旋转、偏移等。

1. 拉伸面

利用"拉伸面"命令可以通过选择一个实体的面，并指定一个高度和倾斜角度或指定一条拉伸路径，使实体的面被拉伸以形成新的实体。可以作为拉伸路径的曲线有直线、圆、圆弧、椭圆、椭圆弧、多段线和样条曲线等。

在"实体编辑"面板中单击"拉伸面"按钮，选择要拉伸的面，输入拉伸高度和倾斜角度，即可完成操作，如图9-83～图9-85所示。

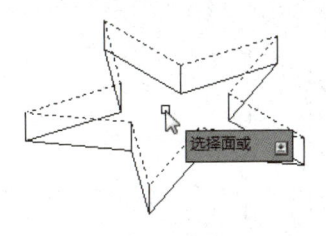

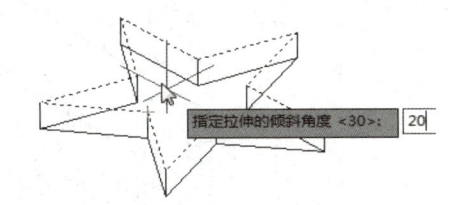

图9-83 选择面　　　　图9-84 指定拉伸的倾斜角度　　　　图9-85 拉伸面效果

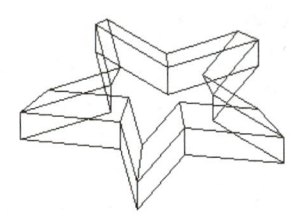

2. 旋转面

利用"旋转面"命令可将实体面沿着指定的旋转轴和方向进行旋转，从而改变三维实体的形状。

在"实体编辑"面板中单击"旋转面"按钮，选择所需实体面和旋转轴，输入旋转角度，即可完成操作，如图9-86～图9-88所示。

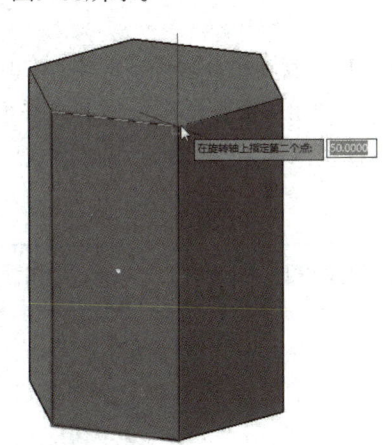

图9-86 选择面　　　　图9-87 在旋转轴上指定点　　　　图9-88 旋转面效果

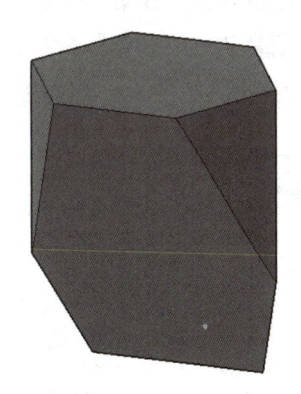

3. 偏移面

利用"偏移面"命令可按指定的距离均匀地偏移面。将现有的面从原始位置向内或向外偏移指定的距离，从而创建新的面，与偏移线段操作相似。

在"实体编辑"面板中单击"偏移面"按钮，选择要偏移的面，然后输入偏移距离即可。

上手操作 绘制储物柜实体模型

下面利用三维实体编辑命令绘制储物柜实体模型。

步骤 01 将视图设置为"西南等轴测视图"。执行"长方体"命令，绘制一个长1 200 mm、宽350 mm、高1 000 mm的长方体，如图9-89所示。

步骤 02 继续执行"长方体"命令，绘制长300 mm、宽10 mm、高950 mm和长825 mm、宽10 mm、高295 mm的两个长方体，将其作为柜门面板，放置在长方体的合适位置，如图9-90所示。

> **知识点拨**
> 可以通过切换三维视图模式调整柜门的摆放位置。

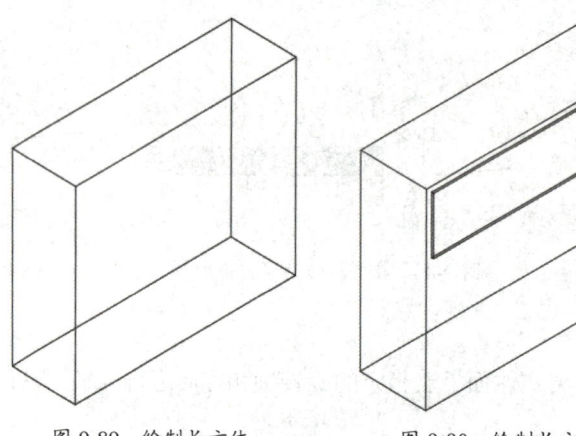

图 9-89 绘制长方体　　　图 9-90 绘制长方体

步骤 03 执行"复制"命令，将横向面板向下进行复制，然后放置在长方体的合适位置，如图9-91所示。

步骤 04 执行"并集"命令，将所有长方体合并为一个实体，如图9-92所示。

步骤 05 执行"圆角"命令，对储物柜的4个直角进行倒圆角操作，设置圆角半径为50 mm，如图9-93所示。至此，储物柜实体模型制作完毕。

> **知识点拨**
> 在三维空间中，三维复制与二维复制是同一个命令，可以直接使用二维复制命令进行操作。

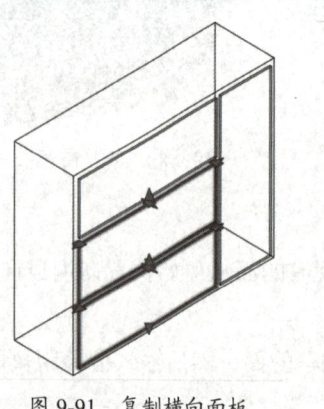

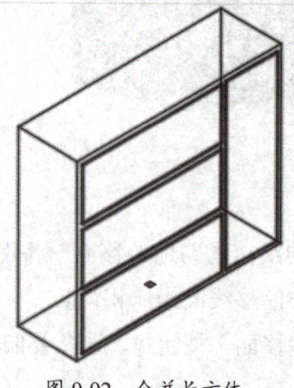

图 9-91 复制横向面板　　　图 9-92 合并长方体　　　图 9-93 倒圆角效果

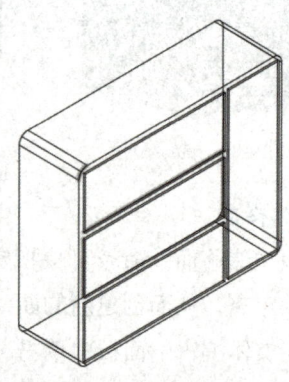

9.4 材质、灯光与渲染

AutoCAD提供了很强的渲染功能，可以在模型中添加多种类型的光源，也可以为三维模型附加材质，还可以将渲染图像以多种文件格式输出。

■ 9.4.1 材质的应用

AutoCAD能够为创建的模型赋予相关材质，以增强模型的真实感。在"可视化"选项卡的"材质"面板中单击"材质浏览器"按钮，如图9-94所示。

图9-94 单击"材质浏览器"按钮

在打开的"材质浏览器"面板中单击"主视图"折叠按钮，选择"Autodesk库"选项，可打开所有材质列表，如图9-95所示。选中实体模型，在材质列表中右击要添加的材质名称，在弹出的快捷菜单中选择"指定给当前选择"命令，如图9-96所示，即可将该材质赋予模型。

如果需要对当前添加的材质进行修改，可在"材质浏览器"面板中双击该材质，在"材质编辑器"面板中进行相关修改，如图9-97所示。

图9-95 打开材质列表　　图9-96 选择"指定给当前选择"命令　　图9-97 修改材质

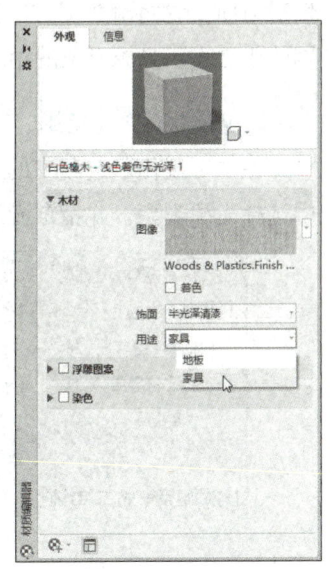

9.4.2 基本光源的应用

光源的设置是进行模型渲染操作不可缺少的一步。光源主要起照亮模型的作用，使三维实体模型在渲染过程中能够得到最真实的效果。

1. 光源类型

正确的光源对于在绘图时显示着色三维模型和创建渲染非常重要。在AutoCAD中，光源的类型包括点光源、聚光灯、平行光和光域网。

（1）点光源

点光源是从其所在位置向四周发射光线，它不是只向一个方向发射一条光线，照射的模型会产生较为明显的阴影效果。

（2）聚光灯

聚光灯发射定向锥形光。它与点光源类似，也是从一点发光，但点光源的光线没有指定的方向，而聚光灯可以沿着指定的方向发出锥形光束。

（3）平行光

平行光的光源仅向一个方向发射统一的平行光线。需要指定光源的起始位置和发射方向，从而定义平行光线的方向。

（4）光域网

光域网是光源的灯光强度分布在三维空间中的表示方式，它也需要指定光源的起始位置和发射方向。它将测角图扩展到三维，以便同时检查照度对垂直角度和水平角度的依赖性。光域网的中心表示光源对象的中心。

2. 创建并设置光源

在"可视化"选项卡的"光源"面板中单击"创建光源"右侧的下拉按钮，在其下拉列表中选择光源类型，并指定光源的位置，如图9-98所示。

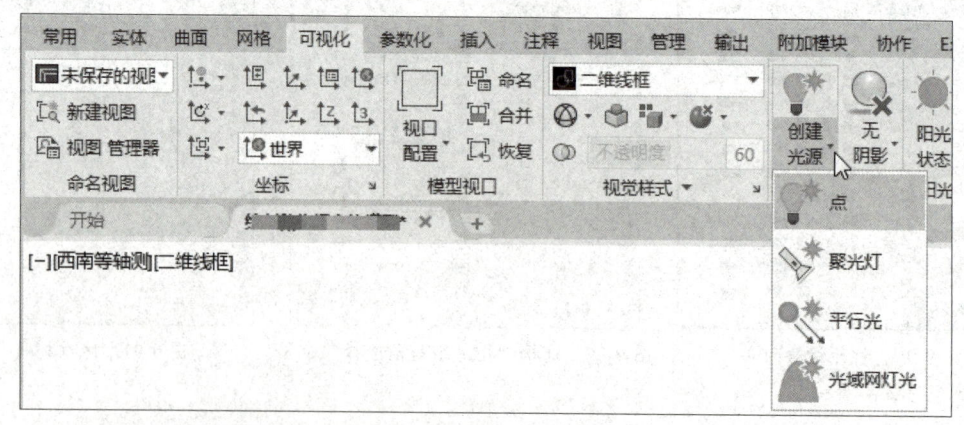

图 9-98 单击"创建光源"右侧的下拉按钮

为了使图形渲染效果更为逼真，需要对创建的光源进行多次设置。可通过"光源列表"对当前光源的属性进行修改。单击"光源"面板右侧的小按钮，打开"模型中的光源"面板。该面板按照光源的名称和类型列出了当前图形中的所有光源。右击所需光源，从弹出的快捷菜单中选择"特性"命令，如图9-99所示。在打开的"特性"面板中可对光源的"过滤颜色""强度因子"等参数进行调整，如图9-100所示。

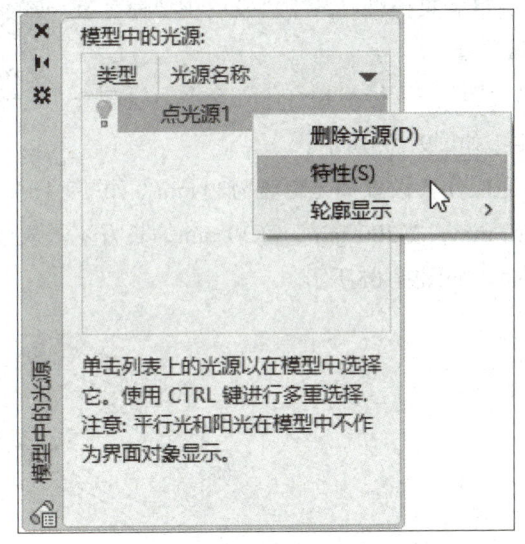

图 9-99　选择"特性"命令

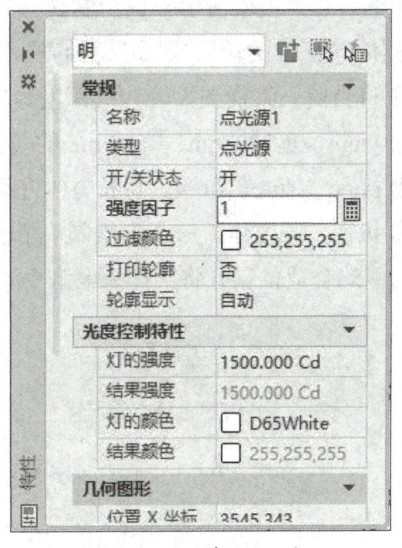

图 9-100　"特性"面板

■9.4.3　三维模型的渲染

完成材质、灯光的创建后，就可以将模型输出了。利用AutoCAD中的渲染器可以生成真实、准确的模拟光照效果，包括光线跟踪反射、折射和全局照明等。

在"可视化"选项卡的"渲染"面板中单击"渲染到尺寸"下方的下拉按钮，在其下拉列表中选择出图尺寸大小，如图9-101所示，完成设置后再次单击"渲染到尺寸"按钮，即可将当前模型进行渲染，如图9-102所示。

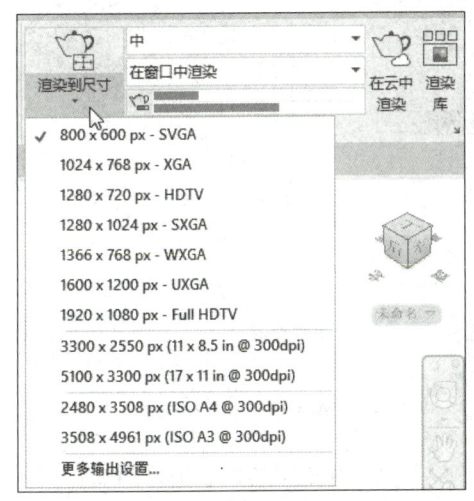

图 9-101　选择尺寸大小

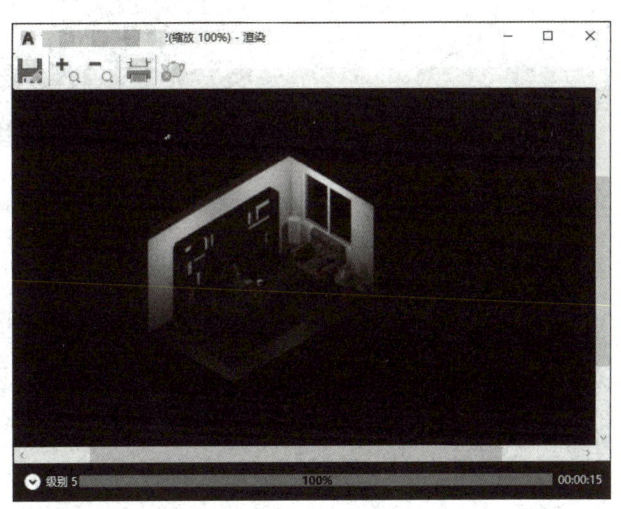

图 9-102　渲染模型

实战演练 绘制折叠电脑桌模型

本例结合本模块所学知识绘制简易的折叠电脑桌模型，其中涉及的主要命令有"长方体""三维旋转""圆角""抽壳""面域"等。

步骤01 将当前三维视图设置为"西南等轴测视图"。执行"长方体"命令，绘制一个长460 mm、宽220 mm、高40 mm的长方体，如图9-103所示。

步骤02 执行"抽壳"命令，将长方体进行抽壳操作，设置抽壳距离为20 mm，如图9-104所示。

步骤03 执行"长方体"命令，绘制一个长280 mm、宽200 mm、高20 mm的长方体，放至抽壳实体右侧的合适位置，将其作为电脑桌的桌面，如图9-105所示。

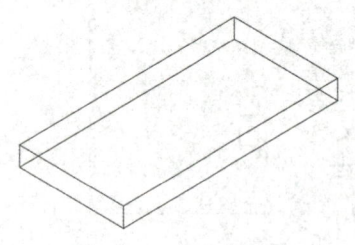

图 9-103 绘制长方体 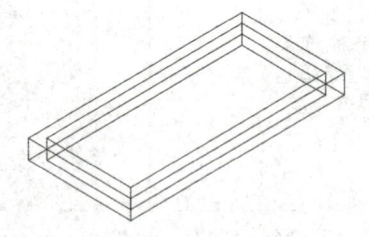　　图 9-104 抽壳效果 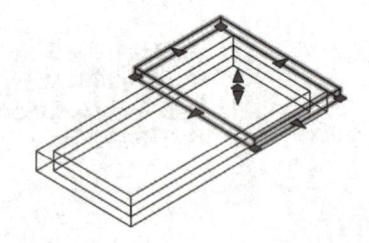　　图 9-105 绘制并放置长方体

步骤04 继续执行"长方体"命令，绘制一个长300 mm、宽280 mm、高20 mm的长方体，放至抽壳实体左侧的合适位置，如图9-106所示。

步骤05 执行"三维旋转"命令，将第2个长方体绕x轴进行旋转，设置旋转角度为45°，如图9-107、图9-108所示。

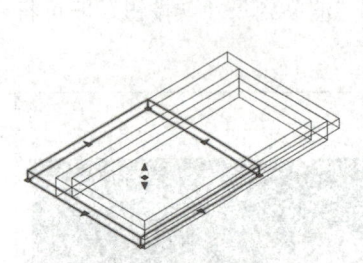

图 9-106 绘制并放置长方体 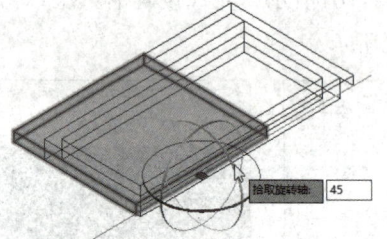　　图 9-107 拾取旋转轴 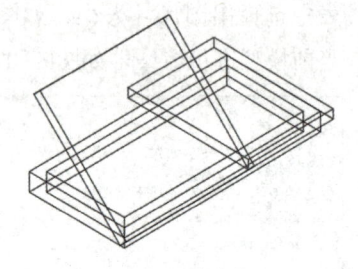　　图 9-108 三维旋转效果

命令行中的提示信息如下：

命令：_3drotate	执行命令
UCS 当前的正角方向：ANGDIR=逆时针 ANGBASE=0	
选择对象：找到 1 个	选择长方体，回车
选择对象：	
指定基点：	指定长方体下边线的中点
拾取旋转轴：	选择 x 轴
指定角的起点或键入角度：45	输入角度值"45"，回车
正在重生成模型。	

步骤 06 将三维视图设置为"左视图"。执行"直线"命令,并启动"极轴追踪"功能,将增量角设置为30°,绘制支撑架,如图9-109所示。

步骤 07 执行"偏移"命令,将绘制的直线向外偏移20 mm,然后执行"弧线"命令,连接直线,使其形成一个封闭的图形,如图9-110所示。

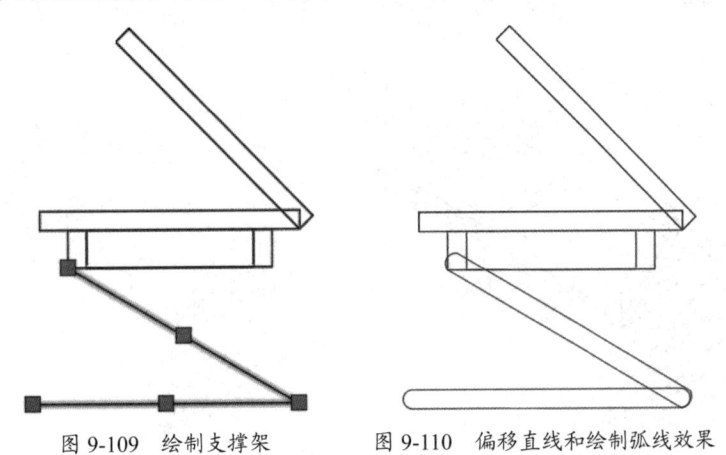

图 9-109 绘制支撑架　　图 9-110 偏移直线和绘制弧线效果

步骤 08 在"绘图"面板中单击"面域"按钮,选择支撑架斜轮廓线,按回车键,将其设置为第1个面域,如图9-111所示。

步骤 09 继续执行"面域"命令,选择支撑架水平轮廓线,按回车键,将其设置为第2个面域,如图9-112所示。

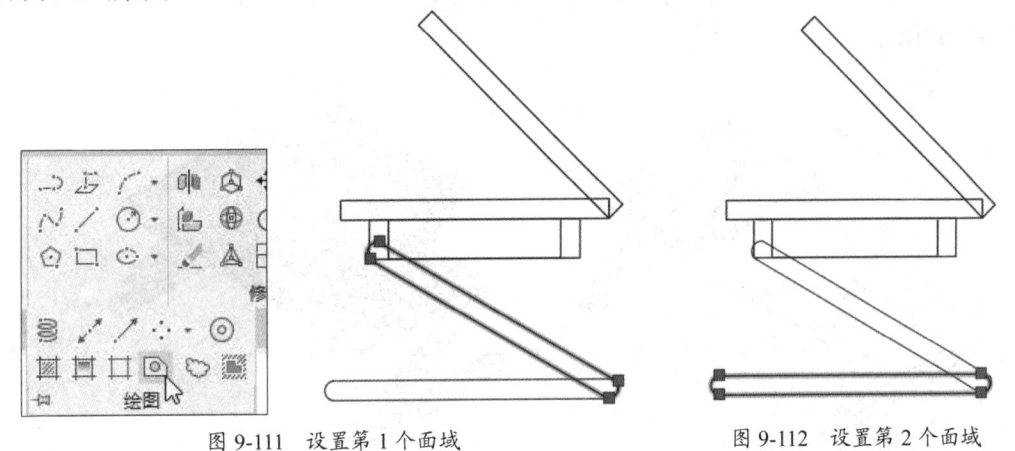

图 9-111 设置第 1 个面域　　图 9-112 设置第 2 个面域

步骤 10 将三维视图设置为"西南等轴测视图"。执行"拉伸"命令,将设置的两个面域拉伸为三维实体,设置拉伸距离为20 mm,如图9-113所示。

步骤 11 在命令行中输入"UCS",按两次回车键,恢复默认三维坐标系。执行"三维镜像"命令,将拉伸后的支撑架模型以桌面中线为镜像平面进行镜像复制,如图9-114所示。

命令行中的提示信息如下:

命令:_mirror3d	执行命令
选择对象:找到 1 个	
选择对象:找到 1 个,总计 2 个	选择两个支撑架实体,回车
选择对象:	

· 195 ·

```
指定镜像平面 (三点) 的第一个点或
[对象(O)/最近的(L)/Z 轴(Z)/视图(V)/XY 平面(XY)/YZ 平面(YZ)/ZX 平面(ZX)/
三点(3)]<三点>: 在镜像平面上指定第二点: 在镜像平面上指定第三点:
                                                       捕捉桌面上的 3 个中点
是否删除源对象? [是(Y)/否(N)]<否>:                    选择"否"选项,完成操作
```

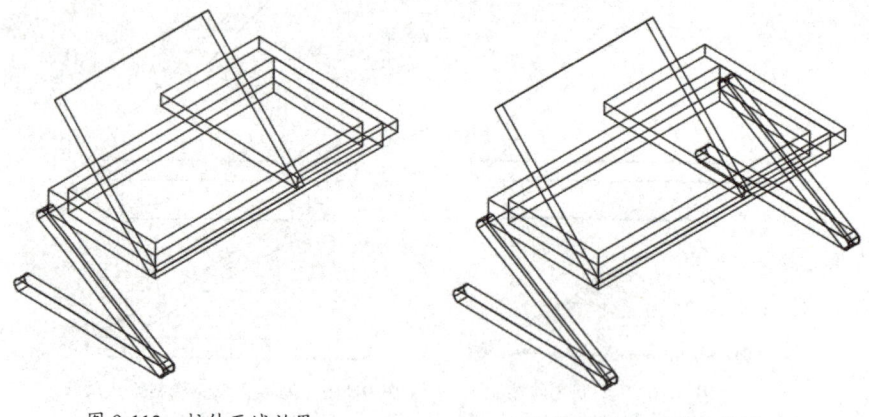

图 9-113 拉伸面域效果　　　　　　　图 9-114 镜像支撑架

步骤 12 执行"圆角"命令,对桌面边线进行倒圆角操作,设置圆角半径为10 mm,结果如图9-115所示。

步骤 13 将当前视觉样式设置为"概念"样式,观察制作效果。至此,折叠电脑桌模型的最终效果如图9-116所示。

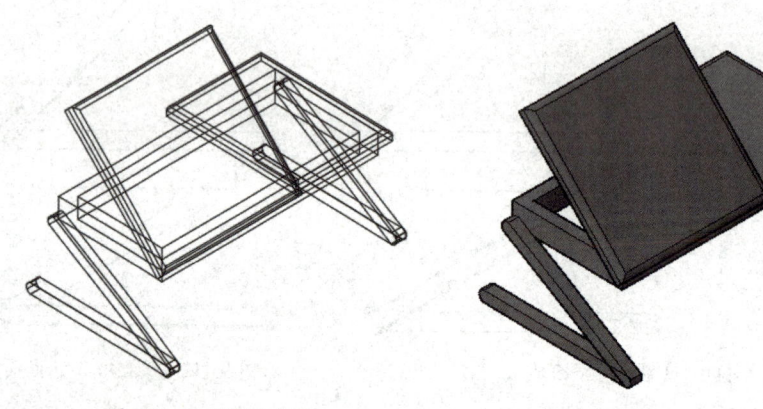

图 9-115 倒圆角效果　　　　　　　图 9-116 最终效果

拓展阅读

虚拟照进现实——3D 打印技术中的伦理思考

当我们在 CAD 中轻松旋转三维模型时,深圳某公司却因擅自扫描复制传统村落建筑数字模型引发争议。这提醒我们:技术能力需与法律意识同行。故宫养心殿修缮时,团队用三维激光扫描生成 26 万张图纸,所有数据加密存储,这种对技术成果的审慎态度,正是新时代设计师应具备的数字伦理素养。

课后作业

1. 创建落地灯实体模型

利用"圆柱体""矩形""拉伸""三维阵列"命令创建落地灯实体模型,效果如图9-117所示。

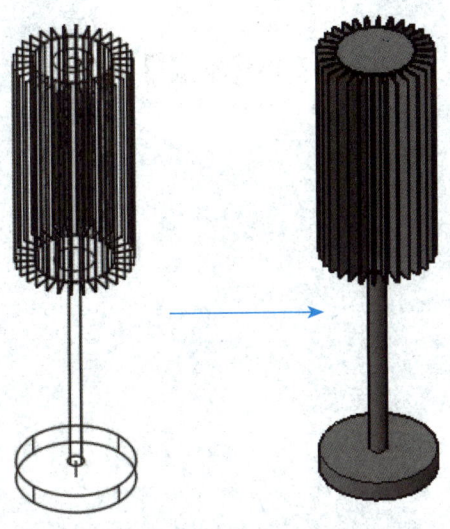

图 9-117 创建落地灯实体模型

操作提示

- 执行"圆柱体"命令,创建灯座及支撑杆模型。
- 执行"矩形""拉伸""三维阵列"命令,创建灯罩模型。

2. 创建烟灰缸实体模型

利用"长方体""圆角""差集"等三维命令创建烟灰缸实体模型,效果如图9-118所示。

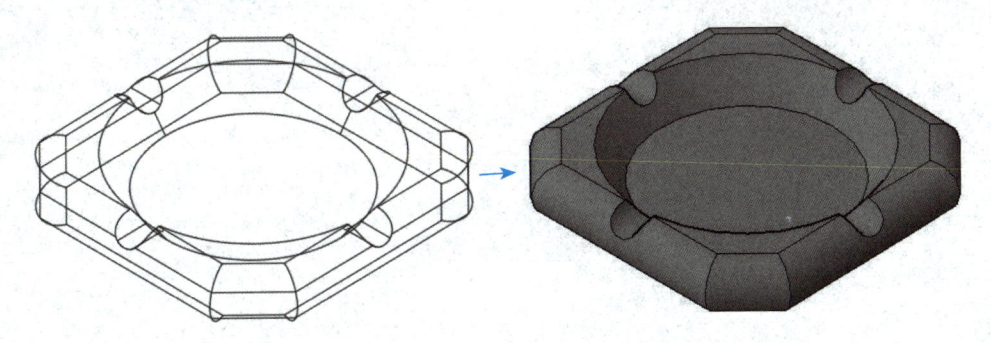

图 9-118 创建烟灰缸实体模型

操作提示

- 执行"长方体""抽壳""圆角"命令,创建烟灰缸模型。
- 执行"圆柱体""差集"命令,修饰烟灰缸模型。

模块 10

绘制室内常用图块

内容概要

本模块将综合所有绘图命令，绘制室内图纸中常用的一些图块，例如家用电器图块、家具图块、厨卫图块等。将这些图块保存下来，并根据需要调入各类设计图中，可以加快制图速度，提高绘图效率。

知识要点

- 绘制家用电器图块。
- 绘制家具图块。
- 绘制厨具、洁具图块。

数字资源

【本模块素材】："素材文件\模块10"目录下

10.1 常用电器图块

设计图纸中常用的电器图块包括空调、洗衣机、冰箱、电视等。下面结合绘图命令对家电图块进行绘制。

■ 10.1.1 绘制冰箱图块

冰箱平面图块的绘制方法如下：

步骤01 执行"矩形"命令，绘制长650 mm、宽600 mm的矩形，执行"分解"命令，将矩形进行分解，如图10-1所示。

步骤02 执行"偏移"命令，将矩形边线向内偏移，偏移尺寸如图10-2所示。

步骤03 执行"矩形"命令，绘制长580 mm、宽20 mm的矩形。执行"旋转"命令，将矩形旋转15°，将其作为冰箱门，如图10-3所示。

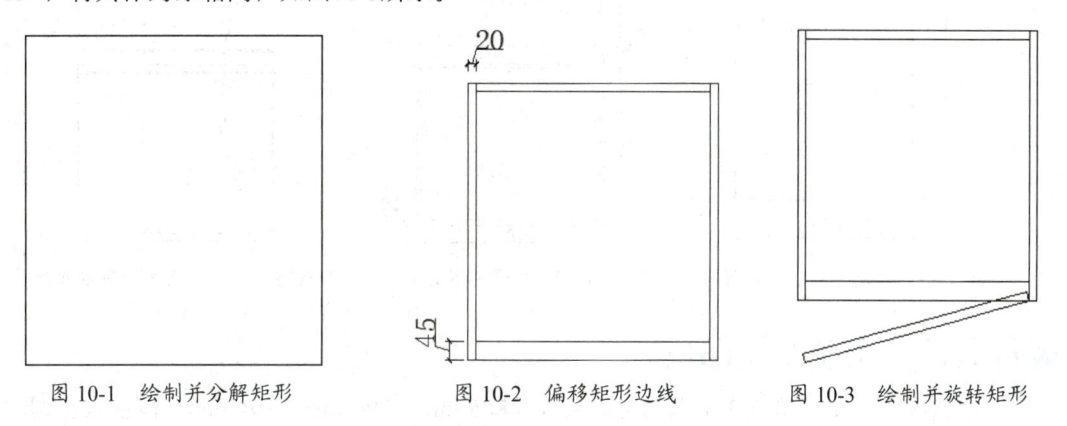

图 10-1 绘制并分解矩形　　图 10-2 偏移矩形边线　　图 10-3 绘制并旋转矩形

步骤04 执行同样的操作，绘制长520 mm、宽25 mm和长520 mm、宽50 mm的两个矩形，并进行旋转，如图10-4所示。

步骤05 执行"偏移"和"修剪"命令，完成冰箱平面图块的绘制，如图10-5所示。

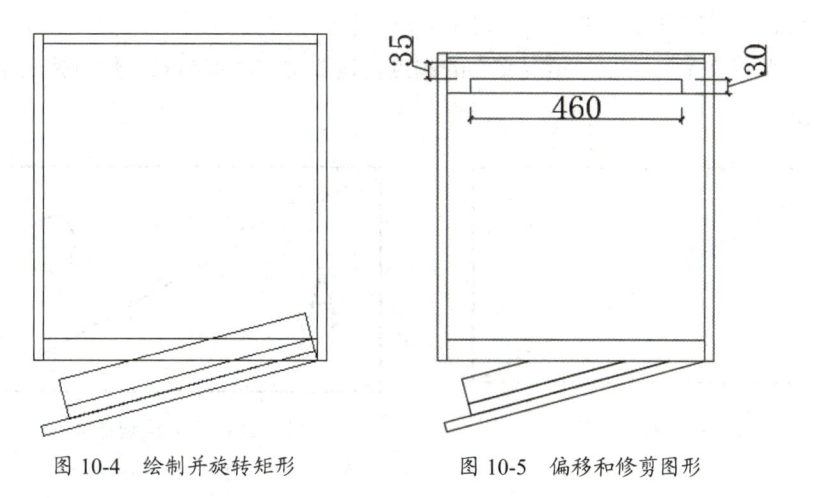

图 10-4 绘制并旋转矩形　　图 10-5 偏移和修剪图形

可在冰箱平面图块的基础上绘制冰箱立面图块，具体操作如下：

步骤01 执行"直线"命令，根据冰箱平面图的尺寸，绘制冰箱立面轮廓，如图10-6所示。

步骤02 执行"偏移"命令，将冰箱边线向内偏移，如图10-7所示。

步骤03 执行"修剪"命令，将偏移的边线进行修剪。执行"弧线"命令，绘制冰箱把手，如图10-8所示。至此，冰箱立面图块绘制完成。

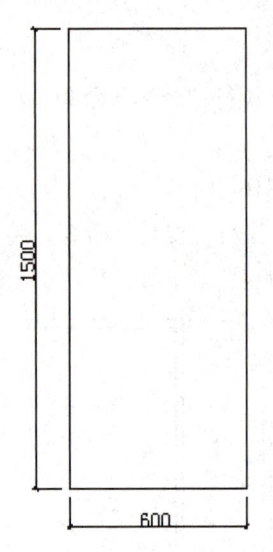

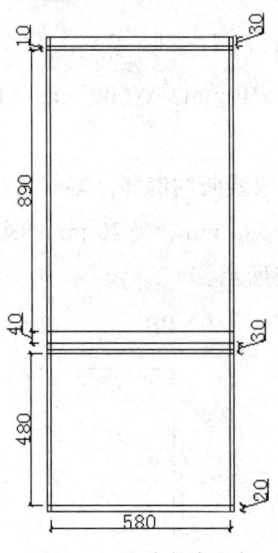

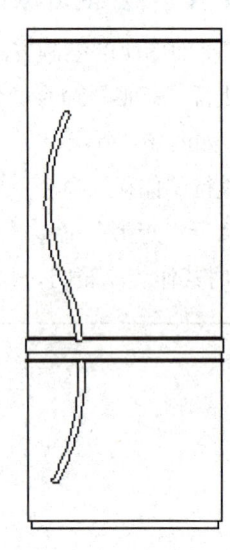

图 10-6 绘制冰箱立面轮廓　　图 10-7 偏移冰箱边线　　图 10-8 修剪边线并绘制冰箱把手

■ 10.1.2　绘制空调图块

一般情况下，家用壁挂式空调的常规尺寸为885 mm × 290 mm × 194 mm，落地式空调的常规尺寸为（500 mm～550 mm）×（1 700 mm～1 800 mm）×（280 mm～350 mm）。下面以落地式空调为例，绘制其平面图块。

步骤01 执行"矩形"命令，绘制一个长550 mm、宽300 mm的矩形。执行"直线"命令，绘制矩形的对角线，如图10-9所示。

步骤02 执行"单行文字"命令，指定文字的起点，设置文字高度为85，然后输入空调标识符，如图10-10所示。

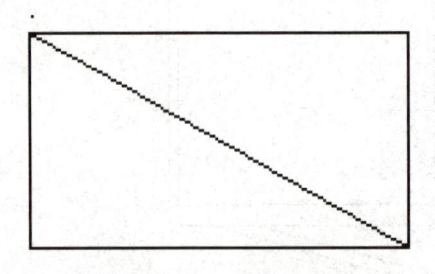

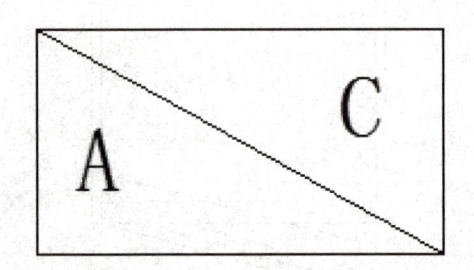

图 10-9 绘制图形　　图 10-10 输入空调标识符

下面根据空调平面图块绘制空调立面图块。

步骤01 执行"直线"命令，根据平面图的尺寸，绘制空调的立面轮廓。执行"圆角"命令，对该轮廓线进行倒圆角操作，设置圆角半径为50 mm，如图10-11所示。

步骤02 执行"偏移"命令，绘制空调出风口和进风口轮廓，如图10-12所示。

步骤03 执行"偏移"命令偏移绘制的图形，并执行"修剪"命令对图形进行修剪，如图10-13所示。

步骤04 执行"插入块"命令，将空调商标及开关面板图标插入图形的合适位置，如图10-14所示。至此，落地式空调立面图块绘制完成。

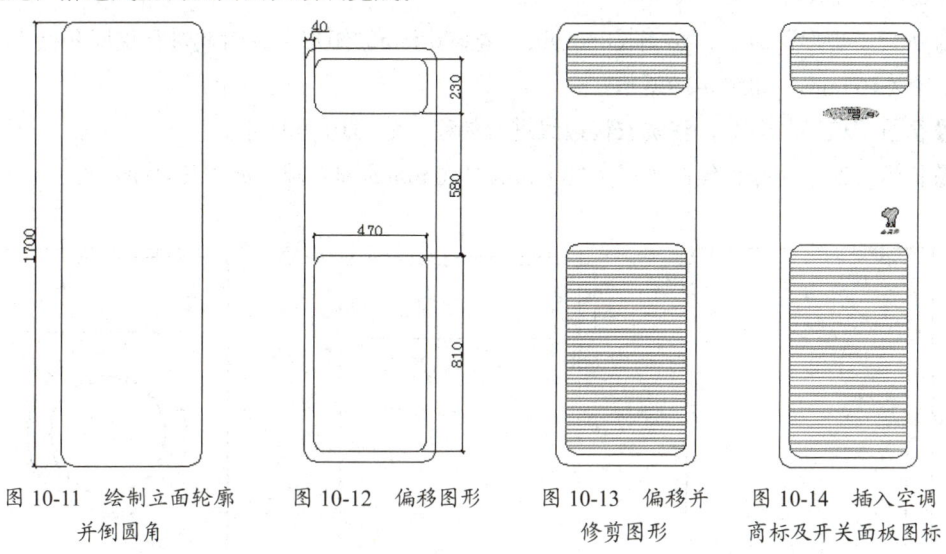

图 10-11 绘制立面轮廓并倒圆角   图 10-12 偏移图形   图 10-13 偏移并修剪图形   图 10-14 插入空调商标及开关面板图标

10.1.3 绘制洗衣机图块

洗衣机的尺寸规格是根据其容量设定的，容量越大，尺寸就越大。普通家用洗衣机的容量为2 kg～8 kg，尺寸约为（600 mm×500 mm×600 mm）～（850 mm×600 mm×600 mm）。下面以2 kg容量的洗衣机为例，绘制其平面图块。

步骤01 执行"矩形"命令，绘制长600 mm、宽550 mm的矩形。执行"偏移"命令，将矩形向内偏移20 mm，如图10-15所示。

步骤02 将内部的矩形进行分解。执行"偏移"命令，将线段进行偏移，然后执行"圆"命令，绘制圆形，将其作为开关按钮，如图10-16所示。

步骤03 执行"圆角"命令，对洗衣机轮廓进行倒圆角操作，设置圆角半径为50 mm，如图10-17所示。

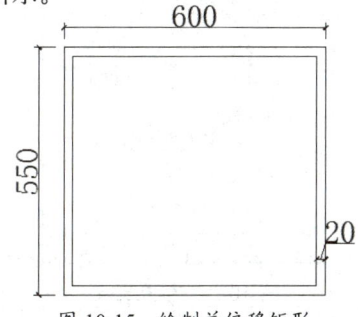

图 10-15 绘制并偏移矩形 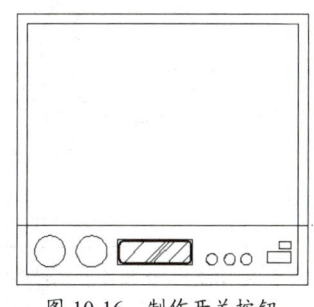   图 10-16 制作开关按钮 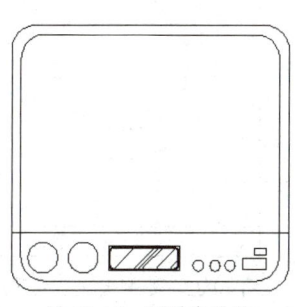   图 10-17 倒圆角效果

步骤 04 执行"单行文字"命令，在平面图上输入文字"洗衣机"，如图10-18所示。至此，洗衣机平面图块绘制完成。

图 10-18 输入文字

下面根据洗衣机平面图块绘制其立面图块。

步骤 01 执行"矩形"命令，绘制长850 mm、宽600 mm的矩形，并对其进行倒圆角操作，设置圆角半径为50 mm，如图10-19所示。

步骤 02 执行"偏移"命令，将洗衣机边线进行偏移，如图10-20所示。

步骤 03 执行"圆"命令，绘制半径为200 mm和140 mm的同心圆，如图10-21所示。

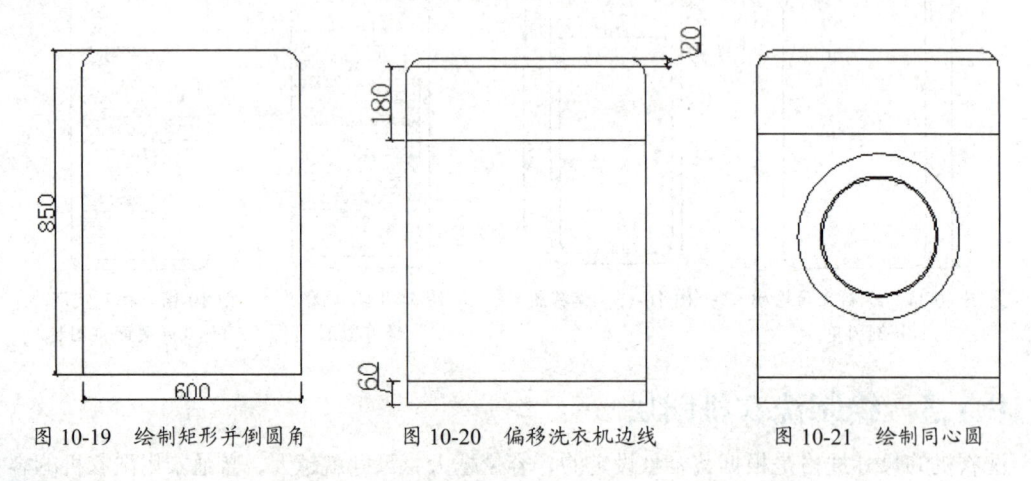

图 10-19 绘制矩形并倒圆角　　图 10-20 偏移洗衣机边线　　图 10-21 绘制同心圆

步骤 04 执行"偏移"和"直线"命令，绘制盖板手柄图形，如图10-22所示。

步骤 05 执行"矩形"和"圆"命令，绘制洗衣机操作面板图形，如图10-23所示。

步骤 06 执行"图案填充"命令，为洗衣机填充合适图案，如图10-24所示。至此，洗衣机立面图块绘制完成。

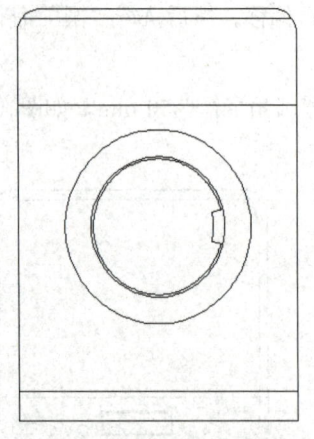

图 10-22 绘制盖板手柄图形 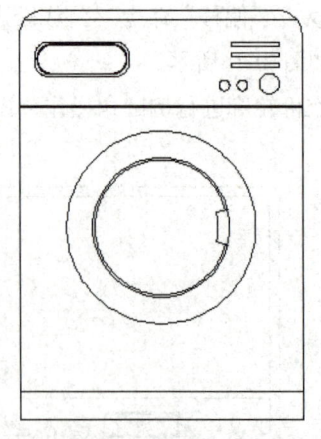　　图 10-23 绘制洗衣机操作面板图形 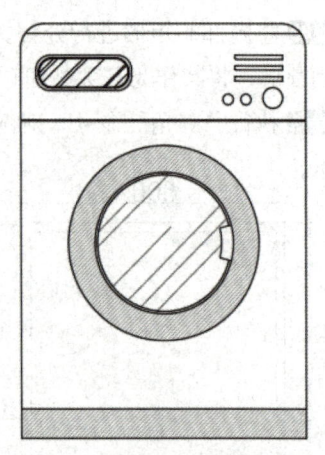　　图 10-24 填充图案

10.2 常用家具图块

家具图块在设计图中是必不可少的，例如沙发、床、各类桌椅等。下面对这些图块的绘制进行讲解。

■ 10.2.1 绘制沙发图块

沙发分为单人沙发、双人沙发、多人沙发、沙发组合等。下面以绘制三人沙发为例，讲解其平面图块的绘制方法。

步骤01 执行"矩形"命令，绘制长1 950 mm、宽850 mm的矩形，如图10-25所示。

步骤02 执行"分解"命令，将该矩形分解。执行"偏移"命令，将矩形向内偏移，偏移尺寸如图10-26所示。

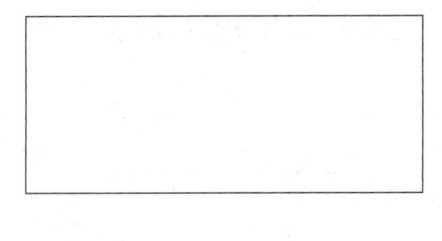

图10-25 绘制矩形

图10-26 分解并偏移矩形

步骤03 执行"修剪"命令，修剪多余的线段，如图10-27所示。

步骤04 执行"偏移"命令，将沙发坐垫线段向外偏移60 mm，如图10-28所示。

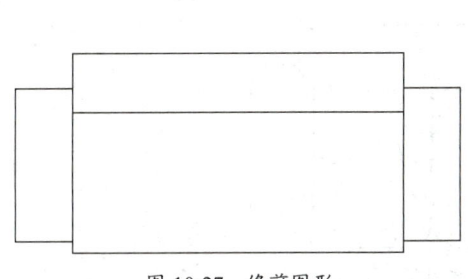

图10-27 修剪图形

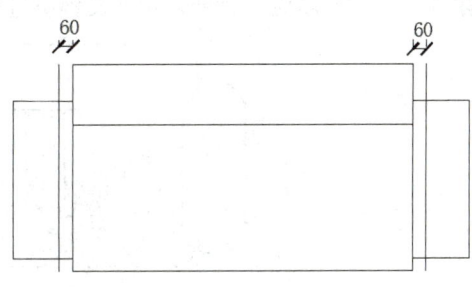

图10-28 偏移图形

步骤05 执行"圆角"命令，将圆角半径设置为0，修剪图形，如图10-29所示。

步骤06 执行"延伸"命令，延伸沙发靠背线段，如图10-30所示。

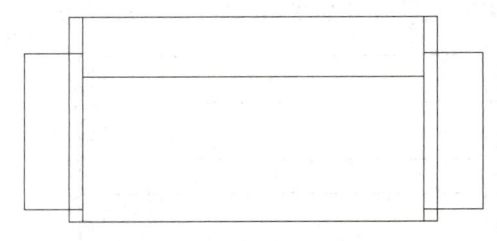

图10-29 倒圆角并修剪图形

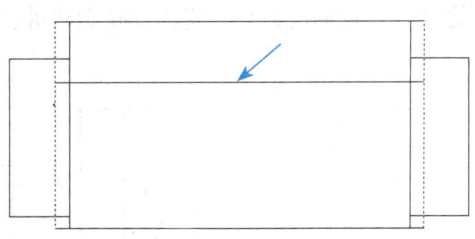

图10-30 延伸线段

步骤 07 执行"修剪"命令，对沙发图形进行修剪，如图10-31所示。

步骤 08 执行"定数等分"命令，将沙发坐垫边线等分成3份。执行"直线"命令，绘制等分线，如图10-32所示。

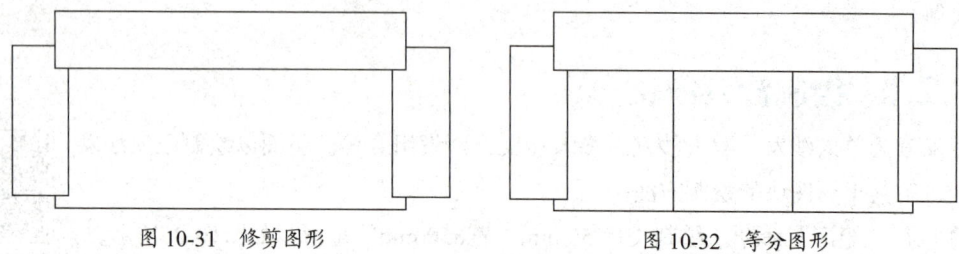

图 10-31　修剪图形　　　　　　　图 10-32　等分图形

步骤 09 执行"圆角"命令，对沙发扶手、靠背图块进行倒圆角操作，设置圆角半径为100 mm，如图10-33所示。

步骤 10 将等分线各向两侧偏移2 mm，并执行"打断"命令，以等分点为基点进行打断，然后对沙发坐垫进行倒圆角操作，如图10-34所示。

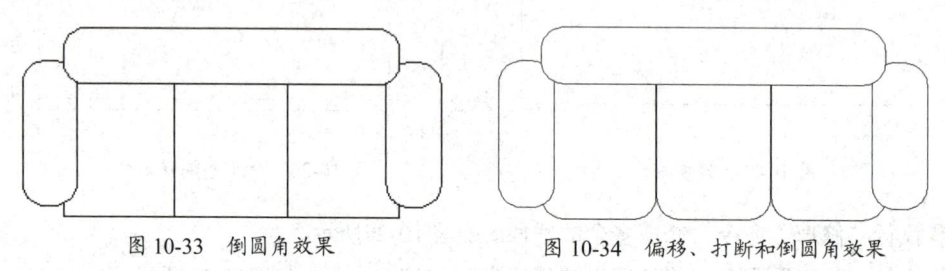

图 10-33　倒圆角效果　　　　　　图 10-34　偏移、打断和倒圆角效果

步骤 11 执行"图案填充"命令，对沙发坐垫进行填充，效果如图10-35所示。

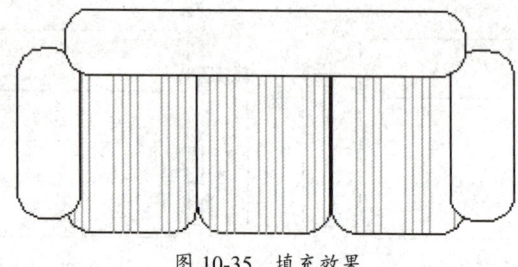

图 10-35　填充效果

下面根据沙发平面图块绘制其立面图块。

步骤 01 执行"直线"命令，沿着沙发外轮廓线绘制长880 mm的直线段，如图10-36所示。

步骤 02 执行"偏移"命令，将沙发轮廓线进行偏移，偏移尺寸如图10-37所示。

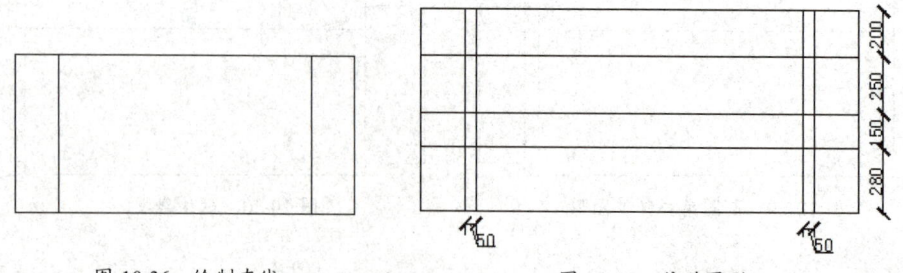

图 10-36　绘制直线　　　　　　　图 10-37　偏移图形

步骤 03 执行"修剪"命令，对沙发轮廓进行修剪，如图10-38所示。

步骤 04 执行"定数等分"命令，将沙发靠背进行等分。执行"直线"命令，绘制等分线，如图10-39所示。

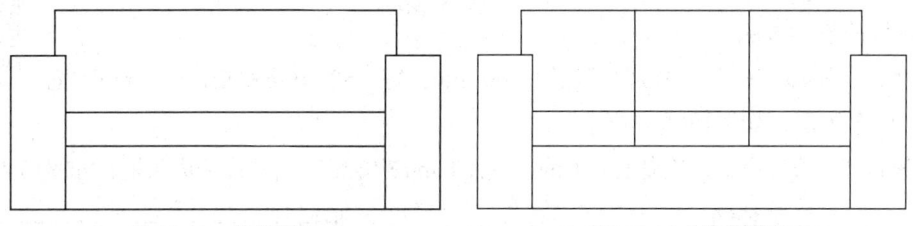

图 10-38 修剪图形　　　　　　　　图 10-39 等分图形

步骤 05 执行"弧线"和"复制"命令，绘制沙发坐垫图形，如图10-40所示。

步骤 06 执行"修剪"命令，对沙发坐垫进行修剪，如图10-41所示。

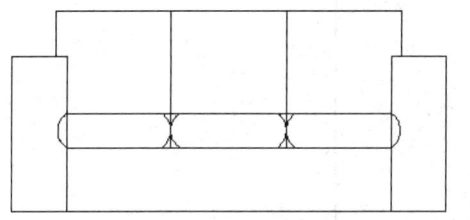

图 10-40 绘制并复制图形　　　　　图 10-41 修剪图形

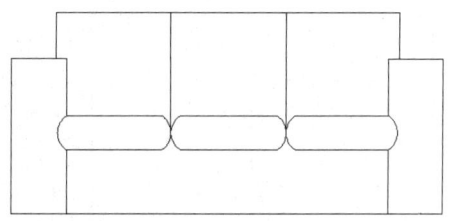

步骤 07 执行"圆角"命令，对沙发扶手进行倒圆角操作，设置圆角半径为200 mm，如图10-42所示。

步骤 08 执行"圆弧"和"修剪"命令，完成沙发扶手轮廓的绘制，如图10-43所示。

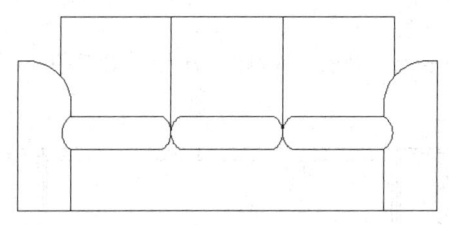

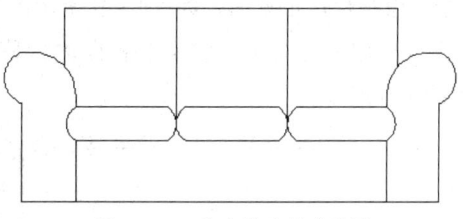

图 10-42 倒圆角效果　　　　　　　图 10-43 沙发扶手轮廓效果

步骤 09 执行"圆角"命令，对沙发靠背进行倒圆角操作，设置圆角半径为200 mm，如图10-44所示。

步骤 10 执行"图案填充"命令，对靠背、坐垫进行填充，如图10-45所示。至此，沙发立面图绘制完成。

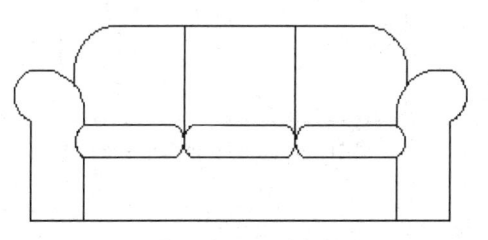

图 10-44 倒圆角效果　　　　　　　图 10-45 填充效果

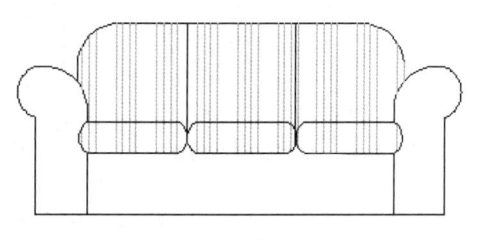

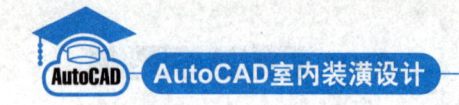

10.2.2 绘制双人床图块

床的常规尺寸大致分为1 200 mm、1 500 mm、1 800 mm和2 000 mm,其中,1 200 mm为单人床尺寸,其他为双人床尺寸。下面以1 800 mm尺寸为例,讲解双人床平面图块的绘制方法。

步骤 01 执行"矩形"命令,分别绘制长1 800 mm、宽1 500 mm和长1 500 mm、宽50 mm的两个矩形,如图10-46所示。

步骤 02 执行"矩形"命令,绘制长450 mm、宽450 mm的矩形,将其作为床头柜,如图10-47所示。

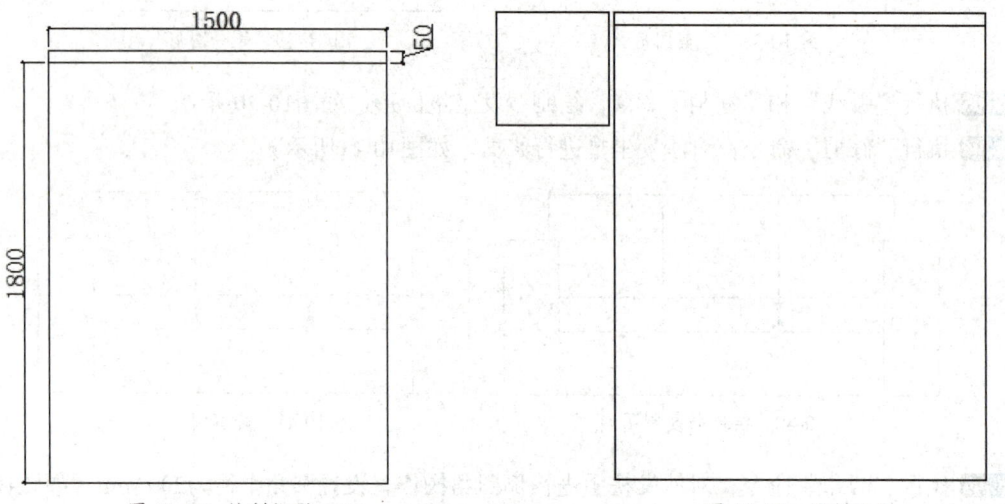

图 10-46 绘制矩形

图 10-47 绘制矩形

步骤 03 执行"圆"命令,捕捉床头柜中心点,绘制半径为100 mm和60 mm的圆,并执行"直线"命令,绘制台灯示意图,如图10-48所示。

步骤 04 执行"偏移"命令,将床头柜向内偏移20 mm。执行"镜像"命令,将床头柜进行镜像,如图10-49所示。

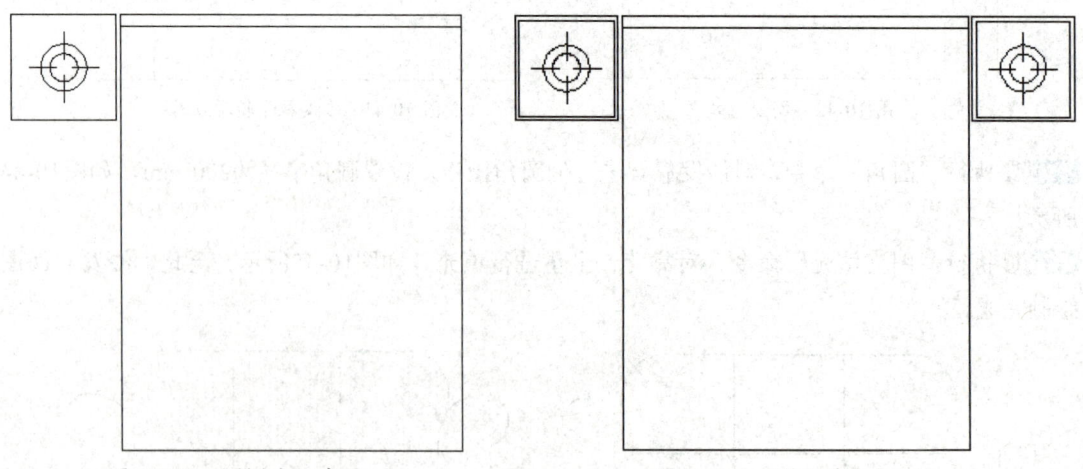

图 10-48 绘制台灯示意图

图 10-49 偏移和镜像床头柜

步骤 05 执行"插入块"命令，将枕头图块插入图形中，如图10-50所示。
步骤 06 启动"极轴追踪"功能，将增量角设置为10，绘制斜线，然后执行"弧线"命令，绘制被单图形，如图10-51所示。至此，双人床平面图块绘制完成。

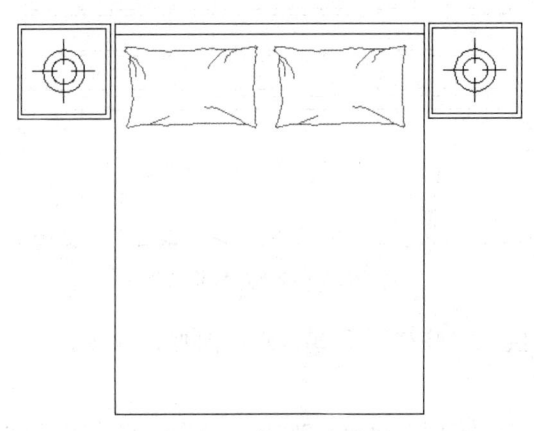

图 10-50 插入枕头图块　　　　　　　　图 10-51 绘制被单图形

下面在床平面图的基础上绘制其立面图块。

步骤 01 执行"直线"命令，根据平面图绘制床立面轮廓，如图10-52所示。
步骤 02 执行"偏移"命令，将床边线向下进行偏移，如图10-53所示。

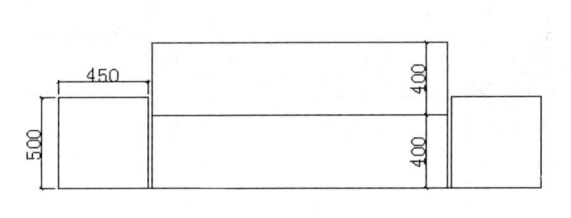

图 10-52 绘制床立面轮廓　　　　　　　图 10-53 向下偏移床边线

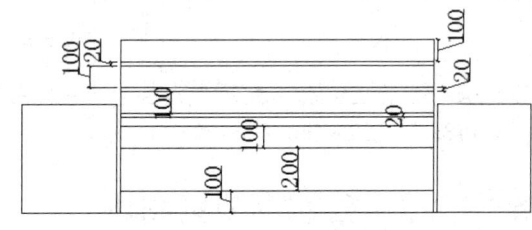

步骤 03 继续执行"偏移"命令，完成床靠背图形的绘制，如图10-54所示。
步骤 04 执行"修剪"命令，对偏移的图形进行修剪，如图10-55所示。

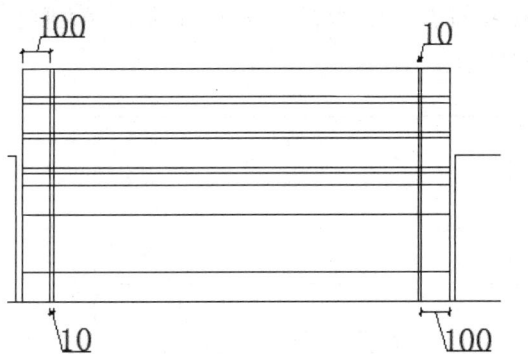

图 10-54 完成床靠背图形的绘制　　　　图 10-55 修剪图形

步骤 05 执行"多段线"命令，绘制床单轮廓线，如图10-56所示。

步骤 06 删除多余的床板线，并单击"直线"命令，绘制床单褶皱线，如图10-57所示。

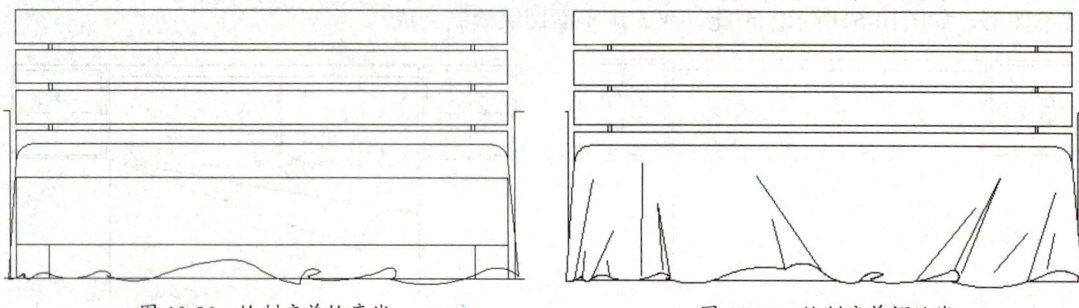

图 10-56 绘制床单轮廓线　　　　　图 10-57 绘制床单褶皱线

步骤 07 执行"插入块"命令，插入枕头图块。执行"修剪"命令，修剪图形，如图10-58所示。

步骤 08 执行"偏移"和"修剪"命令，绘制床头柜立面造型。执行"镜像"命令，将绘制好的床头柜立面造型进行镜像，如图10-59所示。至此，双人床立面图块绘制完成。

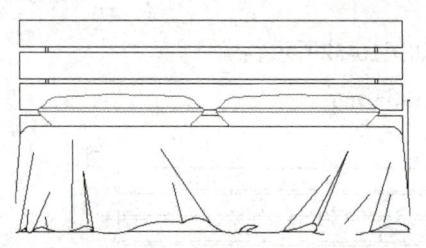

图 10-58 插入枕头图块并进行修剪 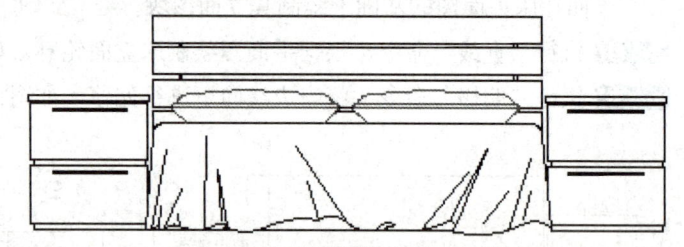　　　　　图 10-59 绘制并镜像床头柜立面造型

■ 10.2.3 绘制办公桌图块

下面以L型办公桌为例，讲解办公桌图块的绘制方法。

步骤 01 执行"矩形"命令，绘制长1 800 mm、宽700 mm和长630 mm、宽370 mm的两个矩形，如图10-60所示。

步骤 02 执行"矩形"命令，绘制长410 mm、宽380 mm的矩形。执行"圆角"命令，对矩形进行倒圆角操作，设置圆角半径为50 mm，如图10-61所示。

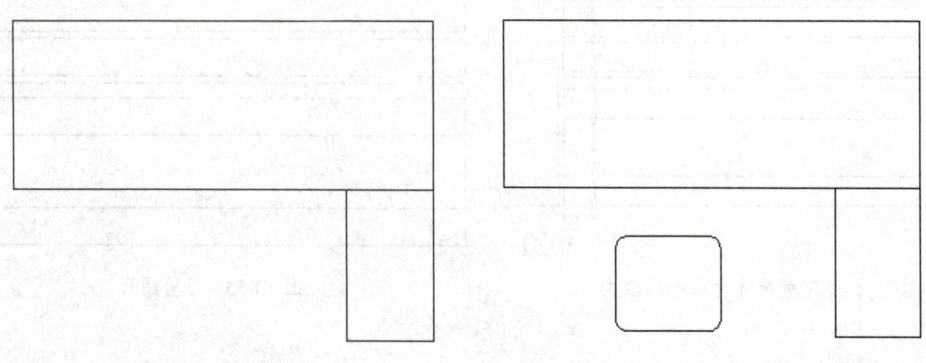

图 10-60 绘制矩形　　　　　图 10-61 绘制矩形并倒圆角

步骤03 继续执行"矩形"命令,绘制长400 mm、宽50 mm的矩形;执行"圆角"命令,对该矩形进行倒圆角操作,设置圆角半径为50 mm,如图10-62所示,完成座椅平面图形的绘制。

步骤04 执行"插入块"命令,将计算机、打印机等图块调入图形中,如图10-63所示,完成办公桌平面图块的绘制。

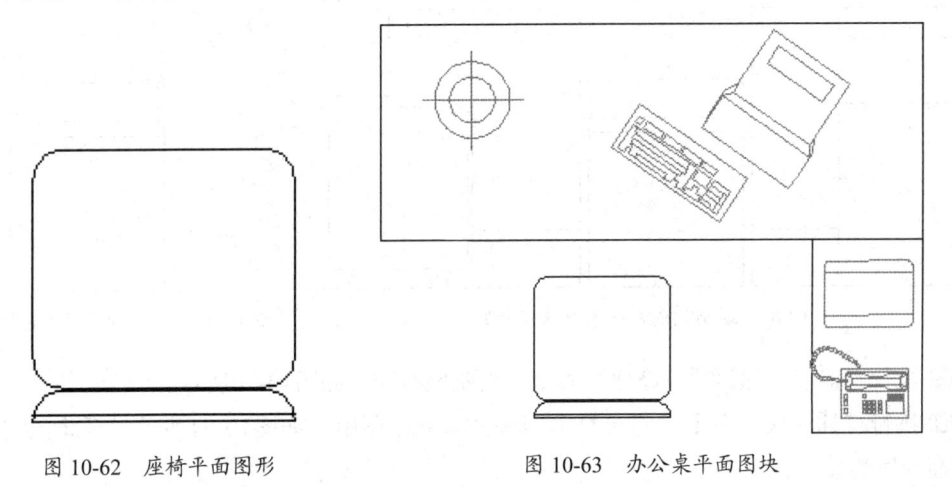

图 10-62 座椅平面图形

图 10-63 办公桌平面图块

下面根据办公桌平面图块绘制其立面图块。

步骤01 执行"直线"命令,根据办公桌平面图块尺寸绘制其立面图外轮廓,如图10-64所示。

步骤02 执行"修剪"命令,修剪出办公桌的立面轮廓,如图10-65所示。

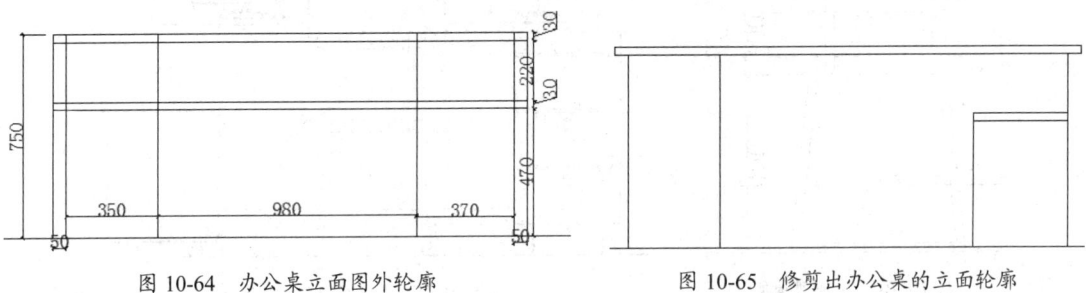

图 10-64 办公桌立面图外轮廓

图 10-65 修剪出办公桌的立面轮廓

步骤03 执行"偏移"命令,绘制立面柜体、柜门造型样式,如图10-66所示。

步骤04 执行"直线"命令,根据座椅平面图形,绘制座椅的立面外轮廓,如图10-67所示。

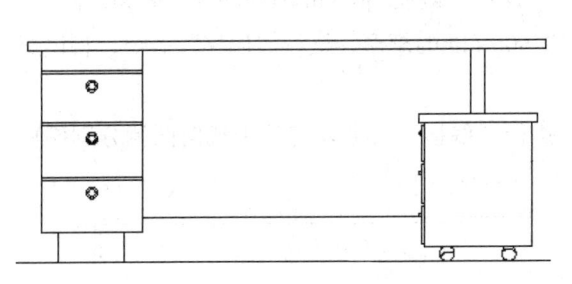

图 10-66 绘制立面柜体、柜门造型样式

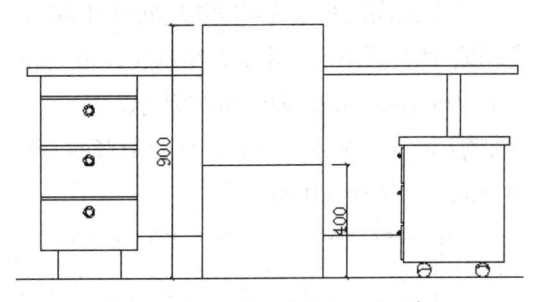

图 10-67 绘制座椅的立面外轮廓

步骤 05 执行"偏移"和"修剪"命令，绘制完成座椅靠背及座椅腿，如图10-68所示。

步骤 06 执行"圆角"命令，对座椅靠背进行倒圆角操作，设置圆角半径为100 mm，如图10-69所示。

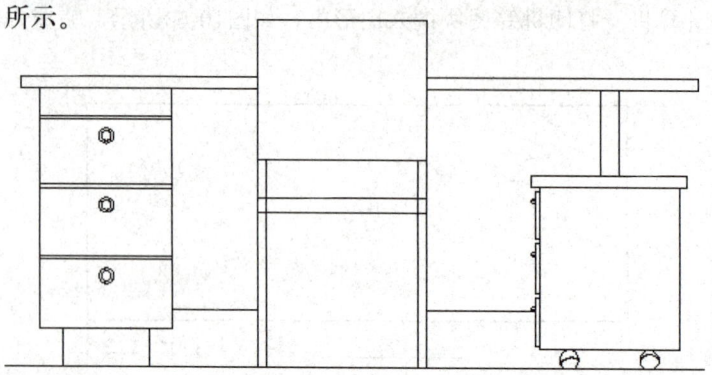

图 10-68　绘制完成座椅靠背及座椅腿

图 10-69　对座椅靠背进行倒圆角操作

步骤 07 执行"偏移""圆角""修剪"命令，绘制座椅脚，如图10-70所示。

步骤 08 执行"插入块"命令，将台灯等图块插入立面图中，如图10-71所示。至此，完成办公桌立面图块的绘制。

图 10-70　绘制座椅脚

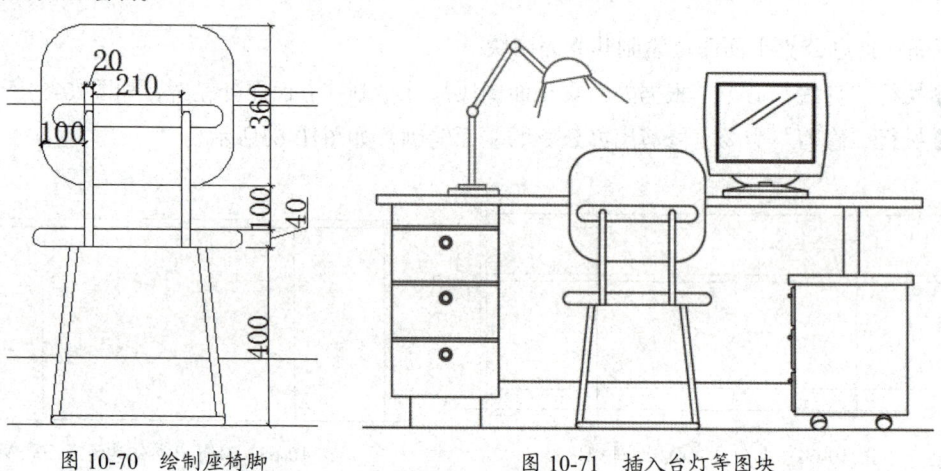

图 10-71　插入台灯等图块

10.2.4　绘制衣柜图块

衣柜的高度和宽度可以随空间尺寸而定，但其深度一般在550 mm～600 mm之间为最佳。

步骤 01 执行"矩形"命令，绘制长1 500 mm、宽600 mm的矩形。执行"偏移"命令，将该矩形向内偏移20 mm，如图10-72所示。

步骤 02 执行"直线"命令，绘制矩形的中线。执行"偏移"命令，将该中线向两侧分别偏移10 mm，如图10-73所示。

图 10-72　绘制并偏移矩形

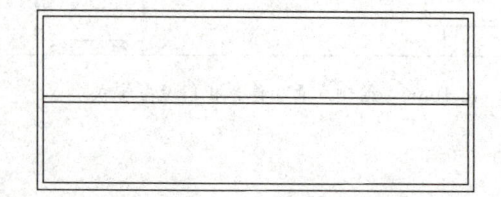

图 10-73　绘制并偏移中线

步骤03 将中线设置为虚线,执行"矩形"命令,绘制长500 mm、宽20 mm的矩形,如图10-74所示,对其进行倒圆角操作,将其作为衣架。

步骤04 将衣架线型设置成虚线。执行"旋转"命令,将衣架旋转30°,如图10-75所示。

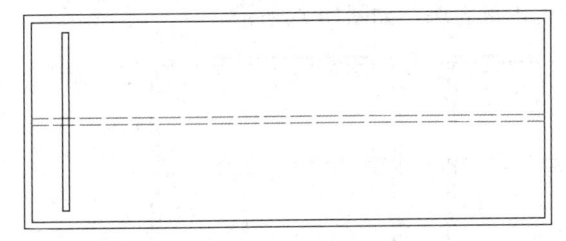

图 10-74　绘制矩形 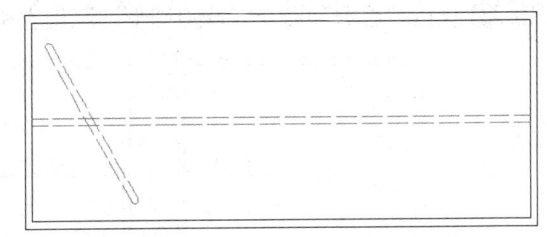　　　　　　　　图 10-75　将衣架线设置成虚线并进行旋转

步骤05 执行"复制"命令,对衣架图形进行复制。执行"旋转"命令,对衣架图形进行调整,如图10-76所示。

步骤06 执行"矩形"命令,绘制长466 mm、宽20 mm的矩形。执行"旋转"命令,将该矩形旋转30°,将其作为衣柜门,如图10-77所示。

步骤07 执行"镜像"命令,对衣柜门进行镜像复制,如图10-78所示。衣柜平面图块绘制完成。

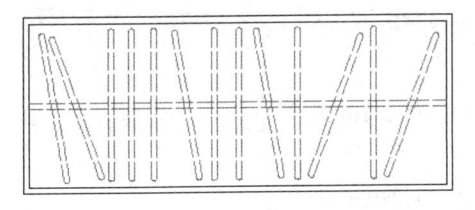

图 10-76　复制并调整衣架图形 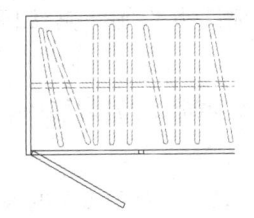　　图 10-77　绘制衣柜门 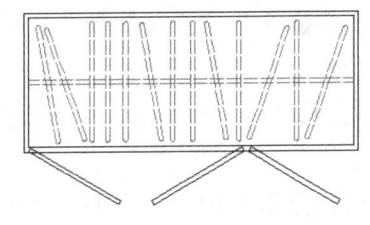　　图 10-78　镜像复制衣柜门

下面根据衣柜平面图块尺寸绘制其立面图块。

步骤01 执行"矩形"命令,根据平面图块尺寸,绘制长2 400 mm、宽1 500 mm的矩形,如图10-79所示。

步骤02 执行"分解"命令,将矩形进行分解,删除矩形下方的直线段,如图10-80所示。

步骤03 执行"偏移"命令,将图形向内依次偏移10 mm、30 mm、10 mm,如图10-81所示。

图 10-79　绘制矩形　　图 10-80　分解矩形并删除矩形下方的直线段 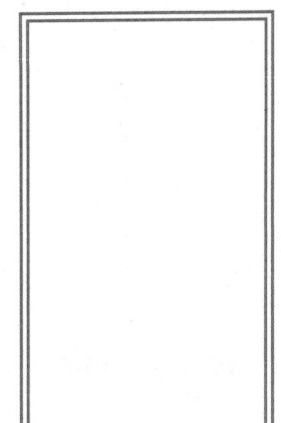　　图 10-81　偏移图形

步骤 04 继续执行"偏移"命令,将圆形内部上方的线条向下依次偏移550 mm、20 mm、50 mm、20 mm、1 070 mm、20 mm、220 mm、20 mm、300 mm,如图10-82所示。

步骤 05 将图形内部右侧的线条向左侧依次偏移500 mm、20 mm,如图10-83所示。

步骤 06 执行"修剪"命令,修剪图形,隔出衣柜的内部轮廓,如图10-84所示。

图 10-82 向下偏移线条　　图 10-83 向左偏移线条　　图 10-84 隔出衣柜的内部轮廓

步骤 07 执行"直线"命令,捕捉终点绘制两条线段,如图10-85所示。

步骤 08 执行"偏移"命令,将线段向两侧分别偏移10 mm,如图10-86所示。

步骤 09 删除中线,再执行"修剪"命令,修剪多余的线条,如图10-87所示。

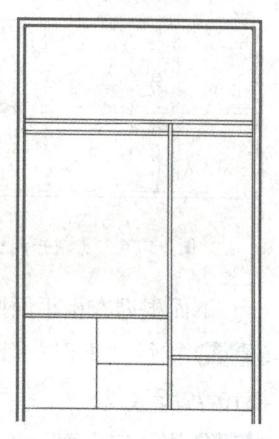

图 10-85 绘制线段

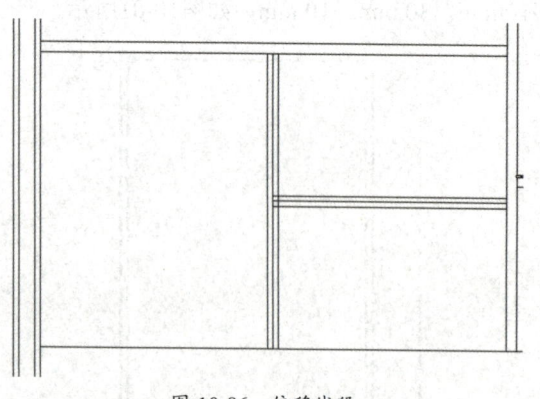

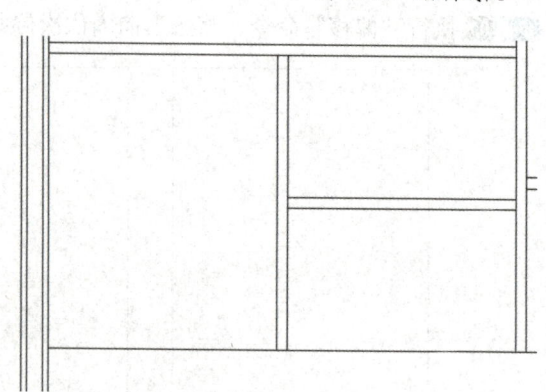

图 10-86 偏移线段　　　　　　图 10-87 删除中线并修剪多余的线条

步骤 10 执行"偏移"命令,将图形向下依次偏移100 mm、100 mm、170 mm,如图10-88所示。

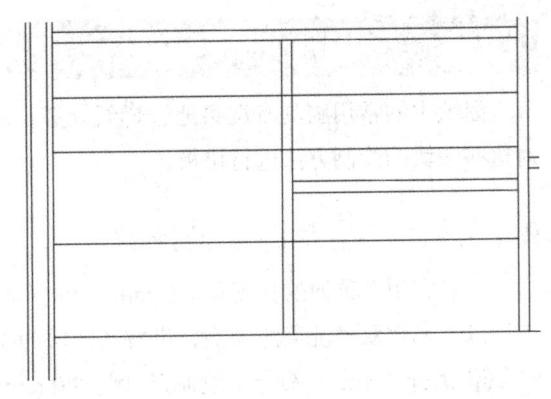

图 10-88 偏移图形

步骤 11 执行"修剪"命令,修剪多余的图形,如图10-89所示。

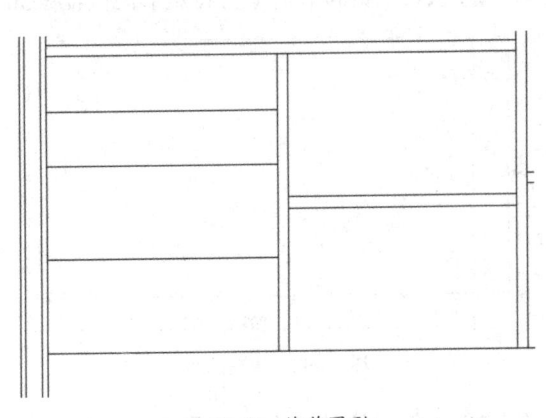

图 10-89 修剪图形

步骤 12 执行"矩形"命令,绘制40 mm×10 mm的矩形,将其作为拉手,将矩形居中放置并进行复制,如图10-90所示。

步骤 13 执行"插入块"命令,插入衣物、收纳盒等图块并进行复制,如图10-91所示。

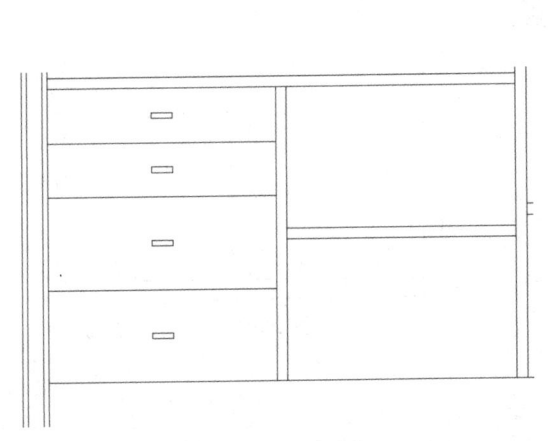

图 10-90 绘制、放置并复制矩形

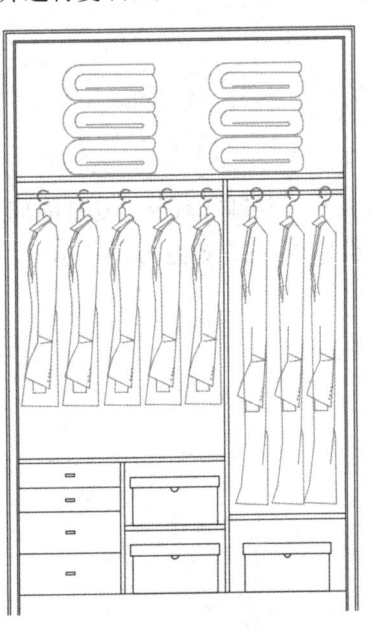

图 10-91 插入图块

10.3 常用厨具、洁具图块

图纸中的常用厨具有洗菜池、燃气灶等；而洁具则包括洗手池、坐便器、淋浴房等。下面对这些图块的绘制方法进行讲解。

10.3.1 绘制洗菜池图块

一般家用洗菜池的宽度在430 mm～480 mm之间，深度大于180 mm较为合适。下面以不锈钢双槽洗菜池为例，讲解其图块的绘制方法。

步骤01 执行"矩形"命令，绘制尺寸为800 mm×450 mm的矩形，如图10-92所示。

步骤02 执行"偏移"命令，将矩形向内偏移30 mm，如图10-93所示。

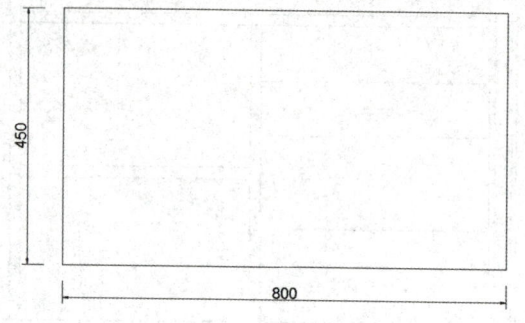

图 10-92　绘制矩形

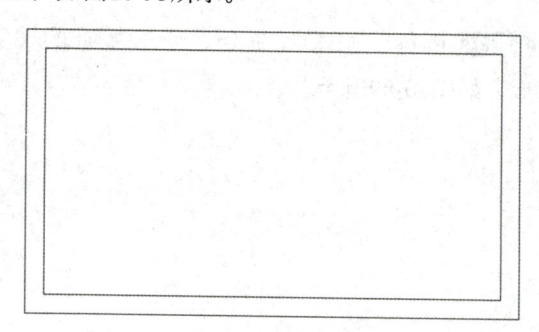

图 10-93　向内偏移矩形

步骤03 执行"拉伸"命令，将内部矩形向下拉伸50 mm、向左拉伸460 mm，如图10-94所示。

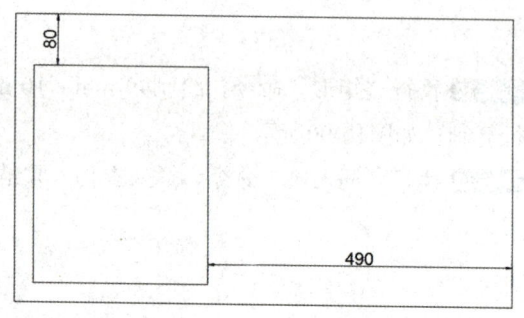

图 10-94　拉伸内部矩形

步骤04 执行"复制"命令，复制内部矩形，设置间距为30 mm，如图10-95所示。

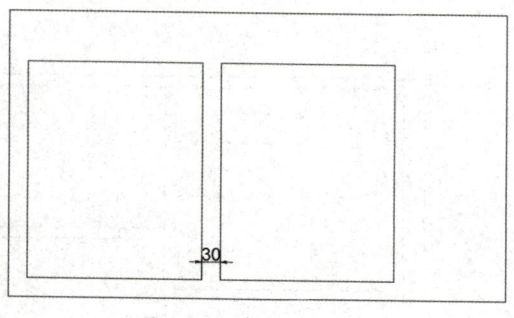

图 10-95　复制内部矩形

步骤 05 继续执行"拉伸"命令,将内部右侧矩形向右拉伸150 mm,如图10-96所示。

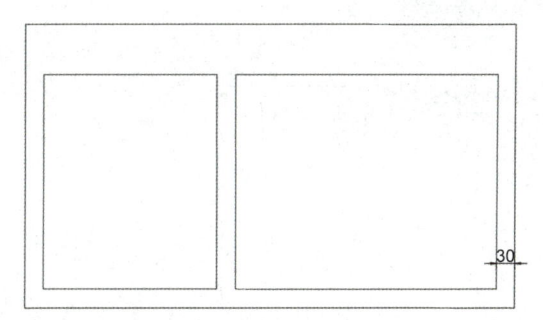

图 10-96 拉伸内部右侧矩形

步骤 06 执行"圆角"命令,设置圆角半径为50 mm,对图形进行倒圆角操作,如图10-97所示。

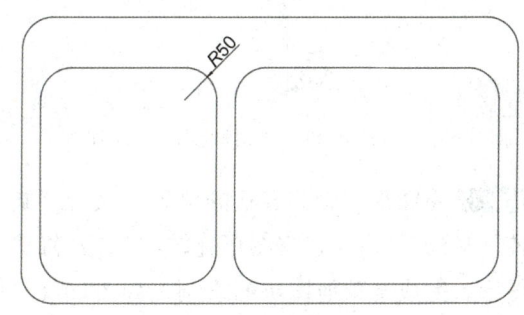

图 10-97 对图形进行倒圆角操作

步骤 07 执行"圆""复制"命令,绘制半径为27 mm和20 mm的同心圆,将其放至合适的位置并进行复制,如图10-98所示。

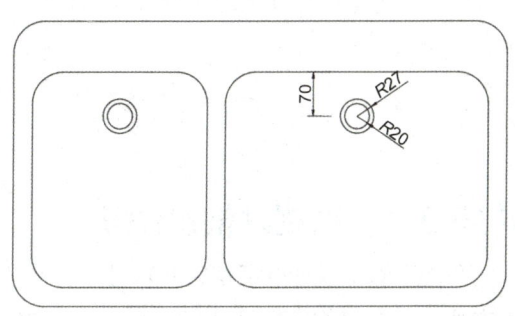

图 10-98 绘制、放置并复制同心圆

步骤 08 执行"直线"命令,绘制长200 mm的直线,再执行"偏移"命令,设置偏移距离为30 mm,将直线依次向下偏移,如图10-99所示。

图 10-99 绘制并偏移直线

步骤 09 执行"直线"命令,绘制上宽60 mm、下宽28 mm、高度为180 mm的梯形,如图10-100所示。

步骤 10 执行"圆角"命令,分别设置圆角半径为25 mm、14 mm,对图形进行圆角操作,如图10-101所示。

步骤 11 执行"圆"命令,绘制半径为20 mm的圆,将其作为龙头轮廓,如图10-102所示。

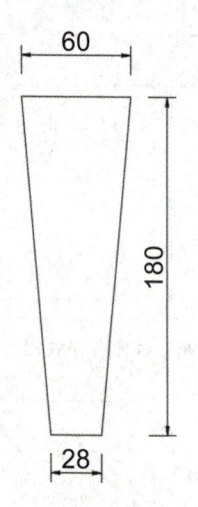

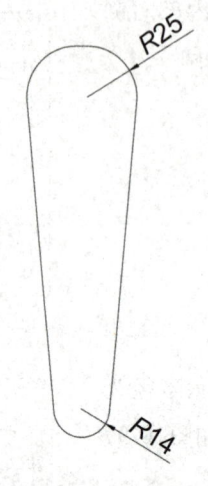

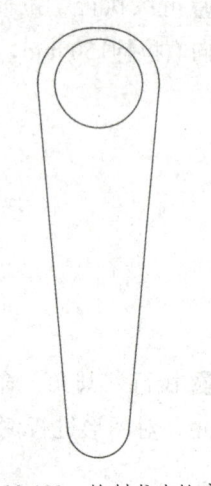

图 10-100 绘制梯形　　图 10-101 对图形进行倒圆角操作　　图 10-102 绘制龙头轮廓

步骤 12 将图形移动到合适的位置，执行"旋转""修剪"命令，将图形旋转45°，并修剪图形，完成洗菜池图块的绘制，如图10-103所示。

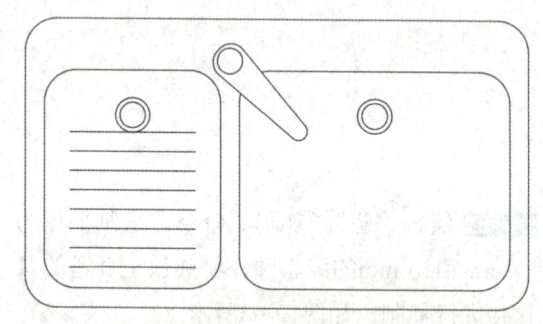

图 10-103 移动、旋转、修剪图形

10.3.2 绘制淋浴房图块

在洗手间中设计淋浴房，其尺寸不得小于800 mm×800 mm，否则就会显得很拥挤，使用不方便。淋浴房的常规尺寸在900 mm～1 000 mm之间，这样的尺寸较为舒适。下面讲解淋浴房平面图块的绘制方法。

步骤 01 执行"矩形"命令，绘制尺寸为900 mm×900 mm的矩形，如图10-104所示。

步骤 02 执行"圆角"命令，设置圆角半径为450 mm，对矩形的一角进行圆角操作，如图10-105所示。

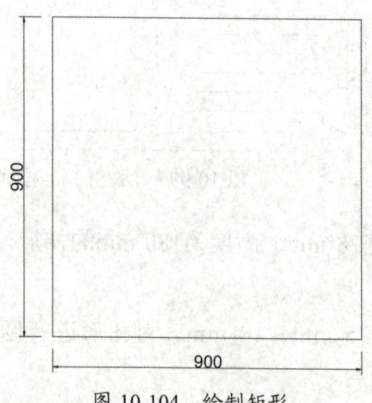

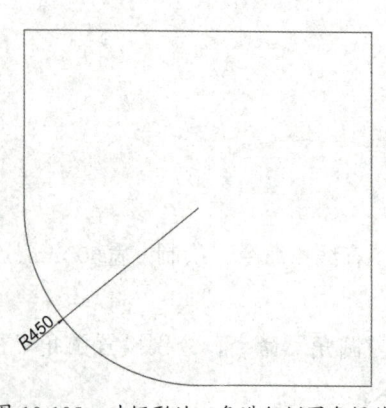

图 10-104 绘制矩形　　图 10-105 对矩形的一角进行倒圆角操作

步骤 03 执行"偏移"命令,将矩形依次向内偏移10 mm、20 mm和20 mm,如图10-106所示。

步骤 04 执行"圆"命令,捕捉一角绘制半径为280 mm的圆,如图10-107所示。

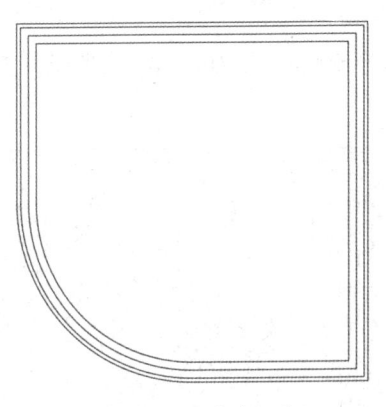

图 10-106 偏移矩形 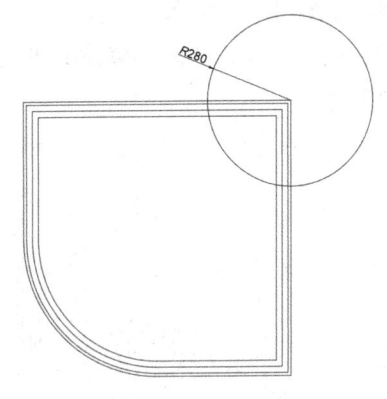　　　　图 10-107 绘制圆

步骤 05 执行"修剪"命令,修剪图形中多余的线条,如图10-108所示。

步骤 06 分解图形,然后执行"圆角"命令,设置圆角半径为50 mm,对图形进行倒圆角操作,如图10-109所示。

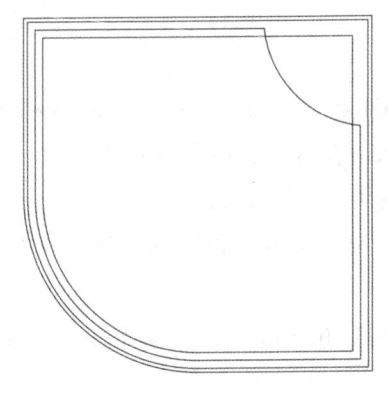

图 10-108 修剪多余的线条 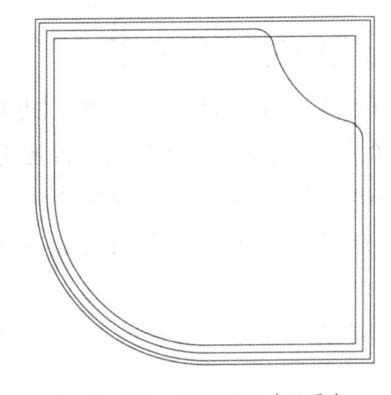　　　　图 10-109 分解图形并倒圆角

步骤 07 执行"偏移"命令,设置偏移尺寸为20 mm,偏移图形,如图10-110所示。

步骤 08 执行"修剪"命令,修剪图形中多余的线条,如图10-111所示。

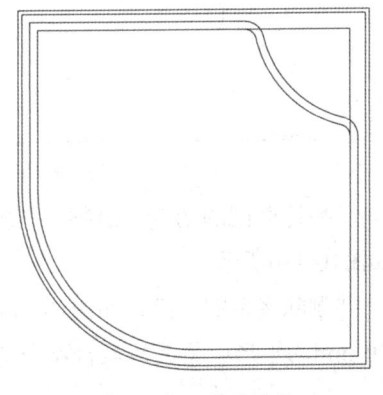

图 10-110 偏移图形 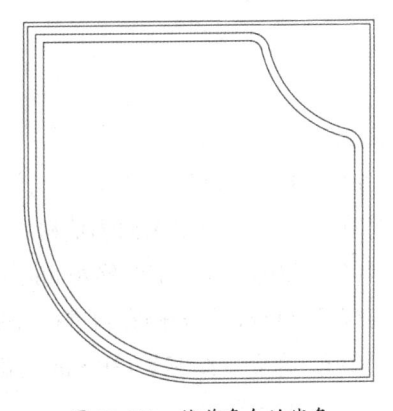　　　　图 10-111 修剪多余的线条

步骤09 执行"多边形"命令,绘制内切圆半径为12mm的正六边形。

步骤10 执行"矩形阵列"命令,设置列数和行数都为10,其余参数保持默认设置,对正六边形进行阵列复制,如图10-112所示。

步骤11 执行"旋转"命令,将阵列复制的正六边形旋转45°,如图10-113所示。至此,淋浴房平面图块绘制完成。

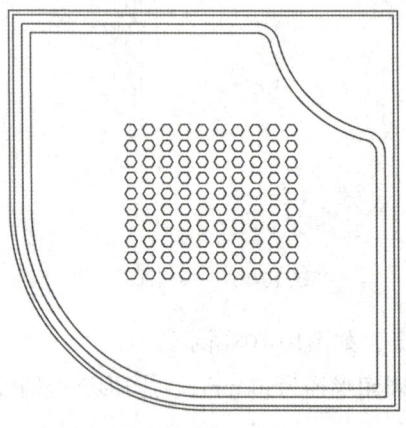

图 10-112 绘制并阵列复制正六边形　　　图 10-113 旋转正六边形

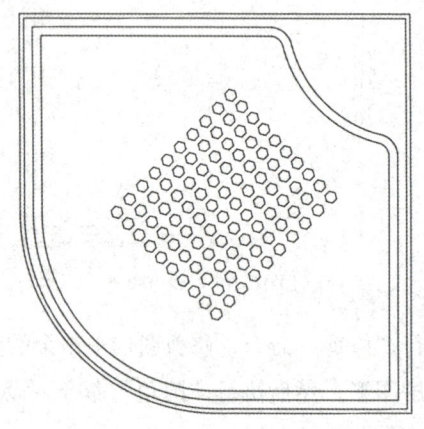

10.3.3 绘制洗手台盆图块

常见的洗手台盆分为方形和圆形两种。方形的洗手台盆其尺寸一般在(600 mm×800 mm)～(800 mm×500 mm)之间;圆形的洗手台盆其尺寸基本上是按直径进行区分的,常用尺寸在400 mm～600 mm之间。下面讲解洗手台盆平面图块的绘制方法。

步骤01 执行"矩形"命令,绘制长1 200 mm、宽600 mm的矩形,将其作为洗脸台,如图10-114所示。

步骤02 执行"椭圆"命令,绘制一个长半轴为250 mm、短半轴为175 mm的椭圆,如图10-115所示。

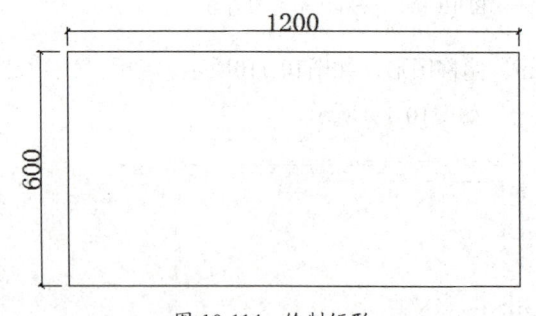

图 10-114 绘制矩形　　　图 10-115 绘制椭圆

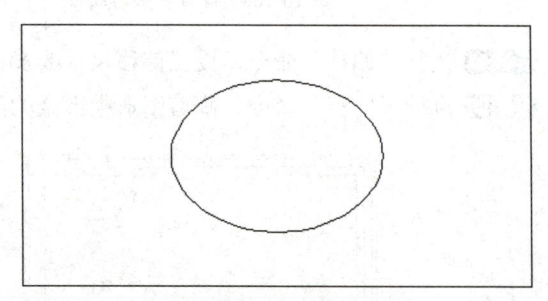

步骤03 执行"偏移"命令,将椭圆向内偏移20 mm。捕捉椭圆的切点,绘制一条辅助线,再次执行"偏移"命令,将辅助线向下偏移70 mm,如图10-116所示。

步骤04 执行"打断"命令,将内侧椭圆进行打断,并删除多余的线段,如图10-117所示。

步骤05 执行"矩形"命令,绘制长130 mm、宽30 mm的矩形,将其放至台盆合适的位置,作为水龙头,如图10-118所示。

· 218 ·

步骤 06 执行"圆"命令,绘制半径为25 mm的圆形,并将其向内偏移10 mm,放至水龙头图形的一侧,作为龙头开关,如图10-119所示。

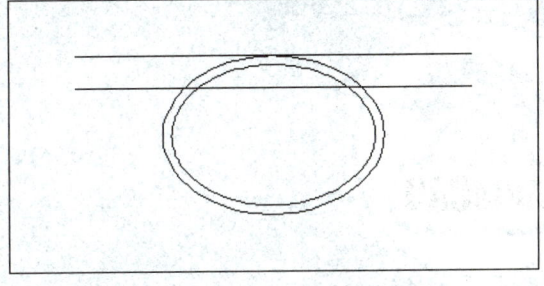

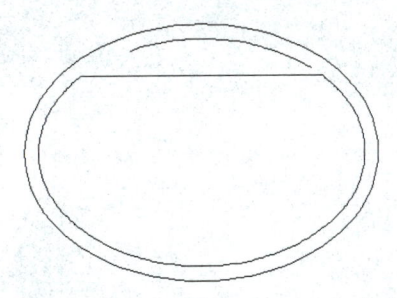

图 10-116　偏移图形　　　　　　　　图 10-117　打断椭圆并删除多余的线条

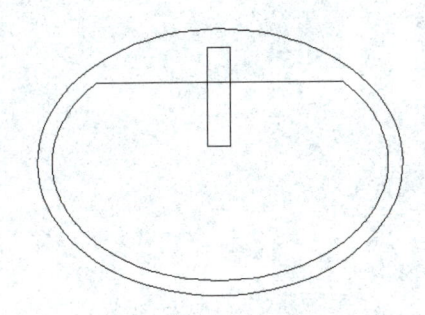

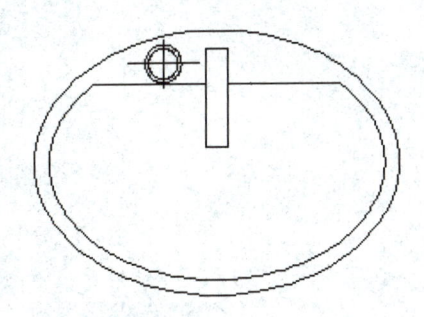

图 10-118　绘制并放置矩形　　　　　图 10-119　绘制、编移并放置图形

步骤 07 执行"镜像"命令,将龙头开关图形进行镜像,如图10-120所示。

步骤 08 执行"矩形"命令,绘制长800 mm、宽20 mm的矩形,将其作为镜面,放至台面合适的位置,如图10-121所示。至此,洗手台盆平面图块绘制完成。

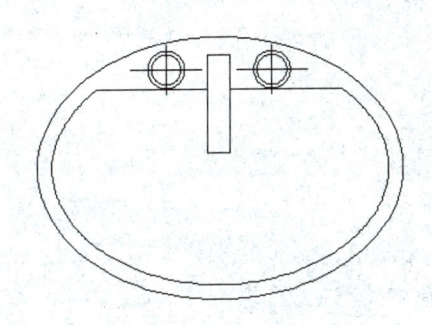

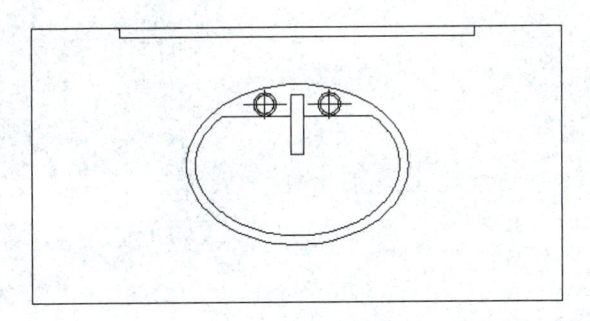

图 10-120　镜像图形　　　　　　　　图 10-121　绘制并放置矩形

拓展阅读

传统纹样的数字新生——图块库中的传承与创新

北宋李诚编撰的《营造法式》的"材分八等"模数体系,与CAD参数化设计异曲同工。苏州博物馆西馆将园林"冰裂纹""万字锦"等18种纹样数字化,开发436个参数化图块,使传统元素在现代空间焕发新生,节省40%设计周期。2023年某家装公司盗用"新中式家具图块库"被判赔158万元,印证《中华人民共和国著作权法》对图形作品的保护。反观故宫养心殿修缮中,团队既复刻清代藻井纹样,又开发兼容现代工艺的3D图块库,实现传统与创新的平衡。《"十四五"文物保护和科技创新规划》提及"流失文物数字化复原与共享",但需遵循规范。敦煌研究院将莫高窟壁画转化为公共图块时,采用"署名-非商用"授权模式,既促进文化传播又保障原创权益。设计师当谨记:每个CAD图块既是技术成果,更是文明印记。

模块 11

三居室户型设计

内容概要

本模块以三居室户型图为例，讲解常规家装设计图纸的绘制流程，其中包括平面布置图、顶棚布置图、地面铺装图、开关布置图，以及各主要立面图和主要剖面图等。

知识要点

- 绘制各类平面布置图。
- 绘制主要立面图。
- 绘制主要剖面图。

数字资源

【本模块素材】："素材文件\模块11"目录下

11.1 三居室户型的设计技巧

三居室户型的视点较杂,每一处设计都要从不同角度去观察,既要远观有型,又要近看有细节。

11.1.1 合理的空间布局

三居室户型的空间面积较大,各空间的布局是否合理是设计的关键,除了要实现居住功能外,更多的是对空间规划的协调进行把控。三居室户型常见的空间规划如下:

- 客厅面积较大,可设计为会客厅,用于日常接待亲朋好友。
- 主卧室可安排卫生间。如果面积够大,还可隔出一个衣帽间。
- 两个次卧室可以安排为儿女房和老人房。如果不与父母同住,则可根据业主的喜好设计成其他空间,例如书房兼客房。
- 如果不想在客厅中安排餐厅,可以考虑打造一个餐厨一体的厨房。

此外,可以借助色彩、结构、家具等元素设计弥补各空间规划的不足。三居室户型的空间面积较大,在色彩上可以大面积使用深色系,显得沉稳而大气,如图11-1所示;在结构上可以通过对房梁、地台、吊顶进行改造,对室内空间进行区分;可以尽量添置大结构家具,以避免室内陈设的零碎;一些装饰品如书画、雕塑、古瓷等的点缀,既可以避免单调,又可以增添生气和丰富内涵。

图 11-1 大面积使用深色系

11.1.2 统一的空间风格

具有统一的空间风格可以使户型整体看起来更加完美和谐。目前比较流行的空间风格主要包括简洁感性的现代简约风格、休闲浪漫的美式风格、清爽自然的田园风格、沉稳理性的新中式风格和雍容华贵的欧式风格，如图11-2所示为现代简约风格。

图 11-2 现代简约风格

11.1.3 周到的设计细节

一个和谐的设计，需要考虑到室内空间的所有细节之处。由于使用面积大，可能会出现一系列问题，其实许多问题完全可以在设计中规避。

1. 客厅挑空过高

三居室部分户型的客厅挑空过高，在设计时应该考虑到视觉的舒适性。具体做法是，采用体积大、款式隆重的灯具弥补高处的空旷感觉；在客厅中合适的位置圈出石膏线，或者用窗帘将客厅垂直分成两层，通过分隔线使空间敞阔、豪华而不空旷。

2. 避免甲醛污染

要减少甲醛污染，尤其是在有孕妇、幼儿的家庭中。合理计算室内空间的甲醛承载量和装修材料的使用量，不要在卧室大面积使用同一种地面材料；也不要在复合地板下面铺装大芯板，或者用大芯板制作柜子和暖气罩；最好选用漆膜比较厚、封闭性好的水性漆。在装修后，一方面注意通风换气，保持适宜的温度与湿度；另一方面利用植物的吸尘、杀菌作用，保持环境的清洁优美，例如，月季、玫瑰可以吸收二氧化硫，桂花可以吸尘，薄荷可以杀菌，长青藤和铁树可以吸收苯，万年青和雏菊可以清除三氯乙烯，银苞芋吊兰、芦荟、虎尾兰可以吸收甲醛。

3. 客厅灯光要满足多种需求

许多业主希望客厅灯光可以随不同用途、不同场合而有所变化。智能化系统里有灯光调节系统，可以根据需要控制灯光的照明状态，并可以模拟自然界中太阳光的变化。只要轻触开关或手中的遥控器，就可以感受到从夏到冬、从春到秋的季节性模拟变化，甚至可以感受到一天中不同时段的模拟变化。

11.2 绘制三居室平面类图纸

室内设计图纸包括平面布置图、顶棚布置图、地面铺装图、开关布置图等。

> **提示**：如果图例不清晰，请调用本书配套数字资源中相应模块的素材文件，以查看所需信息。

■ 11.2.1 绘制三居室平面布置图

平面布置图主要用于说明各空间的布局情况，是所有图纸的设计依据。下面对平面布置图的绘制方法进行讲解。

步骤01 执行"图层"命令，新建"轴线"图层，设置其颜色和线型。双击该图层，将其设置为当前图层，如图11-3所示。

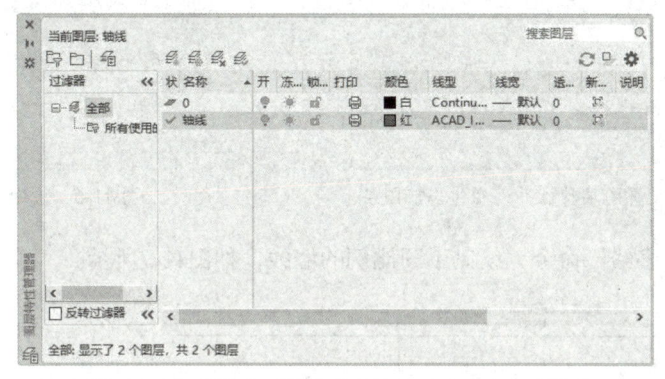

扫码观看视频

图 11-3 新建图层、设置图层特性并设置为当前图层

步骤02 执行"直线"和"偏移"命令，绘制户型平面图的轴线，如图11-4所示。

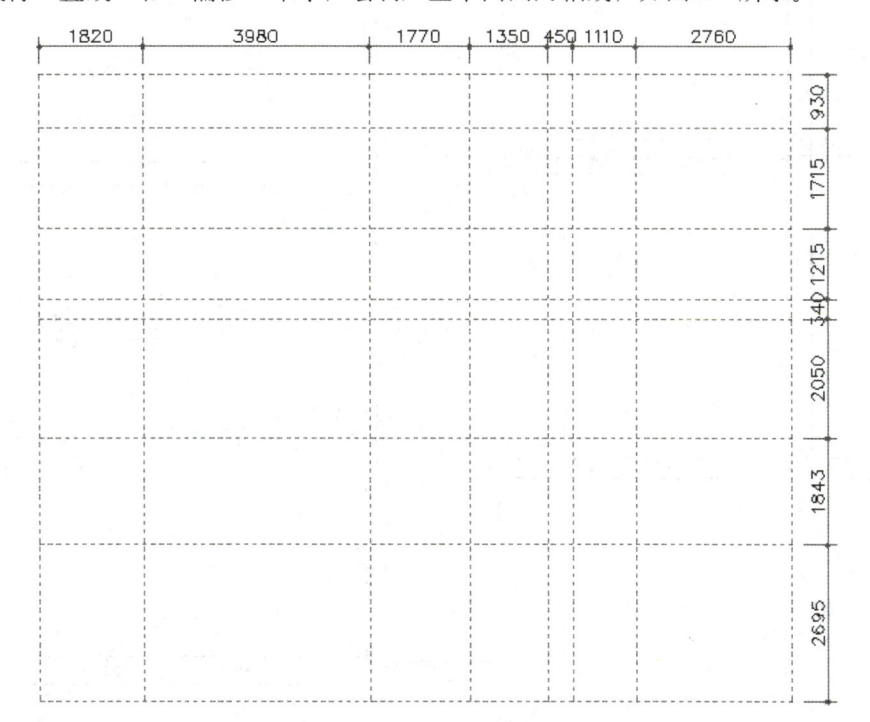

图 11-4 绘制轴线

步骤 03 执行"图层"命令。新建"墙线"图层,设置其图层特性。双击该图层,将其设置为当前图层,如图11-5所示。

步骤 04 执行"多线"命令。设置"比例"为240,"对正"为"无",沿着轴线绘制一段墙线,如图11-6所示。

图 11-5 新建图层、设置图层特性并设置为当前图层

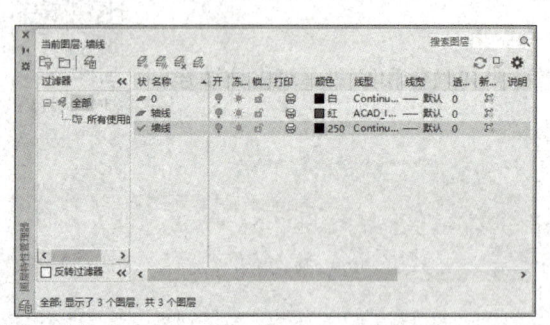

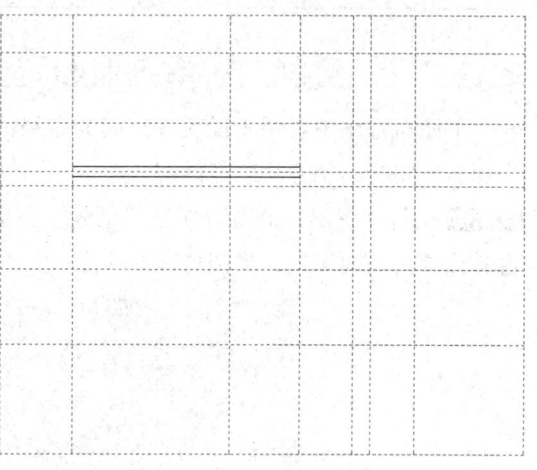

图 11-6 绘制墙线

步骤 05 继续执行"多线"命令,绘制不同比例的墙线,如图11-7所示。

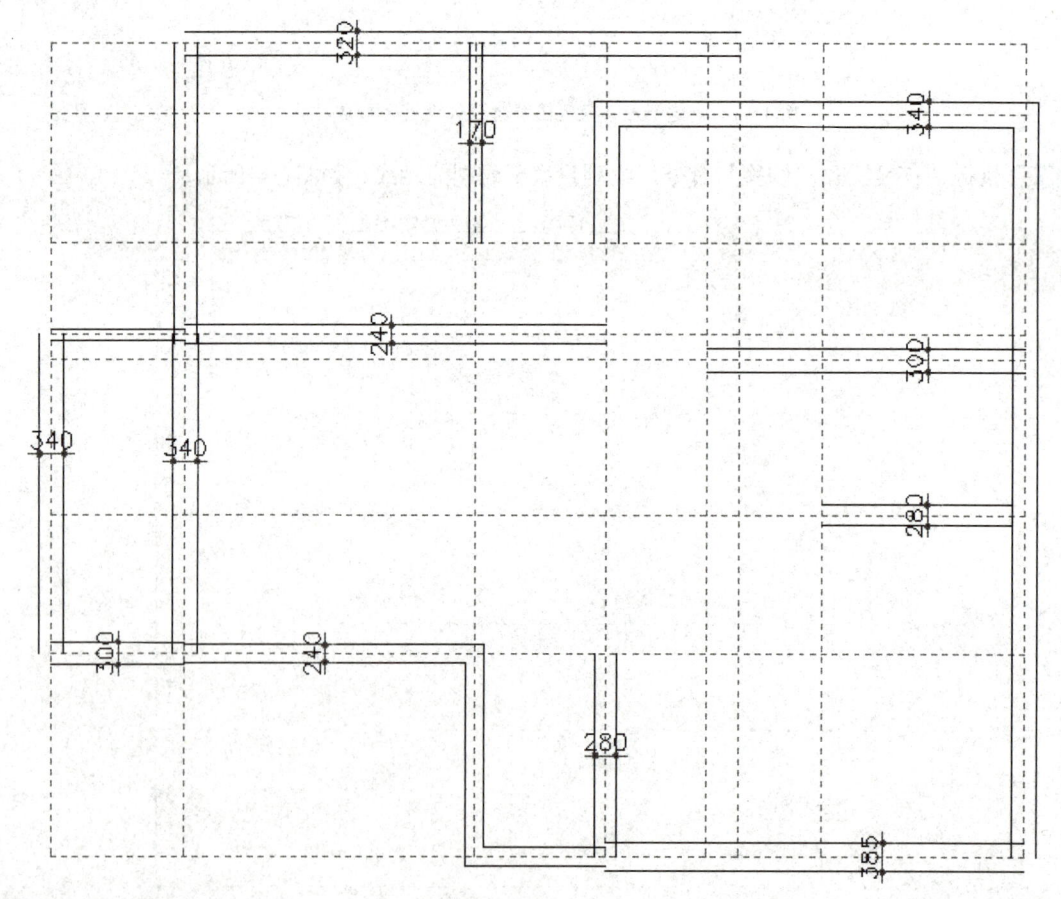

图 11-7 绘制墙线

步骤 06 执行"偏移"命令,根据需要偏移轴线。再次执行"多线"命令,绘制墙线,如图11-8所示。

步骤 07 执行"分解"命令,将所有多线分解。执行"修剪"和"倒角"命令,并结合"直线"命令,修改墙线,如图11-9所示。

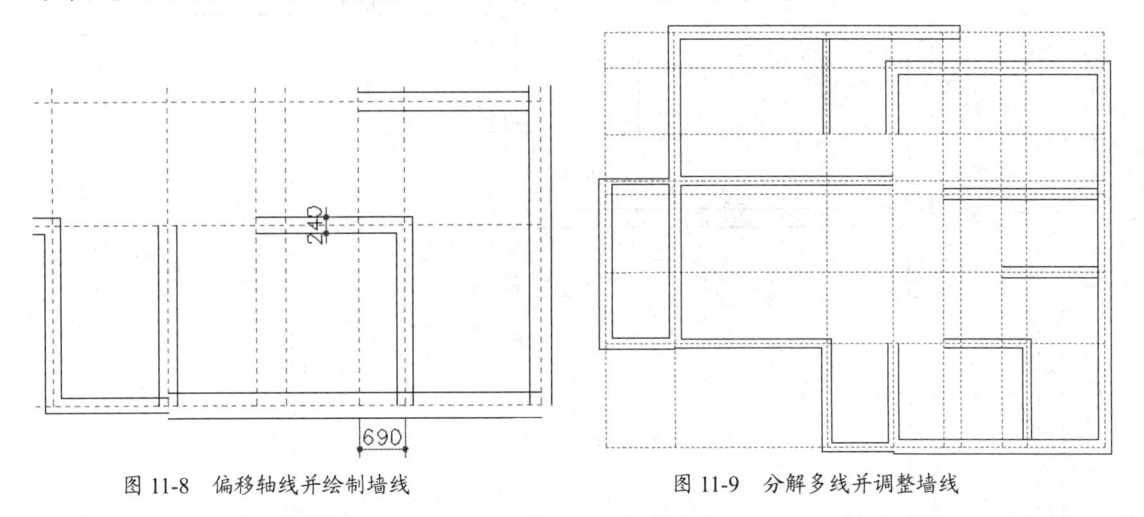

图 11-8 偏移轴线并绘制墙线

图 11-9 分解多线并调整墙线

步骤 08 执行"直线"命令,将墙体端口闭合,并根据需要适当延长部分墙体的长度,如图11-10所示。

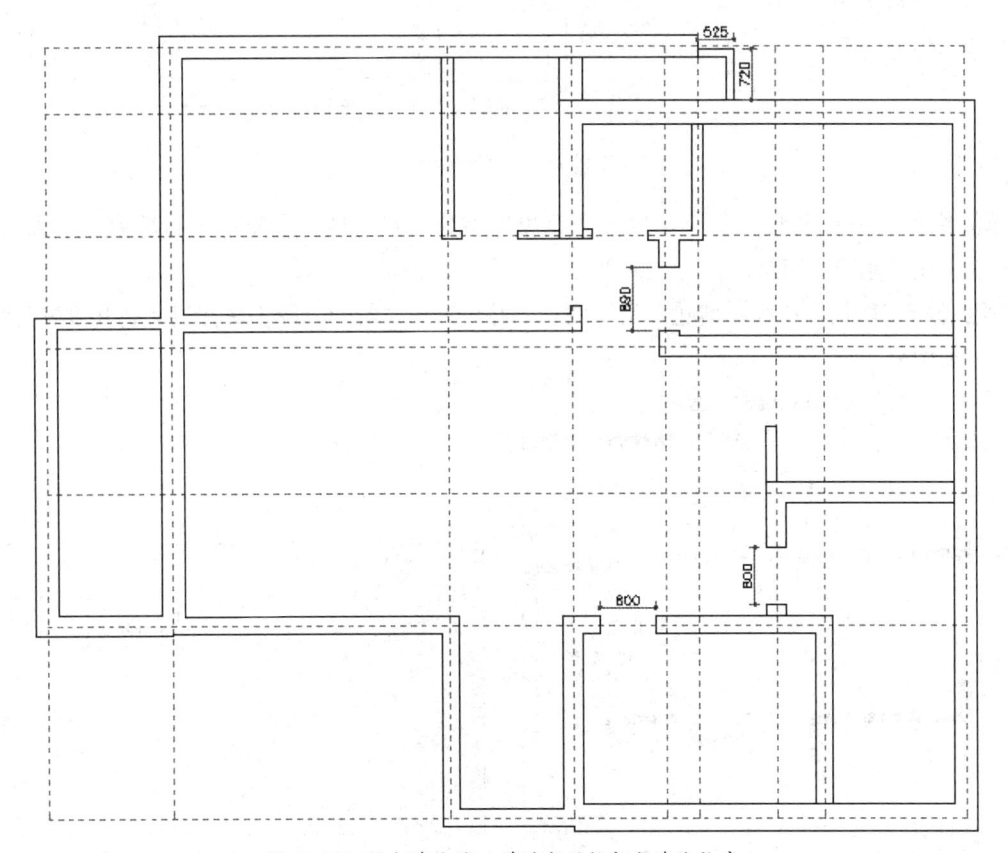

图 11-10 闭合墙体端口并适当延长部分墙体长度

步骤 09 执行"直线"命令,根据如图11-11所示的尺寸绘制窗线。

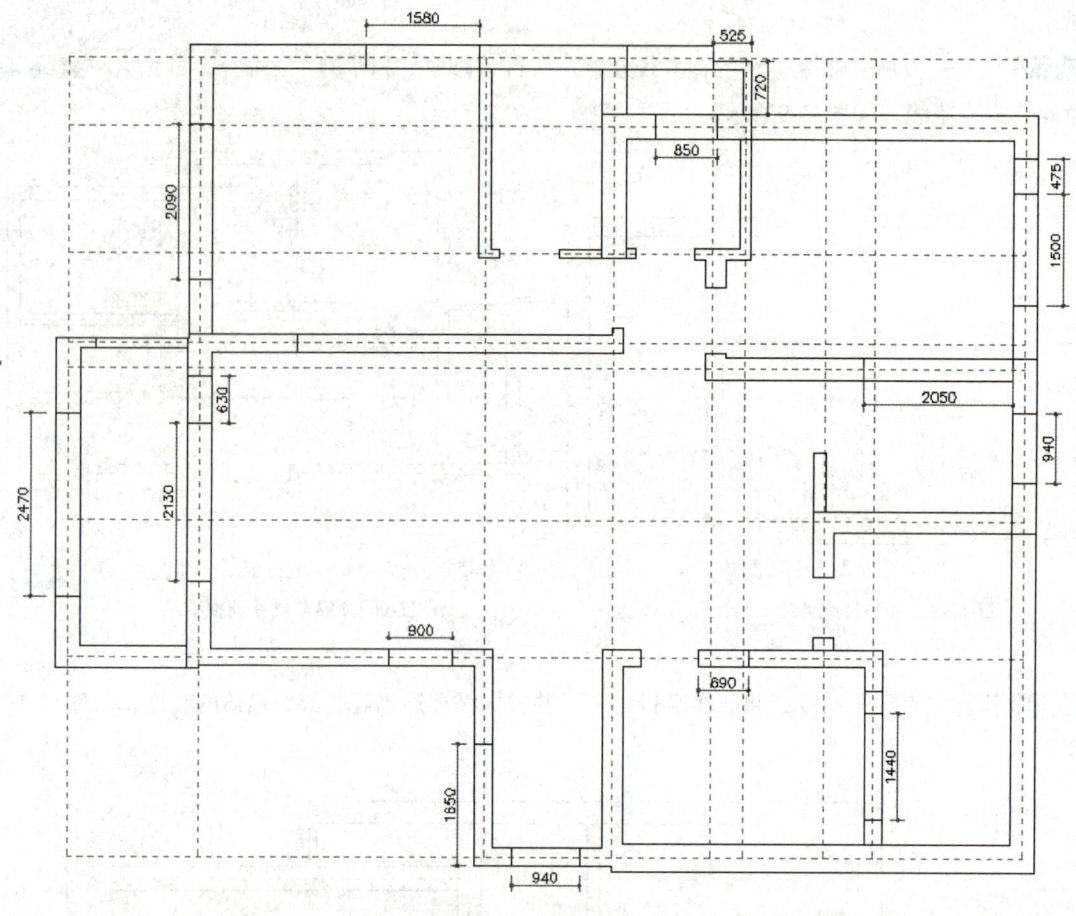

图 11-11 绘制窗线

步骤 10 执行"图案填充"命令,设置图案填充参数,对墙体的承重墙进行填充,如图11-12所示。关闭"轴线"图层。

步骤 11 执行"图层"命令,新建"梁"图层,并设置图层特性。双击该图层,将其设置为当前图层,如图11-13所示。

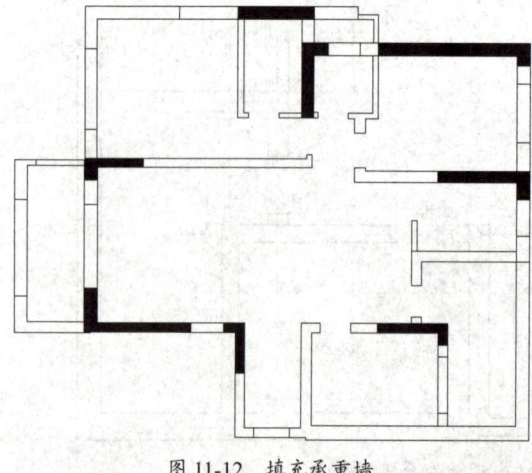

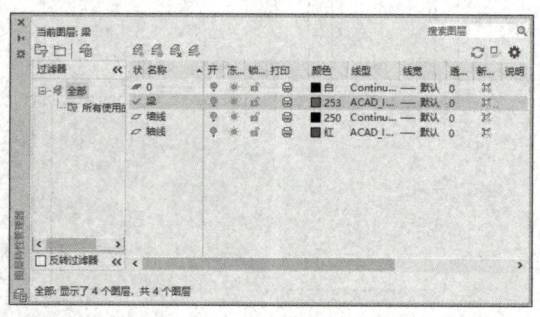

图 11-12 填充承重墙

图 11-13 新建图层、设置图层特性并设置为当前图层

步骤 12 执行"直线"命令，绘制房梁图形，如图11-14所示。

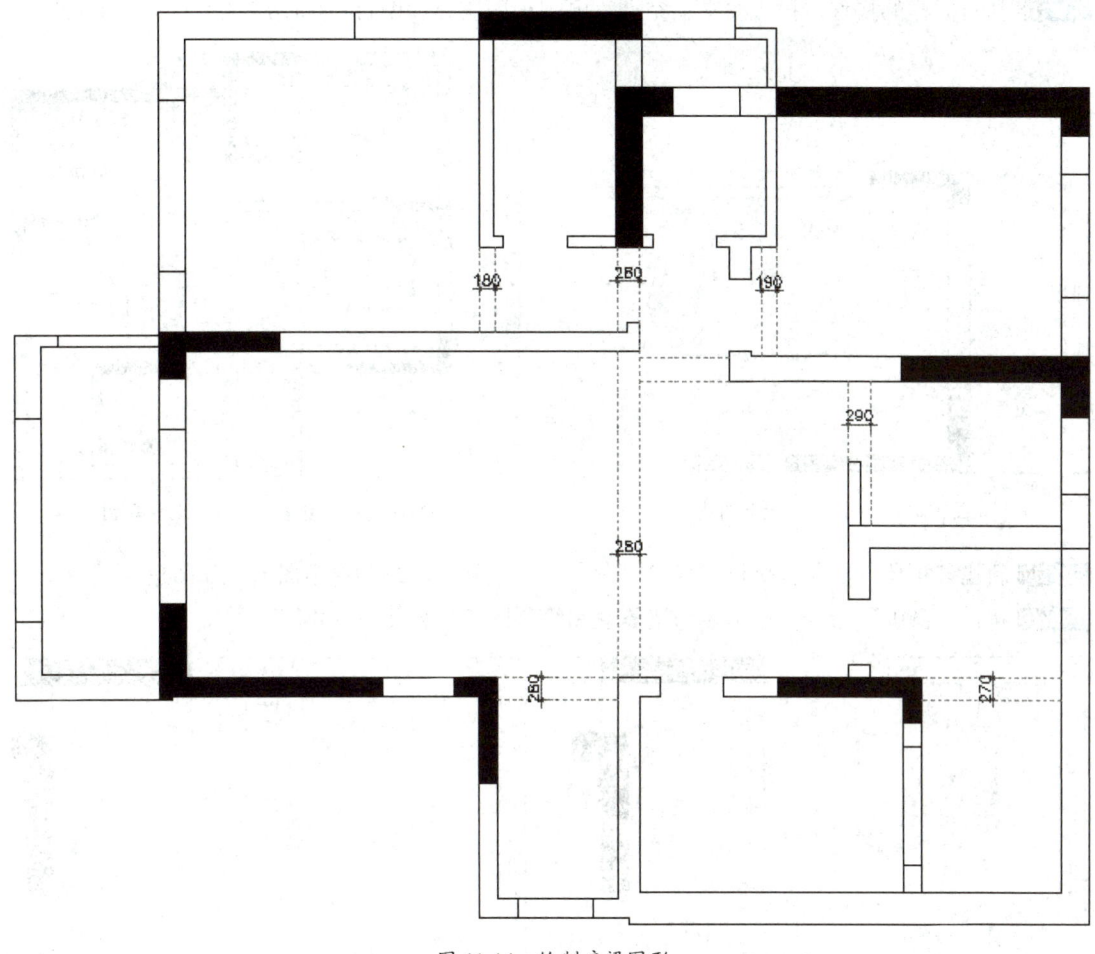

图 11-14 绘制房梁图形

步骤 13 执行"图层"命令，新建"窗"图层，并设置图层特性。双击该图层，将其设置为当前图层，如图11-15所示。

步骤 14 执行"矩形"和"直线"命令，绘制窗体线，如图11-16所示。

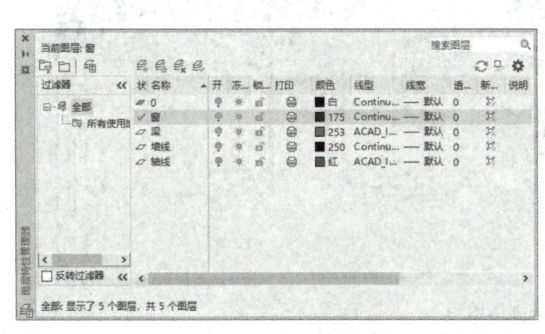

图 11-15 新建图层、设置图层特性并设置为当前图层

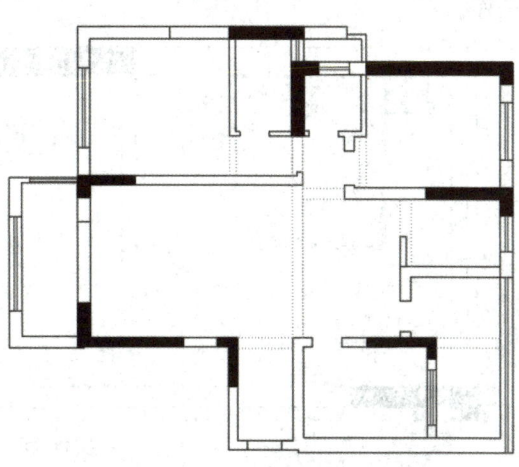

图 11-16 绘制窗体线

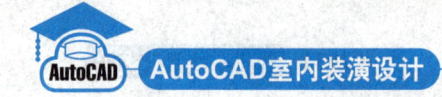

步骤 15 执行"插入"命令，插入沙发组合图块至图形的合适位置，如图11-17所示。

步骤 16 执行同样的操作，插入餐桌、空调、电视等图块，如图11-18所示。

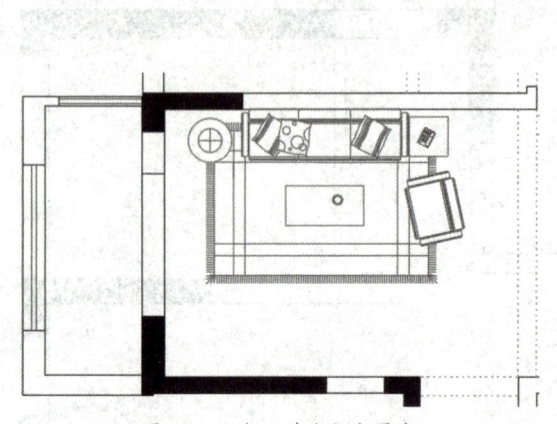

图 11-17 插入沙发组合图块

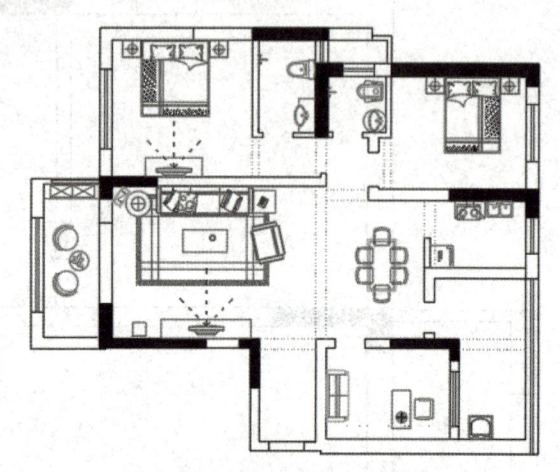

图 11-18 插入餐桌、空调、电视等图块

步骤 17 新建"柜体"图层。执行"直线"命令，在主卧室中绘制衣柜图形，如图11-19所示。

步骤 18 执行"圆弧"命令，在柜体与墙体之间绘制圆弧，如图11-20所示。

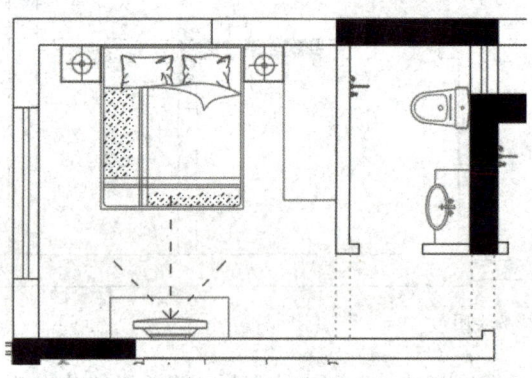

图 11-19 新建图层并绘制衣柜图形

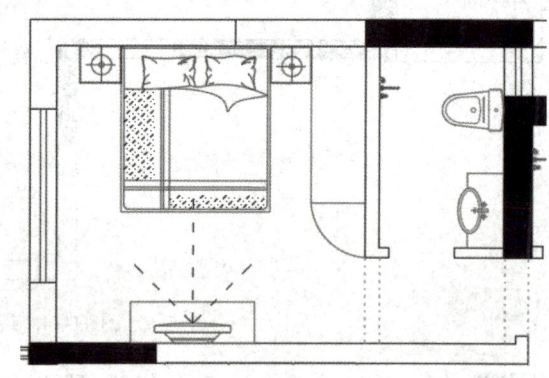

图 11-20 绘制圆弧

步骤 19 执行"矩形"和"直线"命令，在次卧室和北面的阳台中绘制柜体图形，如图11-21所示。

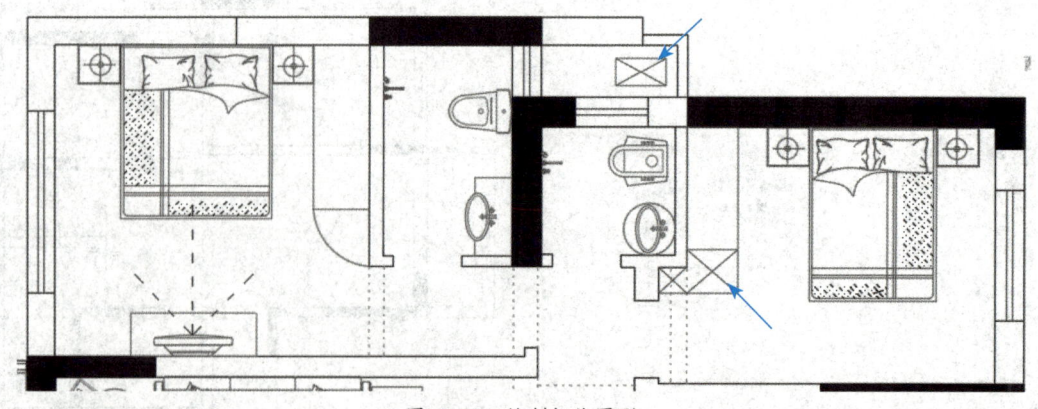

图 11-21 绘制柜体图形

· 228 ·

步骤 20 执行"矩形"和"直线"命令，在厨房中绘制厨柜图形，如图11-22所示。

步骤 21 执行"矩形"和"直线"命令，在客厅阳台及书房绘制柜体图形，如图11-23所示。

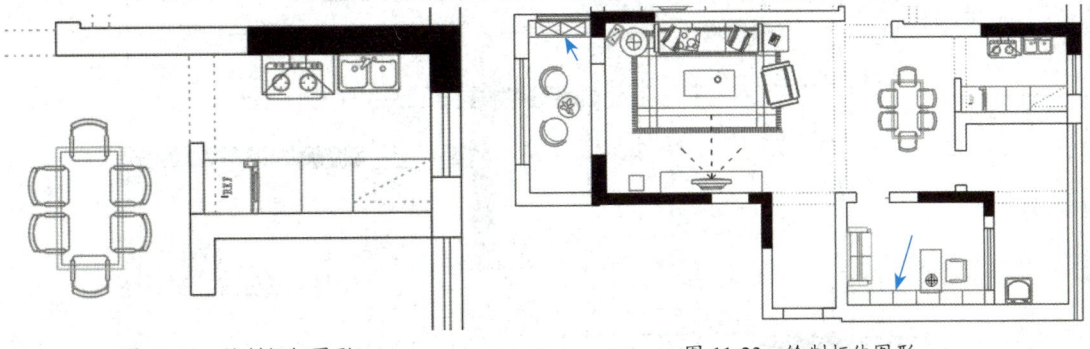

图 11-22　绘制橱柜图形　　　　　　图 11-23　绘制柜体图形

步骤 22 执行"插入块"和"复制"命令，将门图块插入图形的合适位置，如图11-24所示。

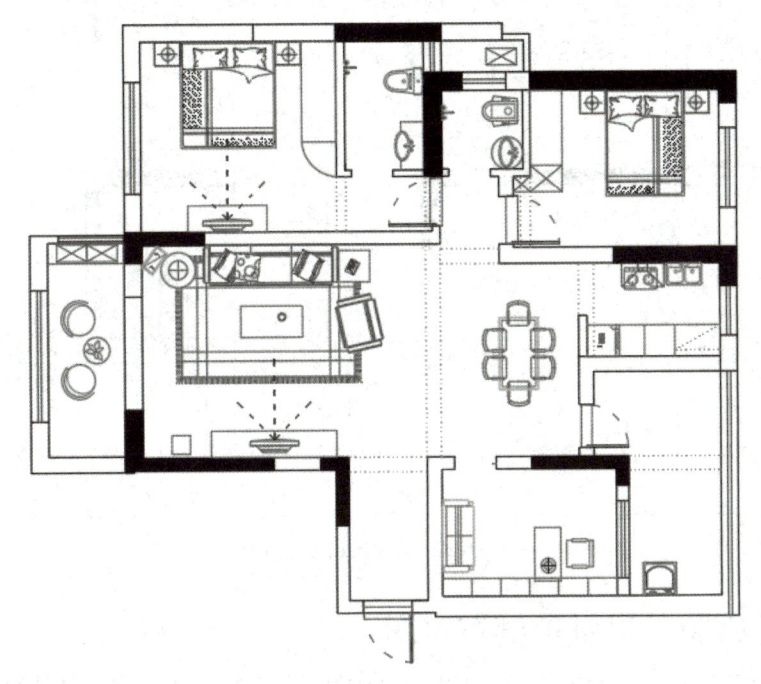

图 11-24　插入门图块

步骤 23 执行"直线""偏移"等命令，绘制推拉门图形，如图11-25所示。

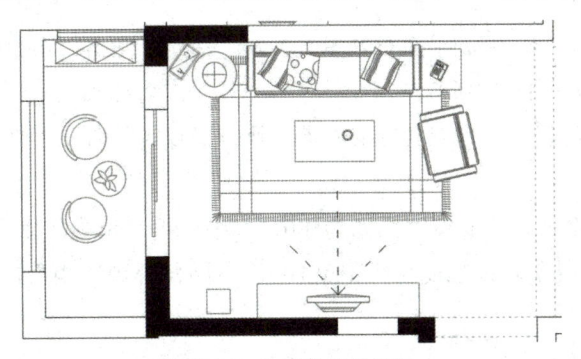

图 11-25　绘制推拉门图形

步骤 24 打开"轴线"图层。新建"标注"图层。执行"线性"命令，对平面图进行标注，如图11-26所示。

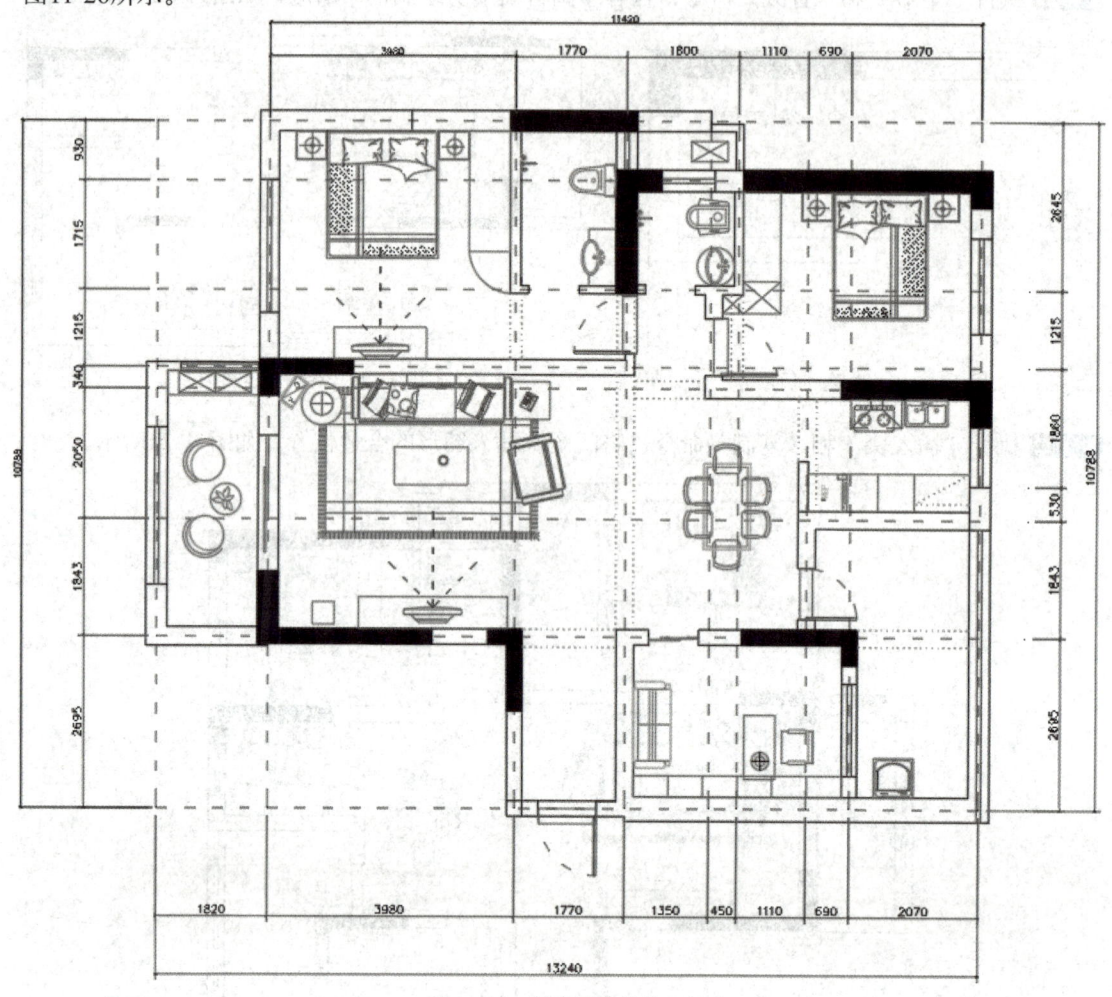

图 11-26 新建图层并进行标注

11.2.2 绘制三居室顶棚布置图

顶棚布置图主要用于说明室内天花板的造型和灯具摆放的位置。在绘制给图纸时，只需将平面布置图进行复制，并删除所有家具图块，然后在该基础上进行绘制即可。

步骤 01 执行"复制"命令，复制平面布置图。关闭"轴线"图层，删除所有平面图块，保留平面墙体，如图11-27所示。

步骤 02 新建"顶棚"图层，并设置其图层特性。执行"直线"命令，将所有空间进行封闭，如图11-28所示。

步骤 03 执行"偏移"命令，设置偏移距离为500，偏移直线，如图11-29所示，得到矩形。

步骤 04 执行"偏移"命令，设置偏移距离为100，将偏移得到的矩形向外侧偏移，如图11-30所示。

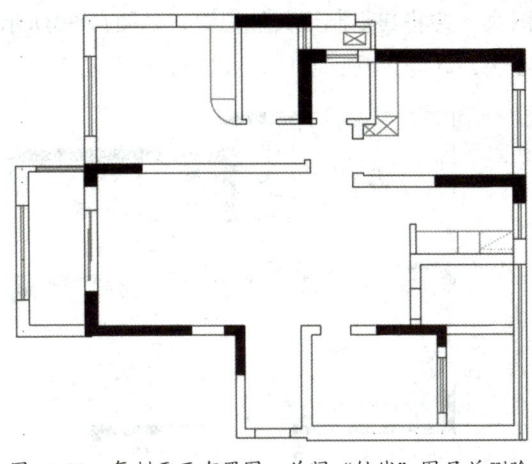

图 11-27 复制平面布置图、关闭"轴线"图层并删除所有平面图块

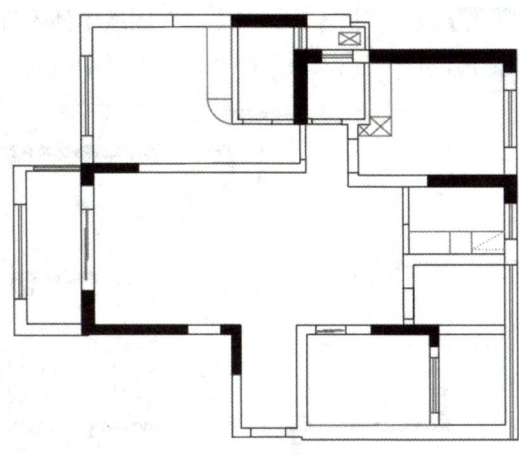

图 11-28 新建图层、设置图层特性并封闭所有空间

图 11-29 偏移直线

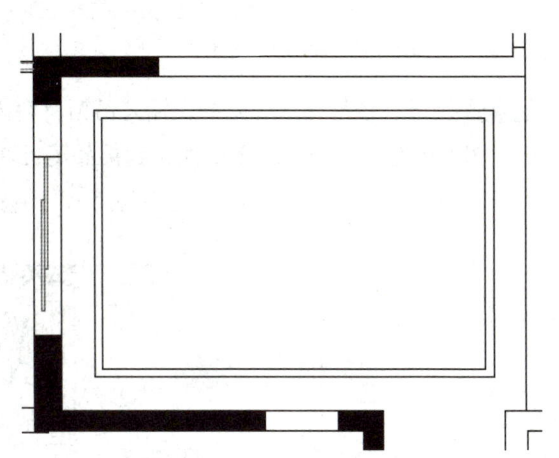

图 11-30 偏移矩形

步骤 05 将偏移的线段设置为虚线,作为吊顶灯槽,如图11-31所示。
步骤 06 执行同样的操作,绘制餐厅上方的灯带线,如图11-32所示。

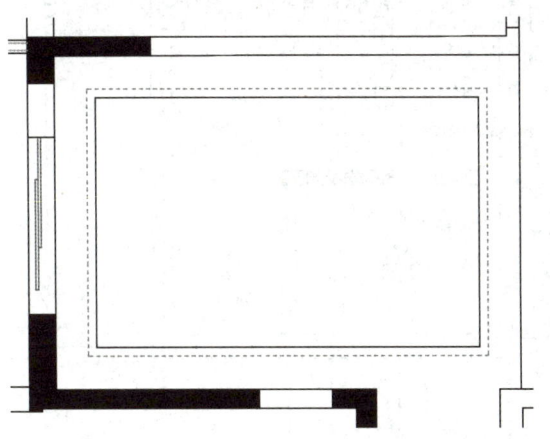

图 11-31 设置偏移的线段为虚线

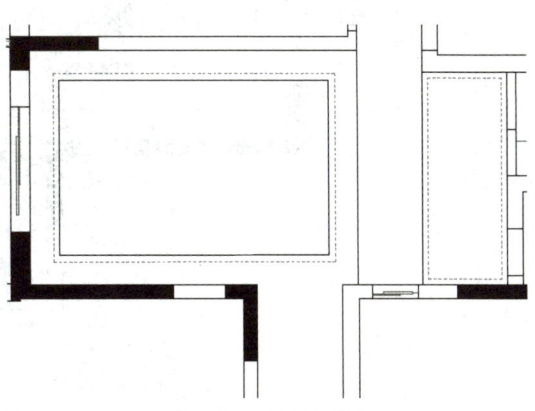

图 11-32 绘制灯带线

步骤 07 执行"插入块"命令,在图纸中插入灯具图块,并将其复制至其他位置,如图11-33所示。

步骤 08 执行"插入块"命令,在图纸中插入标高图块,并修改其标高值,如图11-34所示。

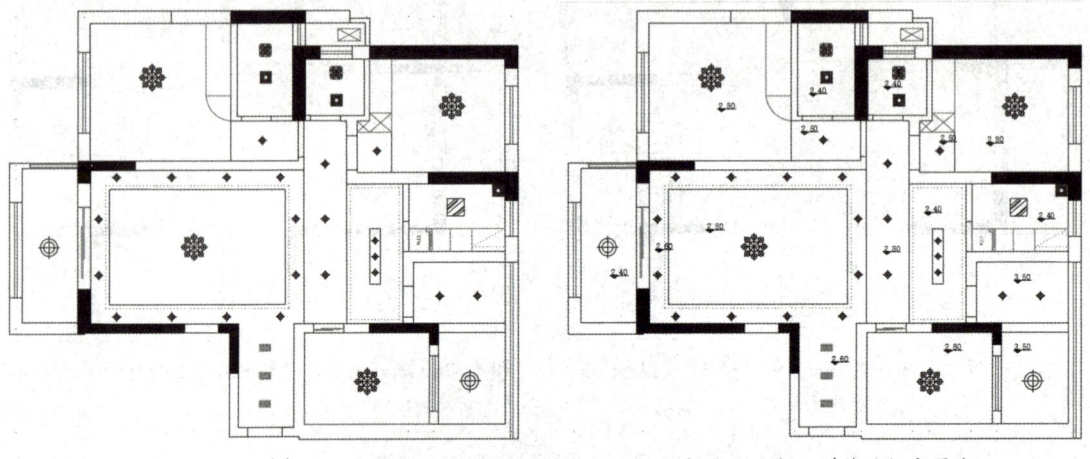

图 11-33　插入并复制灯具图块　　　　　　图 11-34　插入并修改标高图块

步骤 09 执行"多行文字"命令,输入吊顶材料内容。新建"填充"图层,并设置图层属性。执行"图案填充"命令,填充吊顶,效果如图11-35所示。

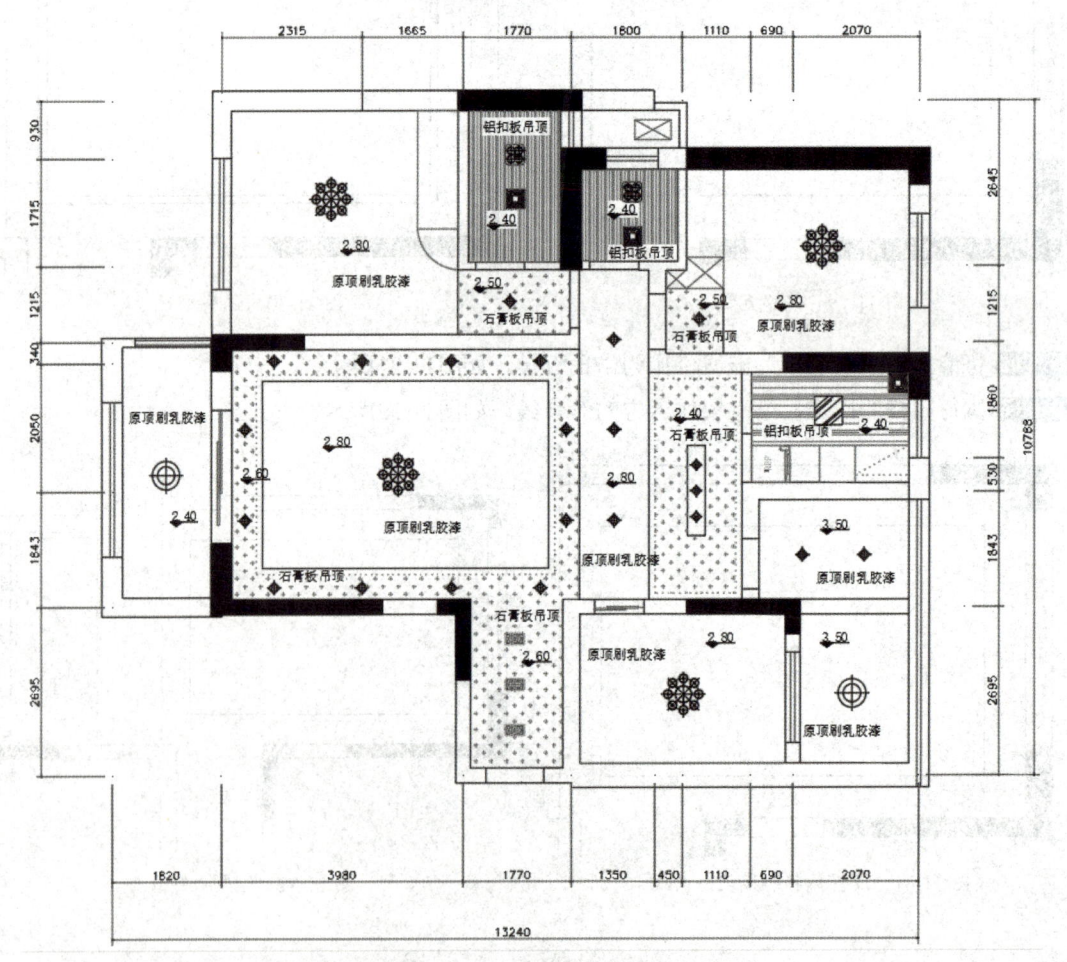

图 11-35　输入吊顶材料内容、新建图层并设置图层属性、填充吊顶

11.2.3 绘制三居室地面铺装图

地面铺装图主要用于说明地面所使用的各类材质，例如地砖、地板等。下面讲解地面铺装图的具体绘制方法。

步骤 01 执行"复制"命令，复制顶棚布置图，并删除所有灯具和吊顶造型线，如图11-36所示。

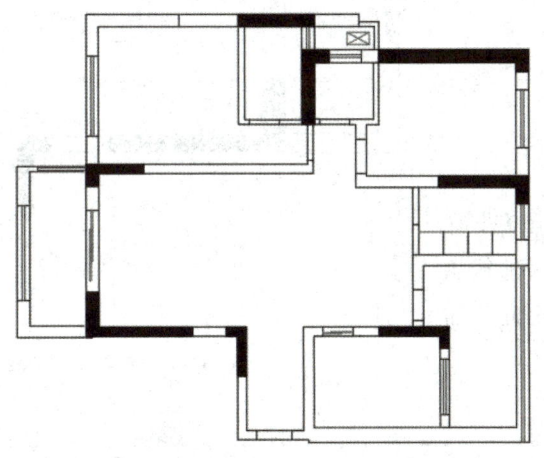

图 11-36　复制顶棚布置图并删除灯具和吊顶造型线

步骤 02 执行"多行文字"命令，对地面材质进行注释，如图11-37所示。

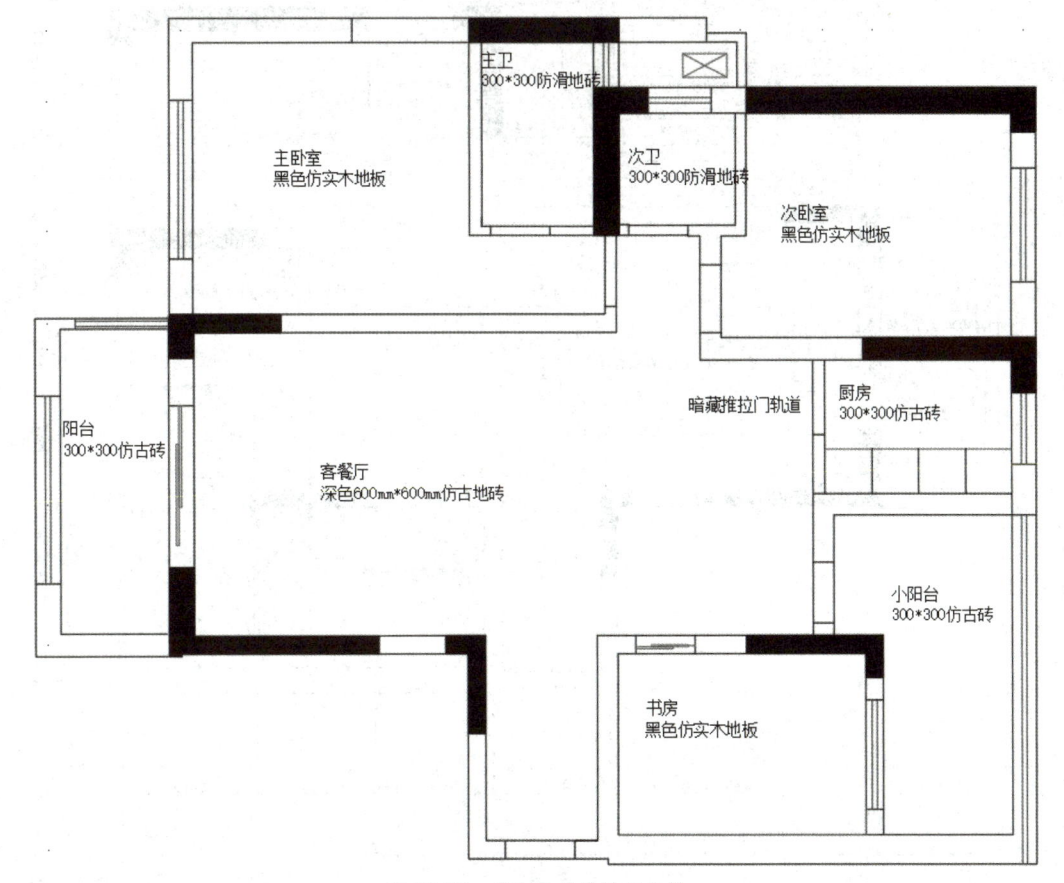

图 11-37　对地面材质进行注释

步骤 03 执行"图案填充"命令，对客餐厅的地面进行填充，如图11-38所示。

步骤 04 继续执行"图案填充"命令，对其他房间的地面进行填充，如图11-39所示。至此三居室地铺图绘制完成。

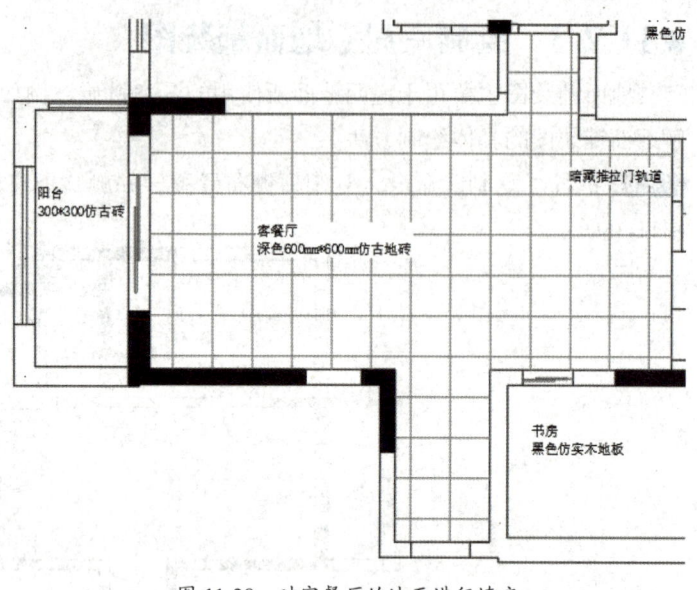

图 11-38 对客餐厅的地面进行填充

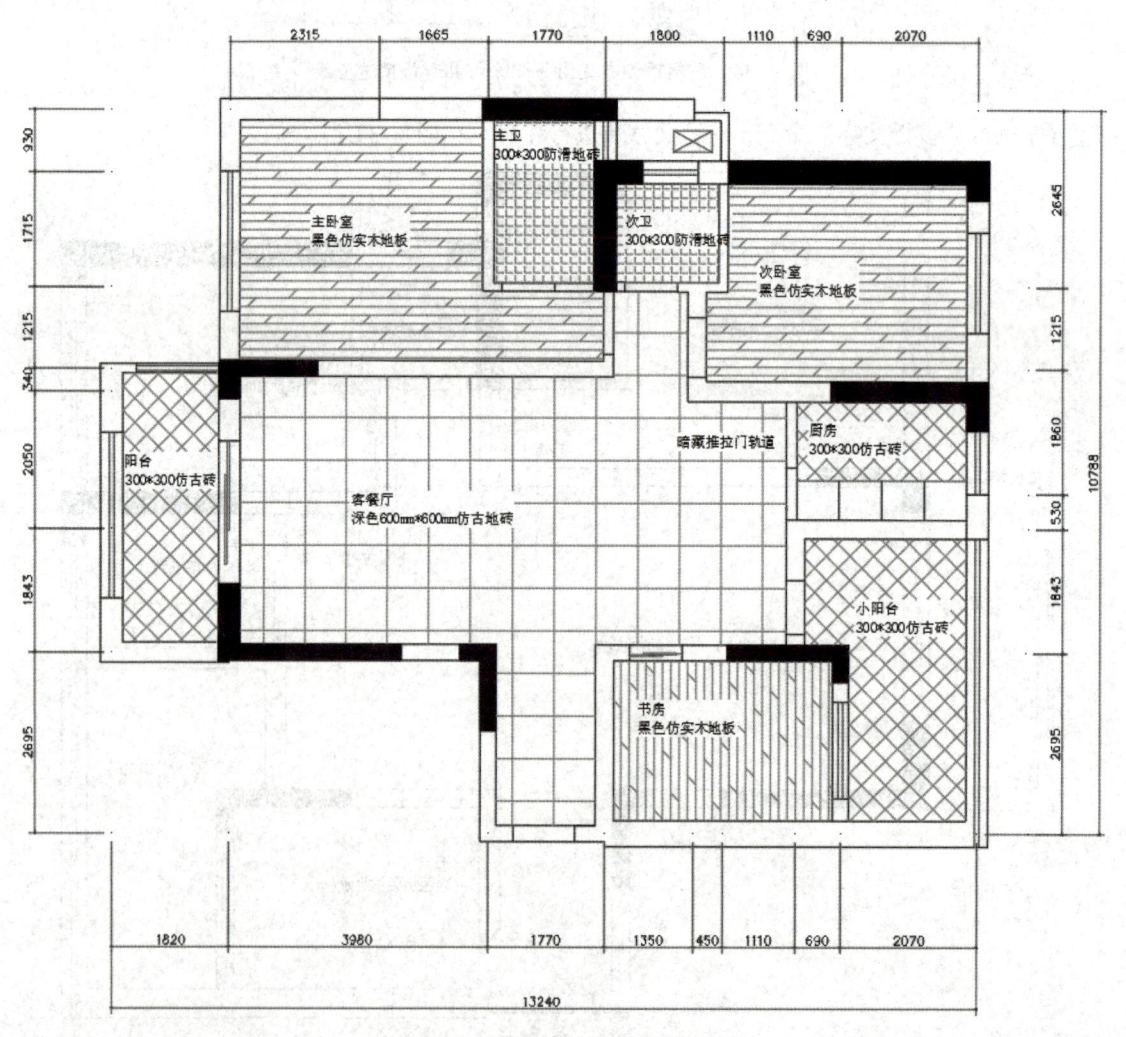

图 11-39 对其他房间的地面进行填充

■ 11.2.4 绘制三居室开关布置图

开关布置图主要用于说明室内空间中各类开关的布局及线路走向，是水电改造的设计依据。下面讲解开关布置图的绘制方法。

步骤 01 执行"复制"命令，复制顶棚布置图，删除其标高图块及文字注释，如图11-40所示。

步骤 02 执行"插入块"命令，将两个双联双控开关图块插入门厅的合适位置，如图11-41所示。

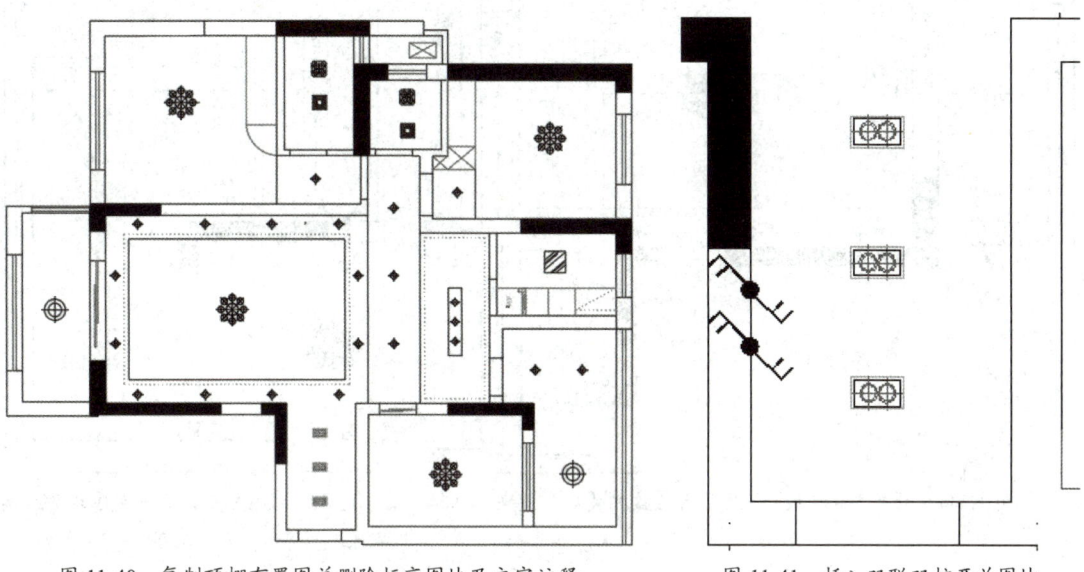

图 11-40 复制顶棚布置图并删除标高图块及文字注释　　图 11-41 插入双联双控开关图块

步骤 03 执行"复制"命令，将该双联双控开关图块复制并粘贴至客厅沙发背景墙处的合适位置，如图11-42所示。

步骤 04 执行"直线"命令，绘制相关线路，并将相关灯具图块串联起来，如图11-43所示。

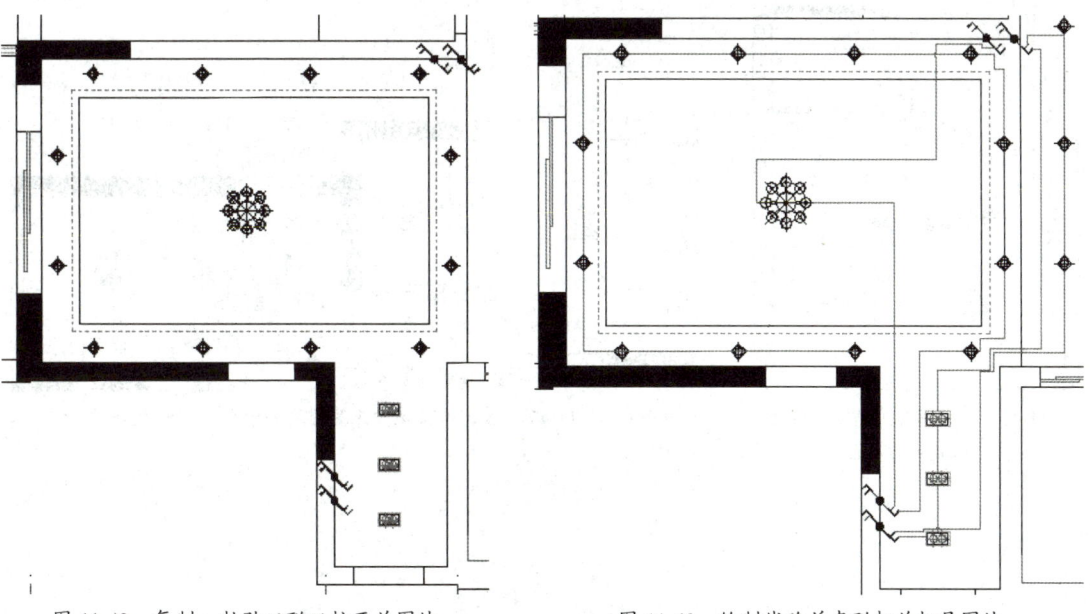

图 11-42 复制、粘贴双联双控开关图块　　图 11-43 绘制线路并串联相关灯具图块

步骤 05 将双联单控开关图块放至沙发背景处的合适位置。执行"直线"命令，对相关灯具图块进行连接，如图11-44所示。

步骤 06 将两个双联单控开关图块放至餐厅的合适位置。执行"直线"命令，绘制餐厅的灯具线路，如图11-45所示。

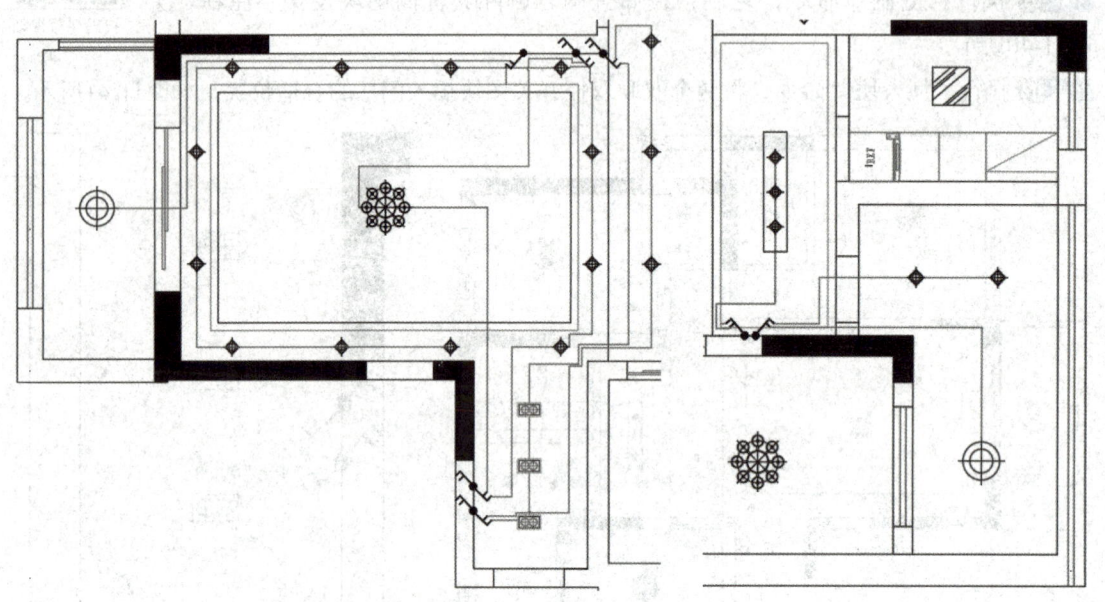

图 11-44 放置双联单控开关图块并连接相关灯具图块

图 11-45 放置双联单控开关图块并绘制灯具线路

步骤 07 将单联单控开关图块放至书房、厨房的合适位置，执行"直线"命令，对相关灯具图块进行连接，如图11-46所示。

步骤 08 将双联双控开关图块放至主卧、次卧的合适位置。执行"直线"命令，绘制灯具连接线，如图11-47所示。

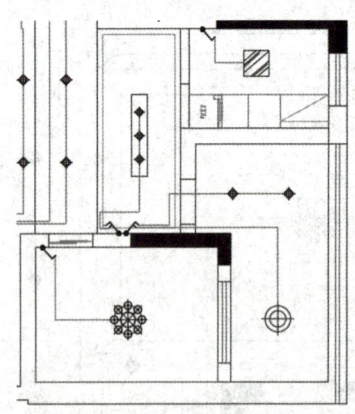

图 11-46 放置单联单控开关图块并连接相关灯具图块

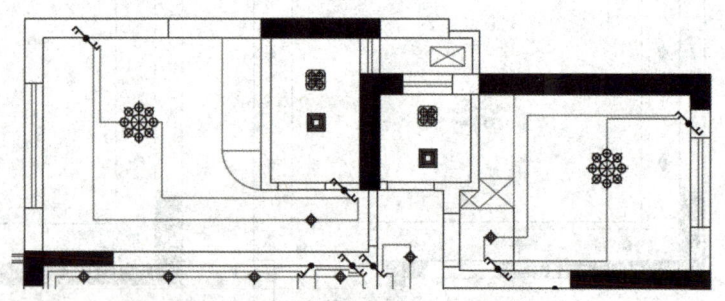

图 11-47 放置双联双控开关图块并绘制灯具连接线

步骤09 将单联双控开关图块放至主卫、次卫的合适位置。执行"直线"命令,绘制灯具连接线,如图11-48所示。

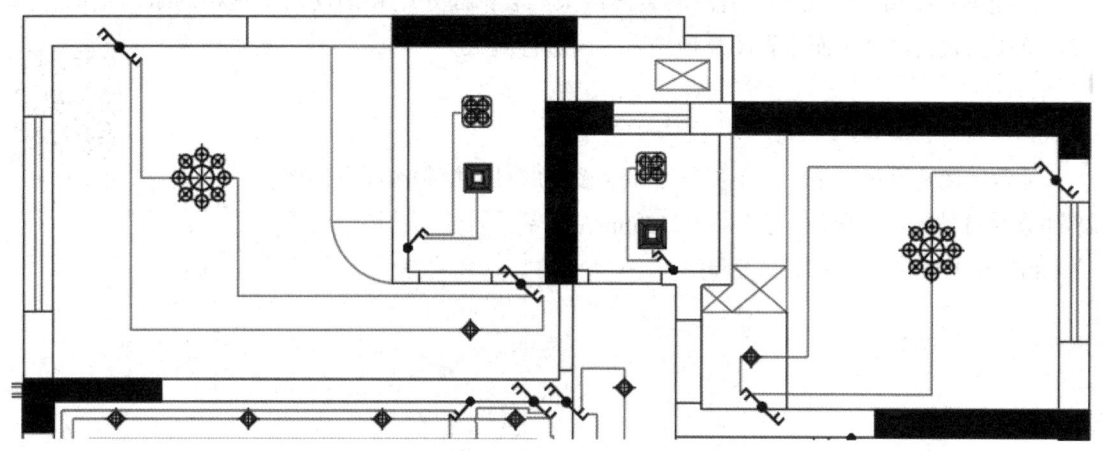

图 11-48　放置单联双控开关图块并绘制灯具连接线

步骤10 执行"单行文字"命令,输入开关及灯具编号,如图11-49所示,完成开关布置图的绘制。

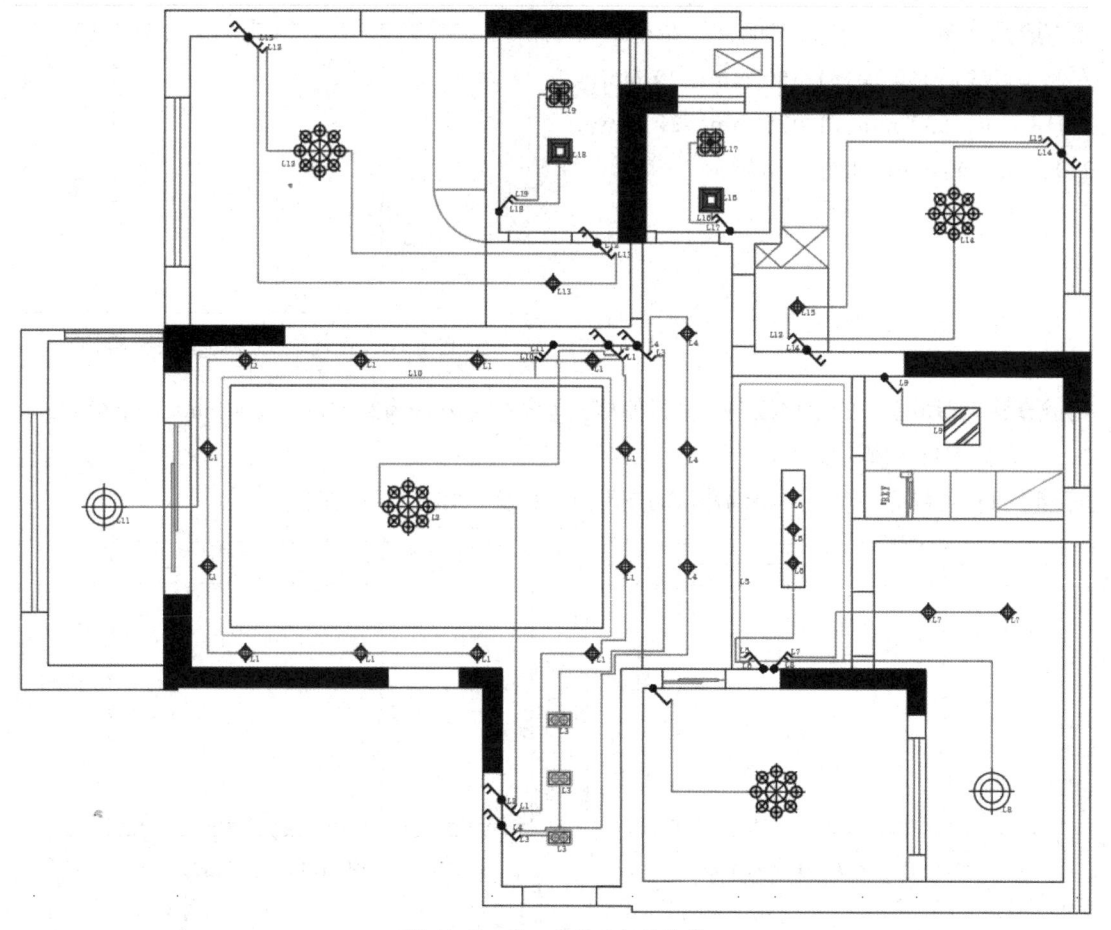

图 11-49　输入开关及灯具编号

11.3 绘制三居室各立面图

立面图主要用于说明室内墙面的装饰造型、装饰面处理和剖切吊顶顶棚的断面处理等内容。施工人员会结合平面布置图及顶棚布置图进行施工。

■ 11.3.1 绘制客厅立面图

通常客厅是设计的重点，下面结合平面图纸的尺寸绘制客厅立面图。

步骤 01 执行"矩形"命令，绘制宽5 010 mm、高2 800 mm的矩形，如图11-50所示。

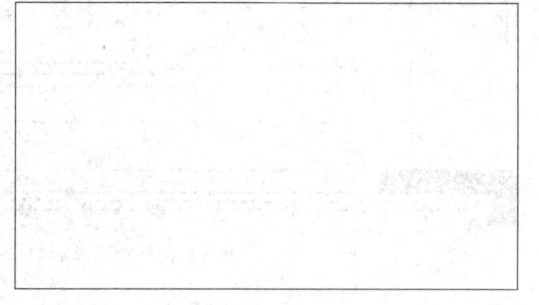

图 11-50 绘制矩形

步骤 02 将矩形分解。执行"偏移"命令，将左侧垂直线向右侧偏移1 450 mm、20 mm，1 018 mm、537 mm、1 075 mm、20 mm、280 mm、100 mm，如图11-51所示。

图 11-51 分解矩形并偏移左侧垂直线

步骤 03 将矩形最上方的水平线向下进行偏移，偏移距离分别为200 mm、200 mm、2 280 mm、20 mm，如图11-52所示。

步骤 04 执行"修剪"命令，将偏移后的图形进行修剪，如图11-53所示

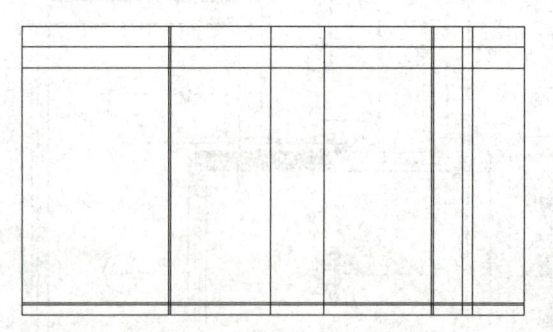

图 11-52 偏移最上方水平线

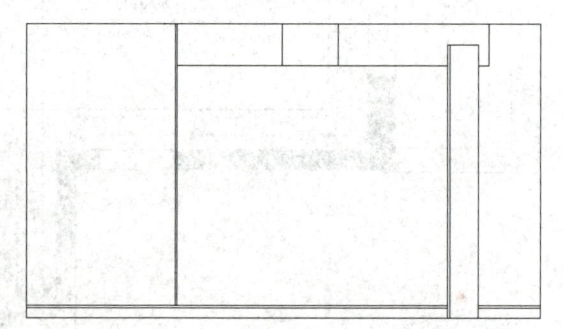

图 11-53 修剪图形

步骤 05 执行"矩形"命令,在命令行中输入"FROM",按回车键,捕捉端点,如图11-54所示。
步骤 06 根据命令行中的提示信息,输入"@-40,-300",按回车键,输入"@-200,-300",按回车键,绘制矩形,如图11-55所示。

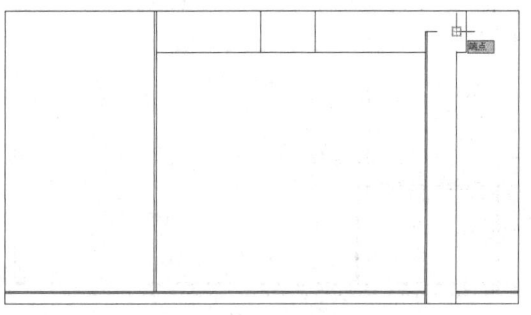

图 11-54 捕捉端点

图 11-55 绘制矩形

步骤 07 执行"复制"命令,将绘制的矩形向下进行等距复制,如图11-56所示。
步骤 08 单击"插入块"命令,插入吊灯图块至客厅的合适位置,如图11-57所示。

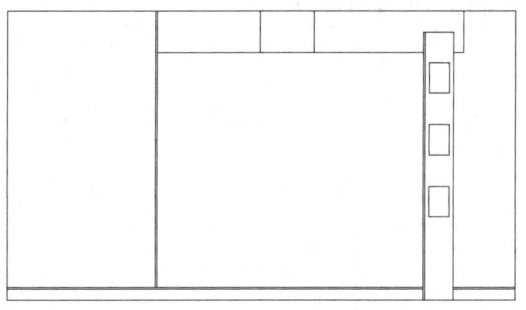

图 11-56 向下等距复制矩形

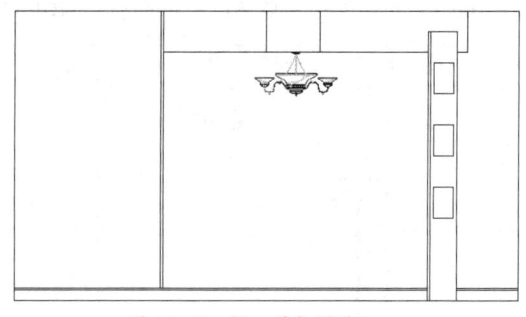

图 11-57 插入吊灯图块

步骤 09 继续插入其他图块至立面图中。执行"偏移"命令,将客厅顶部的水平直线向下偏移1 700 mm,如图11-58所示。

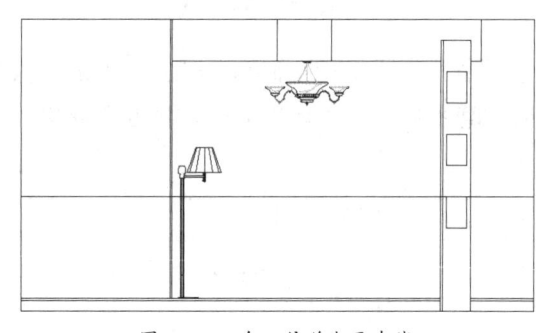

图 11-58 向下偏移水平直线

步骤 10 执行"修剪"命令,对偏移后的图形进行修剪,如图11-59所示。

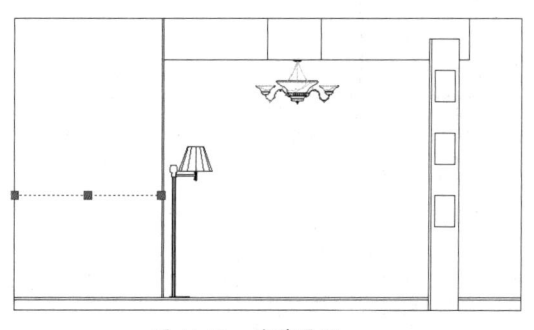

图 11-59 修剪图形

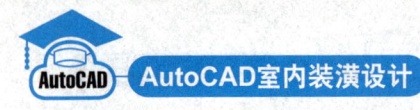

步骤 11 执行"偏移"命令，将修剪后的线段依次向下偏移20 mm和40 mm，如图11-60所示。

步骤 12 执行"偏移"命令，将最左侧的垂直线向右偏移150 mm，再依次将偏移得到的直线向右侧偏移20 mm和40 mm，如图11-61所示。

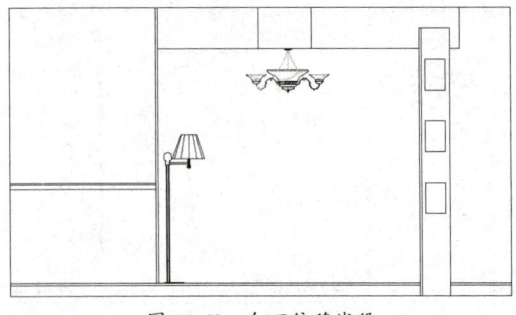

图11-60 向下偏移线段

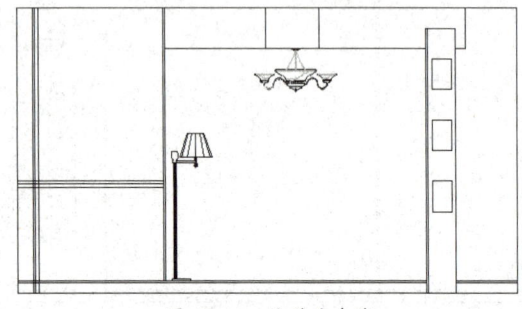

图11-61 偏移垂直线

步骤 13 执行同样的操作，执行"偏移"命令，将如图11-62所示的直线L向左侧进行偏移，偏移参数与上一步相同。

步骤 14 执行"修剪"命令，对偏移的直线进行修剪处理，如图11-63所示。

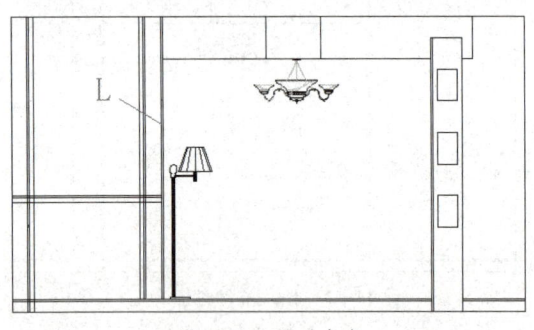

图11-62 偏移直线

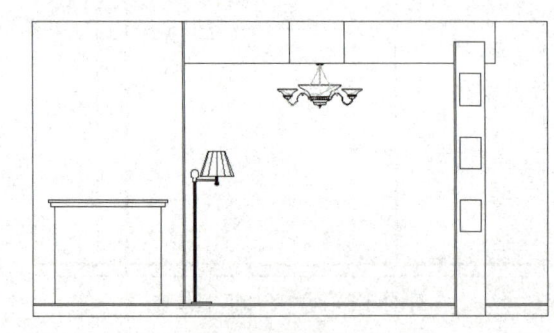

图11-63 修剪直线

步骤 15 执行"矩形"命令，绘制长730 mm、宽620 mm的矩形，如图11-64所示。

步骤 16 执行"插入块"命令，将电视机及装饰画图块插入立面图中的合适位置，如图11-65所示。

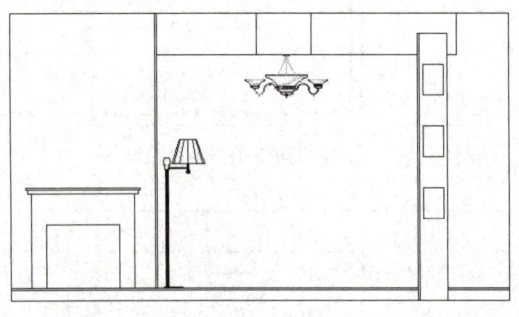

图11-64 绘制矩形

图11-65 插入电视机及装饰画图块

步骤 17 执行"图案填充"命令,对壁炉和电视机背景墙进行填充,如图11-66所示。

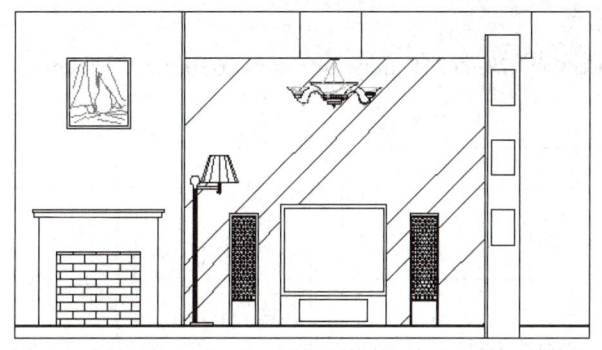

图11-66 填充壁炉和电视机背景墙

步骤 18 执行"线性"和"引线"命令,对该立面图进行尺寸标注和材料注释,如图11-67所示。

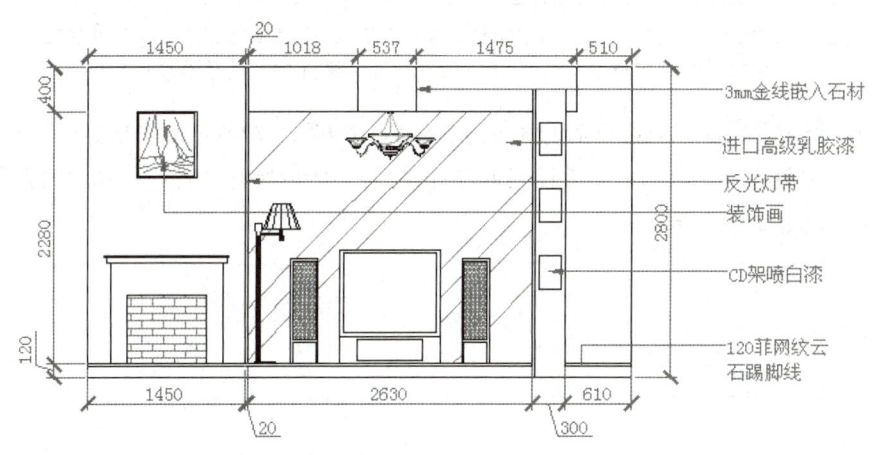

图11-67 标注尺寸和注释材料

11.3.2 绘制门厅立面图

下面根据平面图纸中的门厅部分来绘制其立面图。

步骤 01 将门厅部分的平面图进行复制和粘贴。执行"直线"命令,绘制立面区域,如图11-68所示。

步骤 02 执行"偏移"命令,将地平线向上偏移100 mm,完成踢脚线的绘制,如图11-69所示。

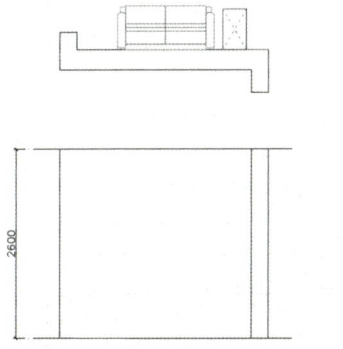

图11-68 复制、粘贴平面图并绘制立面区域

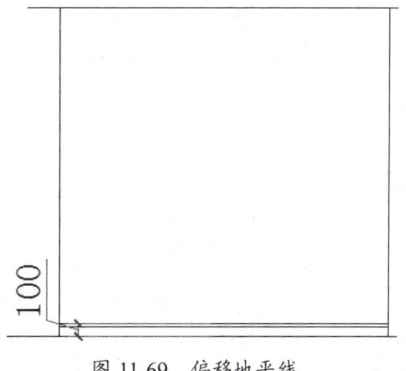

图11-69 偏移地平线

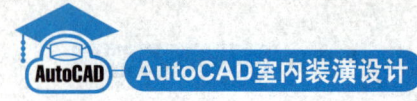

步骤 03 将地平线依次向上偏移300 mm、40 mm、350 mm、20 mm、350 mm、40 mm和500 mm，如图11-70所示。

步骤 04 将左侧垂直线依次向右偏移350 mm、40 mm、630 mm、20 mm、1 270 mm和40 mm，如图11-71所示。

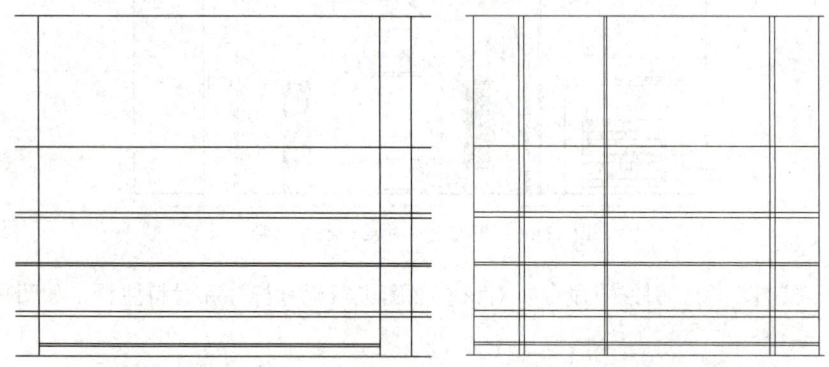

图 11-70　偏移地平线

图 11-71　偏移左侧垂直线

步骤 05 执行"修剪"命令，对偏移后的图形进行修剪，如图11-72所示，得到鞋柜图形。

步骤 06 执行"定数等分"命令，将鞋柜图形等分成3份，然后执行"直线"和"偏移"命令，绘制等分线，如图11-73所示。

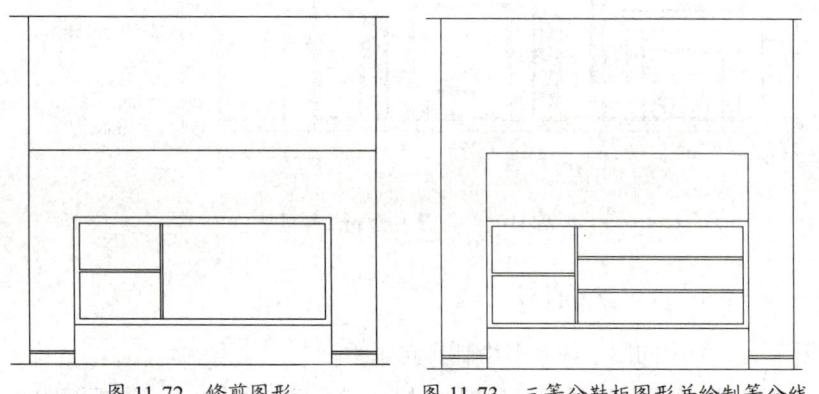

图 11-72　修剪图形

图 11-73　三等分鞋柜图形并绘制等分线

步骤 07 将顶面线依次向下偏移200 mm和300 mm，如图11-74所示。

步骤 08 将左侧墙线依次向右偏移280 mm和2 300 mm，如图11-75所示。

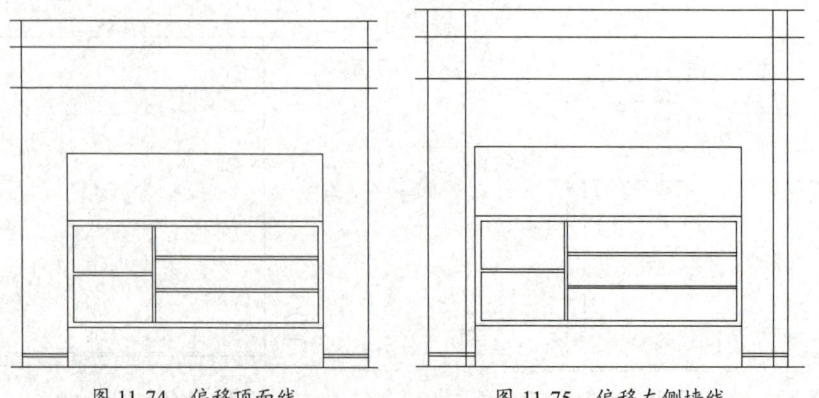

图 11-74　偏移顶面线

图 11-75　偏移左侧墙线

步骤09 执行"修剪"命令,将偏移后的直线进行修剪,如图11-76所示。

步骤10 执行"图案填充"命令,对吊顶和房梁图形进行填充,如图11-77所示。

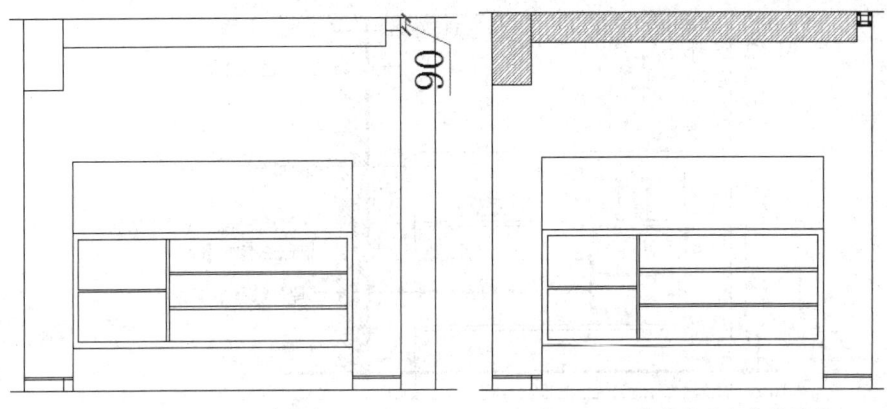

图 11-76 修剪直线

图 11-77 填充吊顶和房梁图形

步骤11 执行"插入块"命令,将鞋图块和其他装饰物图块插入柜体图形的合适位置,如图11-78所示。

步骤12 执行"图案填充"命令,对该立面图进行填充,如图11-79所示。

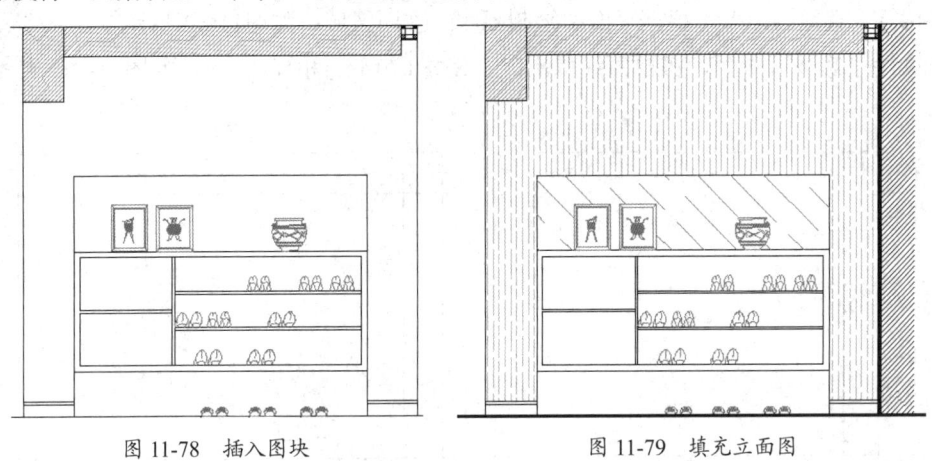

图 11-78 插入图块

图 11-79 填充立面图

步骤13 执行"线性"和"连续"命令,为立面图进行尺寸标注,如图11-80所示。

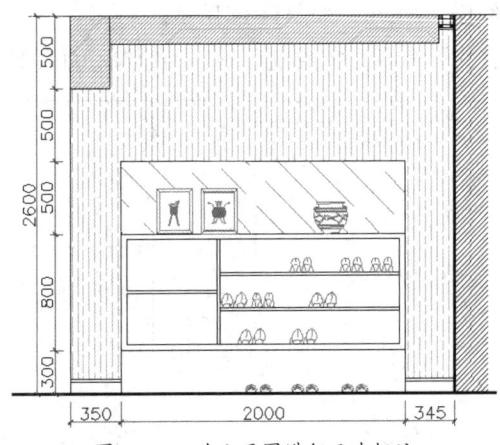

图 11-80 为立面图进行尺寸标注

步骤14 执行"引线"命令，为该立面图的材质进行注释，如图11-81所示。至此，门厅立面图绘制完成。

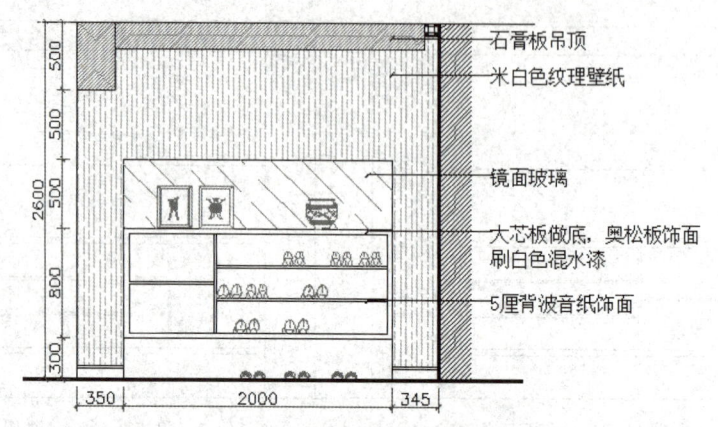

图 11-81 为立面图的材质进行注释

■11.3.3 绘制餐厅立面图

下面根据平面图纸中的餐厅部分绘制其立面图。

步骤01 执行"直线"命令，根据平面图绘制餐厅的立面区域，如图11-82所示。

步骤02 执行"偏移"命令，将顶面线依次向下偏移190 mm和180 mm，如图11-83所示。

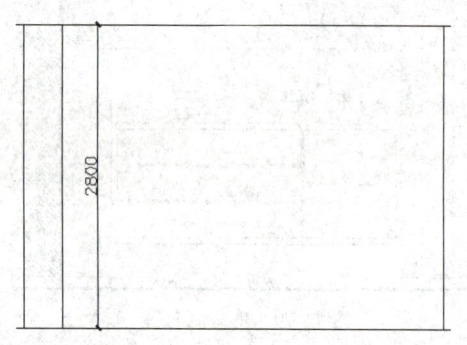

图 11-82 绘制餐厅的立面区域

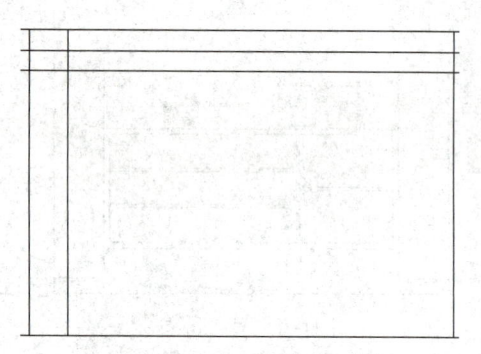

图 11-83 向下偏移顶面线

步骤03 将两侧墙体线向内偏移500 mm，如图11-84所示。

步骤04 执行"修剪"和"直线"命令，完成餐厅吊顶的绘制，如图11-85所示。

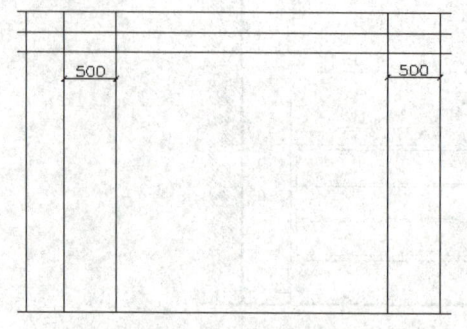

图 11-84 向内偏移墙体线

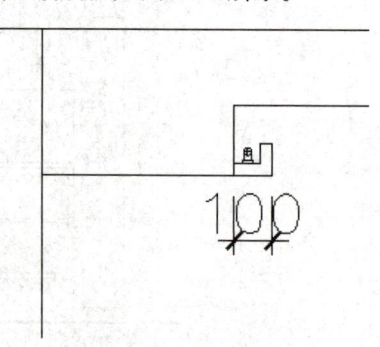

图 11-85 绘制餐厅吊顶

步骤05 执行"直线"命令，绘制两个门洞，如图11-86所示。

步骤06 执行"偏移"命令，绘制门套，如图11-87所示。

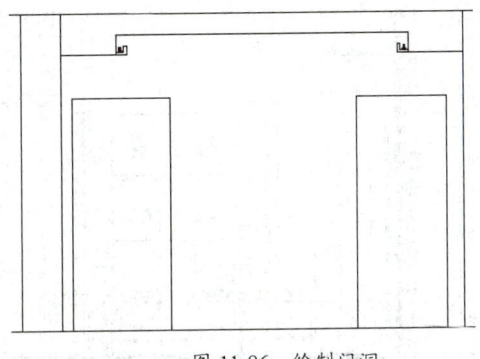

图 11-86　绘制门洞　　　　　　　　图 11-87　绘制门套

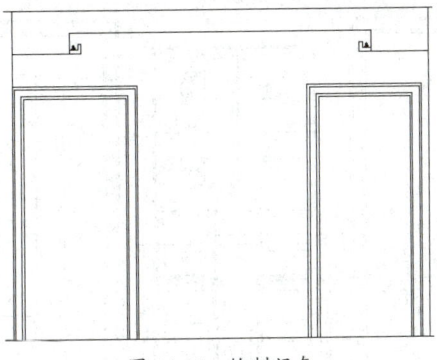

步骤07 将地平线向上偏移150 mm，作为踢脚线，如图11-88所示。

步骤08 执行"插入块"命令，将餐桌图块插入图形的合适位置，如图11-89所示。

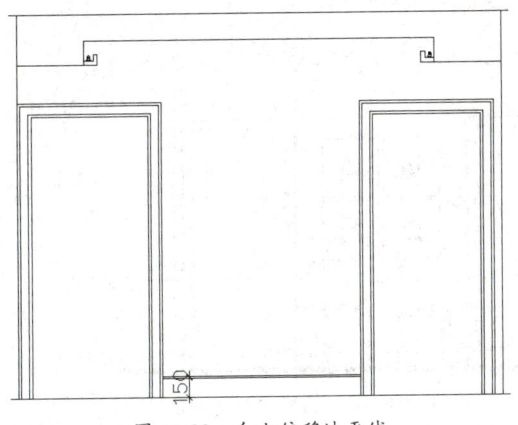

图 11-88　向上偏移地平线　　　　　图 11-89　插入餐桌图块

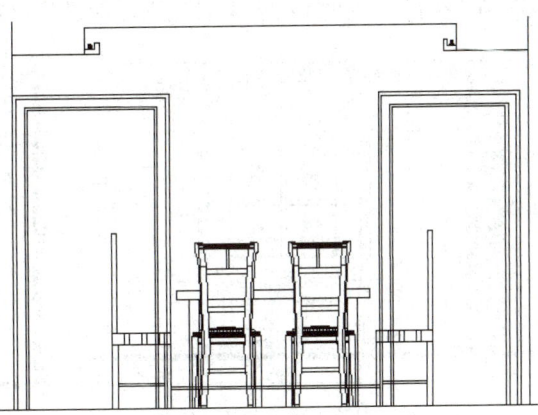

步骤09 执行"矩形"命令，绘制木门造型的轮廓，如图11-90所示。

步骤10 执行"图案填充"命令，对木门进行填充，如图11-91所示。

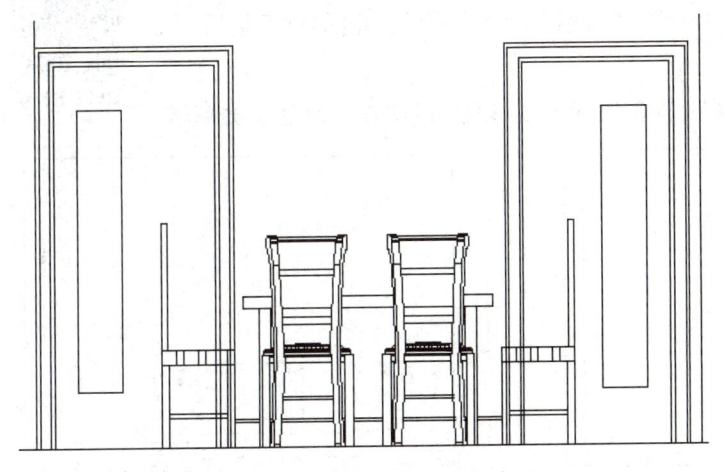

图 11-90　绘制木门造型的轮廓　　　图 11-91　填充木门

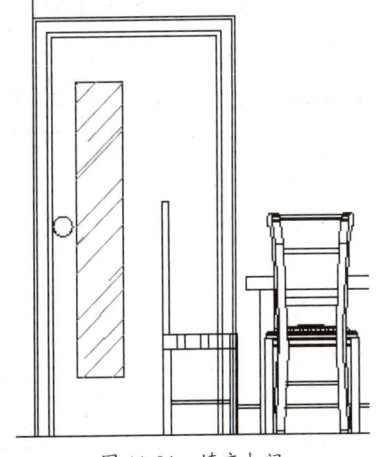

步骤 11 将装饰画图块插入图形的合适位置，如图11-92所示。

步骤 12 执行"图案填充"命令，对餐厅墙体和吊顶进行填充，如图11-93所示。

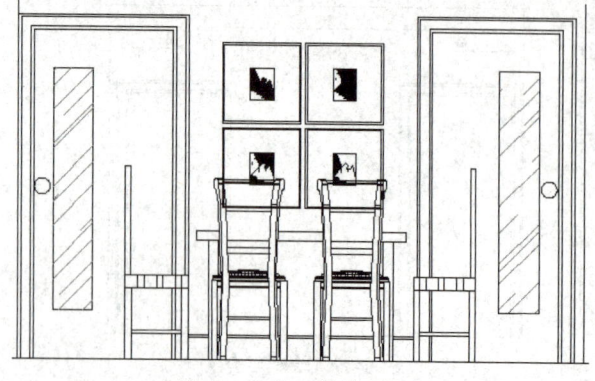

图 11-92 插入装饰画图块

图 11-93 填充餐厅墙体和吊顶

步骤 13 执行"线性"和"连续"命令，对该立面图进行尺寸标注，如图11-94所示。

步骤 14 执行"引线"命令，对该立面图进行材料注释，如图11-95所示。

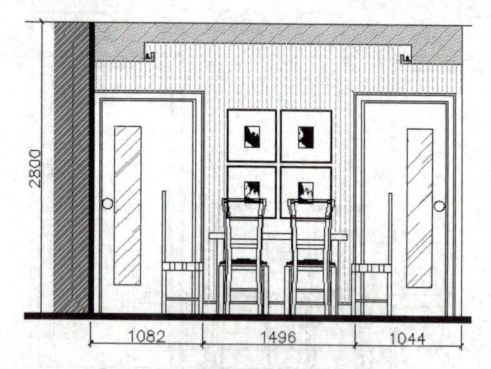

图 11-94 对立面图进行尺寸标注

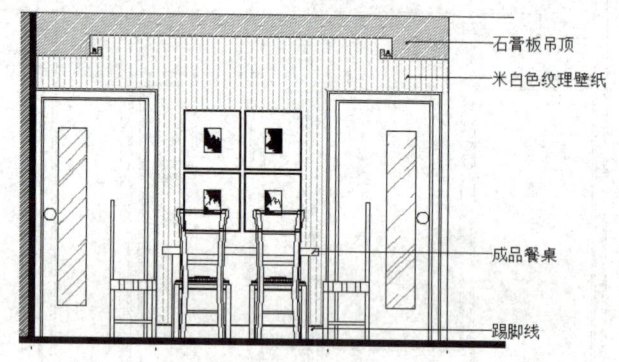

图 11-95 对立面图进行材料注释

11.3.4 绘制主卧立面图

下面根据平面图纸中的主卧部分绘制其立面图。

步骤 01 复制主卧部分的平面图，并执行"直线"命令，绘制主卧的立面区域，如图11-96所示。

扫码观看视频

步骤 02 执行"插入块"命令，将床立面图块插入图形的合适位置，如图11-97所示。

图 11-96 复制平面图并绘制主卧的立面区域

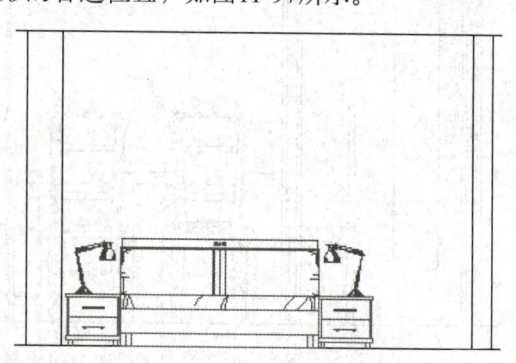

图 11-97 插入床立面图块

步骤 03 执行"直线"和"偏移"命令，绘制装饰隔板图形，如图11-98所示。

步骤 04 执行"偏移"命令，将右侧墙线向左偏移1 000 mm，如图11-99所示。

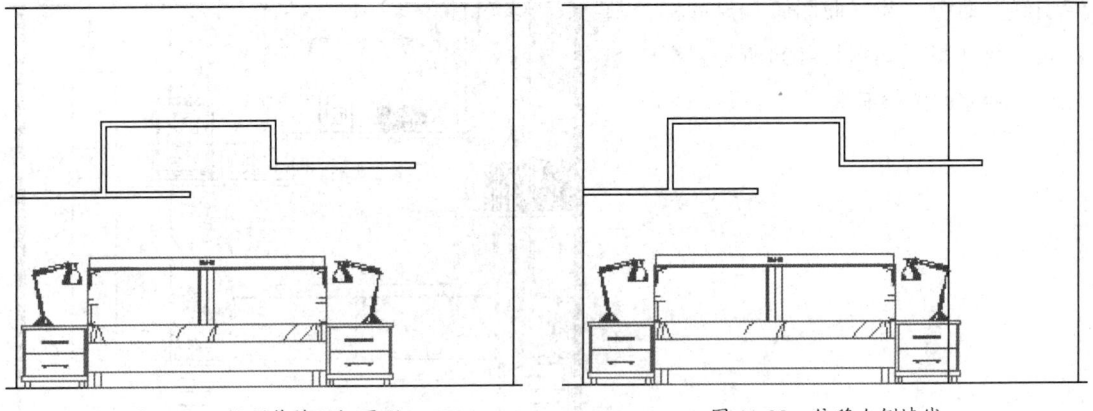

图 11-98 绘制装饰隔板图形

图 11-99 偏移右侧墙线

步骤 05 执行"矩形"命令，绘制长500 mm、宽300 mm的矩形，将其放至立面图的合适位置，如图11-100所示。

步骤 06 执行"复制"命令，将矩形向下进行复制、粘贴，如图11-101所示。

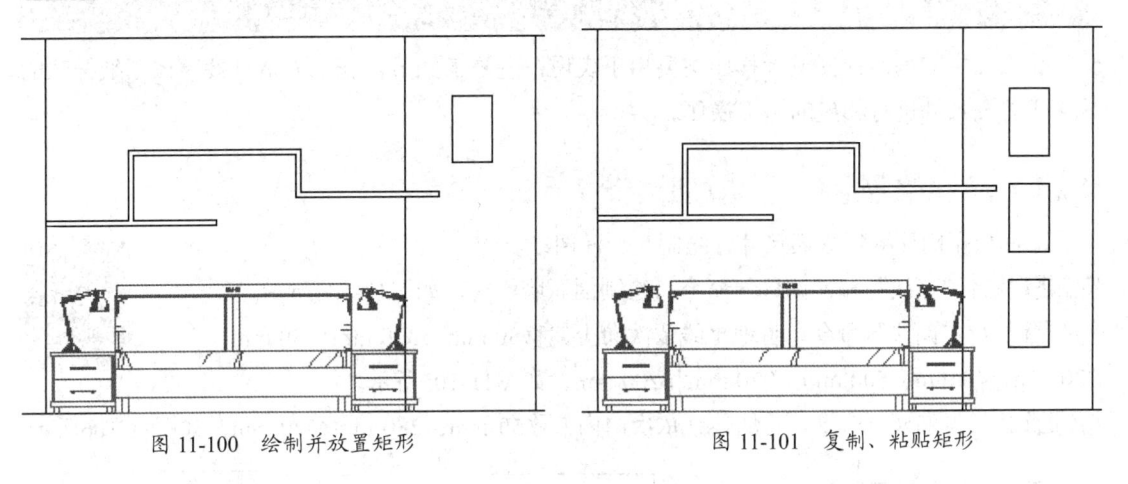

图 11-100 绘制并放置矩形

图 11-101 复制、粘贴矩形

步骤 07 执行"插入块"命令，将装饰画、吊灯等图块插入立面图的合适位置，如图11-102所示。

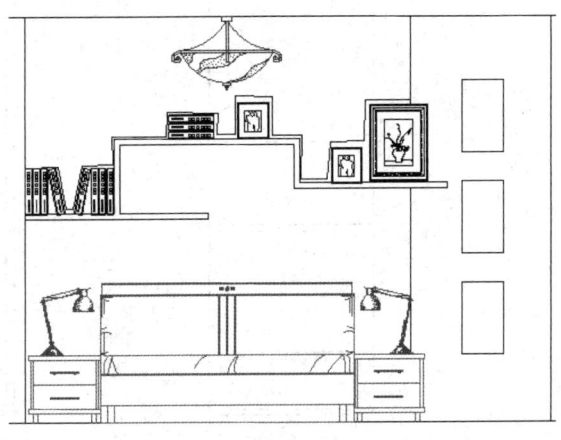

图 11-102 插入装饰画、吊灯等图块

步骤 08 执行"图案填充"命令,对卧室背景墙进行填充。执行"线性"和"引线"命令,为立面图添加尺寸标注及材料注释,如图11-103所示。至此,主卧立面图绘制完成。

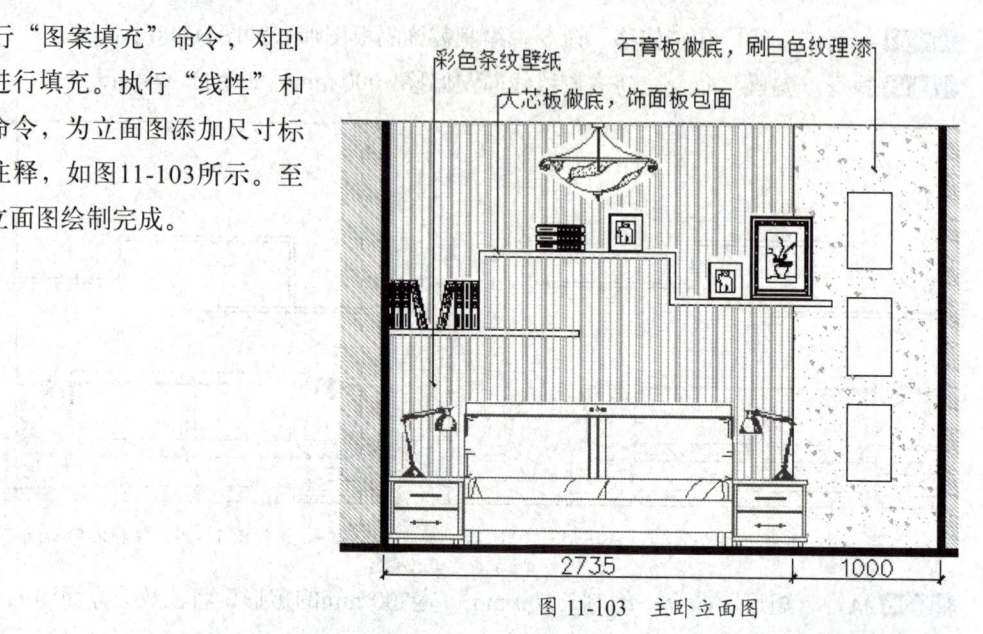

图 11-103 主卧立面图

11.4 绘制三居室主要剖面图

施工图中的剖面详图或大样图主要用于表现一些施工细节,施工人员可按照该图纸标注的施工工艺及尺寸进行相应的施工操作。

11.4.1 绘制门厅鞋柜剖面图

下面根据门厅鞋柜立面尺寸,绘制其剖面图纸。

步骤 01 执行"直线"和"偏移"命令,绘制剖面墙体线,如图11-104所示。

步骤 02 执行"偏移"命令,将地平线依次向上偏移30 mm、300 mm、40 mm、720 mm、40 mm、500 mm、970 mm和200 mm,如图11-105所示。

步骤 03 执行"偏移"命令,将墙体线依次向内偏移50 mm、280 mm和20 mm,如图11-106所示。

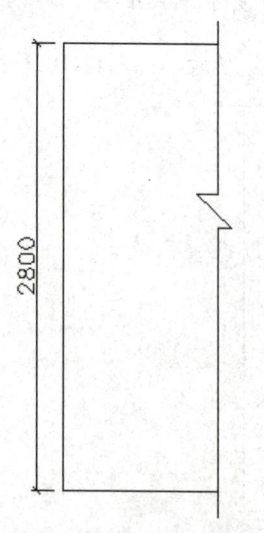

图 11-104 绘制剖面墙体线 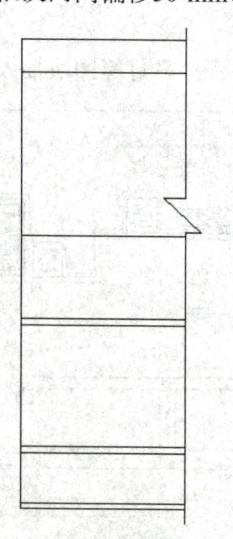　　图 11-105 向上偏移地平线 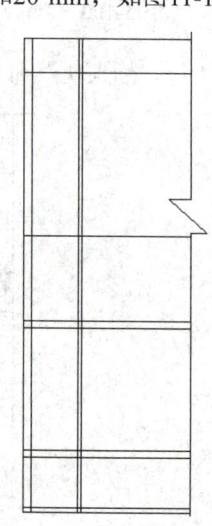　　图 11-106 向内偏移墙体线

步骤 04 执行"修剪"命令，将偏移后的图形进行修剪，如图11-107所示。

步骤 05 执行"偏移"和"修剪"命令，绘制鞋柜剖面图，如图11-108所示。

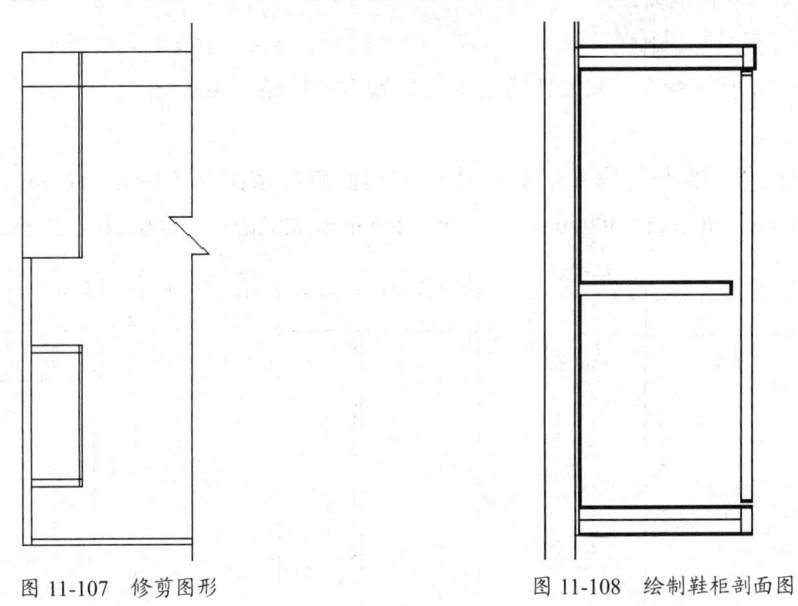

图 11-107 修剪图形　　　　　图 11-108 绘制鞋柜剖面图

步骤 06 执行"偏移"和"修剪"命令，完成剖面墙体及吊顶的绘制，如图11-109所示。

步骤 07 执行"图案填充"命令，将该剖面图进行填充。执行"线性""连续""引线"命令，对剖面图进行尺寸标注和材料注释，如图11-110所示。鞋柜剖面图绘制完成。

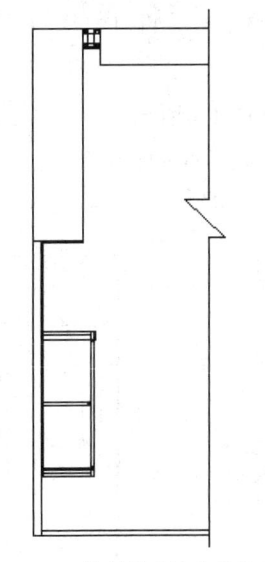

图 11-109 绘制剖面墙体及吊顶 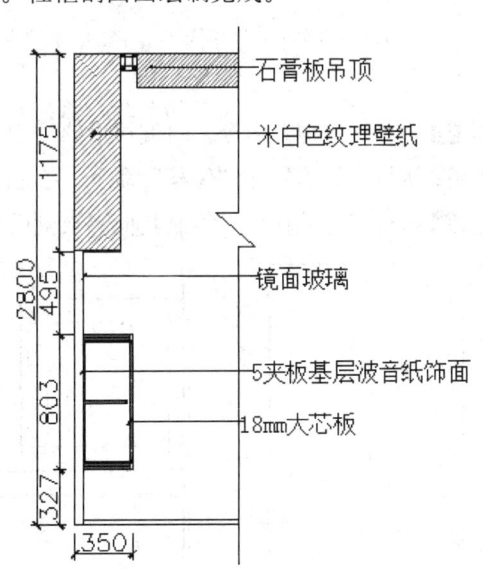　　　　　图 11-110 填充剖面图并进行尺寸标注和材料注释

11.4.2 绘制大衣柜剖面图

下面绘制大衣柜剖面图。

步骤 01 执行"直线""偏移""修剪"命令，绘制剖面墙体线，如图11-111所示。

步骤 02 执行"偏移"命令，将墙体线依次向右偏移300 mm、300 mm、50 mm，如图11-112所示。

步骤 03 继续执行"偏移"命令，将柜体下方剖面直线依次向上偏移110 mm、210 mm、20 mm、190 mm、40 mm、300 mm、40 mm、200 mm、20 mm、1 300 mm、20 mm，如图11-113所示。

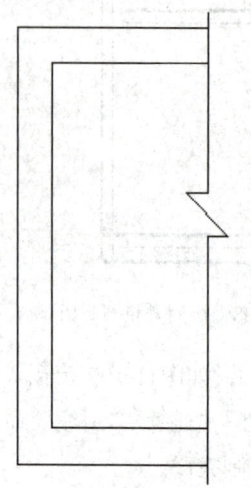

图 11-111 绘制剖面墙体线 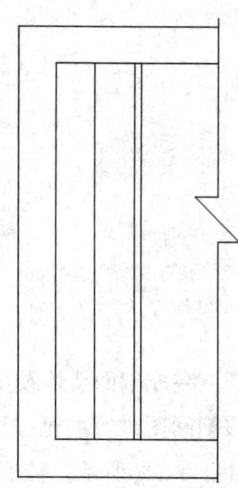　　　图 11-112 向右偏移墙体线 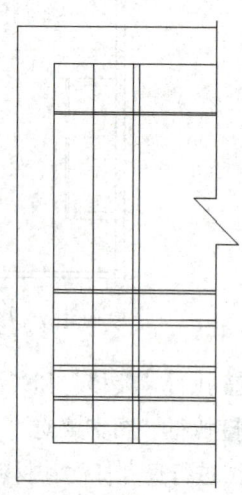　　　图 11-113 向上偏移柜体下方剖面直线

步骤 04 执行"修剪"命令，对偏移后的图形进行修剪，如图11-114所示。

步骤 05 执行"修剪"和"偏移"命令，绘制衣柜内部隔板，如图11-115所示。

步骤 06 执行同样的操作，绘制其他隔板剖面图形，如图11-116所示。

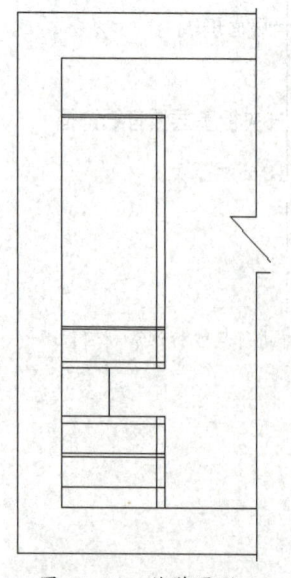

图 11-114 修剪图形 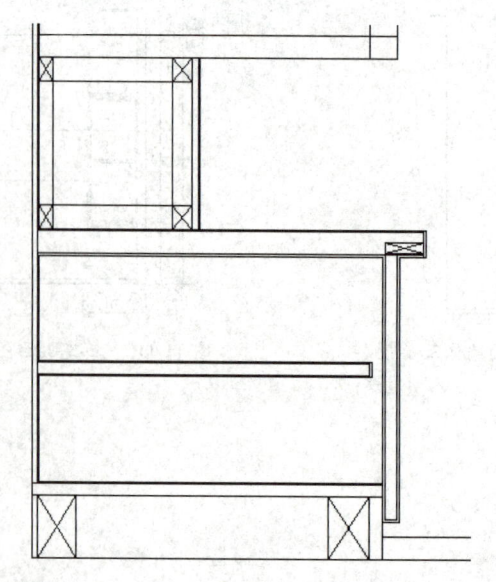　　　图 11-115 绘制衣柜内部隔板 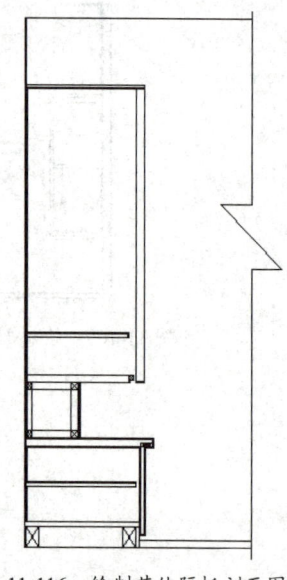　　　图 11-116 绘制其他隔板剖面图形

步骤 07 执行"图案填充"命令，对剖面图进行填充。执行"插入块"命令，将衣服图块插入图形中，如图11-117所示。

步骤 08 执行"线性标注"和"引线注释"命令，对该剖面图进行注释，如图11-118所示。大衣柜剖面图绘制完成。

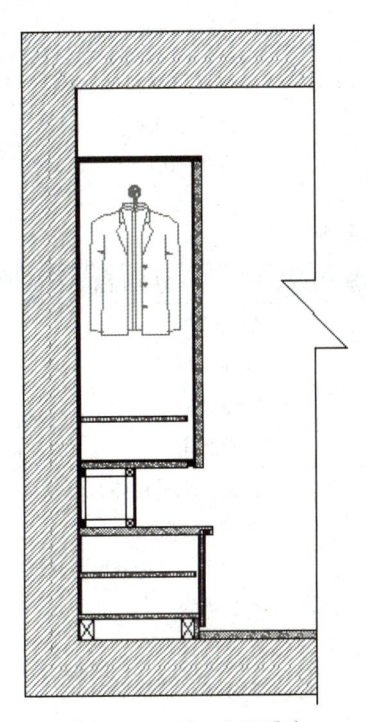

图 11-117　插入衣服图块

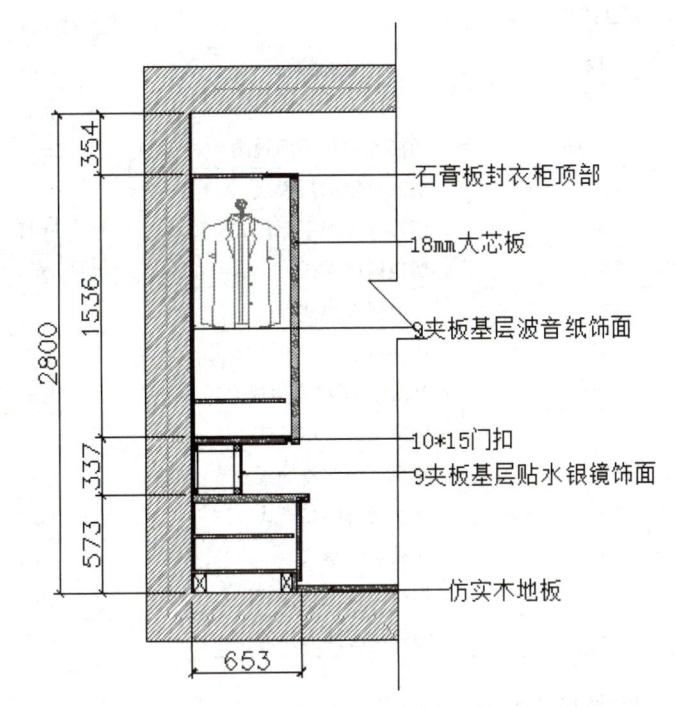

图 11-118　对剖面图进行注释

拓展阅读

家的 N 次方——保障性住房设计中的民生温度

上海彭浦新村改造中，设计师通过 CAD 模拟不同家庭结构的生活动线，为 18 m² 小户型设计出可变形家具方案。数据显示，我国保障房建设规模已超 8 000 万套，每个 CAD 文件背后都关乎普通百姓的幸福感。某设计院党员先锋队主动承接偏远地区安置房项目，用 BIM 技术优化管线布局，为每户节省 3% 使用面积。这告诉我们：设计价值的终极体现，在于让技术充满人文关怀。

附录 AutoCAD常用快捷键

为了提高绘图效率，现将AutoCAD常用快捷键总结如下，以供读者参考。

1. 常规切换功能

按 键	功能描述
Ctrl+G	切换网格
Ctrl+E	切换等轴测平面视图
F3	切换对象捕捉模式
F5	切换等轴测平面模式
F7	切换栅格模式
F9	切换捕捉模式
F11	切换对象捕捉追踪模式
Ctrl+F	开启/关闭对象捕捉模式
Ctrl+I	切换坐标显示模式
F4	切换三维对象捕捉模式
F6	切换动态UCS模式
F8	切换正交模式
F10	切换极轴追踪模式
F12	切换动态输入模式

2. 常规图形管理

按 键	功能描述
Ctrl+N	新建图形文件
Ctrl+O	打开图形文件
Ctrl+Tab	切换到下一个图形文件
Ctrl+Q	关闭图形文件
Ctrl+S	保存图形文件
Ctrl+P	打开"打印"对话框
Ctrl+Shift+Tab	切换到上一个图形文件
Ctrl+Shift+S	图形文件另存为

3. 常规基本操作

按 键	功能描述
Ctrl+A	选择所有对象
Ctrl+K	插入超链接
Ctrl+V	粘贴对象
Ctrl+Shift+V	将数据粘贴为块
Ctrl+Y	恢复上次操作
Ctrl+C	复制对象到剪贴板
Ctrl+X	剪切对象
Ctrl+Shift+C	带基点复制对象到剪贴板
Ctrl+Z	撤销上次操作
Esc	取消当前命令

4. 常规操作命令

按 键	功能描述
A	绘制圆弧
AR	阵列对象
BR	打断对象
CHA	对象倒角
CYL	绘制三维圆柱体
DAN	创建角度标注
DCE	创建圆心标记和中心线
DI	测量距离
DO	绘制圆环
DRA	创建半径标注
DT	创建单行文字
ED	编辑单行文字、标注文字
EPDF	输出为PDF格式文件
EXP	输出为其他格式文件
G	对象编组
HE	修改图案填充
IAT	插入参照文件
L	绘制直线
LAS	打开"图层状态管理器"对话框
LT	加载、设置和修改线型
MA	特性匹配
ML	绘制多线
MO	打开"特性"面板
MV	创建布局视口
P	平移视图
PL	绘制多段线
POL	创建多边形
Q	保存当前图形
REC	绘制矩形

附录 AutoCAD 常用快捷键

按 键	功能描述
RO	旋转对象
SC	缩放对象
SO	创建实心三角形和四边形
TB	创建空表格
TR	修剪对象
W	写块
X	分解对象
Z	缩放视图
AA	测量面积和周长
B	创建块
C	绘制圆
CO	复制对象
D	创建和修改标注样式
DAR	创建弧长标注
DDI	创建直径标注
DIV	绘制定数等分点
DOR	创建坐标标注
DS	打开"草图设置"对话框
E	删除对象
EL	绘制椭圆
ER	打开"外部参照"面板
F	对象倒圆角
H	图案填充

按 键	功能描述
I	打开"块"面板
IO	插入链接对象
LA	打开"图层特性管理器"面板
LE	创建引线和引线注释
M	移动对象
MI	镜像对象
MLD	创建多重引线
MT	创建多行文字
O	偏移对象
PE	编辑多段线
PO	绘制点
PYR	创建三维棱椎体
RE	重生对象
REG	创建面域
S	拉伸对象
SET	设置系统变量值
SPE	编辑样条曲线
TOR	创建圆环体
UCS	创建用户坐标系
WE	创建三维楔体
XL	绘制构造线

· 253 ·

参考文献

[1] 王槐德. 机械制图新旧标准代换教程 [M]. 北京：中国标准出版社，2017.

[2] 宋巧莲. 机械制图与 AutoCAD 绘图 [M]. 北京：机械工业出版社，2017.

[3] 周晓飞. AutoCAD 2022 室内设计从入门到精通：升级版 [M]. 北京：电子工业出版社，2021.

[4] 缪丁丁. AutoCAD 室内设计从入门到精通 [M]. 北京：化学工业出版社，2020.

[5] 屠钊，姜锋. 室内设计 CAD [M]. 北京：中国水利水电出版社，2014.